长三角医院建设与运维论坛系列丛书

[第二辑]

智慧医院建筑与运维案例精选

主编 魏建军 朱 根 张 威 董辉军

内 容 简 介

本书是长三角医院建设与运维论坛系列丛书中的第二辑。全书从医院建设和运维的角度出发，医院建设管理者们以"安全、成本、效率、智慧"等为目标，从粗放到精准，从局部改进到系统谋划，注重先进技术的应用，进一步提升能级，实现转型发展，突破传统思维，打造先进的运维管理模式，使医院更智慧化、人性化。

本书是一本面向医院建设从业者的具有理论和实践相结合的专著，可供相关专业人员参考。

图书在版编目(CIP)数据

智慧医院建筑与运维案例精选 / 魏建军等主编. —上海：同济大学出版社，2020.9

(长三角医院建设与运维论坛系列丛书 / 魏建军主编. 第二辑)

ISBN 978-7-5608-9480-5

Ⅰ. ①智… Ⅱ. ①魏… Ⅲ. ①长江三角洲—医院—建筑设计—案例 Ⅳ. ①TU246.1

中国版本图书馆 CIP 数据核字(2020)第 170968 号

智慧医院建筑与运维案例精选

主编 魏建军 朱 根 张 威 董辉军

责任编辑 姚烨铭 **责任校对** 徐春莲 **封面设计** 钱如潺

出版发行 同济大学出版社 www.tongjipress.com.cn
(地址：上海市四平路 1239 号 邮编：200092 电话：021-65985622)
经　　销 全国各地新华书店
排　　版 南京文脉图文设计制作有限公司
印　　刷 深圳市国际彩印有限公司
开　　本 787 mm×1092 mm 1/16
印　　张 22.75
字　　数 568 000
版　　次 2020 年 9 月第 1 版 2020 年 9 月第 1 次印刷
书　　号 ISBN 978-7-5608-9480-5

定　　价 158.00 元

本书编委会

BOOK EDITORIAL BOARD

主　编　魏建军　朱　根　张　威　董辉军

编委会（按姓氏笔画排序）

王　岚　朱永松　朱敏生　任　凯　许云松　吴璐璐
邱宏宇　余　雷　张朝阳　陈　睿　陈昌贵　林锡德
林福禧　周　珏　周良贵　项海青　赵海鹏　姚　蓁
盛文翔

编写组（按姓氏笔画排序）

马　杰　王　屾　王　威　王　磊　牛中山　朱　涛
任　祺　刘　军　严　犇　杨文曙　李　峰　李传辉
李兴光　吴永仁　吴锦华　沈　兵　沈崇德　张飞云
陈　梅　陈　童　陈俊杰　金炜炜　周庆利　赵培元
赵培安　郦敏浩　侯占伟　钱调整　高　原　董宇欣
潘　阳

编制单位（按目录顺序排列）

上海市第一人民医院
上海市第六人民医院
上海市第十人民医院
复旦大学附属华山医院
上海市质子重离子医院
江苏省人民医院
南京鼓楼医院
东南大学附属中大医院
无锡市人民医院
苏北人民医院
杭州市第七人民医院浙西院区
浙江省人民医院
浙江大学附属第四医院
杭州市妇产科医院
台州恩泽医疗中心（集团）
中国科学技术大学附属第一医院（安徽省立医院）
安徽医科大学第一附属医院
安徽中医药大学第一附属医院
阜阳市人民医院
蚌埠医学院第二附属医院

序

FOREWORD

我国在“十三五”规划纲要中明确提出支持智慧城市建设及健康中国建设的目标任务。习近平总书记指出：“没有全民健康，就没有全面小康。”2015 年，国务院在《促进智慧城市健康发展的指导意见》中提出要推进智慧医疗。“智慧医疗”作为智慧与健康的结合点，近年来得到社会广泛关注；“智慧医院”建设作为“智慧医疗”的重要组成部分，呈现逐年上升的趋势，目前已占到“智慧医疗”近一半的关注度。

2016 年，由上海市医院协会医院建筑与后勤专业委员会联合江苏省医院协会医院建筑与规划专业委员会、浙江省医院协会医院建筑管理专业委员会以及安徽省医院后勤专业委会共同主办“长三角医院建设与运维国际论坛”。搭建这个合作交流的平台，目的在于加强国际与长三角地区学术互动、经验分享，整合区域内行业优质资源，引领医院建筑设计、规划、建设与后勤管理的国际化新理念，同时增进与国际相关机构的学术互动，加强对国内外发展趋势的了解，推动建立伙伴关系，提升建设和管理水平。

本书是长三角医院建设与运维管理丛书的第二辑，将从医院建设和运维的角度出发，展现医院建设管理者们以“安全、成本、效率、智慧”等为目标，在建设和管理上，从粗放到精准，从局部改进到系统谋划，注重先进技术的应用，进一步提升能级、转型发展，突破传统思维、打造先进的运维模式，使医院更智慧化、人性化。

“智慧”不是概念和技术的堆积，而是对需求和矛盾有温度的响应。为探索“智慧医院”的建设与发展，本书以案例的形式呈现给读者，清晰地展示医院建筑建设过程中遇到的重点难点以及解决问题的技术方法，使医院建设者们的宝贵经验及智慧得以发扬和延续。经历两年多时间的组织、讨论、整合，在长三角区域内百余座医院建设候选案例中，遴选出二十个“智慧医院”建设的优秀案例，兼具理论性和实操性，对“智慧医院”建设具有很好的指导作用，可供医院管理者、医院后勤方面专业人士以及感兴趣的读者参考和借鉴。

在本书案例中，上海市市级医院坚持以人为本、节能环保的建设理念，按照布局合理、流程科学、规模适宜、经济安全的建设要求，突出重点，注重内涵，稳步推进市级医院基本建设，切实改善诊疗环境，进一步提升了市级医院的医疗服务能力和综合竞争力。在医院的设计与运维中，不仅追求简单的外观变化以及建筑技术的堆砌和叠加，而且希望能为人们提供健康、适用和高效的使用空间，打造出能够与自然和谐共生的建筑。

江苏省医院建设者利用各种投资渠道，加大医院投资力度，新建、改扩建了一大批医院，改善了医院的就医条件，满足人民群众对健康医疗环境的需求。医院也始终把维护人民群众的身心健康作为自己神圣职责和使命，坚持突出公立医院性质，把社会效益放在首位，切实提升了群众对医院的满意度。

浙江省医院建设在“十三五”期间得到了飞跃发展，在不断改善满足人民群众就医条件和医务人员工作环境的同时，注重医院建设的可持续发展的理念，充分体现公立医院公益性质和主体作用。

安徽省在“智慧医院”领域内不断探索。在发展方式上，从规模扩张型转向质量效益型，提高医疗质量；在管理模式上，从粗放管理转向精细管理，提高效率；在经济运营上，从医院规模发展建设转向内涵建设、技术提升。逐步推进“智慧医院”建设，打造便捷、流畅、人性化的诊疗服务体系。

这些案例各具特点，有的凸显了人性化的设计理念、有的采用了创新性的技术措施、有的运用了精细化的管理方式、有的实现了高品质的质量目标、有的开创了示范性的医疗技术……，这些成功的案例是一大批医院建设者辛勤工作的成果，凝聚众多从业者的智慧结晶和建设心得。为此，特别感谢供稿者们毫无保留地与同行分享，感谢部分行业专家对本案例集的指导和支持。本书的出版还获得了克莱门特捷联制冷设备(上海)有限公司的支持，特在此表示感谢。

由于编辑任务繁重、编纂时间仓促，经多轮校对审核，也难免存有疏漏或欠妥之处，恳请读者批评指正，也期盼业界专家不吝赐教，以助我们将来编撰出更加完善、更加精彩的书籍。

本书主编

2020.6

目录

FOREWORD

一 建设背景

1. 医院后勤管理的重要性

医院后勤运行保障系统是支撑医院正常运行的重要基础，是保障医院医教研防工作正常进行的重要支柱，为医院建筑、设施、设备的设计规划与建设维护提供专业保障，为患者与员工提供全方位、全天候的服务，具有较强的技术性和专业性。

上海市第一人民医院(以下简称市一医院)设置基本建设处、物资与设备采购处、后勤保障处(南、北)等职能处室，职责囊括患者与员工后勤服务、物资供应、资产管理、能源动力与设施保障、医疗设备全生命周期管理、房屋修缮与工程改造、消防治安、安全生产及新建与改造建筑的项目全过程管理等，医院后勤运行保障系统已逐步转型为医院非医疗服务的核心领域，以大后勤的理念，成为医院全质量体系中的重要一环，即医疗支撑保障体系。如图 1 所示。

面对外部政策环境的变化，医学科技的发展进步，医院发展规划的推进，医院后勤运行保障系统必须以新的标杆规划新的职能，以新的模式创造新的价值，在医院全质量管理体系的框架下，更加关注数据与患者行为，更加注重先进技术应用，更加严谨的系统思维，通过全覆盖的质量指标控制、全过程的监管、全方位的监测和全天候的值守，进一步提升能级、转型发展，进一步突破传统思维、打造先进的运维模式，进一步深化管理内涵、追求卓越品质。

从实践角度而言，市一医院后勤运行保障系统紧紧围绕“安全、成本、效率”三个目标，通过谋划决策系统化、质量控制规范化、工作流程闭环化、资源管理集约化和数据指标标准化五项机制优化，实现了三个转型，即从被动应对到主动预判、从粗放支出到精准投入、从局部改进到系统谋划。

在学术研究角度，市一医院在全国医院建筑与后勤管理界率先提出学科化的倡议，将医院建设与后勤运行管理作为一门完整且自成体系的学科来建设，在研究领域同样实现三个转型：即从经验总结到科学成果，从技术提升到模式改进，从实际问题到普适规律。

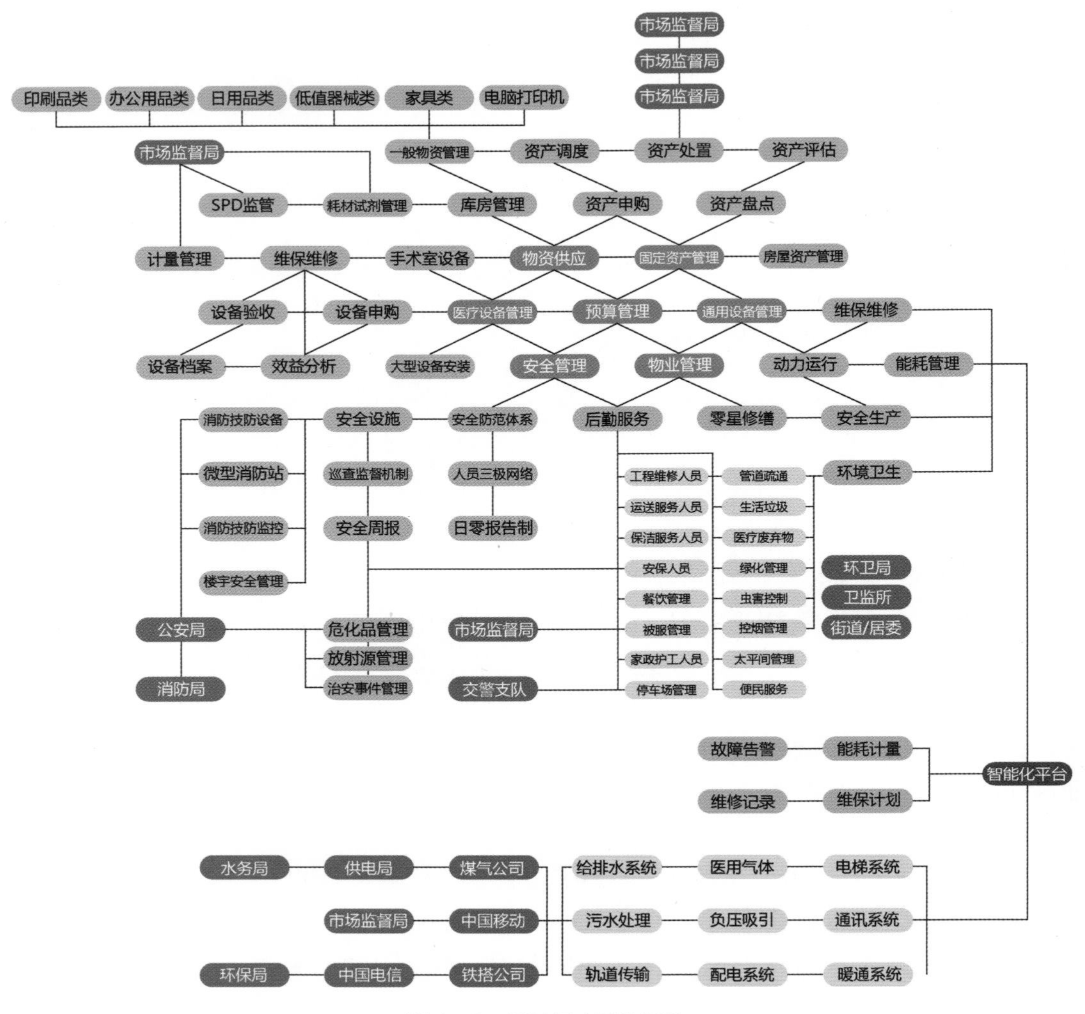

图 1　市一医院医疗保障体系

2. 医院后勤管理的目标

医院对后勤运行保障管理提出了两个主要目标。

（1）搭建智能后勤服务平台，颠覆传统后勤保障职能，全面升级为数字化医学工程保障体系，实现医院运营保障的技术型转变。

（2）不断深化后勤社会化改革，强化对社会化第三方监管机制建设，加快后勤保障专业化人才队伍建设，不断提高后勤保障工作专业化、精益化、科学化水平，努力建设环保节能型、资源集约型医院。

其中，智慧后勤作为重要管理举措，是后勤运行保障管理能级提升的重要基础。

智慧后勤需要解决的关键管理问题包括：

安全——设备特性复杂、运行维护专业化要求高、服务持续性强和服务地点分散；

成本——成本控制粗放、家底不清、设备效益无法有效测算、运营成本无法精细统计；

效率——现场巡视、分散驻点值守、人工记录监测、缺乏自动预警、预见性差、缺乏整体系统设计、标准化程度差、故障判断困难和维修维护不及时。

3. 医院后勤信息化、智能化建设的普遍问题

医院后勤管理工作的核心在于"安全""效率""成本"三位一体的综合管控，为不断提升管理能力，国内医院在后勤管理领域也做了不少尝试：从早期的经验管理发展为制度流程化管理和科学化管理；从之前的人为管理转化为信息化管理；最近几年，随着各类信息化技术、物联网技术以及人工智能领域的高速发展以及医院不断扩建改建过程中对于基础设施设备的优化和智能化的配备，医院后勤管理的方向也逐步走向物联智能可视化及数据决策精准化管理模式。

在近几年的医院智慧后勤建设发展过程中，存在着以下几类不足有待改进。

(1) 物联网设施布局覆盖率不高：老旧区域设施设备的覆盖不完整或基础条件不具备导致的物联网体系布局的覆盖率不够高，覆盖深度不够。

(2) 信息系统建设存在孤岛：后勤涉及范围广而杂，在一些专项领域有不少信息化系统建设，例如设备监控、物资管理、维修管理、安防管理及订餐管理等，但在整个后勤整体化 IT 平台建设上整合度和完整度不够，信息孤岛较多，尤其在和医院内其他业务相关系统上基本没有对接关联，对于外部影响因素的考虑较少。

(3) 应用层面不完整：从当前国内医院后勤化系统建设应用层面来看，更多还是在中、基层管理维度设计的管控信息化应用，对于涉及中高层层面的数据化决策驱动应用较少。

从前述现状来看，目前阶段市级医院后勤信息化、智能化管理水平虽然有了较快的发展和基础保障，但还未能高效支持后勤管理实现快速提升和标准化建设，从而使得对于医疗业务的支撑还处于保障阶段，未能实现真正的驱动服务医疗业务的设想目标。因此，当前对医院后勤信息化、智能化建设提出了两个新的目标：

(1) 需要搭建数据整合应用的智慧后勤服务中心平台，拓展传统后勤保障职能，全面升级为数字化全质量医疗后勤保障体系，实现医院运营保障的技术型转变。

(2) 将建设核心放在数据汇聚后的管理应用和驱动，并突出和医疗单元的服务驱动，强化基于系统精准数据的预管理服务体系的建设，将"智慧后勤"真正落地，向后勤驱动医疗长远目标进行发展。

在实现这两大目标的过程中还存在一些需要解决的核心问题。

(1) 一体化管理难点：对于多范畴后勤管理的资源整合管理及一体化管理的落实和运行的监管问题。大后勤模式下的统一化管理，资源集约化管理是个难点，区域物理设施环境的差异以及人员配置的差异，如何通过统一化的技术手段、管理手段来实现系统化的后勤管控。

(2) 标准化管理难点：外包服务企业和服务人员的多样化模式下的统一化、标准化管理问题。医院后勤由于其覆盖范围大，所需要涉及的各类专业领域众多，市级医院在推进整

体医疗改革过程中为提供各类服务效率和专业化、市场化程度，引进了各类专业服务供应商和外包服务人才，因此医院后勤的人员管理涉及多个相关单位和团队，对于如何通过统一化、标准化管理来确保既能专业化服务又能形成一个协同整合和一个文化价值导向，是需要突破的又一个难点。

(3) 数据化决策：管理决策上的数据化支撑和智能化辅助的建设困难。在医院运营过程中虽然存在着大量后勤管理所需的各类数据和信息，但在这“大数据”的海洋中，如何去筛选、分析、利用所需的核心数据和信息来形成可以进行管理决策的内容是非常困难的，更无法去考虑推进“智能化”辅助决策，医院在推进建设过程中需要克服设计断层、采集局限、分析分散等各类问题和困难。

4. 市一医院智慧后勤建设基础与三年规划

2014 年以来，市一医院开始建设后勤运行智能化管理平台，利用现代网络通信技术、物联网技术与智能控制技术，突破传统被动式的后勤运行保障模式，初步实现了远程实时监测与远程故障预警、自动数据采集分析两大主要功能。

(1) 实现设备设施远程实时监测与远程故障预警。通过 4 592 个传感器实时采集医院重要设施设备的运行数据，对空调通风、变配电、电梯、医用气体、污水处理及给排水等系统的运行状态进行全天候无人值守监测，并对可能出现的各种故障实现分级告警。

(2) 实现能耗计量数据的自动采集与智能分析。通过部署水、电分表计量点，实现分楼宇、分楼层能耗成本数据自动采集，并可根据楼宇、楼层、科室单元进行多时间维度能耗成本分析。

2015—2016 年，医院南、北两部分别对后勤运行智能化管理平台进行深化拓展，开发了包括日常维修保修巡检系统、运送预约服务系统、患者订餐系统、冷链管理系统和医用气体远程监测系统等。2017 年医院南部初步开发了基于 BIM 技术的运维平台，完成了院区内 14 栋主要建筑结构和电气、动力、暖通、给排水、技防和消防等专业设施的建模，实现了资产设备管理、建筑空间管理、三维应急演练，接入技防系统、日常维修报修巡检系统和设备设施远程实时监测系统。

2018 年，医院制定智慧后勤三年建设计划，并于 2019 年初步建成南、北互通互联的后勤运行指挥中心。

5. 医院智慧后勤建设的目标

(1) 覆盖医院大后勤全领域数据：平台管控范围需要覆盖医院后勤管理整个范畴，确保各相关业务管理过程线上数据采集及应用覆盖完整，同时解决信息孤岛问题，打通内外相关系统数据。

(2) 利用科技保障数据质量：利用软件和硬件的技术手段、智能算法手段以及外部三方验证技术来保障系统中的数据采集和加工质量。

(3) 标准化管理模式应用：充分进行对标化模式进行系统流程及功能设计，确保引导医院后勤向标准化管理模式进化，实现科学管理，同时在数据结构化设计层面形成标准化建设，为后续市级医院整体角度的监管和应用做好准备。

（4）量化评价体系建立：归纳各相关技术和管理标准，基于大后勤管理范畴和管理目标，形成体系化的运行指标，利用信息化及智能化技术实现指标的自动化计算，并能积累形成在市级医院领域可以横向对比衡量改进的量化评估体系。

（5）形成数据智能驱动管理：通过智能模型设计和精准数据应用，形成智能化的数据驱动业务活动的管理，并积累形成行业的智能算法知识体系。

二 建设内容

（一）智慧后勤建设的对象

1. 后勤运行管理的核心要素

（1）安全：消防治安保障、设备安全运行、服务设施保障和应急处置能力。
（2）人员：人员配置、人员培养、人员激励和员工参与。
（3）响应：设备维修响应、设备申购响应、物资供应响应和问题解决响应。
（4）质量：后勤运行质量、外包服务质量、设备运行质量和物资供应质量。
（5）成本：能源成本、服务成本效益、设备运行效益和资产成本效益。
（6）环境：医疗服务环境、医疗秩序、员工工作/生活环境和设备运行环境。

2. 后勤智能化阶段性目标

（1）精益后勤管理：关注流程与监管。运用现代管理手段，细化岗位职责，优化服务流程，实现过程监管与终末评价结合、持续改进的后勤保障。

（2）智能后勤管理：关注实时与监测。运用信息技术，实现运行监测、实时预警、移动巡检、数据采集及多方资源调度等目标。

（3）智慧后勤管理：关注数据分析与未来预测。运用数据分析、统计学、运筹学和物联网等最新理论与技术，实现后勤运行可预测、可量化和标准化。

（二）智慧后勤建设的主要任务

智慧后勤的建设，不仅是信息软件系统的开发应用，而且是立足软硬件系统建设，实现医院运行保障的全质量管理；运用一套评价指标，在全行业范围内实现医院后勤运行保障能力的考核与评价。通过建立统一的监控平台、统一调度的专业人员队伍、统一标准的数据库，实现医院后勤运行保障中的资金流、实物流、信息流和工作流（审批或工作路线）等的全数据采集与全过程监管。

医院智慧后勤，也不仅仅局限于传统后勤的管理范畴，而是紧紧围绕医疗服务质量的提升、保障医疗安全的目标，应用大数据、物联网、人工智能等技术，将医院多个领域的数据关联起来，以数据驱动管理价值。

智慧后勤，是精益化管理与先进信息技术的深度融合，改变了传统的人工数据采集方式，通过物联网技术的应用，实现数据采集自动化、智能化；抛弃传统主观的质量评价方式，通过积累的运行数据与行业规范标准的参考，运用人工智能技术形成可推广的质量评价指标体系；改变传统单纯的软件开发模式，通过运行数据反馈，对现有后勤运行管理流程与模式进行深层次的改革。

1. 三项深层改革

(1) 系统集成：解决信息孤岛问题，实现一站式监控调度。

(2) 数据驱动：智能数据采集，实时预警，预测分析。

(3) 量化评价：归纳标准，形成运行指标，改造运行流程。

2. 三大主要任务

(1) 后勤运行指标化，即建立医院后勤运行指标评价体系。通过对医院后勤管理各条线工作内容的梳理，以国家或地方标准、医院评审评价指标、设备技术资料及文献资料等方面深度发掘和归纳医院后勤运行指标。指标分为用于现场值守与质量控制的现场监管指标、用于日常评价与质量监管的运营决策指标、用于年度目标责任考核与同行评价的终末评价指标三个层面，指标集将包含指标定义、计算方式、采集方式与周期、监测阈值或阀值及影响因素等，并将通过权重设定形成后勤运行指标评价体系。该指标体系的建立，将实现后勤运行质量的量化考核与客观评价，让同等规模医院的后勤运行质量得以横向比较，形成行业评价的参考依据。指标体系成熟应用后，将进一步形成行业标准、地方标准或国家标准，并编写学术专著、申报科研学术奖项。

(2) 后勤运行管理标准化，包括后勤基础数据库的建设、后勤管理流程与工作机制标准化、功能模块集成化等具体工作。后勤运行基础数据来源包括现有 ERP 系统的资产数据、ILMS 系统的房屋与设备基本信息以及长期纸质保存的设备档案、设备维修维保数据、外包服务人员信息、供应商信息、合同信息、预算信息及工程档案等。基础数据库将自动实时抽取现有系统数据，并根据统一标准清洗数据。在平台功能模块开发过程中，重新梳理后勤管理的岗位设置、工作流程、工作机制，标准化设计各类表单、报表、档案台账等。对已经成熟应用的孤岛系统，不再进行二次重复开发，而是通过系统集成的方式接入总平台。

(3) 后勤运行数据可视化，包括实现后勤运行数据的自动实时采集、定期报表呈现、多维度数据交叉分析等。对新老院区设备运行与能源计量监测点位进行维护扩充，对原有传感器进行维护校准，确保数据采集的准确性、自动化。基于统一的基础数据库，可实时抽取各系统模块中的数据进行多维度交叉分析，并运用数据可视化方法展示，建成统一的监控监测平台，对重要设施设备、重要运行指标进行实时监测、早期预警。

(三) 智慧后勤的系统架构

1. 系统建设原则

(1) 功能完整性。覆盖医院后勤运行的完整体系。平台管控范围需要覆盖医院后勤运行管理整个范畴,确保各业务管理过程条线上的功能覆盖完整。

(2) 信息联通性。打通内外相关系统数据。后勤运行中自动采集的数据、人工录入的数据、外部系统接入或推送的数据均实现互联互通,可实现交叉分析。

(3) 数据驱动性。形成数据驱动智能管理。通过系统积累和智能分析模型挖掘,形成智能化的数据驱动管理,通过数据的深度应用,触发管理机制与岗位设置的变革,积累形成行业管理的标准体系。

(4) 系统易用性。引入最新前沿技术,尽可能在移动端开发轻应用。提升平台的智能化水平,降低应用化难度。

2. 功能模块设计

功能模块的设计组成见表 1、表 2。

表 1 功能模块分层建设及系统总体架构

序号	层级	说明
1	高层决策层	查询整个医院后勤运行的终末指标,进行横向行业维度评价或纵向时间维度评价。 可查询指标一般为长期性的、标准化的数据
2	中基层监管层	医院中基层管理者在监管某个系统时通过查询指标,进行日常评价与考核、服务质量监管、成本效益分析等。 可查询指标一般为周期性的、经过统计分析的数据
3	现场值守/一线运维层	现场值守人员或一线运维人员通过实时监测具体设备或工作指标,进行现场值守与质量控制。 可查询指标一般为动态的、短期的数据
4	工作监控界面	包括统一的后勤运行界面、消防与技防监控界面。至少包括后勤运行指标、设备故障分级告警、能耗统计和任务工单等
5	基础数据库	通过抽取原有 ERP 系统、传感器自动采集、纸质档案数据录入形成的数据库,至少包括资产信息、设备信息、建筑信息、人员信息、供应商信息、合同信息、预算信息、维保信息、维修信息及工程档案等
6	功能模块	包括四个方面 21 个功能模块(详见下文)
7	重点功能/模块内容	每个模块至少提供的重点功能(详见下文)
8	对接系统	每个功能模块需要外接的现有系统,如 HIS、ERP、SPD、OA、医技预约、费控系统和采购系统等
9	物理设备/技术应用	每个功能模块需要应用的技术与硬件设备,如传感器、RFID、NFC、手机轻应用、身份识别卡和 AR 技术等

（续表）

序号	层级	说明
10	关键资源对象	每个功能模块配置、调度的资源对象，如实物仓库、机电设备、阀门管线、人员、资金及空间等
11	知识库	每个功能模块中包含的既往经验知识或同行业参考标准，如品牌规格库、价格库、供应商库、故障与维修策略库和应急预案等
12	客户终端	每个功能模块对应的客户群体，如护士站、医技预约点、资产管理员、运送员和配膳员等
13	相关涉及指标	一级指标：决策指标、评价指标； 二级指标：监管指标、运行质量指标； 三级指标：技术参数、现场值守监管指标

表 2　高层决策层架构

<table>
<tr><td rowspan="22">高层
决策层</td><td rowspan="8">工程指挥
中心</td><td rowspan="20">后勤运行
监控界面</td><td rowspan="22">基础
数据库</td><td rowspan="6">通用设备
运行监控
与能源计量</td><td>基于 BIM 技术的运维管理</td></tr>
<tr><td>通用设备监控</td></tr>
<tr><td>能源计量</td></tr>
<tr><td>医用气体远程监测</td></tr>
<tr><td>轨道物流监测</td></tr>
<tr><td>冷链管理</td></tr>
<tr><td rowspan="10">后勤物业
服务管理</td><td>维修管理</td></tr>
<tr><td>工程管理</td></tr>
<tr><td rowspan="6">物业专管员</td><td>后勤人员管理</td></tr>
<tr><td>运送管理</td></tr>
<tr><td>膳食管理</td></tr>
<tr><td>护工管理</td></tr>
<tr><td>绿化管理</td></tr>
<tr><td>便民服务</td></tr>
<tr><td>被服专管员</td><td>被服管理</td></tr>
<tr><td>医废专管员</td><td>医废管理</td></tr>
<tr><td rowspan="2">资产专管员</td><td rowspan="4">资产物资
与医疗设备
运维管理</td><td>固定资产管理</td></tr>
<tr><td>设备物资申购管理</td></tr>
<tr><td>医修组</td><td>医疗设备运维管理</td></tr>
<tr><td>库房组</td><td>库房物流</td></tr>
<tr><td rowspan="2">监控组</td><td>技防监控</td><td rowspan="2">医院安全
防范管理</td><td rowspan="2">楼宇安全管理</td></tr>
<tr><td>消防监控</td></tr>
</table>

功能模块，通过标准类知识库形成业务架构逻辑线，如图 2 所示。

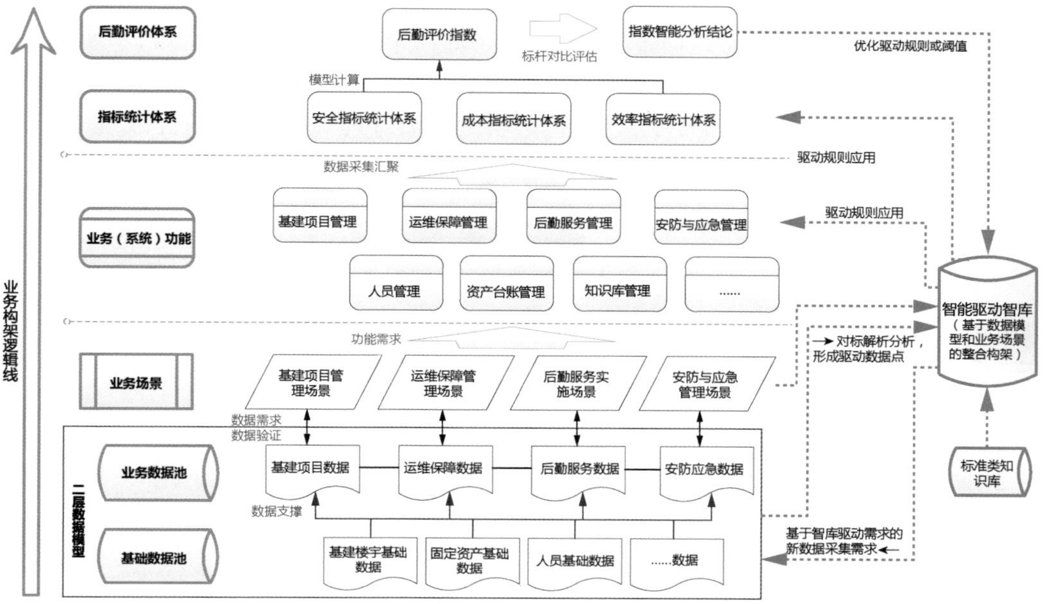

图 2　业务架构逻辑线

随着物联网技术与大数据分析的广泛应用，面对海量的数据、成本效益控制的压力、多系统间紧密联系的要求，医院后勤保障管理必须在精益化与信息化的基础上再次提升能级，通过严谨科学的顶层设计，系统谋划后勤运行管理平台的整体框架，全面整合“信息孤岛”，如图 3 所示。

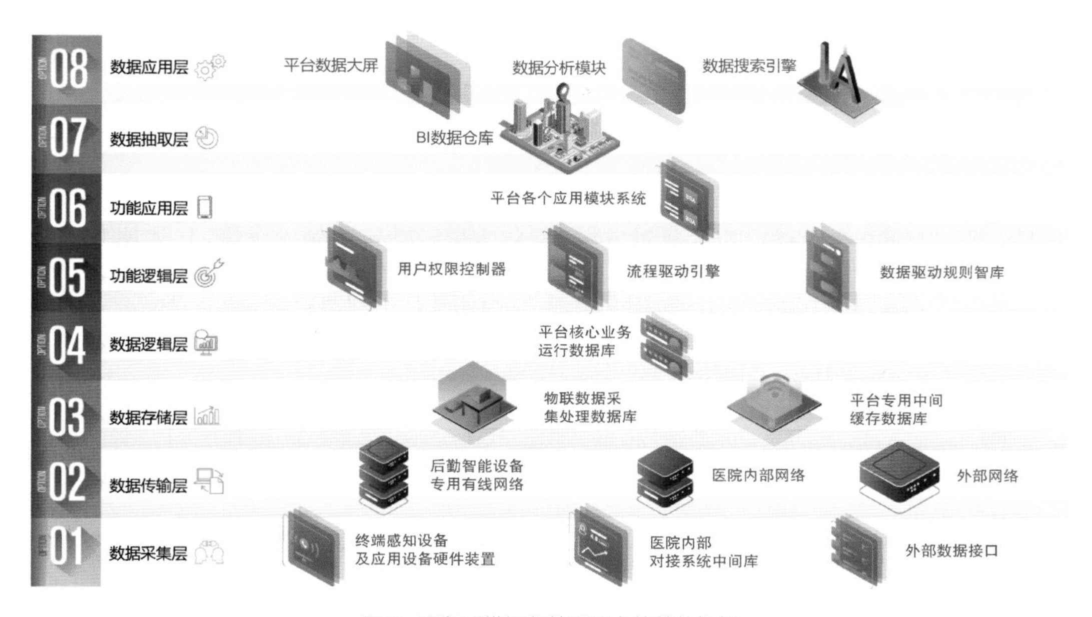

图 3　现行后勤运行管理平台的整体框架

平台系统集成建设，基于 BIM 技术的运维管理、维修巡检、人员管理、运送服务、工程管理、医疗设备运维管理、医废管理、膳食管理、护工管理、绿化管理等功能模块；与现有 OA 系统、预算费控系统、采购系统、ERP 系统对接，南北两部打通设备物资申购、采购、预算控制、合同、结算全流程，开发固定资产管理、库房物流管理、设备物资申购管理等模块；接入医用气体远程监测、冷链管理、楼宇安全管理、轨道物流管理等功能模块；完成统一指标分析展示界面与监控中心。如图 4 所示。

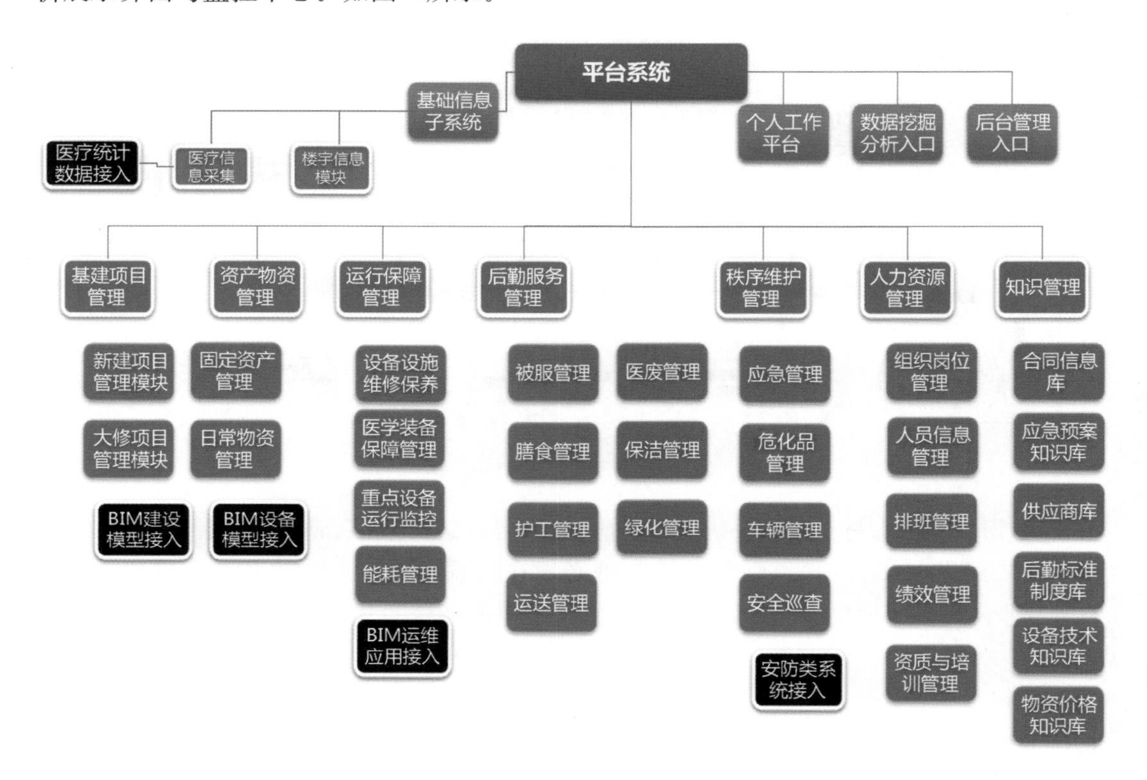

图 4　监控中心展示界面

平台建设覆盖的维度包含了 4 个层次：首先是不同层面人员的应用维度，其次是平台技术应用构架的维度，然后是后勤管理对象维度，最后是后勤管理领域维度，具体展开如图 5 所示。

3. 数据驱动知识库的建设

智慧后勤其关键核心的设计在于精准化数据驱动后勤管理的理念，因此在功能模块建设之外，都应该有针对性地建立数据驱动知识库。数据分析的结果、管理决策的辅助，都是建立在数据驱动知识库的基础之上。

第一阶段建设：基于数字化评估体系的人工数据加工，即通过数据量化的展现分析，形成指标化数据，协助业务人员进行决策和业务处理的“数据加工”。

第二阶段建设：基于人工设置数据的自动化驱动，即系统中设定了自动化驱动的规则，

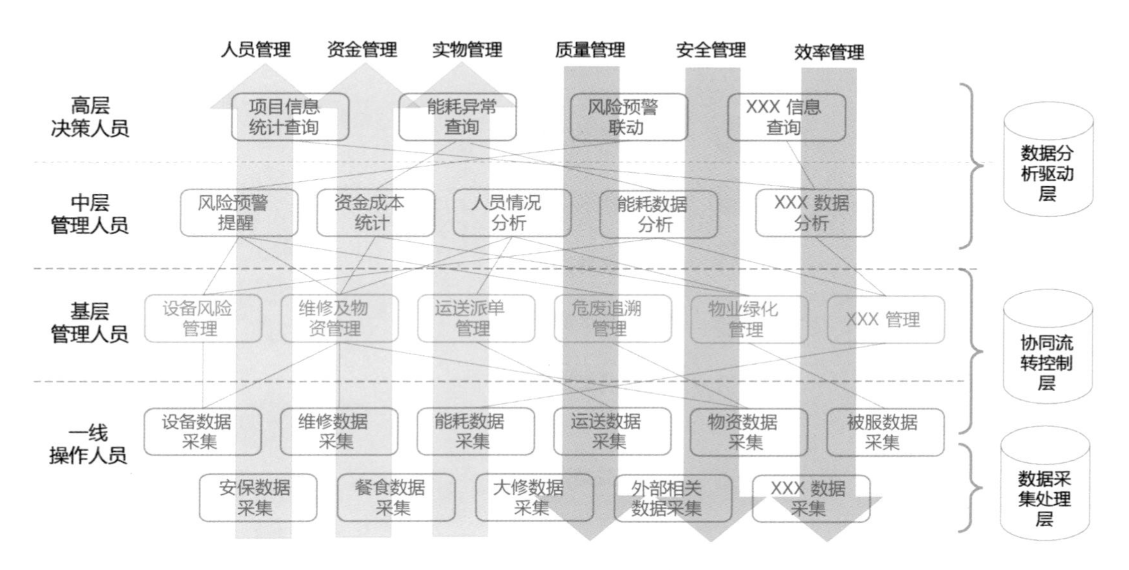

图5　平台建设覆盖维度

其中规则触发关键数据的阈值为人工赋予设置的，即人工赋予的数据驱动模式。

第三阶段建设：基于精准数据的智能化驱动，和上一阶段不同点在于触发的关键数据的阈值不是人工设置的，而是计算机依据历史数据和计算模型自动得出的，即智能化的驱动模式。

第四阶段建设：基于深度学习的创新智慧化驱动，在这个阶段可以称之为真正的“智慧化”驱动及能通过对于各类业务数据关联性的机器化深度学习分析出新的驱动规则，并自动赋予驱动阈值，创新出新的驱动点。

在具体数据驱动知识库内容设计中，对标参考多类型知识，具体包括：

(1) 国家及地方相关管理类标准；

(2) 国家及地方相关技术类标准；

(3) 国内行业专业技术标准；

(4) 国外行业专业技术标准(日本、美国等相关技术和管理发达国家)；

(5) 特定产品的技术说明手册。

4. 后勤运行质量评价指标体系的建立

后勤运行质量评价指标体系对医院后勤管理各条线工作内容的梳理，对国家或地方标准、医院评审评价指标、设备技术资料及文献资料等方面进行深度发掘和归纳。指标分为用于现场值守与质量控制的现场监管指标、用于日常评价与质量监管的运营决策指标、用于年度目标责任考核与同行评价的终末评价指标三个层面，指标集将包含指标定义、计算方式、采集方式与周期、监测阈值或阀值、影响因素等，并将通过权重设定形成后勤运行指标评价体系。

考虑未来医院间同比及上海申康医院发展中心数据汇总需求，要求指标体系的建立围绕“安全”“效率”“成本”三个维度分层展开设计，具体展开思路可参考图6。

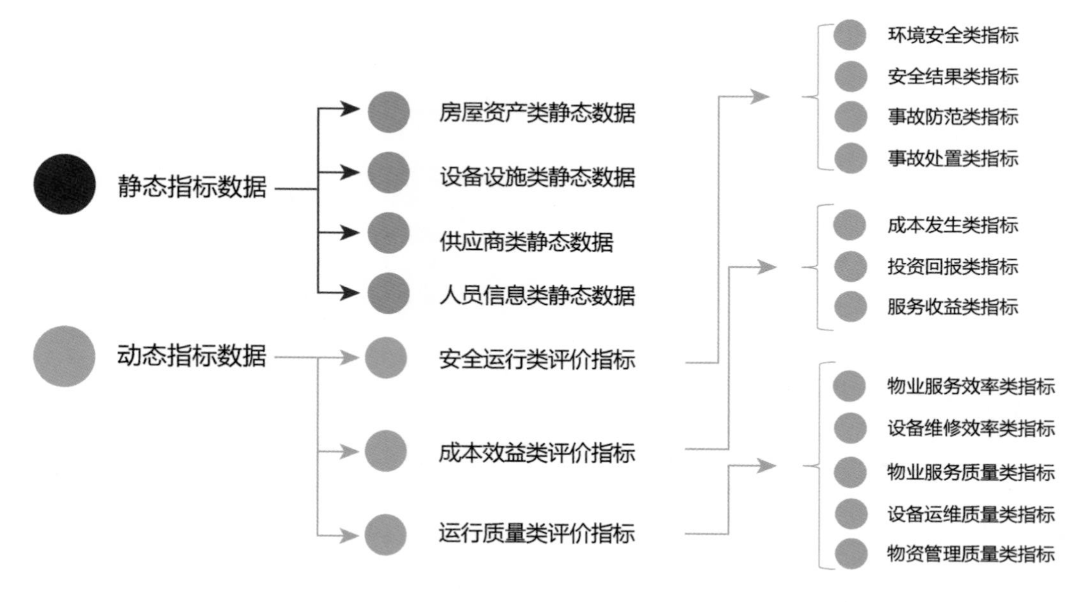

图6　指标体系架构

1）成本管理指标体系

（1）归纳设计了41个和成本相关的指标，形成了5个一级指标、18个二级指标和18个三级指标构成的完整体系。

（2）对标标准：综合医院横向标准规模的同比、本院内历史周期的环比。

（3）数据驱动：初步整理归纳了和安全相关的智能驱动规则达80个类型，涉及算法规则500多个。

（4）报表设计：包含了人员配置信息、资产台账信息、物资消耗信息、外包合同信息、维修消耗信息、能源消耗信息和基建项目投资信息等几十个报表模板。

2）效率管理指标体系

（1）归纳设计了53个和效率相关的指标，形成了5个一级指标、27个二级指标和21个三级指标沟通的完整体系。

（2）对标标准：医院的物业服务管理规范、JCI中涉及的质量管理要求、三甲医院评审标准中涉及的管理要求、国家卫生计生委发布的和医院质量和效率管理相关的要求。

（3）数据驱动：初步整理归纳了和安全相关的智能驱动规则62个类型，涉及算法规则530多个。

（4）报表设计：包含了人员配置信息、资产台账信息、物资消耗信息、外包合同信息、维修消耗信息、能源消耗信息和基建项目投资信息等几十个报表模板。

3）安全管理指标体系

（1）归纳设计了58个和安全相关的指标，形成了4个一级指标、28个二级指标和26个三级指标沟通的完整体系。

（2）对标标准：查阅解析了43个和医院重要设备有关的技术标准中和安全相关的322

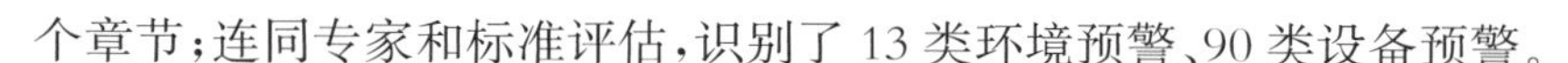

个章节；连同专家和标准评估，识别了 13 类环境预警、90 类设备预警。

(3) 数据驱动：初步整理归纳了和安全相关的智能驱动规则 59 个类型，涉及算法规则近千个。

(4) 报表设计：包含了人员信息维度、设备运行数据维度、异常预警维度、服务过程信息维度、危化品和医废维度、施工安全维度和应急处置维度的大约 25 个报表模板。

(四) 技术支撑

1) 依据医院后勤管理范畴和系统建设目标，涉及的技术领域主要包括以下 6 类。

(1) 信息化软件技术：海量数据存储技术、前端页面多元化展示技术、图形化建模技术、移动端应用技术及数据加密技术等。

(2) 信息化硬件技术：服务器集群技术、防火墙技术、显示展现技术等。

(3) 网络通信技术：无线覆盖技术、移动通信技术、电话语音技术等。

(4) 物联网类技术：设备传感技术、移动定位技术、指射频识别技术等。

(5) 大数据技术：数据采集处理技术、数据可视化技术、数据挖掘预测技术等。

(6) 人工智能技术：语言处理技术、语音图像识别技术、机器学习技术和推理演化技术等。

2) 智慧后勤需遵守安全性、可靠性、先进性的原则。系统的设计需采用先进的面向对象技术、设计模式、接口技术和组件技术来提高平台的通用性和复用性。

(1) 基础技术框架：使用主流的技术框架，要求通过屏蔽大量较为底层的技术实现，简化具体应用功能的开发过程。符合 J2EE 标准，适用于多层分布式应用模式，基于标准格式的数据交换、统一的安全模式和灵活的事务控制，框架需支持 MVC 模式，体现模型、视图、控制器，通过控制器来调度视图及模型，将界面和业务逻辑合理组织在一起，并具有良好的开放性、兼容性、可扩展性及可靠的稳定性。

(2) 数据库：使用主流的数据库，如 Oracle，Mysql，SQLserver，DB2 等。数据库要求支持多种硬件及主流操作系统平台，具备 TCP/IP，SPX/IPX，X.25 网络通信协议，并支持 ANSI SQL92，SNMP，XA 等标准，并且是多进程、多线索的机制和对象关系型数据库。需要支持表空间概念，可以设置表空间为只读或可读写，提供表分区技术，可按照逻辑条件、HASH 算法或混合模式对表进行分区划分等功能。

(3) 应用服务工具：使用主流的应用服务器，如 JBoss，Tomcat，WebLogic 等。中间件需符合 J2EE 标准，并具有独立性、可扩展性及可移植性。

三 建设成效

1. 建设初步成果

(1) 建立后勤运行指挥中心：成熟应用大数据分析与物联网技术，打通后勤运行的所有孤岛系统数据，建成南、北互通互联的后勤运行指挥中心。通过各类物联网传感器实时自动采集设备、动力、服务的运行状态，功能覆盖医院大后勤全部领域，业务流程无缝衔接，汇集后勤运行实时数据，数据化监控后勤各板块运营状态。创新了适用于大数据时代的、“以对标解析来设计管控规则，以数据模型来驱动管理行为”的后勤运行模式。如图 7～图 15 所示。

图 7　医院后勤运行指挥中心

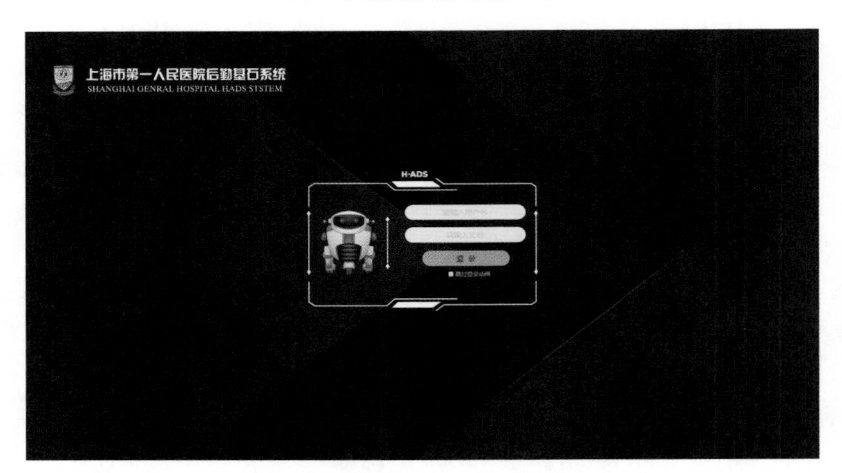

图 8　医院智慧后勤系统登录界面

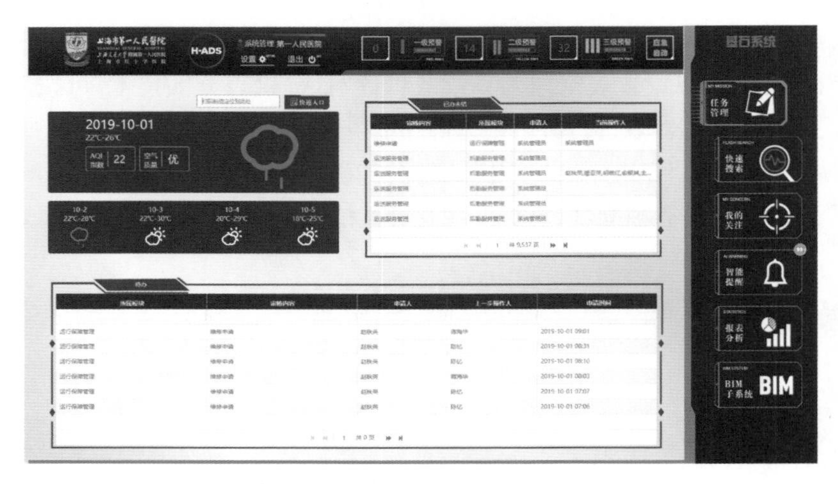

图 9　医院智慧后勤系统——待办任务

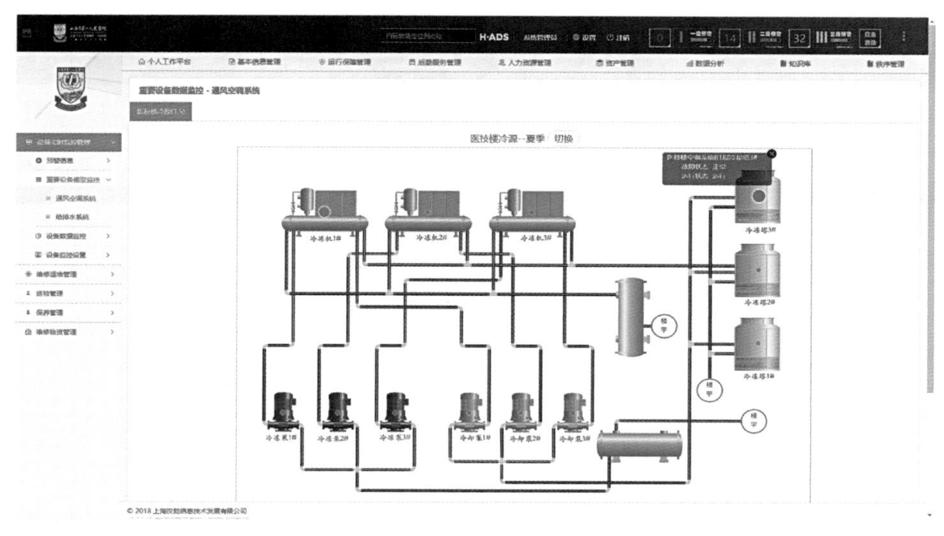

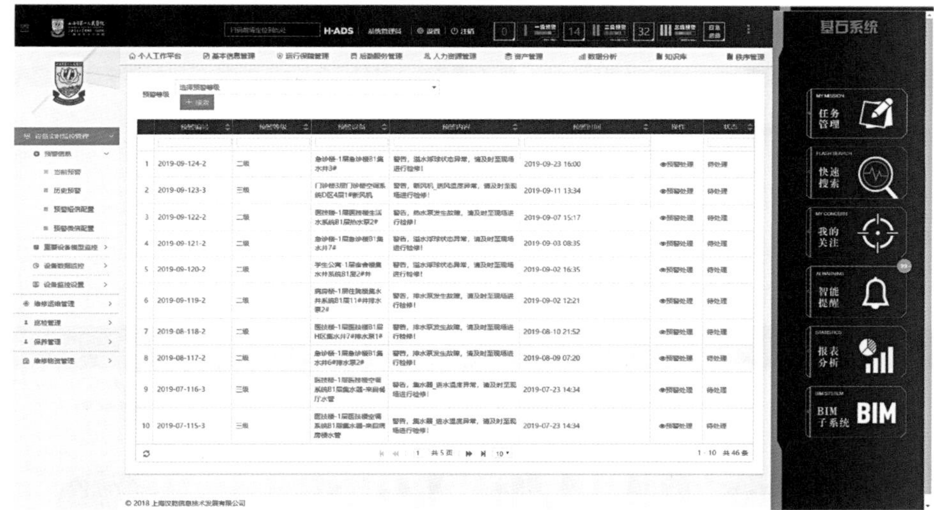

图 10 医院智慧后勤系统——设备监测与故障预警

（全院所有通用设备设施安装传感器，实时监测运行状态，自动采集故障数据）

图 11 医院智慧后勤系统——设备巡检标准与计划任务

（通过专业标准制定通用设备设施的巡检内容与计划，自动派发任务）

图 12　医院智慧后勤系统——应急突发事件处置标准与预案

（将各类应急事件场景化，以预案为决策树，以数据驱动应急处置流程）

图 13　医院智慧后勤系统——维修报修全流程管理

（医院设施设备的报修、派工、维修物资成本、质量评价与反馈的全流程管理）

图 14　医院智慧后勤系统——运送服务全流程管理

（病人送检、标本药品耗材物资运送的实时调度、效率管理、质量评价）

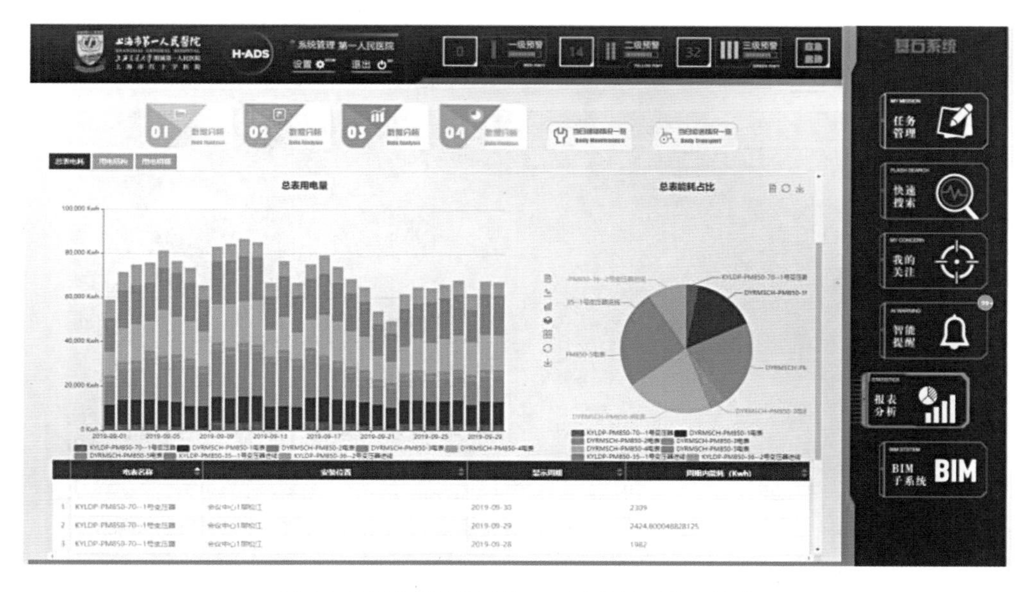

图 15　医院智慧后勤系统——运送服务全流程管理

（能耗成本分析与分表计量）

（2）重构后勤管理团队：重新调整组织架构与岗位，建立统一调度指挥的现场运维保障团队，承担设备设施维修、动力运行保障、服务调度和资产调度等应急处置职能；建立专业的质量控制与运营数据分析团队，承担成本效益分析、质量监管、质控指标监测等辅助决策职能。

（3）建立后勤运行质量评价指标体系：通过对后勤运行基础数据的梳理，在医院后勤行业中率先完成基于大数据的指标体系，提取 400 多个国内行业中涉及后勤与设备的规范标准，通过 1 200 多种智能算法，遴选设计 152 个医院后勤运行相关指标，能够对医院后勤的执行、监管、决策三个层面进行评价（图 16～图 21）。

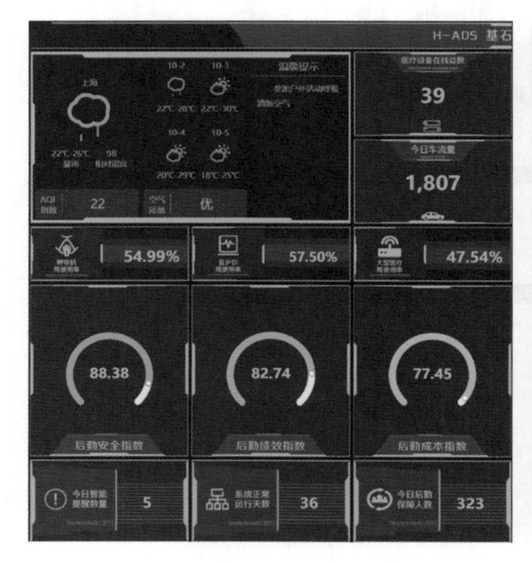

图 16　医院智慧后勤系统——当日指数

（通过数据的自动采集与汇总，以独创的数据算法形成安全、效率、成本三个日常运行指数，实时反映当前后勤运行的质量。）

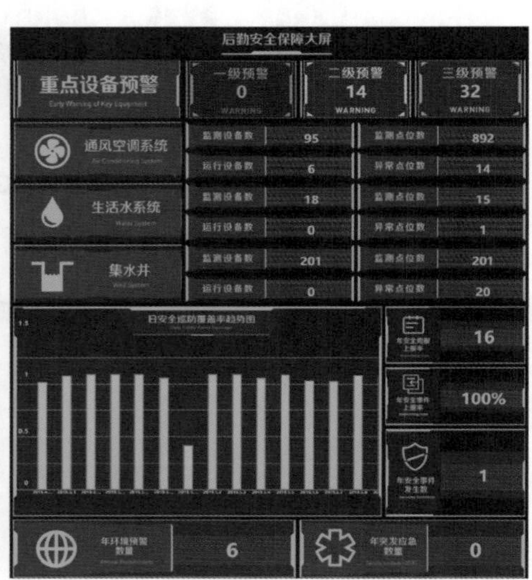

图 17　安全维度

（设备故障预警、安全巡防覆盖、环境预警和安全事件发生等数据的实时展示。）

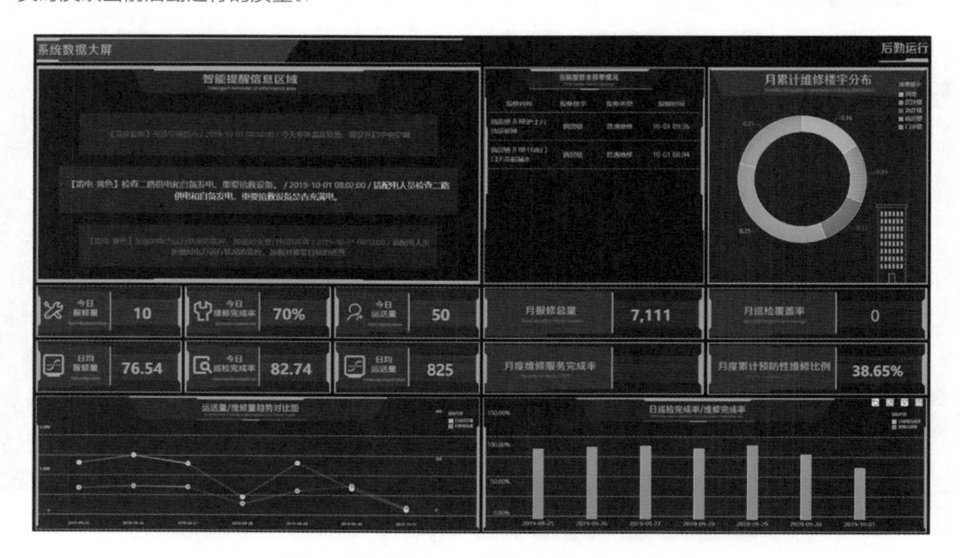

图 18　效率维度——维修、巡检与运送数据

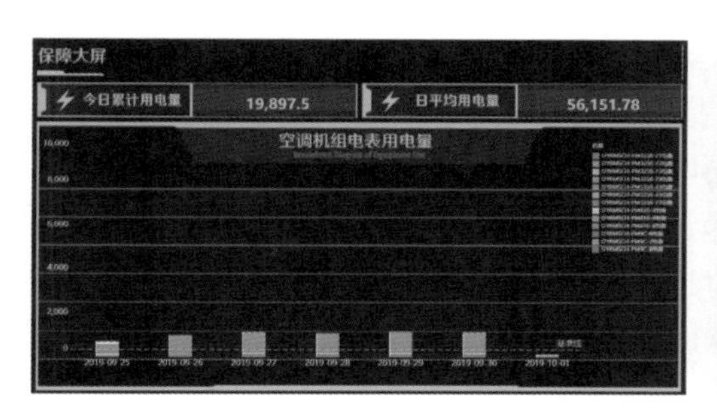

图 19　成本维度——能耗数据分析

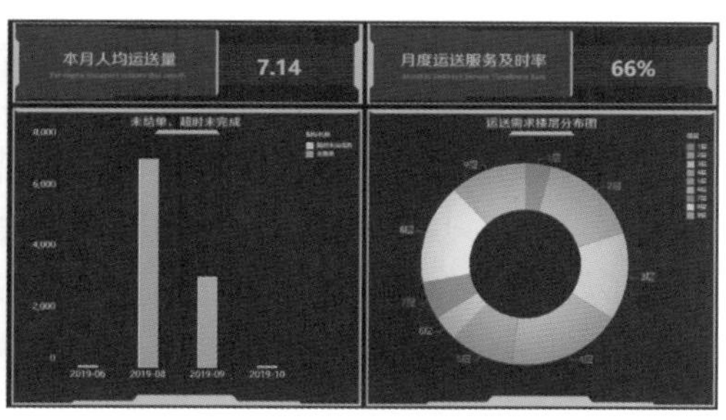

图 20　效率维度——运送服务效率

评价的结果可以推广至全市卫生系统，乃至全国医院后勤管理行业，实现同行业的横向评价。在医院系统率先编制发布后勤运行质量年报、资产月报。

（4）具备行业推广能力：在大数据与物联网技术的应用方面实现突破，创新建立了具有示范作用的、适用于新形势的后勤运行模式。从外包服务的质量监管、设施设备运行的实时监测、医疗设备的全生命周期管理、基础数据的标准化可视化几个热点、难点问题着手，为上海申康医院发展中心建设市级医院“后勤智慧网”提供蓝本，已起草申康智慧后勤建设规范性文件，作为全市推广的依据。

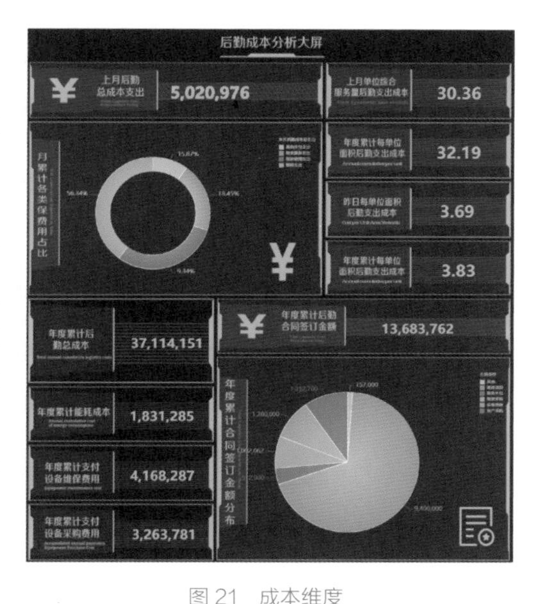

图 21　成本维度
（包括后勤运行月度、年度的各类成本支出分析。）

2. 主要创新点

（1）建设目标的创新：市一医院智慧后勤的建设目标与传统信息化建设不同，始终聚焦两点：一是医疗服务与质量，而非孤立的后勤管理；二是智慧运行后的管理模式再造，而非纯粹的信息化。医院智慧后勤的管理对象应该是数据及其产生的管理价值，而非纯粹的人、财、物管理台账。

（2）开发理念的创新：市一医院智慧后勤的开发理念是数据驱动理念，即从数据入手，所有功能围绕数据的采集、分析、应用，最终让数据提供管理决策依据、指导管理行为，抛弃表单电子化、工作流的传统信息开发理念。与目前国内医院基于 BIM 的建设理念、基于功能模块开发的建设理念均有明显差异。

（3）应用价值：市一医院智慧后勤的应用价值体现在医疗服务场景。数据价值最终的落脚点是场景化，让每一种场景的设计都以数据和标准为依据组成决策树，智慧后勤对管理的辅助不仅仅是数据报表，而是实际执行中给予实时、可操作、规范的管理路径。在应用价值上，与传统的基于工单派任务、做调度的理念，有着革命性的差异。

（4）理论层次的创新：市一医院后勤质量评价指标体系的建立方式，是从规范标准到三级指标，以累积数据反馈形成指标权重，所有运行数据均可交叉多维度比对分析，指标关注运行结果与运行质量，而非工作痕迹与数量，指标权重的形成是大数据技术与人工智能的初级应用，相比传统基于统计学的专家论证法，在理论层次上是一次革新。

(5) 信息技术层次的创新：在物联网技术、人工智能、大数据技术和 5G 技术的应用方式与应用层次方面，市一医院智慧后勤完全超越国内同行业水准，数据驱动理念、质量评价指标体系的形成、移动轻应用的广泛使用及 AR 增强现实的实际应用，均将最前沿的技术发挥到极致。

综上，市一医院智慧后勤有三大革新：一是汇集后勤运行实时数据，数据化监控后勤各板块运营状态，建立统一调度指挥的运行保障平台；二是抛弃传统主观的质量评价方式，通过积累运行数据与行业规范标准的参考，形成全行业可推广的质量评价指标体系；三是改变传统单纯的软件开发模式，通过运行数据反馈，对现有后勤运行管理模式与组织架构进行深层次的改革。

3. 学术研究成果

2016—2019 年，在市一医院后勤管理团队的共同努力下，于医院后勤管理领域进行理论与运行模式的创新探索，建成适应现代医院管理发展、理论与实践相结合、育人途径多样化的后勤管理专技人才培养体系，创新提出了医院后勤管理 4.0 时代、后勤运行评价指标、数据驱动理念、数据标杆理念、标准工时理念和预管理理念等，学术成果与实践经验在全国多次交流。

四年来，市一医院后勤管理团队共获得局级课题 11 项，校级课题 10 项，院级课题 10 项；主编著作 1 本，参编著作 2 本，发表中文核心期刊 32 篇，SCI 论文 4 篇，全国专业年会交流论文 242 篇。

"2016 年度全国后勤年会"上，市一医院后勤管理团队提供论文 20 篇，其中 4 篇获评优秀论文，投稿数为全市第二、获奖数为全国第一；"2017 年度全国后勤年会"上，提供论文 49 篇，其中 4 篇获评优秀论文，投稿数全国第一、获奖数全国第一；"2018 年度全国后勤年会"提供论文 64 篇，其中 7 篇获评优秀论文，投稿数全国为第一、获奖数为全国第一。医院连续三年获得全国年会优秀组织奖，连续两年获得全国医院后勤先进示范单位荣誉。

（撰稿：吴锦华　刘　军　陈　童　沈　兵）

BIM在医院建筑全生命周期中的应用
——上海市第六人民医院

一 建设背景

（一）项目简介

上海市第六人民医院（简称上海六院），用地面积85 773平方米，科研综合楼是一幢集实验、科研、生物样本库为一体的多功能科研综合楼和一个智能立体停车库。建筑面积48 080平方米，其中地上建筑面积31 700平方米，地上建筑高18层，建筑高度81米；地下建筑面积为16 380平方米，地下2层（智能车库为地下4层），地下室深埋约为11米。

该工程采用现浇钢筋混凝土框架——剪力墙结构体系，梁板式屋面。根据建筑使用功能的重要性，该工程为乙类建筑，符合该地区抗震设防烈度提高1度的要求，建筑结构的设计使用年限为50年，地基基础设计等级为甲级。

BIM技术实施过程为设计阶段、施工准备阶段、施工阶段、竣工验收及交付阶段、运维管理阶段等全生命周期管理。

上海六院模型如图1所示。

图1　上海六院模型

（二）医院后勤运维管理现状

1. 管理现状

（1）从运维管理工作人员配置方面看，后勤部门机构庞大、系统繁杂、调度不灵，无论从组织结构上、人才队伍建设上都无法满足医院发展的需求，弊端日益突出。

（2）从运维阶段协作工作方面看，很多工作都是交叉项目，需要多个科室协调工作。

（3）从运维阶段信息传输与使用方面看，医院内设备专业程度高、种类繁多，拥有大量的性能信息，而由于目前医院建筑运维信息化程度比较低，水电暖通、安防、消防各专业分别开展维护工作，各自为政，建筑数据、参数等信息分散在各部门，导致数据集成度不高甚至丢失严重。

（4）从运维阶段管理模式方面看，医院建筑中，中央空调、医用气体等专用设备种类繁多、分布部位广、不间断运行的特点决定了设备管理难度系数高。

（5）从运维管理行业标准方面看，医用后勤管理部门承担着医院设备的运营维修、房产的扩建、办公家具耗材等固定资产的采购、维修和配送，涉及专业众多。

（6）从运维阶段建筑能耗看，医疗能源耗费巨大。

2. 业务痛点

（1）工程数据管理和后勤数据管理分离，在建造工程结束后进入运维阶段两套管理体系、各自为战。

（2）医院运营系统种类繁多、自成体系、不能相互关联，形成信息孤岛，降低了医院的管理效率。比如消防系统、楼宇系统、视频系统、能耗系统、自控系统都是分立系统，不能协同。

（3）医院后勤运营仍大量采用二维图纸，系统管理落后，查找故障时间长、效率低；数据采集和使用还处于初级阶段，没有真正实现有效闭环管理和辅助决策。

（三）BIM在医院建筑全生命周期的价值

BIM技术在医院建筑全生命周期中的应用，顺应了现代医院建筑施工与运维管理的需求。医院院方是医院建筑项目的总组织者、总领导者，基于医院自身的立场，将BIM引入项目管理中，对提高院方的项目管理水平具有积极作用。为充分发挥BIM的功能，提升BIM应用成熟度，应将BIM技术嵌入项目管理（PM）的整个过程中，实现医院基础建设领域基于BIM+PM的全生命周期精细化管理。

（四）结合BIM的后勤运维管理

随着BIM、“互联网+”、大数据和人工智能等新技术的发展，医院建筑运维平台也正在从传统的后勤运维监管平台转向基于BIM的后勤智慧管理平台。通过和已有的建筑自动化系统进行集成，包括监控系统、门禁系统、能源管理系统、车位管理系统等，形成基于BIM的智慧医院后勤管理平台，提升医院可持续发展水平。

（五）BIM平台数字化应用未来规划

平台将利用BIM的优势，结合医院后勤运维管理的需求：

（1）聚焦建筑及设备设施全生命周期管理的数据集成化和可视化展示。

（2）利用建筑及设备设施信息管理的可视化展示、静态和动态多维度数据的集成分析、基于BIM的可视化管理辅助等技术实现可视化管理和智能辅助管理（包括日常管理和重要决策）。

（3）充分利用互联网、监控中心和移动终端的多平台优势。

（4）充分考虑院级平台和市级平台的模型对接和数据对接。

（5）充分考虑大数据、“互联网＋”、人工智能等未来的应用潜力。

二 BIM项目规划

（一）项目规划

1．实施规划

2015年上海市住建委将“上海市第六人民医院科研综合楼项目”纳入BIM试点应用单位（图2），由建设单位牵头，BIM咨询单位、代建单位、设计单位、施工总包、监理单位等共同参与，为满足各参与方在BIM技术应用过程中对BIM信息的沟通和协调，项目咨询单位进行了深入调研，编制BIM技术实施策划书，提出了全开发周期的BIM实施框架体系。这一体系不仅具备良好的实用性，同时兼顾了开放性和前瞻性，并预留进一步拓展空间。

图2　上海六院场景

BIM技术实施的基本内容包括BIM管理规范和BIM技术标准，项目所有参与方遵循策划书中的规范和标准开展BIM工作，以保证BIM应用为项目增值。

1）标准

（1）管理统一原则。在项目实施过程中，各类BIM技术实施指令均由BIM顾问单位协助项目建设单位发出，各相关参与方按照指令予以执行。

（2）工作职责的一致原则。BIM 技术在项目实施过程中，各参与方负有对 BIM 管理、整合、查验等同等职责。

（3）实施过程的同步一致原则。BIM 与实施进度保持一致，数据信息与技术应用保持一致，模型始终处于适用状态。

（4）可持续更新原则。BIM 按实施进度可修改及完善，根据实施过程中的反馈不断更新。

2）实施流程

（1）BIM 工作管理。各参与方在完成自身 BIM 工作的同时，应与其他各方积极协作，共同推进，保证模型的实时有效性。对工作人员进行业务培训，确保上岗人员的技术水平和能力。事前拟定工作计划和实施保障措施，过程中接受牵头方的管理与监督。

（2）BIM 文件管理。BIM 文件以及 BIM 应用成果文件应包含 BIM 文件的管理。在协同平台设置权限，保证 BIM 文件的完整性，防止资料丢失。由 BIM 顾问单位负责文件维护、更新，由牵头单位负责存档、整理。

（3）例会制度。在项目实施过程中，实行 BIM 应用专题例会制度，项目实施前期每周一次。

3）项目组织模式与流程

项目组织模式见图 3。

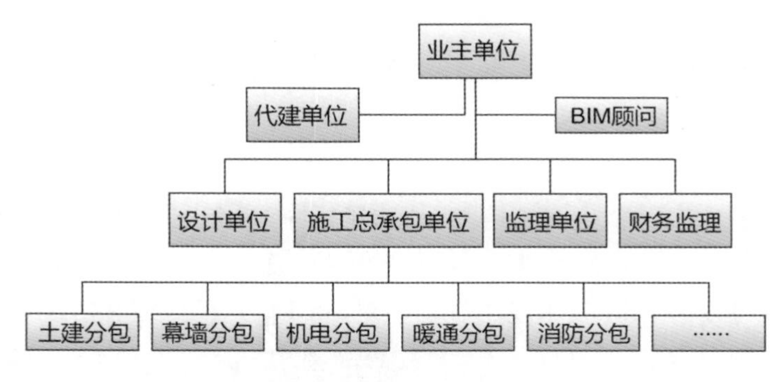

图 3　项目组织模式

2. 运维规划

系统设计目的旨在让后勤系统的管理变得更为简易、更有效率。提供一个中央管理系统以及数据库，同时可以协调各子系统间的相互连锁动作及相互合作关系，系统通过完善以上子系统及软硬件接口集成各子系统，通过高速网络和开放的、标准的软件接口进行各系统间的无缝集成，以达成最大化的信息共享及系统的联动，并自动完成数据采集、存储、分析等工作。部分缺失功能的系统将安装传感器以提高智能化程度，通过加装网络控制器等设备实现智能监控。

1）标准

（1）运维模型应按统一的标准和要求创建。

(2) 运维模型应涵盖各专业模型元素,满足实际运维需求。

(3) 运维模型创建过程中应根据实际查勘情况进行修正,模型与实体应一致。

(4) 运维模型及其输出的结果文件在应用前应经审核和验收。

(5) 交付的运维模型文件的格式应具有开放性,支持提取运维需要的信息。

(6) 医院建筑在运行维护和更新改造过程中应实时更新运维模型,模型与实体应一致。

2) 运维流程

利用 GIS + BIM + "互联网 + "、物联网、大数据等信息技术,通过后勤运营综合服务台集合医院后勤人力、物力、财力、管理等要素和社会化资源源于同一平台(图 4),实现后得到效率提升和服务协同。

图 4　集成平台

3. 项目目标

BIM 的核心是综合冗杂的建筑信息,通过建立建筑信息模型辅助建设方、设计单位、承包商等的沟通和交流,改变传统的以建设方为中心的协调模式,使得管理工作更高效,决策更科学。

以阶段划分,BIM 技术应用包含施工准备阶段(重点施工方案模拟比选、工程量计算、碰撞分析)、施工阶段(BIM 工程量计算、4D 模拟、重大设计变更跟踪、施工现场辅助管理与跟踪、竣工模型整合)、竣工及交付阶段(结算 BIM 工程量计算、运维模型处理)、运维阶段。

4. BIM 应用模式

业主驱动 + BIM 咨询单位全程参与,可在项目早期阶段将主要的施工管理、设备厂商、材料供应商、专业分包单位等聚集到一起,与设计方和业主一起共同将质量、美学、建造可能性、经济可行性、及时性及无缝流程融入设计的生命周期管理,并实现最佳组合。基于 BIM 驱动模式,改变传统的医疗建筑管理,在协同概念的工作方式下,使用者不仅可以在规划阶段身临其境地体验未来成果,而且每个阶段的模型都将为未来的资产与设备管理、运营管理提供支持。

（二）BIM与信息化结合

BIM的技术核心是在计算机中建立虚拟的建筑工程三维模型，同时利用数字化技术，为模型提供完整的、与实际情况一致的建筑与设施信息库。BIM模型中包含的信息还可用模拟建筑物在真实世界中的状态和变化使得在建筑物建成之前，项目的相关利益方就能对整个工程项目的建设与运行做出最完整的分析和评估。

1. 医院不同职务群体需求（图5）

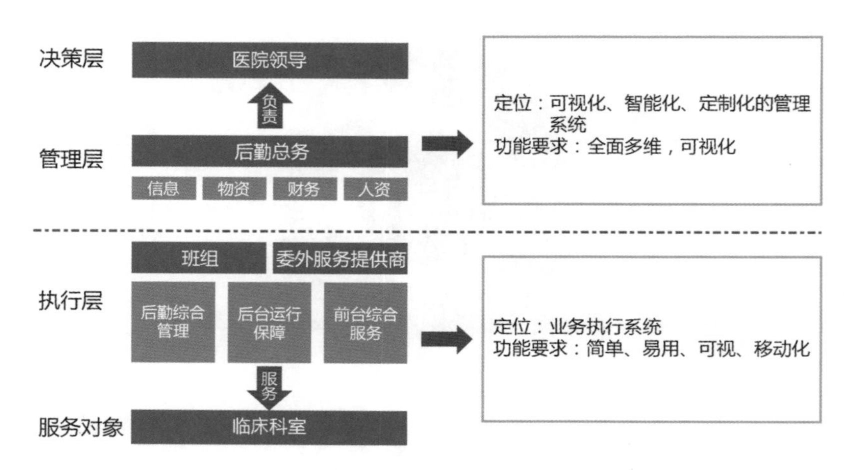

图5 医院不同职务群体需求

2. 后勤运维各系统

三维系统使用的是C/S架构；移动端使用微信公众号实现，使用微信公众号框架；BIM加GIS与楼宇监控系统的结合，为安防、消防、楼宇智能监控提供了全数字化、智能化的建筑设施监管体系；BIM+GIS模型数据库所储存的建筑物信息，不仅包含建筑物的几何信息，还包含大量的建筑物性能信息、设施维修保养信息，各类信息在运维阶段不断地补充、完善和使用。平台能够实现1套模型、1套数据、1个平台的运维管理模式，使管理人员能够通过三维可视化平台进行消防、照明、空调的BIM+GIS三维可视化控制，可通过手机端进行照明控制、空调控制、日常运维管理，管理系统可根据用户的不同角色工作流程，定制个性化的操作界面，基于角色的安全权限管理以保证信息数据的安全性（图6）。

3. 基于BIM运维平台的信息整合

下列运维系统应提供开放数据接口与运维BIM系统对接，集成所有监测点位的实时数据：

（1）楼宇自控系统（简称BA系统）。

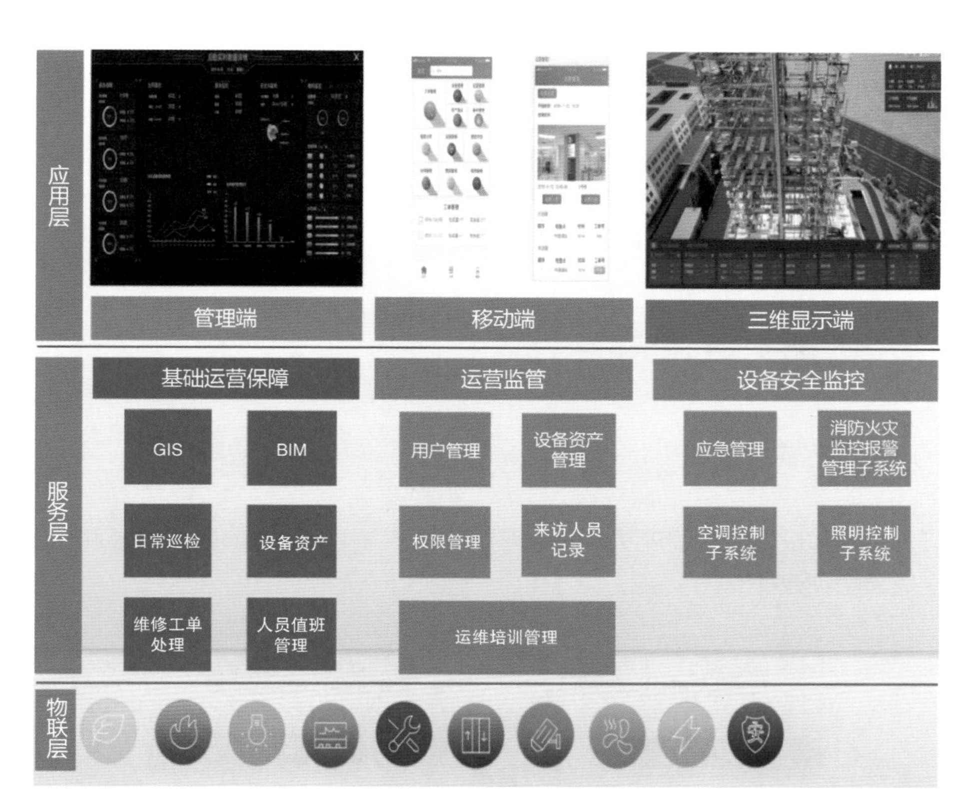

图 6　后勤运维框架

（2）能耗监测系统。

（3）报修服务系统。

（4）视频监控系统。

（5）医用气体系统。

（6）安防报警系统。

（7）停车管理系统。

（8）人脸识别系统。

（9）客流统计系统。

（10）电梯监测系统。

（11）特殊区域空调监控系统。

（12）蒸汽锅炉监控系统。

（13）柴油发电机监控系统。

（14）污水处理监控系统。

（15）电力监测系统。

（16）环境监测系统。

（17）净水系统。

（18）其他设备智能化监控系统信息集成(IBMS 系统)。

（19）运维 BIM 系统应建立运维系统中的信息点位与模型中对应模型元素的关联关系；当运维系统中信息点位出现变动时，应及时更新。

（20）应根据运维信息的重要性和实效性，确定相应的信息采集频率。对于安防报警系统、停车管理系统、人脸识别系统、电梯监控系统及各运维系统的报警信息等实时性要求较高的数据，信息采集频率不得少于 10 秒一次。

三 BIM 技术应用内容

（一）建模方式

制订符合现代医院项目管理功能和管理要素的 BIM 实施标准，按照标准利用 Revit 软件完成全线模型创建（图 7）。

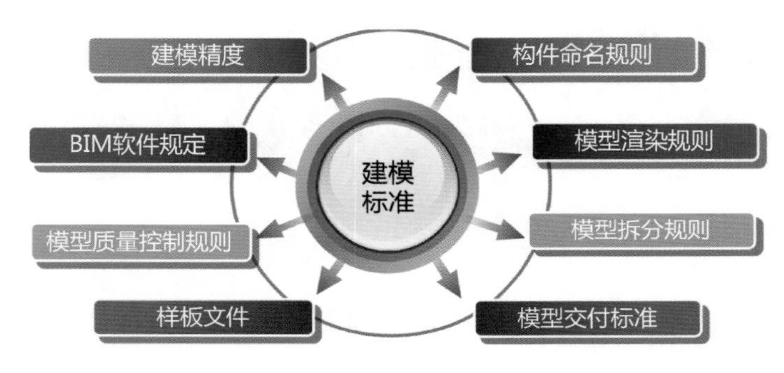

图 7　建模标准

（二）应用点

1. BIM 技术在项目设计阶段的应用

项目的建筑立面、结构体系复杂，机电管线涉及专业众多，设备实施种类各异且相互盘根错节。利用 BIM 技术与设计结合，建立可视化协调平台，将设计阶段的各专业融合到平台，所有的设计图纸将在三维可视化的环境下展现，并可在三维环境下讨论修改。

项目设计阶段包括以下几项重点应用。

1）基于 BIM 技术的方案虚拟漫游展示

虚拟漫游展示是利用 BIM 软件来进行模拟建筑物的三维空间（图 8），以漫游、动画的形式达到身临其境的视觉、空间感受，在三维虚拟漫游过程中将二维表达中不易察觉的设计缺陷及问题暴露出来，减少由于事先规划不周而造成的损失，促进工程项目的规划、设计、投标、报批与管理。

图8　上海六院建筑模拟图

2）基于BIM技术的三维信息模型搭建

通过将二维CAD的各专业包括建筑、结构、给排水、暖通、电气、消防等图纸资料及设备设施的工程属性进行收集，由BIM工程师利用Autodesk公司出品的Revit软件进行全专业三维信息模型的搭建，保证三维信息模型与施工图设计图纸一致，即保证“图模一致”。

3）基于BIM技术的图纸优化

Revit模型经过图模一致性核查后，利用Navisworks Manage 2013软件中的数据信息处理工具，将各专业Revit模型合并导入，通过设置不同的容差值，计算机自动检测和判断，对结构、建筑、机电模型进行碰撞检查，重点解决室内外主要碰撞及空间高度的优化，室外管线及与景观树木、道路、消防通道等关系，管线与地下室顶板覆土层厚度关系等，通过将碰撞问题前置解决，避免施工延误和错误返工问题，有效控制工程造价（图9）。

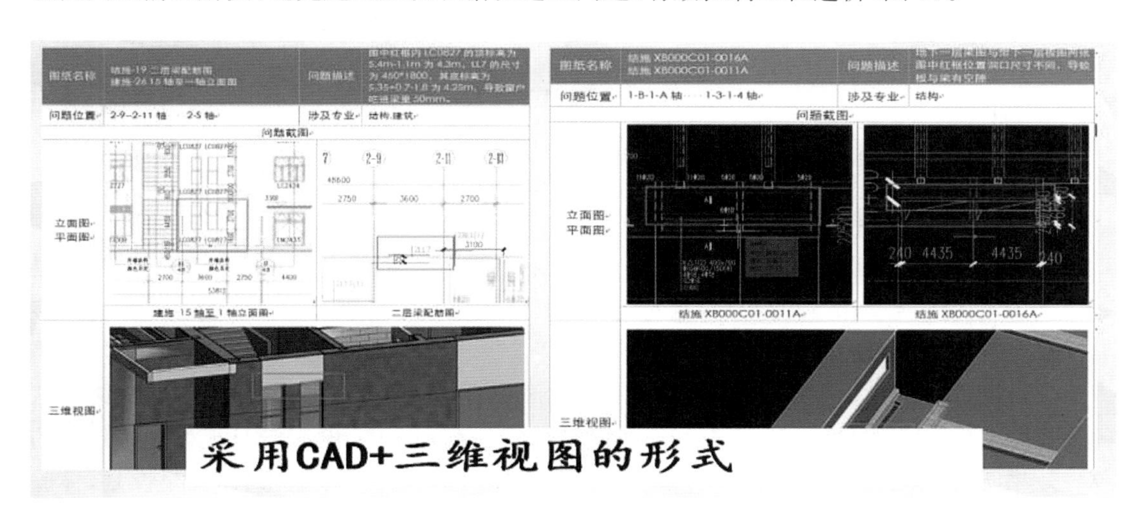

图9　图纸优化

4）基于BIM技术的机电管线综合

依据管综原则，利用BIM技术的可视化特点针对机电专业进行三维管线综合和净高分析，经审核合格后，落实施工图更新，完成机电各专业管线二维图（含标高、定位尺寸、管径及标高等主要参数）（图 10、图 11）。

图 10 管线综合（一）

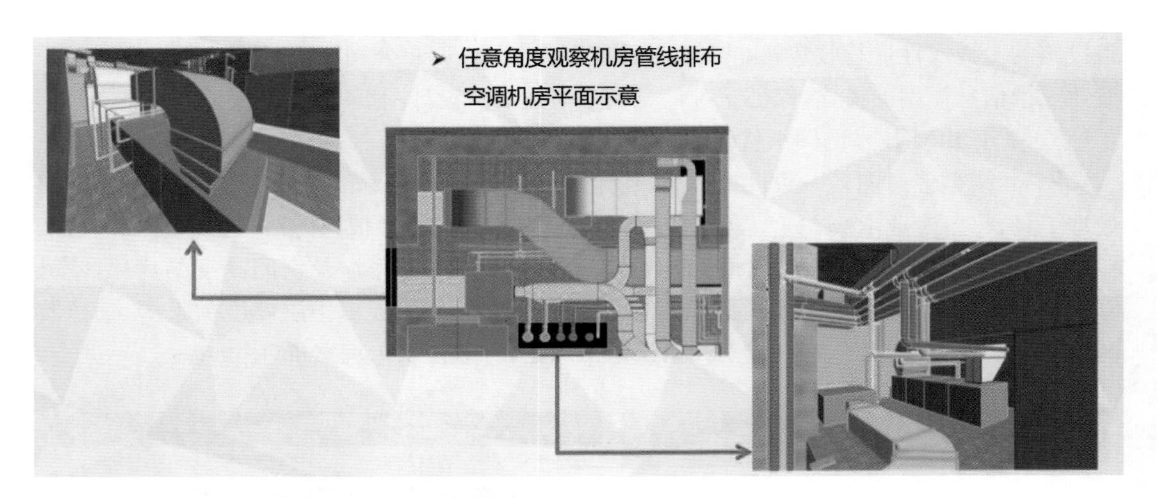

图 11 管线综合（二）

5）基于 BIM 技术净高空间验证

通过优化 BIM 模型中空间结构，确定各区域最高净空，确定各功能区域的使用功能是否得到满足，并制作净空漫游，为后期的施工及装修提供技术依据（图 12）。

6）基于 BIM 技术的精装修方案配合

项目推进过程中，对实验室、样本库等采取虚拟现实→予以确认→样板房→最终确认的途径。提出“拿纬度换精度，用空间换时间”的口号，利用 BIM 的三维可视化代替传统的单一效果图展示，使用者可直接参与精装修设计方案过程，通过“纸上谈兵”及早谋划，体验实际效果。

7）BIM 技术在设计阶段的价值及优势

在传统的设计过程中，二维 CAD 在建设项目存在图纸的繁琐、错误率较高、表达不清楚等缺点。BIM 技术的引进，对现在复杂医疗建筑带来的实用价值是巨大的，优势体

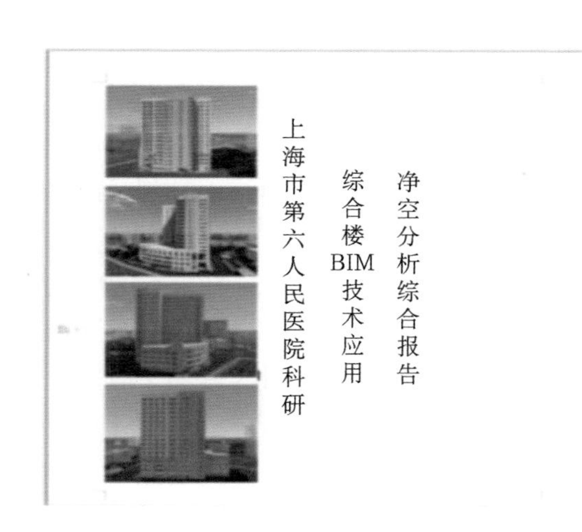

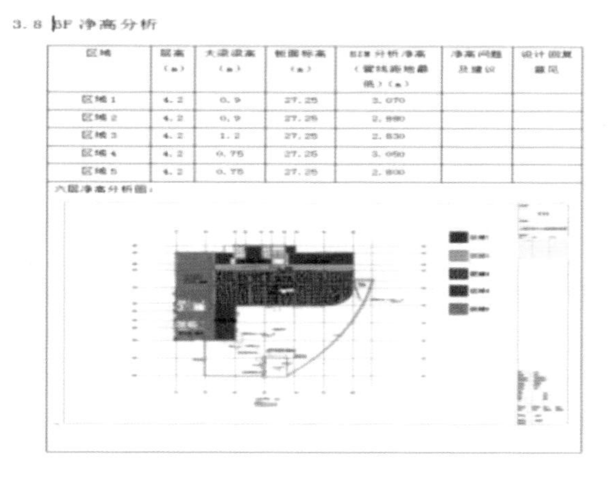

3.8 6F 净高分析

区域	层高（m）	大梁梁高（m）	楼面标高（m）	BIM 分析净高（管线离地最低）（m）	净高问题及建议	设计回复意见
区域 1	4.2	0.9	27.25	3.070		
区域 2	4.2	0.9	27.25	2.990		
区域 3	4.2	1.2	27.25	2.830		
区域 4	4.2	0.75	27.25	3.050		
区域 5	4.2	0.75	27.25	2.800		

六层净高分析图：

图 12　净高分析报告展示

现为：

（1）方案阶段的可视化优势

在外立面陶土板排版、色彩搭配、线条勾勒等过程中为方案决策展现了极大优势，“拿维度换精度，用空间抢时间”，利用 BIM 技术的可视化优势，将项目周边的建筑及景观与项目本身模拟到电脑中，实际效果和模拟效果完全吻合。

（2）基于 BIM 技术的图纸优化

对于传统建设项目设计模式，各专业包括设计之间的矛盾冲突极易出现且难以解决。通过利用 BIM 技术的可视化及协同设计的优势，依据建筑、结构、机电等各专业二维 CAD 图纸制作三维 BIM 模型，在同一个平台里进行各专业之间的碰撞检测，在项目建造之前完成碰撞汇总，提升图纸质量，减少施工阶段的返误工现象，为整个项目节约成本且缩短项目周期。

（3）机电管线的二次深化、BIM 管综二维出图

传统设计阶段机电专业图纸标高及位置表示模糊，通常电气桥架在施工图中表述为贴梁底铺设，暖通专业部分风管同样是贴梁底铺设，机电管线之间相互交叉及碰撞较多，在施工阶段会造成大量的窝工及扯皮现象。

BIM 技术可以在三维可视化的环境中将各机电专业链接在同一个平台，根据管综优化原则完成机电管线的二次深化，保证管线之间没有交叉及施工的可实施性，合理布置各专业管线的位置及标高。

（4）设计阶段的资料管理及协同平台的优势

随着设计及施工进程的不断发展，不可避免地会出现设计变更，在传统的项目实施过程中，资料的流转依靠纸质文件，但是由于项目参与单位众多，纸质资料的流转速度较慢，并且会出现流转过程中的丢失现象。

BIM 搭建了两个管理平台，一个是资料管理平台，主要解决资料流转问题及竣工验收时资料的收集问题；另一个三维协同平台，各方可以基于三维协同平台进行同时虚拟漫游，

在平台中进行沟通讨论，大大减少了协同工作会议，提高工作效率。

8）BIM技术在设计阶段中的主要应用点

（1）建筑设计前期模拟设计：BIM技术单纯应用在建筑设计中的过程无法彰显其自身作用，但是通过模拟模型的方式，则可以让其优势得以充分体现，为建筑设计提供所需要的相应数据。在进行建筑设计之前，技术人员首先需要对建筑工地采用BIM技术进行施工内容以及施工方案的模拟，对模拟的现场进行勘查，使技术人员明确在实际施工过程中处理问题的最优措施及方案，甚至让施工人员优化以及完善建筑设计方案，保障建筑整体质量符合招标者的需求；其次，在建筑设计的前期，也可以通过对实际施工现场进行运输模拟分析与研究，设计出科学的运输方案，从而促进实际施工的进程与效率。通过以上两个方面的分析，不难看出，在建筑施工前期进行模拟设计，不但可以让运输方案以及施工方案得到完善与优化，还可以有效地节约成本为建筑施工企业赢得最大的利益。

（2）建筑动态控制设计：在建筑设计过程中，充分利用BIM技术，可以有效地对建筑工程进度给予控制与监控，在建筑设计前期的模拟过程中，建筑工人可以通过对施工现场及模型进行观察与研究，来获取实际建设过程中所需要的相关数据与信息，进而对实际建筑过程中的各个环节进行优化与完善，最终达到对建筑工程各个环节的有效控制。在建筑工程施工之前，需要专业技术人员对施工方案进行进度规划，从而确保施工规划内容的可靠性与科学性，施工人员要对施工内容进行模拟设计，通过模拟设计有效优化施工技术以及施工方案，在实际施工的过程中，也需要根据实际施工所出现的状况进行相应的动态模型模拟，从而保证工程项目可以在预计工期之内完成。通过BIM技术所展现的动态控制设计，则能够让整个进程毫无保留地呈现在设计者面前，对于整个过程的控制有更加精准的把握。

（3）在建筑可持续发展中的设计：随着我国经济的快速发展，人们生活水平和质量不断提高，对于建筑的要求也在日益提高，在这样的背景下，建筑设计采用BIM技术，对建筑设计进行完善，将人们的需求纳入其中，展现更具人性化的设计内容。通过采用新技术，搭建出三维甚至是四维的建筑模型来向用户展现建筑的整体外观，以及建筑的内部结构，比如可以利用Revit软件对建筑内部情况以及外部环境等进行模拟，从而可以让用户在建筑落成之前，就对周围的环境进行了解与掌握，并让用户根据个人需求来判定是否符合其要求，结合个人需求进行相应设计。BIM技术在建筑的整个应用，能促使用户参与建筑设计的过程，从而让建筑得到可持续发展设计，提供最符合当时人们所需要的决策。

3. BIM技术在项目施工阶段的应用

项目基地北侧有急诊楼，东侧为居民区，涉及施工工序复杂、机电分包多、施工场地狭窄等困难，要做到不影响医院的正常运行是项目管理、施工组织、场地布置等面临的困难与挑战，该阶段BIM技术应用内容包含如下。

1）基于 BIM 的施工场地管理

利用 BIM 技术的模拟性优势，对施工场地布置进行预模拟，以保证施工场地布置的科学及合理性，确保施工进度的正常运行（图 13）。

图 13　施工场地模拟截图

2）专项施工方案的模拟

对一些特殊及狭小部位的工序进行模拟，非常直观地了解施工工序，把握施工过程，提前模拟可发现并消除施工中可能存在的安全技术缺陷（图 14）。

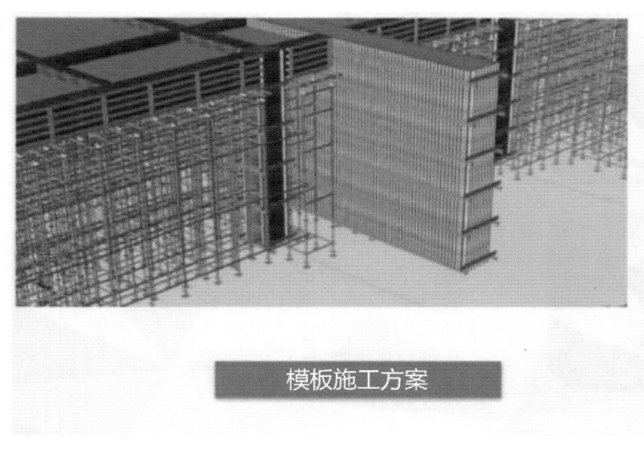

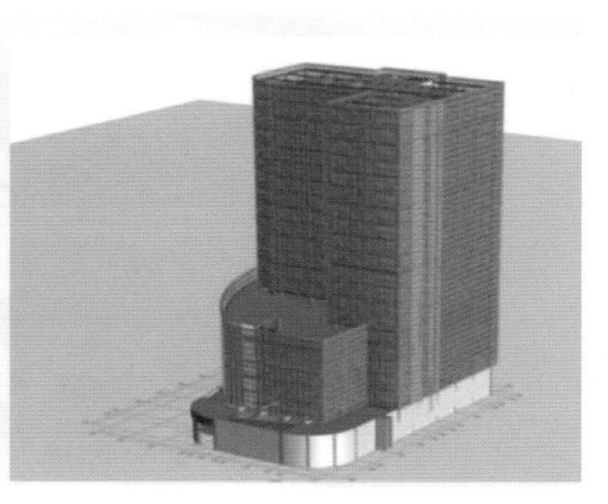

图 14　脚手架专项施工方案模拟

3）基于 BIM 技术的施工进度模拟

利用 3D 的模型，再加上时间信息，深化为 4D，结合进度计划，可以对现场进行工程进度控制和演练。通过 4D 形象进度演练，现场结构施工进度得到良好的控制，提前于模块计划完成结构施工（图 15）。

图 15　施工进度模拟截图

4）基于 BIM 技术的施工现场配合

BIM 工程师通过利用技术手段将 BIM 模型轻量化处理，导入 iPad，交付施工现场技术人员。施工技术人员可以利用 iPad 中的轻量化模型与施工现场对比，降低了施工技术人员的三维想象空间难度，减少了施工技术交底时间，提升了项目实施的工作效率（图 16）。

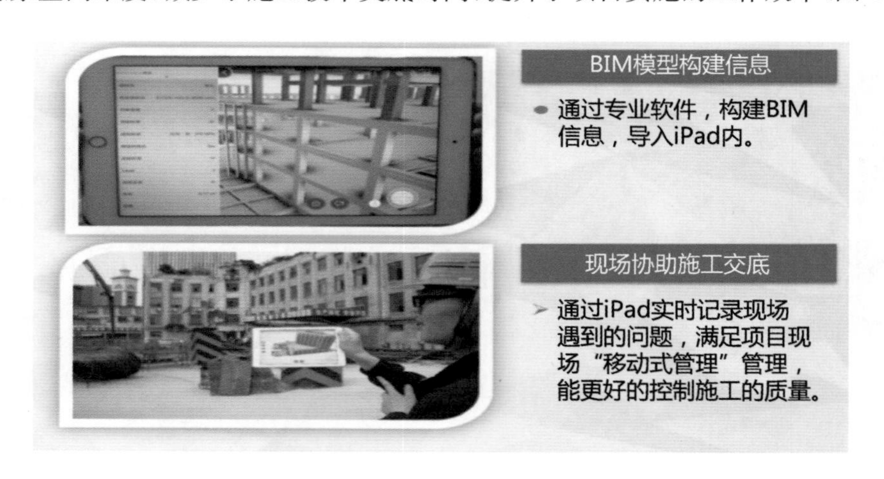

图 16　施工现场与 BIM 技术结合

5）基于 BIM 的竣工模型

项目实施过程中，由 BIM 顾问对设计图纸进行建模，将设计模型传递给施工单位，施工单位在设计模型的基础上进行设计深化并添加施工参数从而得到施工模型，过程中逐步将构件、设备的运维信息添加到施工模型中去，得到完整的竣工模型（图 17）。

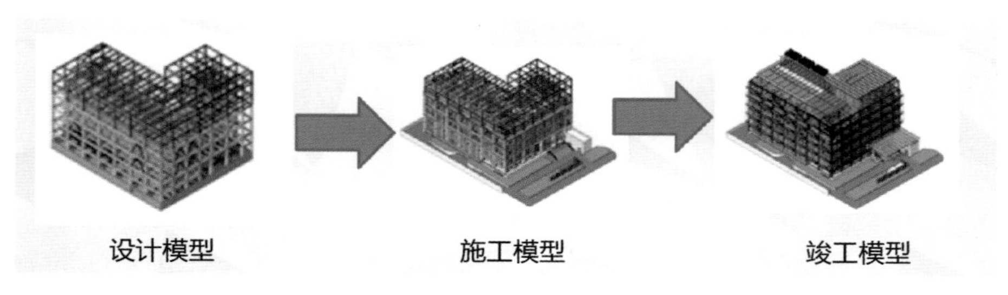

图 17　竣工模型

6）辅助业主单位进行竣工验收及竣工决算

由于竣工模型与施工现场一致，以及项目实施过程所有的项目资料在资料管理平台中，因此可以完全依靠 BIM 技术的竣工模型进行竣工验收。BIM 竣工模型包含项目中的信息数据，利用 BIM 技术的快速化算量的优势，及时进行竣工决算。

7）BIM 技术在施工阶段应用的价值及优势

（1）提高了施工效率通过多维技术的渲染，以动画形式将施工步骤、施工要点等进行了演示，减少了平面图画分析与实践之间的差距，减少了图纸分解的过程。以 BIM 为依托，将不同的施工方案和设计等录入其中，并进行演算，对比找出最优方案并选择实施，避免施工过程中的问题，提高施工效率。

（2）减少了施工浪费利用 BIM 的 5D 模型，将工程的耗费与进度结合展现，再通过量化核算，为施工方案的资源控制提供了前置性依据。利用 BIM 技术有效地将工程施工的基础性数据进行搜集和整合分析，精确地利用大量数据信息计算出预期消耗，对于施工计划和资源节约计划的制订提供了科学依据，特别是 BIM 极具代表性的碰撞检查，能够较为准确地模拟出施工情况，帮助优化预设方案，减少了返工可能。

（3）促进了管理控制精确地掌握了各种数据和各个进度的演化可能，再与计划消耗、实际消耗等进行多项对比，最终作用于用材、采购环节，实现对成本和风险的有效控制，为决策层在人员调动、资源匹配和进度控制等方面，提供了更多的参考和依据。

4. BIM 技术在医院新建项目的运维阶段的运用研究

运维系统的建设是以 BIM 数据为基础，基于 Spring Cloud 和 Direct 3D 为底层开发工具应用于医院系统的智能运维平台。通过运用 BIM 技术实现以下目标：

（1）扩展设计建造阶段 Revit 建筑信息模型在建筑全生命周期管理中的运用；

（2）通过可视化同步更新 BIM 信息数据和智能运维管理系统数据，提高数据精确性；

（3）在智能运维管理系统中，通过可视化图形界面直观管理空间与设备资产信息。

主要模块如下。

1）空间管理模块

空间管理模块可提升病房空间的利用率和评估空间相关收支，空间管理产生的分析报表可以显示每平方米的空间分配情况和精确的空间占用明细，为相关部门生成精确可靠的病房空间分配和占用报表。做到：

(1) 提升空间利用率,减少空间运营费用;

(2) 自动生成各科室空间占用明细,满足特殊统计和报表需求;

(3) 通过空间信息数据与可视化界面链接,确保空间平面信息的精确和可靠。

2) 机电设施维护管理

医疗建筑工程复杂性都远远超过传统住宅项目,其中大量的基础设施在项目运营时期内需要做大量维护和修缮。在水电管线管理子系统中,通过运用BIM技术,在可视化三维环境中,再现医院水电管线系统,为运维人员跟踪和维护管理水电管线系统提供支持。

3) 后勤设施运维管理

医院是固定资产密集性单位,为了更好辅助后勤物业管理部门充分发挥固定资产的效能,监督并促进固定资产使用,在解决方案中实现:

(1) 通过定期和应急设施运维管理,保障医院固定资产日常的效能发挥;

(2) 通过集成物业审批流程与运维工单管理,实现物业设施规范化管理;

(3) 通过集成物业耗材物资管理,监督并促进固定资产妥善保管和合理使用。

4) BIM技术在运维阶段应用的价值及优势

(1) 有效地解决了信息存储、检索与知识传递的难题,实现了对业主信息资产的保护以及企业知识的积累,降低了物业管理成本;

(2) 通过BIM结合智能楼宇管理系统(Intelligent Building Management System, IBMS)对相关信息进行汇集、分析、应用、展现,实现建筑统一的可视化管理;

(3) 让日常运营工作以及对故障、报警、预警的响应都更具有针对性,快速查找问题根源所在并及时解决问题,提高了运营工作效率;

(4) 通过对运营管理大数据的汇集、累积与分析,实现了对设施设备的科学化维保以及可预见性管理;

(5) 收集可测、可评、可预测的环境信息,让环境可调、可控,提升了大楼环境品质。

5. 协同工作机制

1) 协同展示平台

采用AR协同平台来流转使用,保证模型的统一性,避免一模多建和使用模型不统一等问题(图18)。

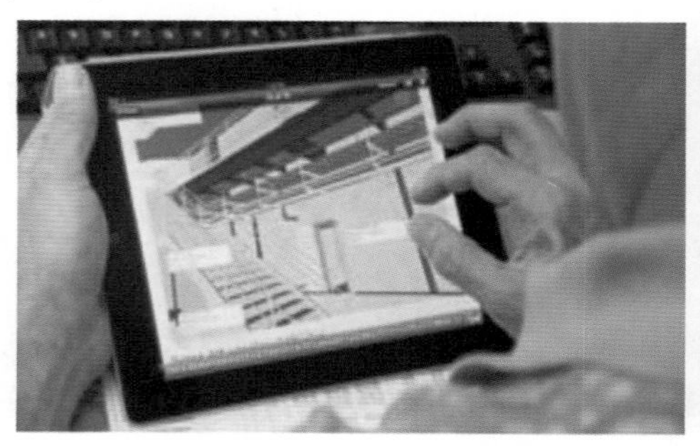
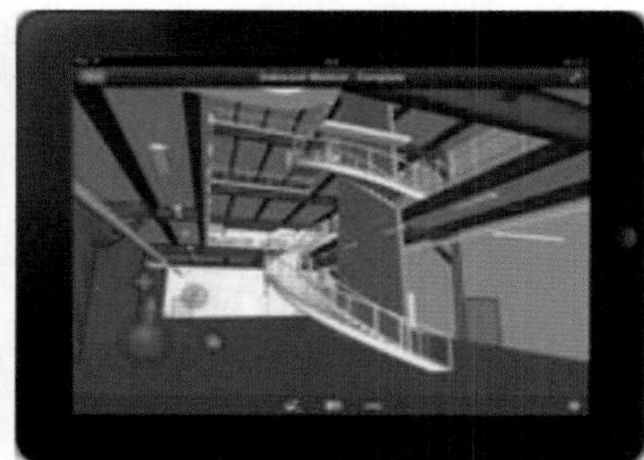

图18 协同展示

2）资料管理平台

资料管理平台是供项目参与单位进行数据交流的平台，它可做到：项目文件统一存放、基于文件的讨论、历史版本的记录、多级权限控制、在线预览、灵活的角色定义、强大的外链分享、文件锁、多设备支持等（图 19）。

图 19　资料管理

3）竣工 BIM

根据项目进度，在竣工验收前，BIM 单位沟通设计、施工、监理各单位，汇总核对工程变更资料，各专业 BIM 工程师展示、核对变更位置 BIM，确保竣工 BIM 与竣工现场工程情况一致。经各方确认后，向业主单位提交 BIM 建筑竣工模型、机电竣工模型、结构竣工模型、幕墙竣工模型等。

4）BIM 竣工信息集成

通过在 BIM 上集成竣工信息（设计图纸、竣工图纸、设备信息等），提供具有完整而真实的建筑全局信息模型，植入尺寸、规格、设备的厂家信息等，挂接设备合格证书电子扫描件等信息，综合形成基础数据库，在管理过程中，可以实现设备信息的快速调用。

（三）产品架构

1. BIM 技术在项目设计阶段的应用

1）可视化设计

BIM 技术下的建模设计过程是以三维状态为基础，不同于 CAD 的基于二维状态下的设计。在设计阶段运用 BIM 技术，构建建筑构件三维实体模型，能直观地观察建筑构件，分析建筑结构的功能布局，推断建筑体量。在大型的建筑工程结构设计中，采用 BIM 可视化技术，能对建筑结构进行动态演示，对建筑结构的尺寸、相符度进行考察，从而确定最优设计方案。的确，BIM 的可视化特点大大提高了传统的工作效率，减少了施工中出现的问题，把未来可能出现的问题在设计阶段最大限度地解决掉（不可能全部解决）。同时，可视化还改善了双方的沟通环境，对医院的信息建设起到了积极作用，让设计方与甲方或者施工方能够在统一的环境下进行沟通。

2）专业间协同作业

BIM 技术可以通过建立基于 BIM 数据库的协同平台，把建筑项目各阶段、各专业间的数据信息纳入该平台中。业主、设计、施工及运维等各方可以随时从该平台上任意调取各自所需的信息，通过协同平台对项目进行设计深化、施工模拟、进度把控、成本管控等，提升项目的管理水平、设计品质。通过将 BIM 技术应用到不同专业协调设计中，各个专业的工作人员能够实现信息的完全共享，便于进行协同工作，保证建筑设计以及施工能够正常、有序地进行，进一步保证建筑的质量。

3）能耗分析

在建筑信息模型中，建筑构件并不只是一个虚拟的视觉构件，而是可以模拟除几何形状以外的一些非几何属性，如材料的耐火等级、材料的传热系数、构件的造价、采购信息、重量和受力状况等，传统的 2D 手段分析这些都较为困难。而通过 BIM 技术的导入，建立起基于建筑节能方面的模型，可帮助建筑师更好地分析能源损耗点，进行相应的调整，例如日照分析、碳排放分析等，提高建筑设计的效能，实现绿色建筑。

2. 数据统一联动

（1）跨平台、可扩展、支持多种行业标准协议的智能数据采集与分发系统。

（2）通过在不同设备的场景中预设不同的报警规则，一旦目标在场景中出现了违反预定义规则的行为，系统会自动发出报警。

（3）实时收集、计算、分析数据，目标驱动值达到流程触发阈值时，系统将自动启动相应的处理流程，实现数据智能化驱动流程，如人员排班流程、维修流程、采购流程、无关流程等。

各数据的统一联动参见图 20。

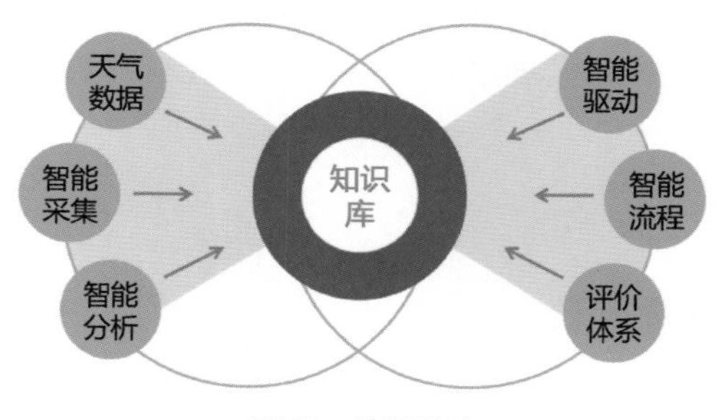

图 20　数据联动

(四) 技术框架

1. 物联网设备数据采集

物联网所有数据采集是从设备采集的，设备有很多种，有些通过传感器来采集；有些设备属于智能设备，本身就是一台小型计算机，能够自己采集。不管是传感器还是智能设备，采集方式一般包含两种，一种是报文方式，就是根据你设置的采集频率，比如1分钟一次、1秒一次进行数据传输，一般放到MQ中；还有一种采集是以文件的方式采集，就是设备不停地发送数据，然后形成一个文件或者多个文件(图21)。

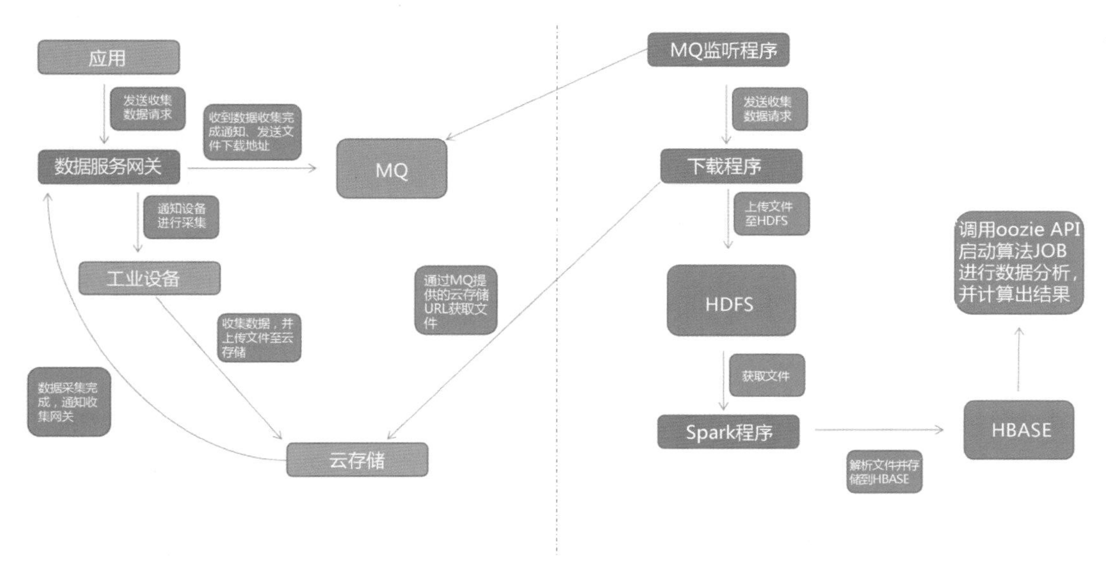

图21 物联网设备数据采集

报文采集的方式和互联网的日志生成极为相同，就好比日志是逐条逐条进入，报文概念是一样的。因为是毫秒级采集，由于数据量比较大，所以整个方式处理会有所不同，但是整体和互联网也没有区别。

1）采集时间

采集时间为采集时间长短。

2）采集参数

每个设备有上千个甚至几千个参数，需要告诉设备要采集哪些参数。设备开始采集之后，以文件的方式保存，通过网络传送到云存储。由于数据量大，这里通常要做系列化以及压缩处理，避免给网络带来太大开销。

2. 医院后勤系统数据对接

(1) 接口方案：三维平台使用C/S架构；手机网页端使用微信公众号实现，使用微信服务号的某些功能，与数据通信使用https接口方案(https协议是由http加上TLS/SSL协议构建的可进行加密传输、身份认证的网络协议，主要通过数字证书、加密算法、非对称密钥等技术完成互联网数据传输加密，实现互联网传输安全保护)；Web端使用B/S架构，与数据通信使用https接口方案(https是以安全为目标的http通道，在http的基础上通过传输加密保证了传输过程的安全性)。

(2) 数据格式：平台采用通用json数据格式进行数据传输。

（3）硬件对接：支持 TCP、modbus、串口通信协议。

（4）项目数据来源：三维平台模型数据来自 Rivit、MAX 模型数据和 GIS 数据导入，消防火灾监控子系统、照明控制子系统、空调控制子系统数据来源为第三方提供的硬件设备数据；设备资产管理数据来源为人工录入；维修工单处理数据来源为日常巡检、自动预警和拨打维修电话。

3. 三维显示端实施

三维显示端实施方法：现场部署三维客户端的计算机要能够达到三维客户端配置的最低要求，并且能够连接互联网；有预留 USB 接口；系统安装盘以固态硬盘为佳。

将三维客户端安装程序拷贝到要部署的计算机，双击程序图标按照提示流程安装即可。安装完成后重启计算机，并将加密狗插入预留 USB 接口，点击三维客户端图标即可进入系统使用系统功能（图 22）。

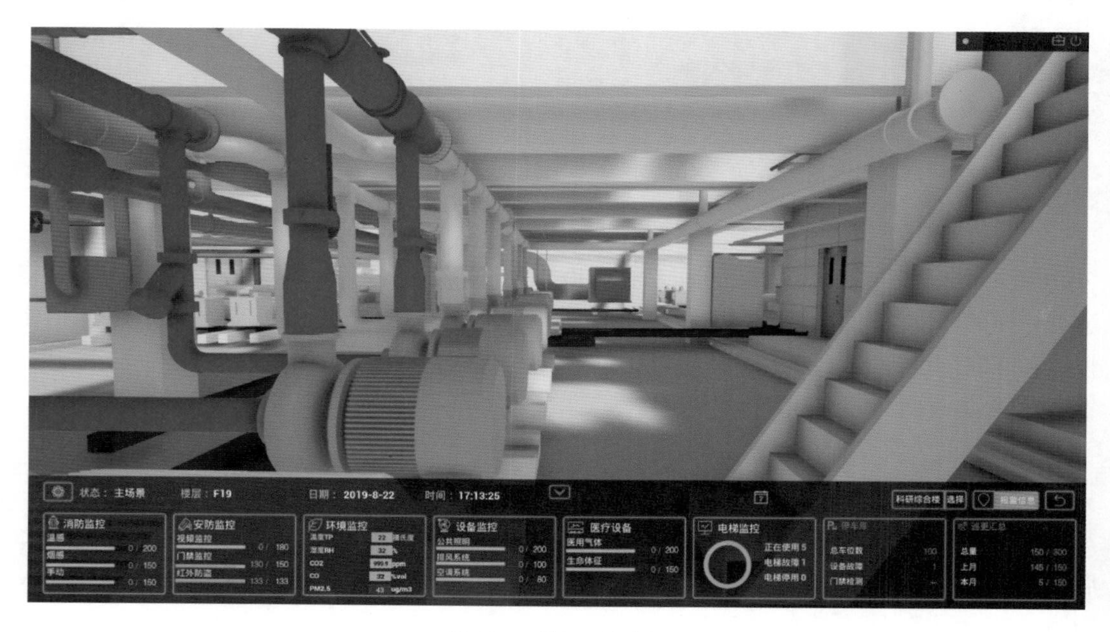

图 22　三维显示端实施

Revit 模型处理要求如下。

（1）Revit 导出 FBX 格式文件。

（2）导入 max 并检查模型比例是否正确。

（3）整理模型材质为 max 标准材质，材质名格式 M_XX。

（4）贴图格式改为 jpg 或 tga，像素尺寸：纹理的像素尺寸应该是 2 的 N 次方（2，4，8，16，32，64，128，256，512，1 024）。在贴图清晰度可以接受的情况下，尽可能小，透明贴图要求为带透明通道的 tga 格式，贴图名称格式 T_XX。

（5）各专业模型需标注在名称里，模型名称格式 SM_。

(6) 材质跟贴图数量需控制在 100 以下。

(7) 在分完建筑层模型的基础上，在 MAX 里新建图层，一般可分为：①防护设备层（防护门）；②暖通、空调设备层；③给排水层；④电气设备层；⑤消防设备层（防火门）；⑥安防与监控设备层；⑦土建类层（各普通门、非防护设备门、窗都是单独的 Object）；⑧楼梯、隔断间物体与墙体添加为一个 Object。

四 BIM 技术应用实施

（一）BIM 实施项目级工作流程与协作机制

BIM 的具体工作流程见图 23。

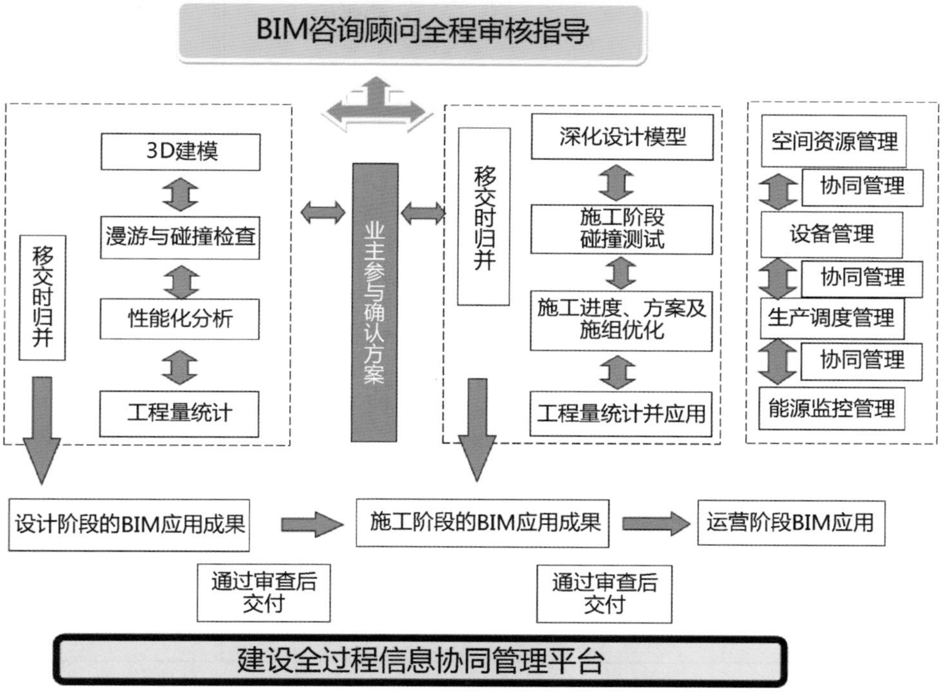

BIM咨询顾问全程审核指导

移交时归并

3D建模

漫游与碰撞检查

性能化分析

工程量统计

业主参与确认方案

移交时归并

深化设计模型

施工阶段碰撞测试

施工进度、方案及施组优化

工程量统计并应用

空间资源管理

协同管理

设备管理

协同管理

生产调度管理

协同管理

能源监控管理

设计阶段的BIM应用成果

施工阶段的BIM应用成果

运营阶段BIM应用

通过审查后交付

通过审查后交付

建设全过程信息协同管理平台

图 23　工作流程

（二）质量控制

BIM 下的质量审查流程见表 1。

表 1　审查流程

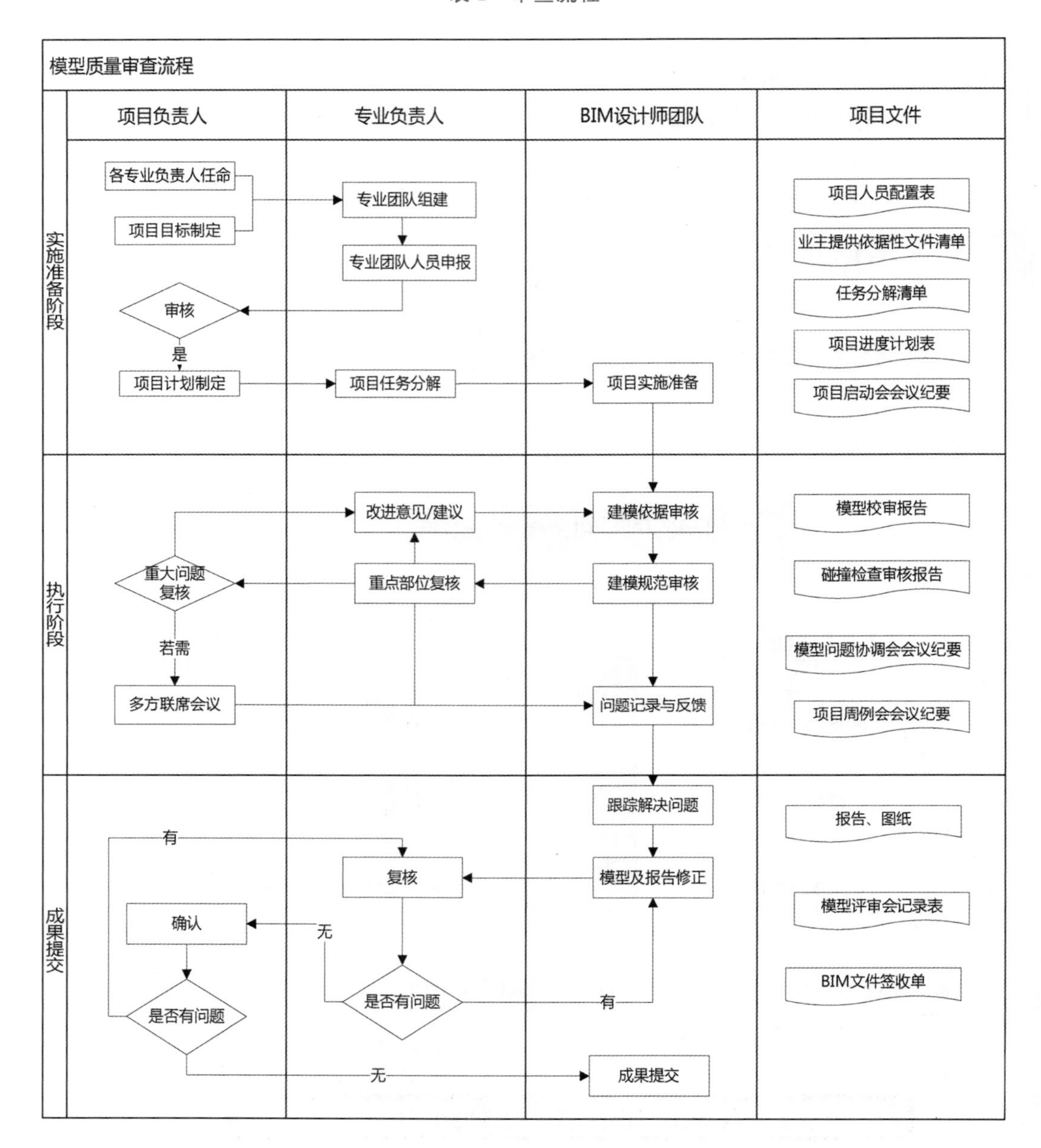

五　应用效益

（一）经济效益

基于 BIM 的算量软件，能快速地进行工程量的计算，并生成符合国家标准和地区规范的报表。在本项目中利用 BIM 技术对建模的工程量与招标清单工程量进行对比，有效地将工程量误差控制在 3%以内。

（二）碰撞检查

通过碰撞检查，BIM 帮助总包及专业分包单位在实施过程前发现问题，及时与设计院沟通，对相关部门进行合理调整，消除误差，优化施工图的准确度，保障设计质量，降低施工过程中的返工，控制工程造价；在 BIM 施工期内共解决 1 916 个碰撞问题，生成碰撞报告共 8 份，共 235 页。

（三）优化场地布置

优化场地布置，钢筋棚移位等临时设施的摆放，更好地利用有限的施工场地。合理调度泥浆车、渣土车等协同施工模拟演示，辅助现场施工组织安排。基于 BIM 的场地布置情况下，在原计划施工工期的基础上，缩短桩基结构施工的工期 13 天。

（四）导入施工进度表

导入项目计划 Project 施工进度表，将按流水段工作面与计划工期相关联，实时更新计划时间与实际时间内模型颜色，进行对比，分颜色显示当前施工状态，并将进度情况通过手机短信的方式推送给管理各方，有效地把控整体的施工进度，保证工程的顺利完工。

（五）现场管理

基于移动端对现场的管理，通过软件平台，利用 iPad 配合现场施工技术人员针对现场施工的情况进行施工可视化指导，辅助监理单位运用平台进行施工管理与检查，共发现了 157 处因施工不过关的质量问题。

（六）控制后勤人员成本

随着现代化的发展和人们对医院的各个设备要求越来越高，因此采用医院原本的人力、物力资源来维持运行成本和其管理的模式已经跟不上现代化医院发展的要求。随着后勤运维的工作量的不断增加，人员需求也在增加。

通过近年来科技的发展，一系列后勤运维管理系统解决了无数后勤人员的难题，后勤人员人数不但没有增加，而是进行了优化精简，这样一方面可以控制后勤的人力成本，增加医院的效益，另一方面还可以最大程度地节约人力资源。

（七）节能减排

1. 现状分析

医院不同于其他单位企业，其需要消耗的能源类型多，包括水、电、燃气以及各种医疗用气体。由于医院的不同设备在运行规律、使用时间方面各不相同。例如，部分设备每日每夜不间断运行，有的设备只需要定时运行，且基本上所有的能源输送不能间断。所以，医院必须配备应急电源做好双重供电措施，以防发生断电时影响患者的治疗，甚至造成生命威胁。不仅设备需要长期供电，医院其他系统及仪器也是如此，例如，在较好的大型医院，重症监护室、无菌病房、抢救室等地方均安装了净化空调系统，其耗能量甚至可以达到其他公共建筑耗能量的200%。可见，在公共建筑领域内，医院的耗能量并不属于中、低类型，而耗能量越高，意味着节能潜力越大。

2. 存在的问题

能源消耗并未减少。随着医疗技术的改进及医疗设备的完善，医院正在不断增加人性化功能来满足患者的日常需求，然而，这些进步并没有降低医院的能源消耗。现阶段医院在修建新的医疗建筑或者扩建旧的医疗建筑时，都参照了全新的建设标准及建设目标，例如，在住院区，将原来每层楼一间的大型公共卫生间改为了每间病房一间的小型卫生间，每张病床的面积也在原来的基础上有所增加。在门诊区，科室布局及大厅更是变化突出，科室布局由原先的单走道式改为了多通道式，大厅也变得宽敞而不再拥挤，再有全机械自动化的系统为医患人员服务，致使医疗建筑能量消耗持续增加。

能源消耗情况不明。在过去，如果一个企业或者单位想了解最近一段时间能源的消耗情况，可以通过银行缴费的回执单来得知，然而，回执单上仅仅标明某月的总耗额，何处用到能源、何种设备耗能量多，如若进行节能减排工作，减少的能量耗损是否能达到预期效果等都无法看出，再加上医院自身没有安装能量计量装置，无法获取初始数据，也就无法制订效率最高的节能减排计划，导致节能减排工作实施困难。

3. 实施策略

医院在实施节能减排工作中，往往忽略了设立专门监督机构的重要性，而是完全靠医院职工的自身素养及自觉性，这样一来，节能减排工作就无法确保高效率的开展。这都是节能减排制度不完善所致。

医院后勤成本很大一部分用于能源支出，随着医院业务增加，对水、电等能耗的消耗也随之增多，此时节约能量的消耗已经成为后勤控制成本中的重要部分。通过改造锅炉进行节能，其节能机制在于在锅炉上加装烟气余热回收装置来收集锅炉之后的余热，然后利用所收集的热量对炉体进行加热，从而达到节能的目的。

对医院办公设备、照明、采暖、制冷、车辆等能源消耗现状及水、电、气、办公费用等支出

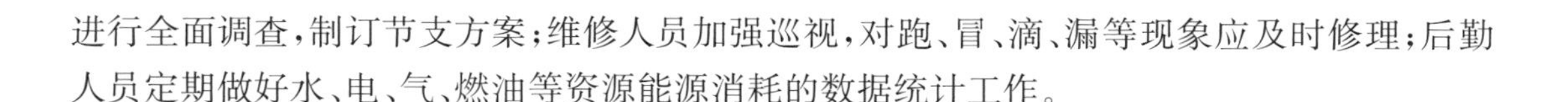

进行全面调查，制订节支方案；维修人员加强巡视，对跑、冒、滴、漏等现象应及时修理；后勤人员定期做好水、电、气、燃油等资源能源消耗的数据统计工作。

(八) 效率提升

通过推行后勤设备设施预防性维护措施，全面提升后勤人员工作效率。主要做法是针对楼宇运维环节，通过规范设备设施及空间的分类、统计、编码，对设备价值部件进行识别，通过设定、监测，调整设备、系统运行状态，改进维护保养策略，避免设备故障的发生，从而保证空间环境的安全、舒适、健康。

医院通过实施设备设施预防式维护管理以及应用医院后勤信息化，不仅可以合理地进行人员岗位设置和及时有效调整，而且还可以延长医院后勤设备的安全使用周期，改善医患人员工作与就诊体验，真正达到一岗多能，预防为主，节约成本，提升效率。

六 BIM应用成果

(一) 施工阶段

(1) 编制了BIM实施策划书一本，其中包括：建模规划、数据分析规划、协作和沟通规划、技术实施路线及工作管理方法。

(2) 开发了BIM施工管理平台和基于BIM的六院智能运维管理平台，为数据的汇集、分析、查看及管理提供保障。

(3) BIM施工期内共解决了1 916个碰撞问题，生成碰撞报告共8份，共235页。

(4) 制作了各重点部位的净空分析报告，避免了因净高不够造成的工程返工现象的出现。

(5) 二维管综出图，帮助施工现场人员指导施工提供了依据，也保障了最后竣工图纸跟现场一致，为以后查找资料提供真实的图纸数据。

(6) 室内外精装修效果展示，辅助业主做快速准确的决策，避免后期返工。

(7) 重难点施工节点进行施工动画模拟，保障了工程质量，指导施工单位施工有序进行，防止工期延误。

(8) 机电管线深化，医院管线复杂，施工难度大，通过施工阶段的管线深化，提前帮助施工单位出预留孔洞图。同时导出管线工程量，辅助财务监理核对项目工程算量比对，避免误算和漏算的情况发生。

(9) 安全文明工地动画展示，在项目施工前，对项目现场的环境及要注意的安全隐患点进行了动画的提前模拟，做好施工单位及监理单位的安全培训工作。

(10) 更好地控制项目的工期，通过BIM跟施工单位提供的施工进度计划表进行关联，进行了整体的进度动画模拟，并根据现场的施工阶段进行实时对比，及时发现施工中怠工和误工的情况，保障了工程的顺利按时完工。

(二)运维阶段

(1)工程完工后BIM工程数据和医院后勤管理数据无缝对接,开发了符合医院日常管理使用的医院后勤智能综合管理系统平台,更好地保障了医院未来高效运营。

(2)在医院后勤智能综合管理系统平台里集成了所有的功能模块,让分散的智能化管理集成在一个高度可视化的平台里进行有效管理,同时也做到了各子系统之间交叉配合使用。比如当某个门禁发生报警时,系统将会调出这个门禁周边的五个摄像头,可以即刻捕捉到现场的实时情况。

(3)医院后勤智能综合管理系统平台结合了医院后勤管理的需要,集成开发了后勤备品备件管理、合同管理、人员考勤管理、工程资料管理、工单派送管理等一系列符合医院后勤管理的功能模块。

(三)基于GIS+BIM的后勤一站式智能管理系统平台

把基建过程中的每个设备参数、安装位置、实时动态情况等工程数据和建筑模型结合在一起呈现,后勤运维数据管理关联,用三维可视化完全替代原先的资产管理、图纸管理,数据直接导入运维阶段,实现基建与运维管理的融合;融合视频监控系统、消防监控系统、安防监控系统后,平台通过动态实时数据采集结合BIM数据导入,确保后勤运营设备能够实时可靠地全局可视,使用先进的用户界面构建全院三维实时报警和数据展现,在一个屏幕上完成全院远程实时监控;将建筑设备自控(BA)系统、消防(FA)系统、安防(SA)系统及其他智能化系统和建筑运营模型结合,形成基于BIM技术的建筑运行管理系统和运维系统。

医院后勤保障工作是管理的重要组成部分,后勤保障工作的好坏直接关系到工作能否顺利进行和职工工作的积极性和稳定性。随着医院规模不断扩大,业务科室不断增多,存在的问题不断增加,但后勤保障人员却只增不减。随着对基础设施投入加大、改扩建工程和异地新建工程不断增加、大批高端设备投入使用、自动化程度不断更新,而后勤保障技术却持续落后、设备维修工作滞后,不能适应快速发展的需求。

运用现代信息技术手段,可利用网络实现运维管理活动,再造运维管理业务流程,促进制度建设,落实经济责任,对运维实行动态化、精细化监管,推进运维的合理配置、适度维修维护和有效利用,提高工作效率,改善服务质量等,都是目前运维管理所面临的和亟需解决的难题。

为了更好地解决如上难题,BIM团队提供了专门针对运维管理的整体解决方案,在该解决方案中,采用了多项先进的软件信息技术,这其中包括:GIS地理信息系统,BIM系统,以及FM设施资产、空间管理等,目的是最终提供一套快捷、高效和实用的可视化运维管理解决方案。

为此提供了多维度应用端,包括三维展示端(图24、图25)、后台应用端(图26)、App端(图27)。

图 24　BIM 场景

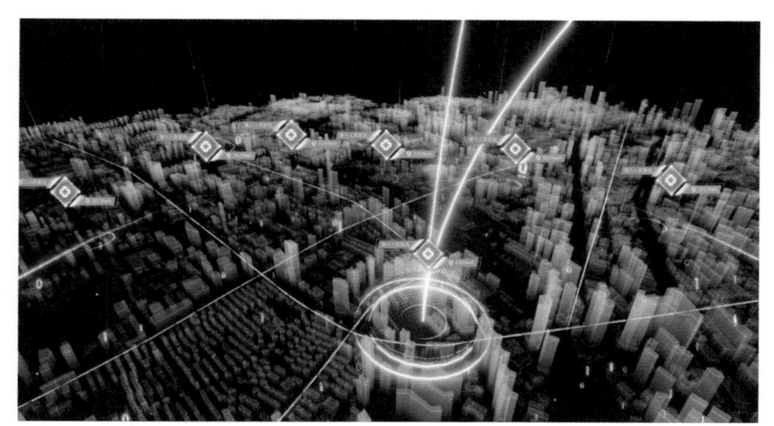

图 25　GIS 场景

图 26　Web

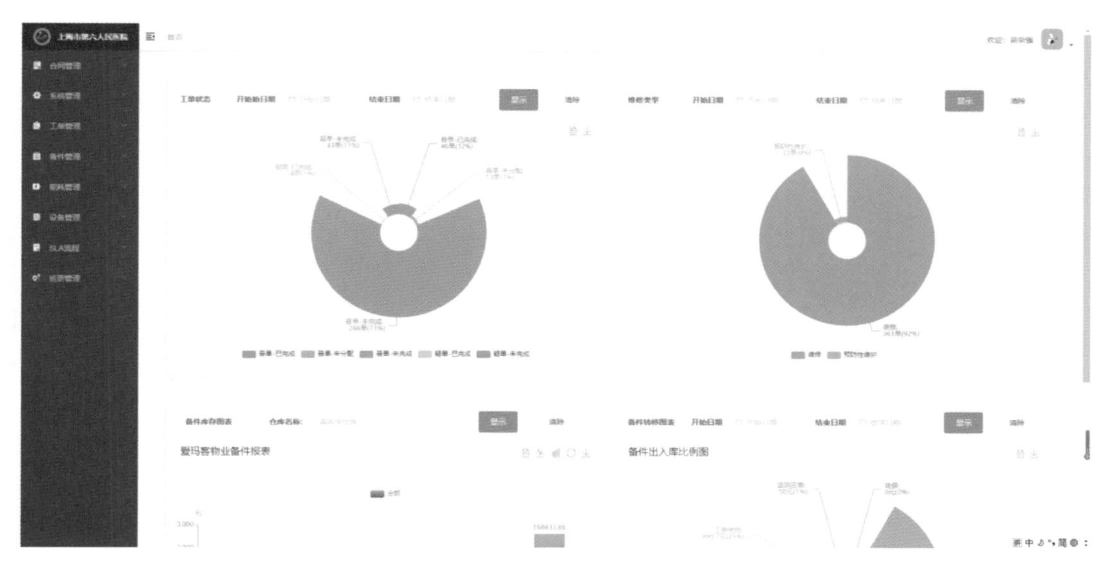

图 27　App

七 获奖情况

（1）2019年度，上海市首届BIM技术应用创新大赛最佳运维应用奖（建筑类运维管理唯一获奖项目）。

（2）2019年度，上海市医院协会长三角建设论坛，“智慧医院建设与运维”获优秀案例奖。

（撰稿：陈　梅）

一 建设背景

（一）医院智慧安防系统建设的重要性

医院作为开放性场所，承载着社会公众看病就医的重任，各级医院，尤其是一线城市的三甲医院，每天人流量非常大，来往者包括医护人员、病患及其家属等，庞大的人流量和复杂的人群结构给医院的安全管理带来了极大的压力。近年来，伴随着治安形势的新变化，各类医患纠纷呈现出新的态势，“医托”“医闹”“药贩”“黄牛”等违法分子出现了集群化、专业化、职业化的趋势，严重干扰了医疗机构的正常工作秩序，造成了恶劣的社会影响。

2018 年 8 月 7 日，国家卫健委发布《关于坚持以人民健康为中心推动医疗服务高质量发展的意见》（以下简称《意见》），《意见》要求医疗机构深入开展“平安医院建设”，做好人防、物防和技防建设，创建更加安全的执业环境。同时，卫生部、公安部也多次强调要加强医院安全防范系统建设、完善医警联网联动机制，始终保持对涉医违法犯罪的严打高压态势，维护医院正常治安和医疗秩序。在此背景下，落实医院智慧安防建设、深化医警联动机制，以科技化、信息化手段有效提高防范、处置涉医违法犯罪活动的能力，全面加强医院安全保卫工作，是未来“平安医院”建设的方向和着力点。

（二）医院智慧安防系统建设面临的问题

医院安防管理所面临的问题，主要有以下几个方面：

（1）医患纠纷失控导致的暴力伤医难以得到及时、有效的遏制。

（2）偷盗惯犯时常光顾，难以杜绝。

（3）门诊号贩、药贩、医托等与医院保安打“游击战”，常规管理难度大。

（4）重点部位存有潜在不安全因素，不能实现主动、实时预警。

（5）特殊患者走失时有发生。

医院安防管理工作的核心在于建立“安全”“高效”“智能”三位一体的综合管控体系，目前国内医院安防管理已基本从早期的人为经验管理逐步发展到以制度流程为基础的科学管理。最近几年，伴随着各类信息技术和人工智能的高速发展，医院在不断扩建、改建的过程中同步对既有基础安防设备进行了优化、升级，医院安防建设的方向也逐步走向了可视化、精准化、智慧化的管理模式。

工作模式的转变、效率的提升，最终目的是为了确保正常医疗秩序的实现，提高患者及医护人员在医院这个公共场所的安全感。在近几年的医院智慧安防建设发展过程中，普遍存在以下几类薄弱环节。

(1) 基础安防设备数字化程度不高：老旧区域的监控、门禁、报警很多还存在模拟与数字相混用的状态，医院对于基础安防建设的历史欠账较多。

(2) 基础安防设备覆盖率不高：老旧区域的监控、门禁、报警覆盖不完整或基础条件不具备导致的安防体系布局覆盖率不够高，同时覆盖深度也不足。

(3) 各安防系统建设存在孤岛：安防系统涉及范围广而杂，虽然在监控、门禁、报警、实时巡检等领域均实现了系统的数字化建设，但在整体化安防系统平台上的整合度和完整度还不够，各系统间缺少互联互通，信息孤岛较多。

(4) 应用层次有待提升：从当前国内医院安防系统建设应用层面来看，更多的还是基于中、低层管理维度的信息化管控，涉及中、高层层面的数据化决策驱动应用较少。

现阶段，就上海市市级医院而言，安防信息化、智能化的建设水平虽然有了较快的发展，但还未能高效支持医院安防管理的快速提升和标准化建设。为达到医院安防管理的信息化、智能化，需实现以下建设目标：

(1) 升级传统安防系统，引入人脸识别、单兵巡检等智能化新产品，实现安防系统的数字化、智能化。

(2) 搭建数据整合应用的智慧安防集成服务平台，拓展传统安防系统职能，全面升级为基于数字安防的应急决策指挥体系，实现医院安全保障的技术转变。

(3) 加强基于安防大数据驱动的管理应用，建立基于安防大数据的预管理服务体系，将“智慧安防”真正落地，向安防人工智能化长远目标发展。

在实现上述三大目标的过程中尚需解决如下核心问题：

(1) 多系统统一管理。安防系统包含多个子系统，操作界面多，如何将安防系统的各个子系统整合到集成平台，通过协议对接、系统间联动来实现深层次的集成管理是一个难点。

(2) 数据化决策支撑。在医院日常安保工作过程中存储了大量的各类音频、视频数据和信息，但在这“大数据”的海洋中，如何去筛选、分析、利用收集到的数据和信息，并形成可以支撑管理决策的有用内容则是非常困难的事情。

(3) 数据跨部门共享。医院的安防系统建立在医院本地，在发生突发事件需要警方出警处理时，存在跨部门安防数据实时传递的问题，需实现医院保卫部门与上级领导、警方之间信息的实时共享，从而为应急决策的制订提供有力支撑。

（三）上海市第十人民医院智慧安防系统建设谋划

面对外部政策环境及信息技术发展的变化，医院安防系统必须以新的标杆规划新的职能，以新的模式创造新的价值，在医院全质量管理体系的框架下，需更加关注安防管理上的人文关怀、注重先进技术的应用和对应急事件的有效处理。自 2016 年以来，上海市第十人民医院（以下简称十院）十院开始医院智慧安防系统的建设，通过现代网络通信技术、智能控制技术的综合应用，突破传统被动式的安防运行管理模式，实现从“传统安防”向“智慧安防”的转变，实现以“人”为决策依据向以“数据”为决策依据的转变。

1. 智慧安防系统的整体架构

十院智慧安防系统建设主要包含以下四大块内容：一是智慧安防所需的基础建设，具体包括智能化管理中心及系统智能化的建设等；二是建立适应智慧安防所需的管理组织架构；三是制订适应智慧安防所需的管理标准及处置流程；四是打造贴合医院实际的安防数据库，具备典型事件、特殊事件的捕捉分析能力，真正实现安防的智慧化。

2. 智慧安防系统的建设规划

按照整体设计、分步实施、科学排序、逐步完善、对接未来的建设原则，十院智慧安防系统共分三期实施，具体如下。

（1）一期：优先门急诊区域、主要通道出入口等重点部位高清数字视频监控升级改造，以及智能化人脸识别系统建设，同步完善管理组织与执行机制。通过合理布局前端摄像机的安装位置，使人脸采集点位覆盖全院所有出入口和关键人行通道，实现对进出医院所有人员的全记录；通过将抓拍人脸与人脸信息库进行实时比对，判断来访者是否为黄牛、医托、医闹、小偷等重点管控人员并输出报警信息，以便管理人员和公安机关及时处置，从而有效打击各种犯罪及其他违法行为；按照前端点位、时间（日、周、月）等维度对采集的人脸数据和产生的报警记录进行统计分析，便于管理者、决策者掌握宏观趋势。

（2）二期：外科楼、3 号楼急诊过渡楼等建筑数字视频监控系统升级、一级出入口控制系统改造（病房主要通道出入口、重点部位）、保安实时巡检系统、视频图像客观评价系统、医警联网平台、入侵与紧急报警系统（重点部位）、安防控制中心改造。通过二期建设，升级了医院传统安防网络，实现了医警联网系统的初步功能。

（3）三期：内科楼数字视频监控系统升级、二级出入口控制系统改造（医护办公室、行政办公室、教学用房、辅助用房等）。通过三期建设，提高了智慧安防基础系统的覆盖率，完善了医警联网系统的功能。

（4）四期：平台功能整合，建设可视化报警系统、远程门禁授权等集成化应用，实现各系统的互联互通（打破信息孤岛）。

3. 智慧安防系统建设目标

通过三期建设，更新和完善了医院的技防系统，辅以相匹配的管理组织架构、管理标准及处置流程，十院初步形成了基于大数据和互联互通的智慧安防系统，医院的安全防范能力得到了全面提升。十院智慧安防系统建设的总体目标可归纳为“三防控、三管理、三联动”，具体如下。

（1）三防控：在院区出入口、建筑出入口、医院重点部位等区域，通过视频布点、人脸识别、入侵设防、门禁控制的技术手段实现精准布防。

（2）三管理：可通过 PC 端、平台端、移动端三种方式进行应用管理及指挥决策。

（3）三联动：人防、物防、技防相互融合，实现人与平台的联动（如单兵巡逻、运维自检），各系统间的联动（如门禁与监控、报警与监控、单兵与监控等），医院本地与外界的联动（医警联网）。

十院智慧安防系统建设，从实践角度而言，围绕“安全、高效、智能”三个目标，通过积极改造基础安防系统、引入视频人脸识别系统、共建医警联网系统等措施，建设基于大数据和互联互通的智能安防系统，全面提升了医院的安全防范能力，实现了三个转型，即从被动应对到主动预判，从粗放预警到精准防控，从局部改进到系统决策。从学术研究角度而言，十院将医院安防系统建设与警方决策指挥作为一个完整的系统来建设，形成新的安防理念，即从单一系统防范转变成多系统融合防范，从事后被动发现转变成事先预警、及时发现，从点防范转变成区域防范，从警方出警后现场描述或查阅资料转变成现场资料与警方同步，最终达到事态能发现、事件能控制、案件能侦破的目标；从功能应用角度而言，本着高效、经济、适用、智能、集成、联动的原则，统一规划、总体设计、分步实施，推进了安防新技术在医院安全管理上的全面应用。同时打通了人脸识别、巡检单兵与医警联网系统之间的数据孤岛，通过软件二次开发，实现了公安系统与医院本地人脸识别系统、巡检单兵的协议对接，人脸识别及巡检单兵系统重要报警信息可通过医警联网系统推送至属地派出所。

二 建设内容

十院智慧安防系统建设涵盖了安防智能管理系统平台、适用于智能平台的管理组织架构以及科学规范的处置机制等相关内容，其中针对安防智能管理系统平台的建设则主要包括基于三维 GIS 的安防系统智慧集成建设、安防系统数字化建设、人脸识别系统建设、医警联动报警系统建设等，本节主要对安防智能管理系统平台建设的相关内容进行阐述。

（一）基于三维 GIS 的安防系统智慧集成建设

1. 三维 GIS 地图建设

对十院全院区域进行建筑数据的现场测绘，通过无人机航拍、三维建模等技术手段，形

成了十院全三维仿真模型，GIS 地图引擎用于矢量地图数据的处理与转换，地图可实现放大、缩小、漫游、俯仰、旋转、飞行等交互操控，如图 1 所示。

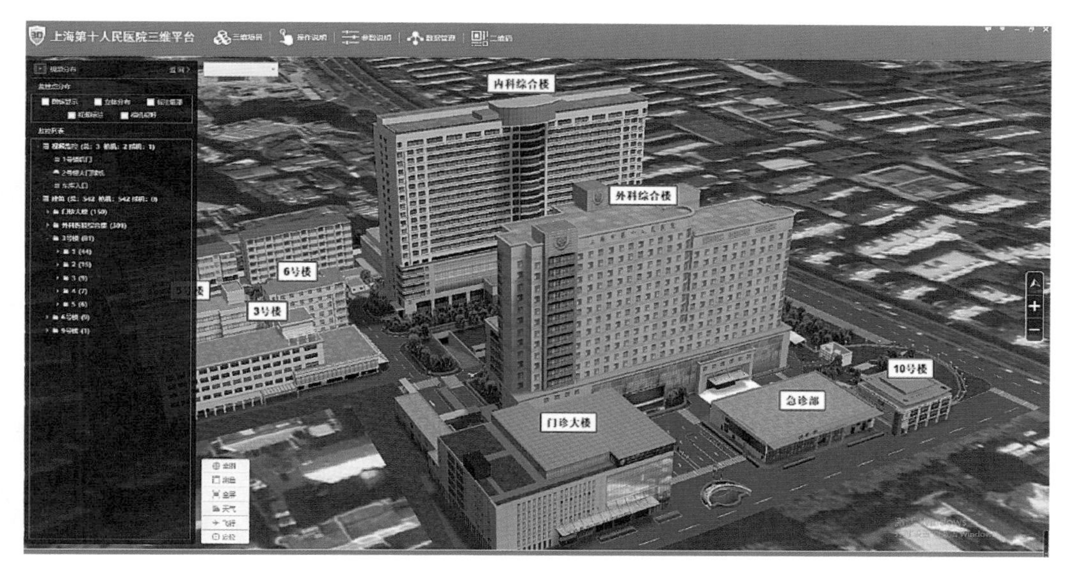

图 1　十院三维 GIS 地图展示

2. 三维 GIS 平台智慧集成建设

针对医院各安防子系统间独立运行、数据无法交换的问题，在 GIS 平台上集成监控、门禁、报警等安防系统点位，并通过 SDK 协议对接，从而在集成平台上对全院摄像机实现画面预览、录像调取、自动巡检等功能，对门禁系统实现远程开关门、非法入侵报警等功能，如图 2 所示。

图 2　十院基于三维 GIS 地图的集成平台应用展示

通过智慧集成平台建设,实现了安防系统间的互联、互通、互动,主要体现在以下功能:

(1) 出现工作人员报警,通过自动弹出的监控图像可迅速查看现场情况。

(2) 在门禁遭到入侵或尾随进入等报警事件时,通过自动弹出的监控图像可迅速查看现场情况。

(3) 人脸识别系统在发现"可疑人员"报警时,报警信息实时传送至平台,同时根据事件发展情况,必要时现场实时监控数据可通过医警联网系统推送至属地派出所。

(4) 对于院区内部分实时巡检系统尚未覆盖的区域,可通过保安自带的摄像头将现场画面实时传送至平台。

(二) 安防系统数字化建设

1. 数字视频安防系统

数字视频安防监控系统作为服务于应用系统的主要依托和基础采集操作层,其后台处理控制管理设备需具有 TCP/IP 通信接口,可基于网络方式将相关信号与智能管理平台进行联动互通。

通过三期建设,十院共完成 1125 路高清数字化摄像机的改造。

2. 出入口控制系统

出入口控制系统是采用现代电子设备与软件信息技术,在出入口对人或物的进/出进行放行、拒绝、记录和报警等操作的控制系统,系统同时对出入人员编号,并对出入时间、出入门编号等情况进行登录与存储,实现智能化的管理,从而确保区域安全。

系统主要由识读部分、传输部分、管理/控制部分和执行部分以及相应的系统软件组成。其中后台处理控制管理设备需具有 TCP/IP 通信接口,可基于网络方式将相关信号与综合管理平台联动互通。

通过三期建设,十院共完成 500 个门禁数字化、网络化改造。

3. 入侵报警系统

采用了总线制报警传输结构的报警系统,前端设备通过传输编码设备经总线传输至处理控制管理设备。

通过三期建设,十院入侵报警系统实现了院区布防全覆盖,报警系统、视频监控与门禁实时联动重点科室全覆盖。

(三) 人脸识别系统建设

人脸识别系统主要是结合前端摄像机的布设、后端服务器集群(包含静态大库服务模块、动态比对服务模块、轨迹分析模块、Web 客户端模块、移动应用服务组件)的部署,由前端摄像机通过 TCP/IP 协议将视频数据传送至后端服务器集群，经视频数据分析、人脸比对后，再发送报警信息至各管理端，如图 3 所示。

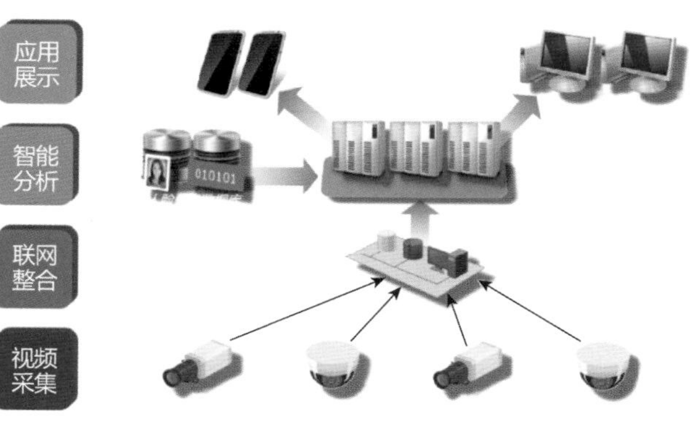

图 3　人脸识别系统架构

通过人脸识别系统建设，全院共设置了 80 路前端人脸识别摄像机点位，覆盖了十院所有的出入口，主要实现以下人脸识别的应用功能：

(1) 出入人员全记录：通过合理布局前端摄像机的安装位置，使人脸采集点位覆盖十院所有出入口和关键人行通道，实现对进出医院所有人员的全记录。

(2) 重点人员管控：通过将抓拍的人脸与人脸信息库进行实时比对，判断来访者是否为黄牛、医托、医闹、小偷等重点管控人员并输出报警信息，方便管理人员和公安机关处置。

(3) 报警信息推送：将人脸布控报警信息推送到医警联网系统及医院相关领导个人手机(App)，方便相关人员及时反应。

(4) 数据统计分析：按照前端点位、时间(日、周、月)等维度对采集的人脸数和产生的报警记录进行统计分析，便于管理者、决策者掌握宏观趋势。

(5) 人脸身份查证：输入目标人员照片，即可知道此人身份及其是否属于重点管控人员，是否曾经来过医院，及其出现时间、频次，可用于筛查可疑人员，掌握身份信息，分析其活动规律。

(6) 人员轨迹回放：输入目标人员照片，即可查询此人是否来过医院，到过哪些地方，可还原特定人员的行动轨迹，用于当事人行为研判和事后取证。

(四) 医警联网系统建设

1. 系统建设原则

(1) 功能完整性，覆盖医院安防运行的基础体系。

(2) 信息联通性，打通内外相关系统数据。安防系统运行中自动采集的数据、人工录入的数据、外部系统接入或推送的数据均实现互联互通，可实现交叉分析。

(3) 数据驱动性，形成数据驱动智能管理。通过系统积累和智能分析模型挖掘，形成智能化的数据驱动管理，通过数据的深度应用，触发管理机制与岗位设置的变革，积累形成安防行业管理的标准体系。

(4) 系统易用性，引入最新前沿技术。尽可能在移动端开发轻量化应用，提升平台的智能化水平，降低应用化难度。

2. 系统整体架构

医警联网系统的整体架构见图 4。

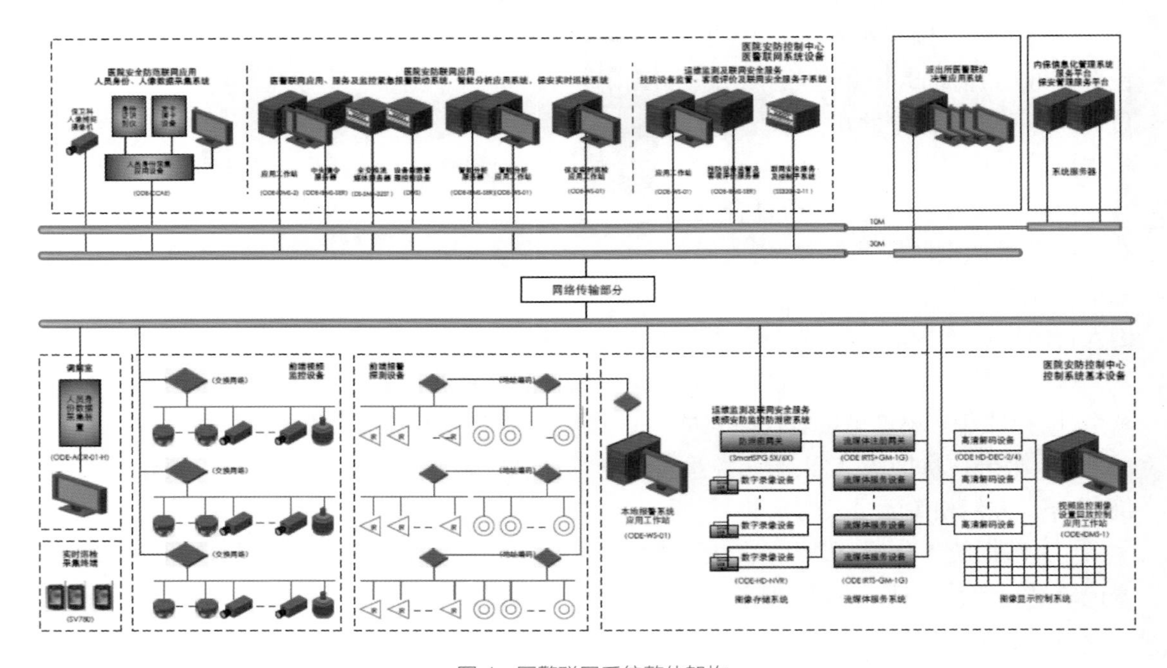

图 4 医警联网系统整体架构

3. 人员身份、人像数据采集系统

采用可识别非接触式感应卡或动态二维码钥匙的识读装置，获取出入人员身份数据的目标信息，并对采集信息进行分析、认证，实现加（解）密、分发、汇总、目标控制等。通过场所设置的高清网络型数字摄像机实现实时人像摄取功能，两部分功能组合验证人员身份识别信息与人员面部特征信息的统一性，以甄别出入人员的身份唯一性特征。

十院分别在保卫科及医患纠纷办公室设置了人员身份、人像数据采集设备，专门针对医闹、药贩、黄牛、医托等相关人员进行身份数据的采集。

4. 保安实时巡检系统

区别于一般保安巡检系统，保安实时巡检系统具备对保安人员资格认证、巡检信息实时传送、现场拍照、手机 App 实时接收报警信息等功能。

保安实时巡检系统与上海保安服务监管信息系统社会信息采集管理终端连接，保安巡检前需刷卡登入实时巡检终端，如图 5 所示。

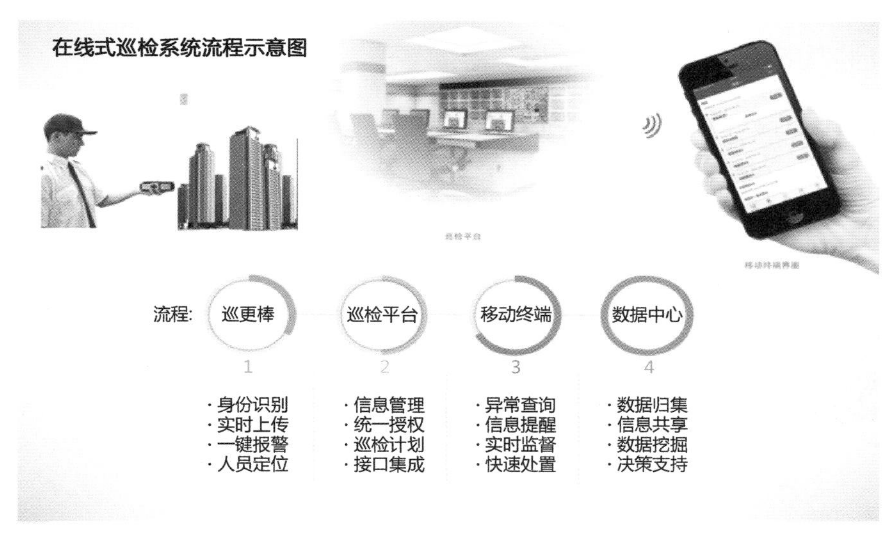

图 5　实时巡检系统功能

5. 本地医警联网及服务应用系统

通过“一机双屏”实现具有实战应用意义的操作管理模式，GIS 电子地图具有多级多层显示功能，能显示医院各建筑、楼层，显示所有摄像机、紧急报警按钮、出入口控制装置的位置并可对其进行预览，实现监控、门禁、报警系统间的联动，如图 6 所示。

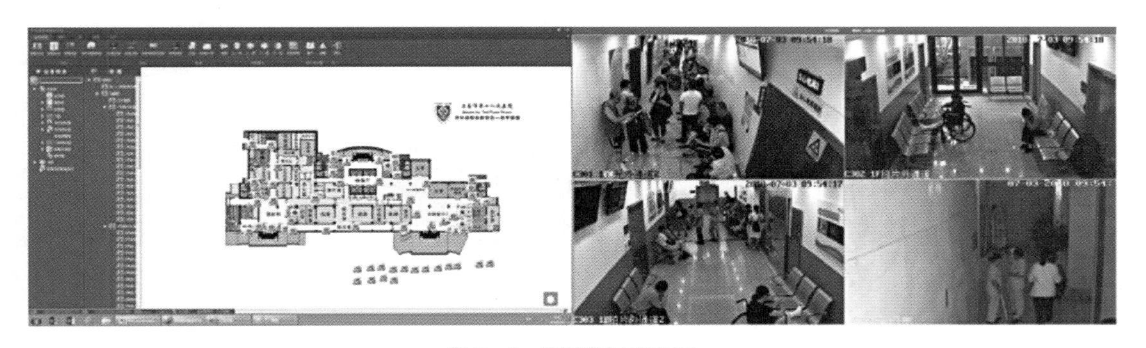

图 6　“一机双屏”应用展示

主要应用场景如下。

（1）监控联动报警：当医院发生群体性医闹事件时，临近护士站工作人员按手动报警按钮报警，通过系统设置的联动关系，在安防中心医警联网工作站弹出报警信息及附近摄像机画面，可同时弹出 4 路摄像机画面，派出所医警联网决策应用工作站可同步（时延不超过 4 秒）收到报警信息并伴随语音提示，派出所根据现场情况出警。

（2）门禁联动报警：如医院重点部位在异常时间端出现刷卡进入情况，安防中心医警联网工作站弹出附近摄像机画面，值班保安观察现场画面是否异常，紧急情况可将画面推送到派出所报警。

6. 视频监控数据导出防泄密系统

通过视频监控数据导出防泄密系统建设，有效规避了视频数据外泄的情况，系统原理如图7所示。

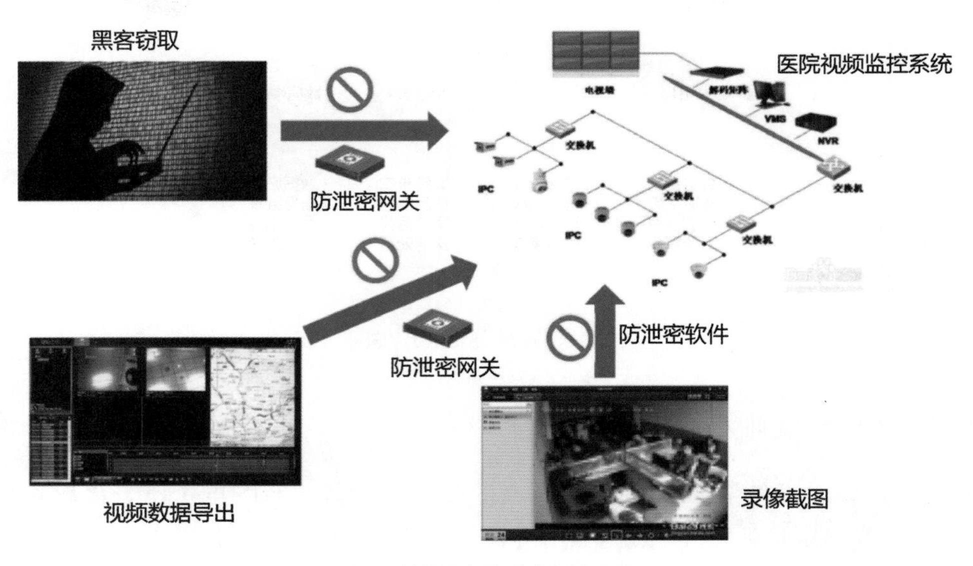

图7　数据导出防泄密系统原理

7. 技防设备监督管理及图像客观评价系统

通过技防设备监督管理及图像客观评价系统建设，实现对安防系统的图像信息和数据信息进行全面的实时监控，实现对安防系统的运行、操作和故障等信息进行全面的实时管理，实现对安防系统设计、验收、维护等方面的实时监督，实现对安防系统的智能化管理、信息自动分发、数据报表生成等方面的实时服务。

8. 医警联动应急处理机制

医警联网系统除了软、硬件的建设外，十院还针对院内发生盗贼、争吵或暴力情况、停车纠纷、就诊患者走失、酗酒或精神病人闹事以及病患自杀六大类事件制订了与之相匹配的应急处置机制，在机制的制订过程中，充分考虑和利用医警联网系统主动发现、提前预警、全程跟踪、实时监控的功能，根据各类事件的不同发展程度，对其性质划分、危害程度、响应流程和处置方法进行明确，确保合理利用警力资源，注重对突发事件场景的积累与提炼，在过程中不断完善，并加强对医护、保安等一线人员的培训与模拟演练。

三 建设成效

（一）建立安防运行指挥中心

通过三维 GIS 平台建设，打通智慧安防系统联动运行所需多个系统数据之间的壁垒，实现监控、门禁、报警、人脸识别、实时巡检、医警联网系统间的互连、互通，建立智慧安防运行控制平台，实现指挥中心化。通过智能安防控制平台实时采集各系统设备的运行状态，实现对安防系统图像信息和数据信息进行全面、实时监控，改变了传统的被动安防形式，形成了从单一系统防范转变成多系统融合防范，从事后被动发现转变成事先预警、即时发现，从点防范转变成区域防范。

（二）建立人脸识别库

通过人脸识别系统的建设及一段时间的使用，形成了人脸识别系统医院本地黑名单库，以期通过海量人脸数据的构建，为后期智慧安防的视频分析提供有力支撑。十院人脸识别系统建立仅 6 个月，人脸识别已达 27 924 244 个，建立了治安库、重点人群库等黑名单库，6 个月时间内人脸主动预警次数为 13 480 次。

（三）建立医警互动机制

以建设医院系统和公安系统互联互通、共建共享的医警平台为契机，同步建立医院与属地管辖派出所之间的医警联动机制，做好“跨域互联、综合应用”的“下篇文章”，为实现医院和公安跨部门、跨单位系统间的信息互联、互通、互控，对接上海“智慧城市”的建设开展了一次先行探索，有助于深化医警联动，优化处置机制，规范处置标准，提高医院属地派出所快速处置医院突发警情的能力。

（四）提高医院本地处理治安事件效率

十院智慧安防系统体系初步建成后，在实际应用中，通过人员身份、人像数据采集系统的应用，有效减少了职业医闹的次数，2019 年医疗纠纷事件呈现逐月降低趋势。通过人脸识别系统的应用，人脸治安人员库的建立，十院偷盗、医托等治安事件大幅减少。

根据半年度统计十院治安事件案发率，从 2018 年上半年逐步降低，到 2019 年上半年，案发率已大幅降低 70%，充分体现了智慧安防系统的实战效果，具体数据统计如图 8 所示。

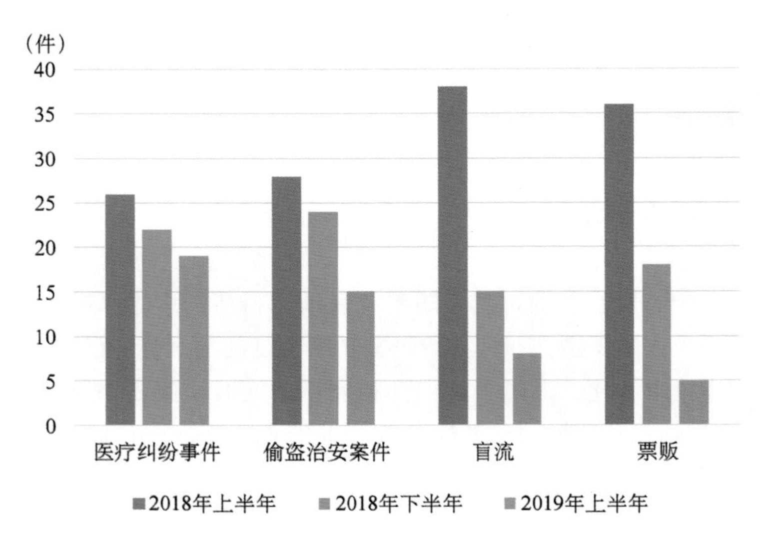

图8 十院治安事件发案率统计(半年度)

十院案件处理时间根据半年度统计,从2018年上半年逐步减少,到2019年上半年,处理时间已大幅降低50%,充分体现了智慧安防系统的高效,具体数据统计如图9所示。

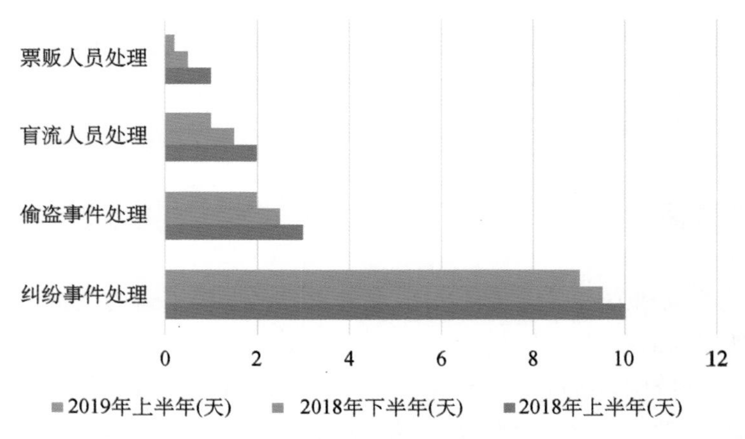

图9 十院治安事件处理时间统计(半年度)

(五)加强医院就诊特殊人群的保障

随着基础安防系统的覆盖率不断提高,特别是人脸识别系统的应用,对医院就诊特殊人群的安全保障也同步得到了加强。借助人脸识别系统"以图搜图"功能,使十院人员走失寻回率不断提高,2019年1—9月,共帮忙寻回院区内走失老人3名、儿童2名;此外,结合院内人脸识别系统与公安城市监控系统的联合应用,成功从院外寻回走失老人1名。

（六）具备行业推广能力

在基础安防系统、智慧安防系统的应用方面实现突破，创新建立了具有示范作用的、适用于新形势的安防运行模式。从本地的安防数字化建设、人脸识别的智能应用、系统间的互联互通、医警联网运行的机制等几个热点、难点问题着手，为上海市市级医院智慧安防的建设做了有益尝试，可作为上海申康医院发展中心建设市级医院“医警联网平台”项目的蓝本，面向全市三级医疗机构进行推广。

四 未来规划

十院通过本地安防系统的数字化、信息化建设，人脸识别系统的建设以及医警联网系统的建设，初步形成了基于大数据和互联互通的智慧安防系统，并且能够与当地公安机关互联、互通、互动，及时有效地处理各类应急事件。在实际的使用过程中，我们同时关注如下需进一步完善的方面。

（一）提高医院智慧安防系统的设防密度

现在十院安防系统前端布防点位能够覆盖重要及大多数公共区域，在后续新的技防标准要求下，仍需进一步对前端点位布置进行优化，特别是人脸识别系统的点位布置，从而提高增强医院安防的智能化水平。

（二）建立市级医院层面共建共享的大数据库

人员身份、人像数据采集系统在十院本地建立了医闹、药贩、黄牛、医托等医院特有的“违法分子”数据库，这个数据库在系统使用过程中会不断增加相关涉案人员的数据，但针对医院间共享的市级医院大数据库尚未建立，如果后期能够拓展建立，将更有利于医院秩序的良好维护。

（三）进一步完善医警联动机制

目前，属地派出所与医院的联动机制还有待在医警联网平台的实际应用中不断完善，并相应调整软件中的应急处理方案，结合派出所的应急决策系统，提高医院处理突发事件的能力及效率。

(四) 加大新技术的应用融合

目前网络信息技术更新日新月异，伴随 5G、AI + IOT 等新技术的不断涌现，如何实现智慧安防更智能、更高效，这需要我们密切关注前沿技术的发展，做好新技术的融合应用，如 AI 智能芯片在前端感知单元的应用、视频大数据智能分析的升级、5G 物联网新产品的应用及安防系统的数据挖掘、洗练等。

（撰稿：朱永松　严　犇　郦敏浩　任　祺）

医院公用设施设备智能化安全管理体系建设

——复旦大学附属华山医院

一 医院简介

复旦大学附属华山医院创建于1907年，是卫生健康委属（管）医院、复旦大学附属医院和中国红十字会冠名的唯一一家三级甲等医院，1992年首批通过国家三级甲等医院评审，是国内最著名、最具国际化特征的三甲综合医院、教学医院、医学科研中心之一，也是全国首家通过JCI认证的部属公立医院，在国内外享有很高声誉。

医院现有核定床位约2 092张，拥有临床科室和专业42个。2018年门诊量逾315万人次（全国各地患者占一半以上），出院病人7.87万余人次，手术5.26万余台次。

医院拥有职工3 000余人，医疗技术力量雄厚，著名专家云集。拥有国家临床医学研究中心1个，教育部重点学科10个，国家临床重点专科20个，上海市临床质控中心8个；卫生健康委及上海市重点实验室、各类研究所（中心）近20个。

医院为提高临床诊治水平，除购置一般的诊疗设备外，还引进不少国际先进的医疗仪器设备，如复合脑血管病手术室、高清PET/CT、3.0术中磁共振、256排CT、DSA、彩色多普勒超声系统等一大批高精尖仪器，使华山医院医疗设备达国内领先、接近国际的先进水平。

二 项目背景

1. 医院后勤公用设施设备安全管理工作的重要性

安全工作，作为各类生产工作开展的重要前提，其管理水平的高低往往直接影响到工作的最终结果。医院公用设施设备覆盖医院正常运行的各个方面，各类设施设备的安全运行是保障医院医疗功能实现的基础，其安全管理工作的管理水平高低直接影响医院的整体医疗服务水平。

在门诊及手术等一系列医疗过程中，一旦发生断电、停水、断气、净化通风系统污染和火灾等事故，医疗工作将被迫立即停止，对患者和医护人员的人身安全造成威胁，进而会导致严重的医疗安全事故发生。因此，医院后勤保障设施的安全管理成效，对医院整体的良好运营起着决定性作用，直接影响病患整体的就医体验，有时甚至可以产生“一票否决”的重要影响，应受到医院管理者的高度重视。

2. 医院后勤公用设施设备安全管理工作的特点

医院公用设施设备，即承担着医院基础运行保障任务的各类建筑、系统、设备的统称，其所对应的安全管理工作是后勤保障工作的核心，也是医院安全管理工作的重点。首先，主要对水、电、燃气、蒸汽和医用气体等能源进行保障性的供应；其次是保障设施设备的安全运行与及时维修，包含电气设备、暖通系统、锅炉系统、通信设施、特种设备、污水处理、电梯系统及空压机等，以保障医院的日常运营及相关医疗设施设备的正常使用。与其他场所相比，医院后勤公用设施设备的安全管理具有一定特殊性。

(1) 医院的各类设施设备系统复杂，种类繁多。由于医疗工作需求的多样性，医用气体系统、医用蒸汽系统、净化通风系统等普通公共建筑并不涉及的基础系统在医院中应用普遍，致使安全管理工作在技术层面专业要求更高。

(2) 医院的各类设施覆盖面广，功能交织。医院建筑往往以相互连通的建筑群和庞大的建筑规模形式存在，大体量的建筑规模，复杂的建筑形式，都导致了医院设施系统的分布更加复杂、相互连通关系更加紧密，从而致使相关的安全管理工作细节多、隐患多。

(3) 医院环境对设施设备的运行要求更高。医院作为特殊的公共服务环境，较多设备在运行期间不得间断，甚至需要24小时运行，以维持和保障患者的生命健康和安全，因此对运行的容错率要远低于一般场所。无论是大型医疗设备的诊疗还是手术实施的过程，基础设施一旦出现运行安全事故，将直接影响诊疗效果甚至危及病患生命，从而带来恶劣影响。另外，医院内就诊群体的身体状况多处于较虚弱的状态，微小的设施设备安全问题也可能对此类人群产生较大影响，这就对安全管理工作提出了低容错率、高执行标准的要求。

3. 医院后勤公用设施设备安全风险点分析

医院后勤共用设施设备管理与医院的安全运行息息相关，主要存在如下风险：

(1) 人员意外伤害的风险。由于缺乏安全作业意识或监管不到位，导致人员意外伤害，如未能严格执行设备的操作规范，登高作业时未系好安全带，带电作业时未穿戴好绝缘用具等，或是由于突发灾害天气活动（台风、暴雨、雷电和冰雪等），导致跌倒、触电、砸伤等意外事件。

(2) 医务工作开展的重要生命线——供水、供电、供气（燃气和医用气体）中断的风险。由于设施设备老化陈旧、维护不善、巡查不到位、操作失误、突发灾害和应急处置不当等因素，导致医院泵房、锅炉、电梯、配电、液氧站和输汽（气）管道等设施设备发生故障，严重时甚至造成医疗事故和生产事故。

4. 传统后勤管理模式存在的问题

随着我国医疗机构的不断发展，传统医院后勤管理体制及运作模式弊端逐渐暴露出

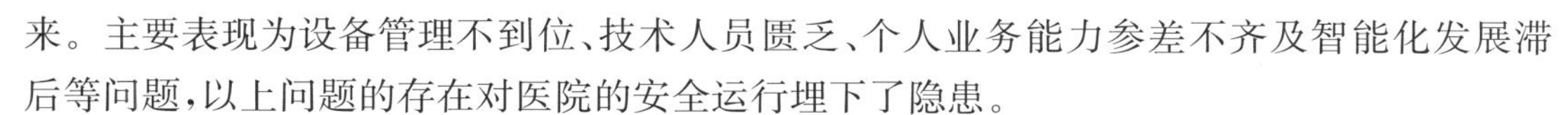

来。主要表现为设备管理不到位、技术人员匮乏、个人业务能力参差不齐及智能化发展滞后等问题，以上问题的存在对医院的安全运行埋下了隐患。

（1）设备故障不易发现，判断故障时缺少数据支持。医院后勤动力系统的设备种类多数量大，覆盖面广，涉及供配电、两次供水、中央空调、污水处理、医用气体、锅炉和电梯等。现阶段医院的设备管理大多是由水电工、司炉工或者兼职人员管理，由于缺乏专业教育培训，大多凭工作经验进行管理和维护。并且现在设备管理大多是靠人工巡检，无法及时发现设备故障隐患，对于设备的安全、使用、保养和维修等信息也缺乏完整的档案记录，难以落实执行设备保养计划，严重影响了医院工作的正常、有序运行，甚至会引发较为严重的医疗事故。

（2）后勤管理队伍依赖个人业务能力。医院后勤管理队伍素质的高低，在很大程度上决定着后勤工作质量的和服务水平的好坏。现在医院后勤工作人员的现状是队伍专业性不强，有时一人需兼顾值班、巡检和维修工作，人员的业务能力也有一定差异，维保质量存在不稳定因素，难以满足医院快速发展的安全要求。

（3）后勤服务外包公司的素质和专业水平参差不齐。现阶段很多医院后勤进行社会化变革，实行后勤服务外包。由于外包单位用人门槛较低，导致医院外包服务人员流动性大，新上岗职工对医院公用设施设备使用和管理情况需要重新了解和熟悉，很多外包服务人员没有经过系统培训，素质水平与现在医院管理要求有一定差距。如果医院电气及动力等各个系统的设备管理服务不到位，造成设备停转或者发生安全事故，会给医院带来严重的人员财产损失。

（4）后勤服务外包公司的技术手段较为落后。目前，由于体制还不够完善，导致后勤服务外包公司在技术上仍然还存在一系列的问题。例如，一方面，现在计算机技术已经逐步普及，但是由于后勤服务外包公司的部分工作人员对计算机使用的熟练程度还有待加强，他们依然在使用手工操作；另一方面，由于网络技术的不断更新换代，后勤服务外包公司的某些硬件措施依旧无法跟上，导致不能够充分利用网络和计算机手段的来配合医院的工作，导致医院的工作效率被拉低。

三 目标宗旨

1. 建设思路

为解决上述传统后勤管理模式存在的问题，结合医院后勤公用设施设备安全管理工作的特点及风险点，华山医院运用信息化手段，从设施设备预防性维护和运行状态实施监控两个层面，建立了一套覆盖医院后勤所有公用设施设备全生命周期的管理系统。

（1）坚持以“安全运营为中心”。树立警钟长鸣的安全意识——领导有责任意识、全员有警惕意识；落实常抓不懈的工作方法——季季有重点、月月有专项、天天有监督；完善持续改进的长效机制——建立安全预算投入机制、推进技防设备更新机制、建立安全绩效考核机制、建立人员配备保障机制。

（2）注重设施设备的预防性维护保养。预防性维护保养就是在设施设备在发生故障或事故之前，通过建立设施设备台账、适时开展维护保养、日常巡视巡查、现场管理和制定应急管理等手段，加强设施设备管理，降低故障率。其基本思路就是对各个系统进行功能和故障分析，明确系统内可能发生的故障、故障原因及其后果，用规范化的逻辑决断方法，确定各故障的预防性对策，保证设施设备在整个生命周期内的效益最大化。预防性维护保障可以保证设施设备安全、高效运行，从而减少医院安生事故发生的可能性，降低故障率，减少运营成本和提高设备运行效率。

（3）设施设备运行状态实施监控。医院后勤公用设施设备种类多、分布广、运行时间长，为保障各类系统所有设施设备随时处于安全、高效、稳定的运行状态，医院利用信息化手段，建立了一套完善的设施设备运行状态实施监控系统，发现运行数据异常，系统自动报警至相关管理或维修人员，使有关人员可以第一时间发现问题、解决问题。

2. 建设目标

医院从人员安全、设备安全和环境安全三个方面，建立公用设施设备安全管理目标。

（1）人员安全。保障医院范围内所有人员的安全，主要包括两个方面：一方面，是医务人员和就诊人员等使用人员的安全，保证水、电、气、暖等生命保障系统的正常、不间断供应，确保医疗、科研等各项活动的开展；另一方面，是设施设备维修保养人员的操作安全，保证设施设备的正常运行状态，建立完善的维修维保操作规范、流程等相关制度，并严格落实，强化安全教育和技能培训，增强维保人员安全意识，提高业务技能水平，避免维修维保过程中因操作不当等原因造成的安全事故。

（2）设备安全。医院后勤所有的公用设施设备都不是独立存在的，而是和众多其他设备相互配合、相互连接，一起组成了相应的支持和保障系统。由于同一系统之间的整体性和不可分割性，单个设施设备的故障必然影响整个系统功能的发挥，而且会对同一系统上的其他设备造成不可逆损伤。例如，配电系统中某楼层配电间的进线开关，由于维修保养、巡视巡查等措施不到位，出现绝缘老化或破损等情况，造成短路，导致整个楼层供电中断，所有用电设备意外失电而不正常关机，可能对设施设备造成严重损伤。因此，即使再小、再不起眼的公共设施设备的安全隐患也不能放过，在环环相扣的系统里，只有每一个微小单元都安全高效，才能保证整个系统的所有设施设备的安全运行。

（3）环境安全。只有提供一个安全的环境，各类医疗、教研活动才能高效、有序开展。任何高难度的手术，都需要手术室洁净空调提供精准的温度与湿度保障；各类高精尖实验的顺利进行，都需要通风系统保证实验室正负压要求。因此，医院的安全管理工作，就是要为各项工作顺利进行提供一个安全的、稳定的、符合要求的环境。

四 各类信息化平台项目简介

为了提高医院各类公用设施设备的安全水平，华山医院运用信息化手段，建立了一套

涵盖所有公用设施设备的智能化监测管理系统。主要分为以下两类：

1. 实时监测类

（1）电气安全智能监管平台。
（2）锅炉监控系统。
（3）医用气体在线监控系统。
（4）电梯安全智能管理系统。
（5）水箱液位检测系统。
（6）机房视频监控系统。
（7）医院建筑能耗监管系统。
（8）空调自控系统。

2. 维修保养类

（1）一站式接报中心。
（2）公用设施设备管理平台。
（3）巡更系统。

3. 实时监测系统

1）电气安全智能监管平台

此安全智能监控平台主要是对温度及剩余电流进行实时监测，传感器点位覆盖范围包括全院各楼层高低压总配电柜，重要部门（手术室、ICU、实验室等）及各大楼楼层配电间总开关，将采集到的数据上传至电气安全智能监管平台。当传感器测得温度过高（>55 ℃）或剩余电流过大（>1 500 mA）则将推送报警信息至电脑及手机端，配电间值班人员将利用该安全智能监控平台，对各台配电柜及重要设备实行 24 小时集中监控，提高维保效率，提升全院用电安全。如图 1 所示。

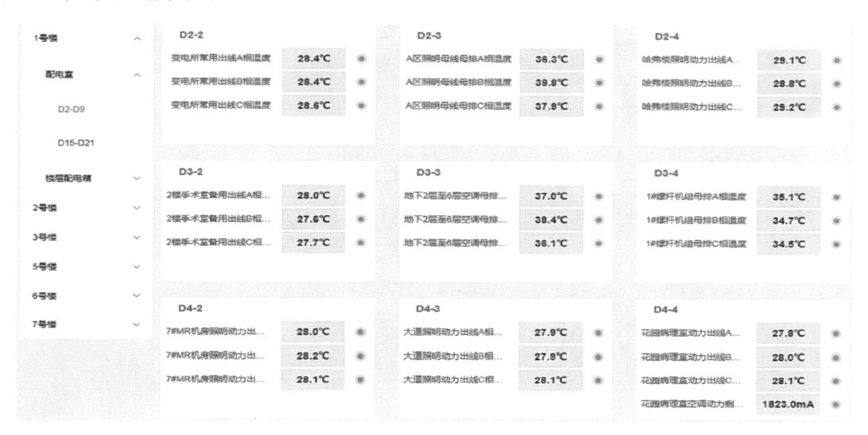

图 1　电气安全智能监管平台

2）锅炉监控系统

锅炉本体控系统采用了新型的燃烧管理系统（Autoflame MK6），用于燃烧启动程序、阀组检漏程序、燃烧电子比例调节以及火焰监测，除此之外还采用 Autoflame DTI 结合 PLC 和工控计算机以及编程和组态软件系统，对锅炉及其锅炉房辅助设备的启动、运行和燃烧全过程中实行实时控制和监测，做到数据实时显示、运行状态实时监测、运行数据超限实时报警保护、历史数据数据库储存及故障报警记录等，以达到锅炉最佳工况燃烧、管理量化的目的。如图 2 所示。

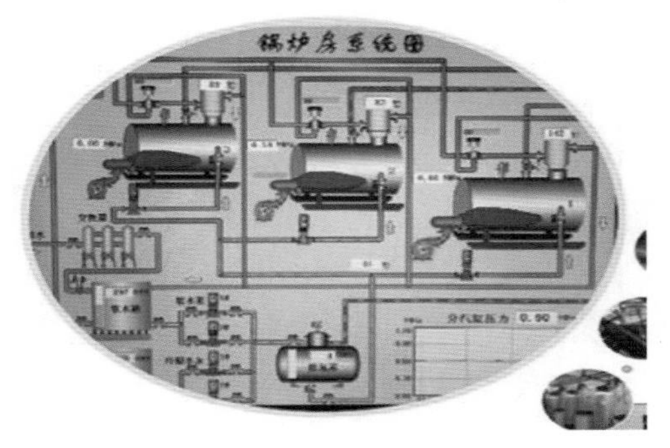

图 2　锅炉监控系统

3）医用气体在线监控系统

该系统对门诊楼医用正负压气体进行运行状态的实时监测。门诊楼吸引机房供气的范围是急诊输液室、二楼手术室及病房、3 层至 8 层的吸引终端。监测范围分为负压气体和正压气体两类，监测参数包括：泵组压力、管网压力、压差、机组运行时间和吸引设备的运行状态（可显示投入使用的泵组），以及故障情况记录。以上数据由机组的数字模块采集并上传至该监测平台，同时将压力，压差等维持正常运行的重要参数设定预报警值，一旦超过上限或下限，则该平台将弹出报警信息，由值班人员及时处理。医用气体直接关系到病患的身体状况，对维修及时率要求较高，该平台的投入改变了以往通过报修、现场检查、完成维修的过程，值班人员可通过平台直接判断故障原因，有的放矢，排除故障，极大缩短了维修时间，保障了病患的用气安全。图 3 为六号楼空压机房的监测数据正在接入当中。

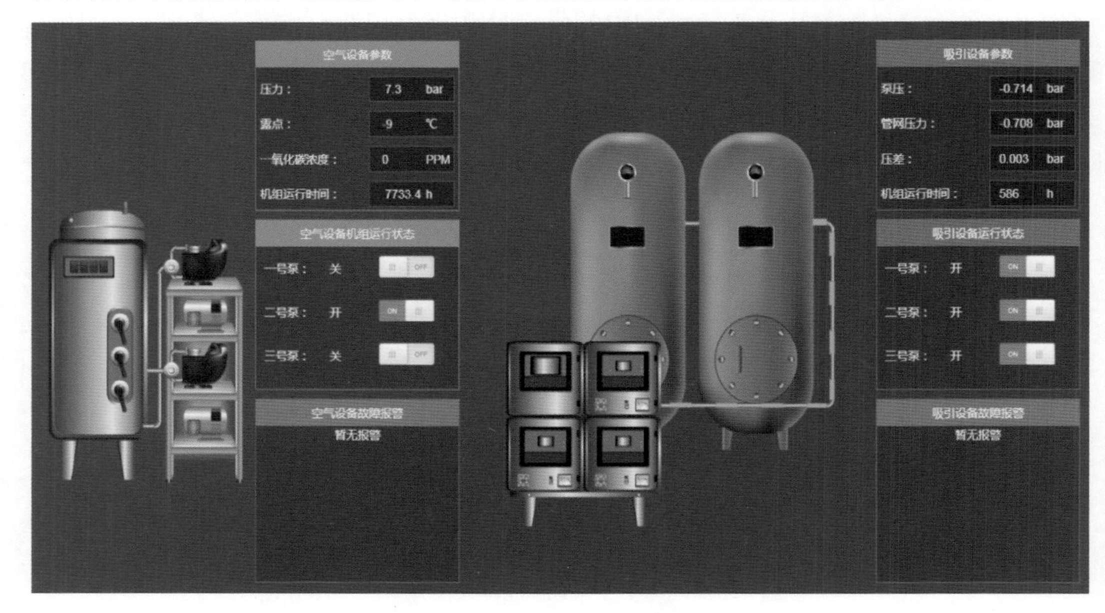

图 3　医用气体在线监控系统

4）电梯安全智能管理系统

该平台模块通过在电梯上安装独立传感装置和智能摄像头，实时采集电梯运行及影像信息，电梯运行出现异常时，平台会结合运行数据和影像信息实现准确预、报警。当电梯出现困人故障时，安装在轿厢内部的智能视频系统会自动播放安抚音频，并对乘梯人的不文明行为进行监督管理，实现电梯的安全智能管理(图4)。该系统具有以下四大功能。

图4　电梯安全智能管理系统

(1) 独立监测：设备安装不破坏任何电梯原有核心部件，监控电梯当前的运行状态、方向、所处楼层等信息。

(2) 安全预警：电梯运行发生异常时，平台结合数据和影像对可能发生的故障，实现准确告警。

(3) 语音安抚：发生困人故障时，自动播放安抚音视频，安抚乘客情绪，避免危险升级。

(4) 设备管理：实时记录电梯运行信息、故障信息、维保记录等，便于查询相关记录。

5）生活水箱液位监测系统

该液位监测系统采用的是超声波压差传感器，通过发射超声波，接收液面反射的信号，测得液面高度并计算出压差，实时反映在监测系统平台上，并设置液位报警线(低位报警和高位报警)，由值班人员对该平台进行监控，及时处理液位异常情况。同时将液位信号与水泵电控箱联动，水泵将根据预设的液位值自动启动与停止补水，保障全院各区域生活用水的稳定供给。如图5所示。

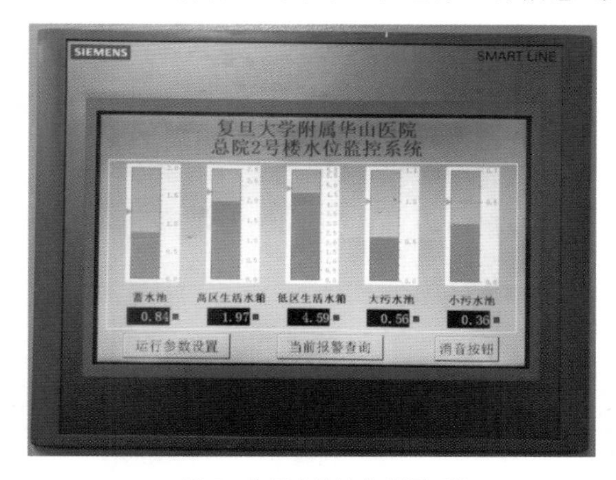

图5　生活水箱液位监测系统

6）机房视频监控系统

此监控系统由视频监控软件及分布在全院各个主要机电设备旁和机房内的摄像头组成，涉及全院水、电、空调和热力四大主要系统，共184个点位。可更直观地观察设备运行状态，维保人员的值班、巡查情况，监督设备机房的日常维保实际效果，作为对信息化监测手段的补充和备用。目前，各班组的值班室均已安装该监控软件，极大地提高了设备维保效率，降低劳动负荷，提升故障排除及时率。同时，可记录近一个月的设备运行视频，若发生故障，可作为对故障原因分析的有效依据。如图6所示。

图 6　机房视频监控系统

7）医院建筑能耗监管系统

以《医院建筑能耗监管系统试点建设实施方案》《医院建筑能耗监管系统建设技术导则（试行）》《医院建筑能耗监管系统云顶管理技术导则（试行）》等文件为指导，自 2014 年 7 月起启动医院建筑能耗监管系统项目。该项目能耗点位主要集中在重点用能区域，如门急诊楼、病房楼、医技楼、综合楼和传染病楼等，重点用能设备的点位涉及锅炉、空调、大型医疗设备等，目前已基本实现华山医院总院院区全覆盖。该平台能对全院的电、水、天然气、冷热量和蒸汽用量实时监控，并实现四大功能：能耗分析管理功能，能耗报警，能耗成本统计，重点设备能耗监测；以及四大目的：能耗数据化，数据可视化，管理动态化，节能指标化。同时，在数据分析及利用方面，定期向监管部门出具能耗分析报告，利用能耗监控系统实现每月能耗的绩效考核，与相关绩效制度相结合。如图 7 所示。

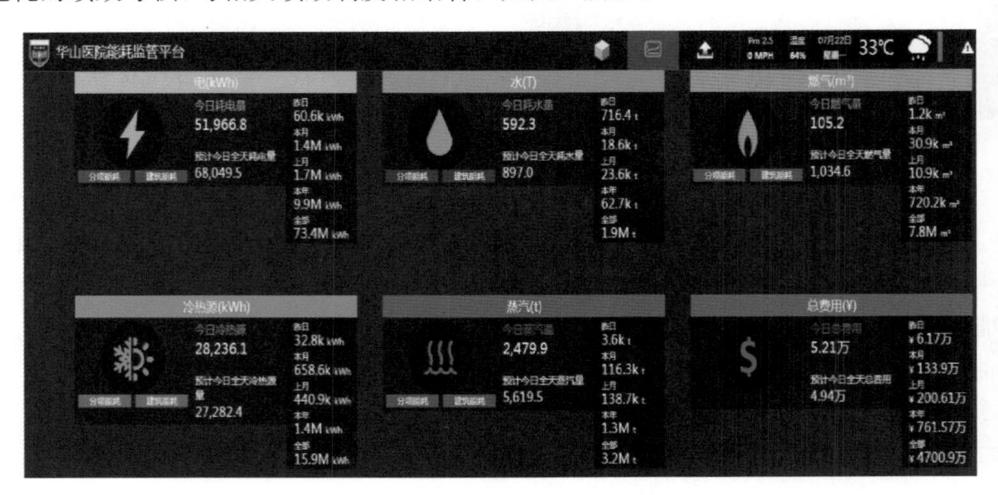

图 7　医院建筑能耗监管系统

8）空调自控系统

通过该自控系统，解决了手术室机组老化，温控较难导致夏天过热、冬天过冷的问题，同时使机组之间的联动设置更合理，避免了能源浪费。该系统的设备控制范围包括：风机盘管，分体机末端，新风，温湿度，中央空调主机，空调箱。从而达到解决局部区域过冷过热、温湿度全局调控、联动合理和节能降耗的作用，该平台可收集单体设备及环境数据加以分析，可为各楼宇各科室执行个性化运行策略，以提升精细化管理的程度。如图 8 所示。

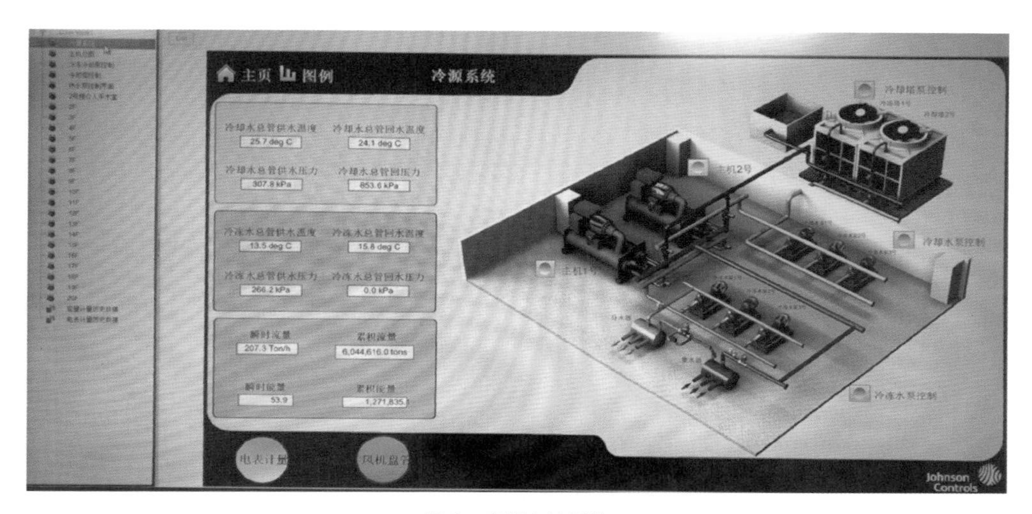

图 8　空调自控系统

4. 设施设备维修保养

1）一站式接报中心

该接报中心信息化平台相比传统的接报修方式有四大提升。

首先减少了接报修要素，来电信息自动提取报修位置、报修电话和报修科室，报修人提供故障分类后，自动与处理班组和紧急程度关联，最后报修人制订维修时间，整个报修过程完成。相比过去提供 7 大信息来说，报修人现在仅需提供 2 个要素即可完成报修，极大地减少人工记录导致的错漏问题。

其次是维修过程追溯，该平台对报修信息的要素有详细记录，并对维修的每个节点如确定维修条件、维修中、维修完毕等进行实时跟踪，完成后需提供照片并由报修人电子签名加以确认，同时附效果评价。以上数据都可以从系统中快速调取，便于报修人员、管理人员追溯、监督。

再次是重复维修单筛选功能，重复维修的工单实现自动筛选，筛选出 7 日内同一位置、同一故障出现≥2 次的情况，调查后确认是否属于重复维修情况。经查属实后追究第一个维修人员责任。

最后是智能生成分析报表，通过报表了解各部门各楼宇维修情况，通过数据分析做好设备预防性维修，加强维修人员管理，责任到人，奖勤罚懒。如图 9 所示。

图 9　一站式接报中心

2）公用设施设备管理平台

该管理平台主要是建立完备的设备台账，对设备编码、分类、位置和厂家等各类信息进行统计，并记录使用期间的维修情况及提醒报废时间，针对不同的设备实现分类分级，实现对设备的全生命周期管理。同时将设备信息制成二维码，贴在设备上，在系统中设定巡视巡查频率，相关人员巡视巡查到设备时扫描二维码、勾选巡视巡查内容，重要设备拍照上传。完备的流程控制避免了巡视巡查沦为打点、走过场，由此保证了设施设备的安全、稳定运行，从而落实主动预防性维护，以减少报修量。

设施设备管理的重要力量之一来自外委服务方，该管理平台对外委服务方有两方面的管理，即信息动态管理和服务合同管理。信息动态管理方面包含了企业信息、联系人信息、维保范围和考核评估等信息，服务合同管理包含合同编号、服务方、流程时间管理、合同条款和项目执行进度等信息，从合同前期招标直至最后的结算全过程管控，信息化贯穿合同管理全过程，与项目管理协同作用。该平台另一功能是可以对物料进行成本管理，通过维修单的信息，可自动关联相关物料，生成物料列表，维修人员选择种类及数量后可由库房领取，当维修完成后，若物料有多余，需要进行退料操作，完成后交还库房。维修情况、维修时间、维修照片、维修用料及参与人员均由该软件进行记录，以便管理人员查阅。维修所用物料与每张报修单内容挂钩，防止物料多领、错领、冒领，造成物料浪费。如图 10 所示。

3）巡更系统

电子巡更系统于 2015 年 4 月引入，以加强设备监管。在 134 处设备机房内布设 164 个点位的电子巡更系统，涵盖了配电、给排水、冷冻和压力容器等重要设施设备。目前，电子巡更系统在机房管理工作中起到了重要的监管作用。

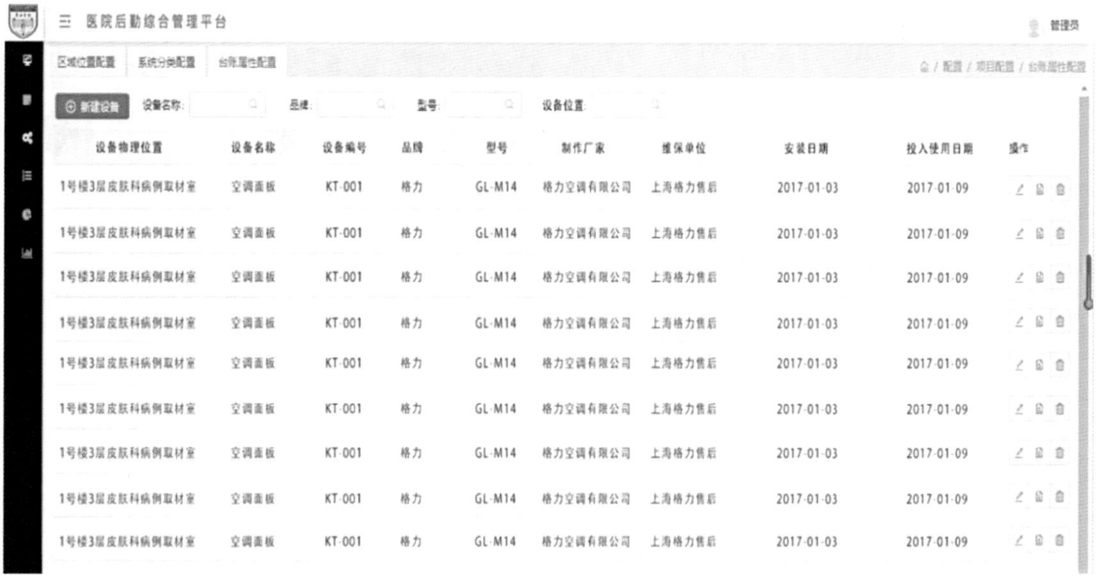

三 医院后勤综合管理平台　　管理员

区域位置配置　系统分类配置　台账属性配置　　配置 / 项目配置 / 台账属性配置

新建设备　设备名称:　品牌:　型号:　设备位置:

设备物理位置	设备名称	设备编号	品牌	型号	制作厂家	维保单位	安装日期	投入使用日期	操作
1号楼3层皮肤科病例取材室	空调面板	KT-001	格力	GL-M14	格力空调有限公司	上海格力售后	2017-01-03	2017-01-09	
1号楼3层皮肤科病例取材室	空调面板	KT-001	格力	GL-M14	格力空调有限公司	上海格力售后	2017-01-03	2017-01-09	
1号楼3层皮肤科病例取材室	空调面板	KT-001	格力	GL-M14	格力空调有限公司	上海格力售后	2017-01-03	2017-01-09	
1号楼3层皮肤科病例取材室	空调面板	KT-001	格力	GL-M14	格力空调有限公司	上海格力售后	2017-01-03	2017-01-09	
1号楼3层皮肤科病例取材室	空调面板	KT-001	格力	GL-M14	格力空调有限公司	上海格力售后	2017-01-03	2017-01-09	
1号楼3层皮肤科病例取材室	空调面板	KT-001	格力	GL-M14	格力空调有限公司	上海格力售后	2017-01-03	2017-01-09	
1号楼3层皮肤科病例取材室	空调面板	KT-001	格力	GL-M14	格力空调有限公司	上海格力售后	2017-01-03	2017-01-09	
1号楼3层皮肤科病例取材室	空调面板	KT-001	格力	GL-M14	格力空调有限公司	上海格力售后	2017-01-03	2017-01-09	
1号楼3层皮肤科病例取材室	空调面板	KT-001	格力	GL-M14	格力空调有限公司	上海格力售后	2017-01-03	2017-01-09	

图 10　公共设施设备管理平台

在需要巡查的地点安置信息钮，它储存地理位置的信息，同时，在值班室安置一枚基准信息钮，作为巡查工作触发信息；当巡查工作开始时，巡查人员用巡查棒先碰基准信息钮，再至各巡查点碰触地点信息钮，巡查棒就自动生成包括地点、时间的巡查记录，然后将巡查棒插入通信座，只需数秒时间便可将巡查记录输入计算机内，并按要求生成巡查报表。巡查报表能真实准确地反映巡查情况：有无漏查，是否按时巡查，是否按规定路线巡查等。监管人员定期收集数据信息，经过统计分析，如发现机房巡查人员在巡查中存在的各种违规现象，及时进行记录、通报，并调整相应班组的监管力度，纠正其违规的行为。

五　项目成效

1. 平台使用效果

1）管理效率提高

华山医院目前已投入的智能化信息化平台的优势在于数据收集的快速性、数据展示的集中性、数据更新的实时性、数据分析的准确性以及数据查阅的便捷性，有了信息平台这一“利器”，日常维保值班人员和管理监督人员改变了以往靠两腿走、两眼看、两手记的传统管理模式，在短时间内即可对全院各类系统的设施设备进行全方位检查。通过设备运行参数，结合视频监控系统的实时画面以及设备机身上的二维码信息，立刻能掌握该设备过去的维保记录和经历的维修改造及现在的运行状态，并能预判到未来一段时间内该设备可能会出现的隐患，以决定是维持还是进行针对性的保养策略，以达到保障设备安全运行，延长设备使用寿命及设备运行效益最大化。依托平台,维护保养全过程透明、可控,对于设施设备维护保养的执行力及维保效果有明显提升。如图 11 所示。

图 11　维保人员接受信息化平台培训

目前通过使用医院建筑能耗监管系统、电气安全智能监管平台、机房视频监控系统三大平台,分布于各大楼的总配电间及 80 余个楼层配电间,仅需集中在一个配电间由当班 3 名值班人员进行日常巡查及设备维保。

实例 1:在夏季高温期间发现几处母排因负荷增加而发生的散热问题,通过及时增加鼓风机,合理分配负荷等方法降低母排温度。如图 12 所示。

图 12　利用鼓风机作为临时措施为变压器降温

图 13　水泵电机绕组绝缘破损

实例 2:通过剩余电流异常及时发现水泵绕组绝缘性能降低的隐患,由外委方两天内将新的水泵安装到位,保障了空调系统的正常运行。如图 13 所示。

实例 3:通过能耗监管系统中对我院进线电压的监控数据,及时发现夏季市网供电电压降低至 372 伏,及时联系电力公司对电压进行调整,保障了全院用电设备的正常运行。

因配电系统末端遍布全院,排查范围广、耗时长,通过上述智能化信息平台的使用,快速对电流、电压、温度等重要的安全参数进行采集、监控和报警,使维保效率得到极大提升。如图 14 所示。

2）通过技术手段排除安全隐患

根据各安全预警系统监控提供的数据及影像资料,制订以下安全运营巡查内容:定人员、定责任、定频率,提高主动发现事故、处理事故的比率,提高各系统运行的安全性。在传统的巡查方式下,难以通过肉眼观察判断隐患是否存在,由于某些隐患特征不直观,隐蔽工程较多,故判断隐患耗时长。纵向而言,全院设施设备多而广。横向而言,单个设备故障原因千差万别,要迅速确定需要检测多个参数,耗时耗力。利用智能化信息平台对大量数据

图 14　电压较正常值 380 伏偏低

的处理能力，可在短时间内监控全院各类设施设备，及时发现有故障隐患的设备，有计划地安排整改施工，有效减少了意外停电停水的情况发生，使设施或设备在最短时间内排除隐患。通过设施设备管理平台中的台账功能，可获知设备的强制更换年限，即使某些设备并未出现安全隐患，一旦超出厂家设计的使用寿命，则及时更新，以免出现无法检测的如一些机械故障等。

实例 1：某天夜间，锅炉房夜班人员在值班室通过锅炉监控系统，发现烟气余热回收装置温度异常，立刻到现场查看，发现循环水泵故障停止运行，排查水泵控制柜，发现水泵因控制模块发生故障，导致循环系统无法自动启停，经过及时的人工启动和抢修处理，在最短时间内发现并排除了该隐患。在该系统启用前，余热回收装置的温度无法通过外部人工巡视来观察到其变化，若不及时发现，可能造成回收装置超温超压运行，可能会有爆炸风险。

实例 2：高温季节期间，二号楼客梯配电控制柜突发剩余电流异常报警，配电值班人员在值班室收到该报警后立即通知配电组组长，由组长及时联系电梯组，并由电梯维保人员检查电梯设备及控制柜内线路，发现有部分电缆因温度较高绝缘表皮发生脆化脱落情况，导致漏电情况发生，随后及时联系厂家于当夜停机更换相关电缆，避免电梯意外事故发生。由于该隐患暂时不会影响电梯的正常运行，因此通过电梯智能管理系统无法独立发现，该案例充分体现多平台联动监控的巨大优势。如图 15 所示。

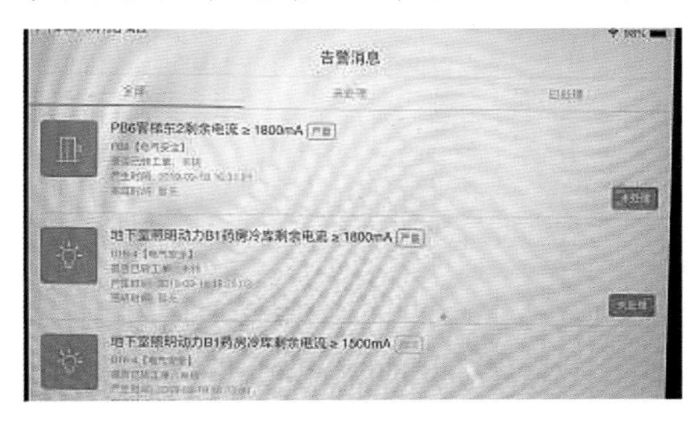

图 15　电梯供电电缆剩余电流偏高

3）设施设备故障率下降

在降低设备故障率方面，始终遵循海恩法则，即每一起严重事故的背后，必然有 29 次轻

图 16　站长通过监控系统掌握巡查情况

微事故和 300 个未遂先兆以及 1 000 起事故隐患。因此,信息化建设中需要加强数据的积累、数据的筛选和分析,增强安全的预警和报警功能,加强精细化管理。如图 16 所示。

通过引入用电安全智能监管平台和视频监控系统,配电设施设备安全检查形成闭环系统:即制订巡查计划、落实设施设备巡查、检查监管过程记录、发现问题整改和整改效果反馈。从而,将单一的巡查变为三个维度(点线面)的巡查:"点",深入诊室及病房,把"点"扎透;"线",以测量电缆温度及开关负载率为重点;"面",着重巡视楼层配电间,保证层面总进线的安全。按重要程度划分四个区域,即临床重要部门牵涉到病人生命的科室;大型医疗设备、实验室、信息机房;高低压配电间;全院层配等,定人员定责任定频率进行配电安全的巡查的做法,最终实现提前发现并处理事故比率,提高配电系统的安全性。

实例:夏季高温期间,用电安全智能监管平台曾发出告警,二号楼 2 楼空调设备剩余电流异常,经过对设备及供电线路的排查,及时发现某病房内风机盘管有绝缘破损导致的少量漏电现象,虽不至于影响设备使用,但该隐患点会造成局部温度过高,导线表皮脆化脱落情况将加剧,漏电情况将更严重,甚至最后导致火灾的发生。值班人员通过平台报警及时发现并告知空调维保人员,排除了火灾隐患,保障了病患及医务人员的生命安全。如图 17 所示。

图 17　维修工人及时更换空调电缆

4）维修时间缩短

华山医院重要部门多且分布广,巡查人员需兼顾维修工作,难以全面覆盖所有巡查点。

诸如CT室、MRI等机房在运行时，巡查不方便。通过为巡查人员安装移动端监控报警软件，极大地提升了巡查效率，如某个点位出现故障，报警软件能及时发送告警至巡查人员的手机，若无法处理则通知维修总部增派人手及相应零部件和工具，且巡查人员可以继续巡查，提高了巡查效率。

设施设备的用户往往很难判断设备故障的原因，以往在接到报修电话后，维修人员通常是携带常规工具，到现场进行检查，判断故障原因，回到库房领取材料及携带相应工具，再回到现场进行维修。如图18所示。

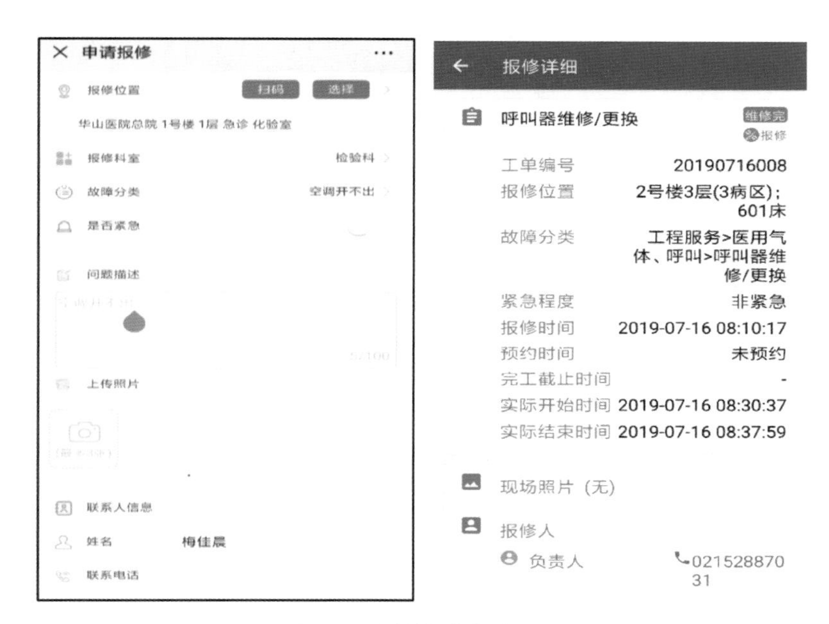

图18　移动端报修软件界面

通过引入一站式接报中心的影像报修功能，以及各系统运行监控系统，将设备运行参数与报修内容结合，大部分情况下可直接判断出故障原因，及时携带相应的工具及物料至故障点进行维修，避免了从值班室到维修点间时间上的浪费，并且通过维修单上的信息，可快速找到故障设备，避免了到现场后为再次寻找故障点而浪费时间。

实例：某天上午，二号楼3楼3病区601床报修氧气终端故障，同病区的603床报修呼叫器故障，维修人员通过手机端的App获取报修信息，根据这两个报修信息，带好相应的维修工具以及新的氧气终端和呼叫器，及时完成了两个维修单，提高了维修效率，减少了询问故障点和判断故障原因的时间，也减少了往返病房和值班室间的时间。并且手机端可反应紧急程度，维修时可有轻重缓急之分。同时病房医务工作繁重，该平台可对维修时间进行预约，对维修人员来说也可合理安排维修时间，高效保障病患的生命安全。

2. 所获荣誉及取得的成绩

（1）2016年11月获得上海市质量技术监督局、上海市经济与信息化委员会颁发的“上海市安全与节能示范锅炉房”称号。

(2) 2017 年 6 月,在全国卫生产业企业管理协会主办的“第三届全国后勤改革发展大会”上,荣获“全国医院后勤保障与建设先进单位”荣誉称号。

(3) 2017 年出版《公用设施设备技术管理规范手册》。

(4) 2018 年 1 月获得上海市医务工会颁发的“上海市医务职工科技创新‘星光计划’三等奖”称号。

(5) 2018 年 10 月,荣获全国卫生产业企业管理协会颁发的“全国医院信息化建设创新示范单位”称号。

(6) 2019 年 1 月,华山医院在全国率先通过安全生产标准化等级评审,获得“上海市卫生健康系统安全生产标准化二级单位”。

(7) 2019 年 7 月,荣获由国家卫健委能力建设和继续教育中心颁发的 2019 中国现代医院管理典型案例评选——医院后勤管理十佳“典型案例”。

六 展望

在上述智能化平台的使用过程中,华山医院将总结获得的经验,加强部分设备性能,完善数据的全面性,加强对数据的分析功能,深层次挖掘表象下的安全隐患,完善平台功能,将故障排除在萌芽阶段。由于上线的平台和系统较多,下一步计划将各个平台的数据加以整合利用,达到数据共享,信息交互及时。各系统的运行是既独立又密不可分的,某个系统的故障可能导致其他系统的次生故障,通过医院内部系统整合和数据共享,更快发现故障源头,避免各自为政,影响维修效率,使保养和维修更有针对性,更精准有效。从纵向而言,通过平台功能的进一步完善,提升了设施设备的维保质量,提高了隐患的排除比率,减少了故障的发生率,极大提升了医院的后勤保障水平,为医患提供更安全的诊疗环境;横向而言,将各个平台的数据更紧密地交互利用,能有效弥补隐患查找与故障排除中的片面性和单一性,互相交错,形成一张牢固的“安全网”,提升医院后勤设施设备维修保养的系统性与科学性,进一步强化医院智能化安全保障体系的建设。

(撰稿:侯占伟　陈俊杰)

安全高效绿色，基于大数据分析的医院智慧后勤建设

——上海市质子重离子医院

一 建设背景

1. 医院后勤管理的重要性

后勤保障系统是医院运行的重要支柱，是医院正常业务开展的重要基础，为医院建筑、设施、设备的设计规划与建设维护提供专业保障，为患者与员工提供更安全、更全面的专业服务。

上海市质子重离子医院后勤管理设置包含资产管理部、后勤保障部两大职能部门，其中资产管理部主要负责物资与设备采购、物资供应、资产管理和医疗设备全生命周期管理；后勤保障部主要负责能源动力与设施保障、房屋修缮与工程改造、消防治安、安全生产、新建与改造建筑的项目全过程管理和质子重离子设备及附属系统的运行与管理等。作为专科医院，上海市质子重离子医院后勤管理贯穿于医院的整个非医疗服务的各个领域，成为医院质量管理体系中的重要环节，更是医疗支撑保障体系的重要组成部分，尤其在质子重离子设备及附属系统保障运维方面，日常业务运行高度依赖质子重离子治疗系统（Particle therapy，以下简称 PT 系统），因此 PT 系统及附属电力、工艺冷却水、HVAC 和备件保障等后勤维护维保工作是重中之重，也是医院智慧后勤建设的核心任务。

随着肿瘤治疗技术的不断进步，国家对于肿瘤放射治疗技术也越来越重视，据 2019 年统计，国内目前正在开工建设的质子或重离子治疗中心就有 23 家，准备申请和立项的质子或重离子中心更是多达七十几家，这个数字还在不断增加，未来中国的每个大城市都将会拥有一家质子或重离子治疗中心。PT 系统及其辅助系统昂贵、庞大、精密且复杂，影响 PT 系统运行的风险因素很多，包括离子源系统、射频系统、真空系统、水冷系统、束流诊断系统、磁铁系统、供电系统、压缩空气系统、供气系统、治疗系统、计划系统、束流应用监测系统、辐射监测系统及个人辐射安全联锁系统等。其中任何一个系统出现故障都会造成 PT 治疗系统治疗中断，如果长时间的中断治疗，不仅会影响肿瘤患者的治疗效果、造成医患关系的紧张，也会给医院造成不良的舆论影响。因此，PT 系统的后勤运维保障非常重要。医院要不断地开

展运行模式的创新，推进质子重离子运行保障服务，进而带动全院的后勤智能化智慧医院的建设。同时，注重数据的积累、分析和应用，改变传统的运维思维，在医院整体后勤框架下发挥最强的质量指标控制目标，转型、升级医院后勤服务。

上海市质子重离子医院运行几年以来，后勤运行保障系统紧紧围绕"安全运行、节能运行、快速响应"的目标开展运维管理业务。通过节能改造降低医院大型设备的运行成本，通过严格的执行流程和操作规范保障设备的安全稳定运行，通过建立故障通报、上报管理细则提升故障处理的相应速度。通过编写管理制度手册、技术手册、案例分析等建立后勤知识库，使得后勤管理更加规范化。

上海市质子重离子医院率先提出质子重离子后勤运行管理标准规范，将质子重离子医院建设和后勤运维打造成一个专业门类，提升质子重离子治疗中心的后勤服务水平，为全国的同类机构提供专业化的技术标准。

2. 医院后勤管理的目标

根据专科特色和实际运行情况，上海市质子重离子医院对后勤运行保障管理提出了三个主要目标：

（1）充分利用信息化手段，紧紧围绕 PT 系统搭建后勤设备设施综合运行管理平台，提升 PT 系统设备及附属系统的保障水平，提高 PT 系统开机率，建设智慧型医院后勤。

（2）加强后勤服务专业化队伍的建设，不断进行节能创新、技术创新、服务创新，学习信息化前沿技术，在传统后勤模式的基础上进行创新应用。基础设施设备管理跳出医院固定的范畴，从商场、办公写字楼、宾馆等学习后勤服务经验，让医院的后勤更好地服务患者。

（3）建立 PT 系统智能化运维的管理规范标准，在 PT 系统设备及其配套设施运维管理领域的消化吸收方面，为我国正在筹建的其他质子或重离子治疗中心的粒子放射治疗设备及其配套设施运维提供技术保障。加快培育我国粒子放射治疗设备及其配套设施运维管理领域的人才队伍，促进重大医疗设施运维平台技术的可持续发展。

3. 后勤信息化、智能化建设难点

PT 系统设备庞大，技术要求复杂，运行难度高，对配套的电气、辐射防护和 HVAC 系统的控制和精度等要求非常苛刻。

（1）对电气系统，要求超大电源容量、高稳定性和高可靠性，两路 35 千伏电源，停电后切换时间必须小于 150 毫秒。雷电、外电网波动、电压暂降等原因引起的电压波动都会引起 PT 设备的停机。

（2）对工艺冷却水系统，温度波动不能超过 ±1 ℃，个别系统甚至不能超过 ±0.5 ℃，压力下降不能超过 10%，发生轻微泄漏、补水超过规定时间都会触发防灾系统启动，从而引起 PT 设备停机。

（3）对 HVAC（空调通风系统），治疗室和质量控制房间温度不能超过规定值 ±1 ℃，湿度也必须在规定的范围内，任何的偏差都会造成 PT 设备运转不正常引发停机，从而直接影

响到病人的正常治疗。

由于PT系统涉及医学工程、放射物理、生物学、加速器、电力、暖通、辐射防护、计算机及智能控制等多个学科，管理工作要求高技术、高性能、高安全和高可靠，保障难度较大，PT系统及其配套设施运维管理工作也存在着一系列挑战，急需创新管理模式和思路。

(1) 设备管理效率低：PT系统及其配套设备设施系统复杂，位置分散，构成信息孤岛，信息流转效率低，易发生维修反应延迟、维护不到位或过度维护等问题。

(2) 设备运维难度高：质子重离子一体机设备尚属国内首台，运维专业性强，无经验可借鉴，亦缺乏标准规范，监控管理过分依赖特定人员经验，构成专业壁垒。

(3) 管理数据结构多样：PT系统及其配套系统数据通常会包含各种结构化表格、非结构化文本文档、现场照片等多种多样的数据，难以统一处理，且数据量大，对数据的存储和处理技术要求较高。

截至2019年9月，全球共有90家已经运营的质子重离子治疗中心，其中同时兼有质子和重离子治疗的治疗中心仅有5家，且束流和治疗室设计各有不同，在PT系统的运维保障上缺乏成熟的经验支撑。考察全球类似重大医疗设施的运行维护保障现状，海量数据驱动的PT系统及其配套设施运维管理技术目前处于发展阶段，尚不成熟。医疗行业早就遇到了海量数据和非结构化数据的挑战，近年来很多国家都在积极推进医疗设施运维信息化发展，这使得很多医疗机构投入资金进行大数据分析。但是，在重大医疗设施如PT系统设备的运行维护管理方面，相关技术还没有发展完善，仅仅停留在数据分析阶段，缺乏一个既能有效管理分布式的医疗设施又能从医疗设备信息中挖掘出有价值的数据的管理平台。大数据技术在重大医疗设施运维管理中还没有形成一个完整的体系，发展尚不成熟。

“互联网＋大数据＋医疗设施”的管理平台模式，借鉴“互联网＋”的思想，以大数据管理分析技术为核心，结合医疗设施管理平台，实现数据集中式远程管理和合理利用，及时发现设备故障，降低设备的维护成本，提高医疗设备的可靠运行。同时也为医疗设备管理者提供更优质、便捷、安全、高效的管理服务。相比传统的医疗设备数据管理方式更加的高效便捷，对重大医疗设备设施的管理有着重要意义。

4. 医院智慧后勤建设的基础与规划

(1) 上海市质子重离子医院2015年开业，后勤设备设施比较新，在医院建设阶段各系统就已经安装了各类传感器接口，信息化数据自动采集，设备设施远程实时监测与远程故障预警已初步完成。

(2) 能耗计量数据基本实现自动采集与智能分析。通过配置水、电分表计量点，实现分楼宇、分楼层能耗成本数据自动采集，并可根据楼宇、楼层、科室单元进行多时间维度能耗成本分析。

(3) 在公用设施、消防管理、应急管理、医疗设备、有害物质管理、安全与保卫等方面已初步培养专业化的后勤服务队伍。

2016年7月，上海市质子重离子医院启动进行“互联网＋大数据＋医疗设施”的管理平台的建设工作；2019年3月，初步完成集PT设备、工艺冷却水、暖通、消防、安防、智能照明、BA系统、资产管理、空间管理为一体的数据智能化平台。

5. 智慧后勤建设的目标

（1）建立PT辅助系统的大数据分析平台：支持PT系统设备开机率的计算，通过工艺冷却水系统CPK状态评估值进行辅助系统的故障预判，通过变配电电表数据分析医院各系统负载变化，进而进行故障诊断。

（2）建立PT系统信息化、科学化的管理流程。通过建立PT报修及故障通报系统，兼容PT设备故障报修、束流交接、每日病人治疗数据、开机时间、故障停机时间、备件更换、额外服务时间、补偿停机后的额外服务时间、开机率等计算；利用移动Pad平板电脑进行故障报修及信息录入，利用手机移动端进行故障分级上报级故障状态查询等。

（3）建立标准化的后勤设备设施风险评估管理体系。

（4）建立可视化、量化的供应商考核评价体系。

（5）通过智慧后勤的建设，达到节能减排的目标。

二 建设内容

1. 智慧后勤的系统架构

PT系统及其公用配套系统运行维护专业性强，数据信息来源多、数量庞大、类型复杂，但缺乏统一集中式管理，设备信息孤立。针对这些问题，充分利用信息化手段，以大数据分析为核心，由后勤保障管理团队主导开发基础设备设施综合管理平台。通过平台建设，实现PT加速器、工艺冷却水、HVAC、能耗、安保、照明六大实时在线监控，同时建立医院空间、资产、维保、供应商考核、备品备件和PT报修等九大管理模块，开发了工艺冷却水等重要系统的BIM，利用GIS技术，展示图像、声音、位置等信息，将各系统整合利用。通过数据分析管理，服务于设备维护维修管理和应急管理，提高后勤设备设施管理的效率和效果，保障重点设备的安全、稳定、持久运行，达到精准运维的目的。

为确保系统设备运行的稳定性和安全性，针对设备运行的故障特点，重点研发了PT报修管理模块和故障预测预警管理系统，利用移动Pad报修终端实时记录加速器故障信息，将临床期间的故障报修恢复记录和非临床期间的故障、维修、保养记录进行整合，与维保商西门子递交的日常性能服务报告形成数据映射，对PT系统设备日常运行数据进行统计分析，掌握设备的运行数据；通过建立冷却水和电力计量表等故障诊断模型，实时获取系统CPK值，自动判断系统运行中存在的故障，最终对设备的故障进行提前预判，降低PT设备的故障率，提高开机率，实现PT系统设备的智能化管理。

2. 架构搭建

上海市质子重离子医院智慧后勤建设的主要工作就是建设一套互联网环境下大数据

驱动的重大医疗设施智能化运维平台，包括智能监控系统和远程管理系统，保障 PT 设备设施的安全、稳定、持久运行，提高后勤设备设施管理的效率和效果。该运维平台旨在实现 PT 设备及配套设备监控信息的集中化、信息化和可视化，并通过科学化、规范化的管理手段，改善设备运行条件，及时发现设备运行问题，有效提高设备使用效率，保障 PT 系统设备的正常、稳定、安全运行，造福更多的癌症病人，助力国家在顶尖医疗科研创新领域占得新高地。

平台基于智能监控系统对大数据进行智能化分析与存储，基于远程管理系统对 PT 设备辅助系统进行有效远程管理，基于 BIM 的可视化在线交互接口，实现对设备的实时监测与实时管理。系统构建内容主要分为四个层次，设计采用的分层架构如图 1 所示。

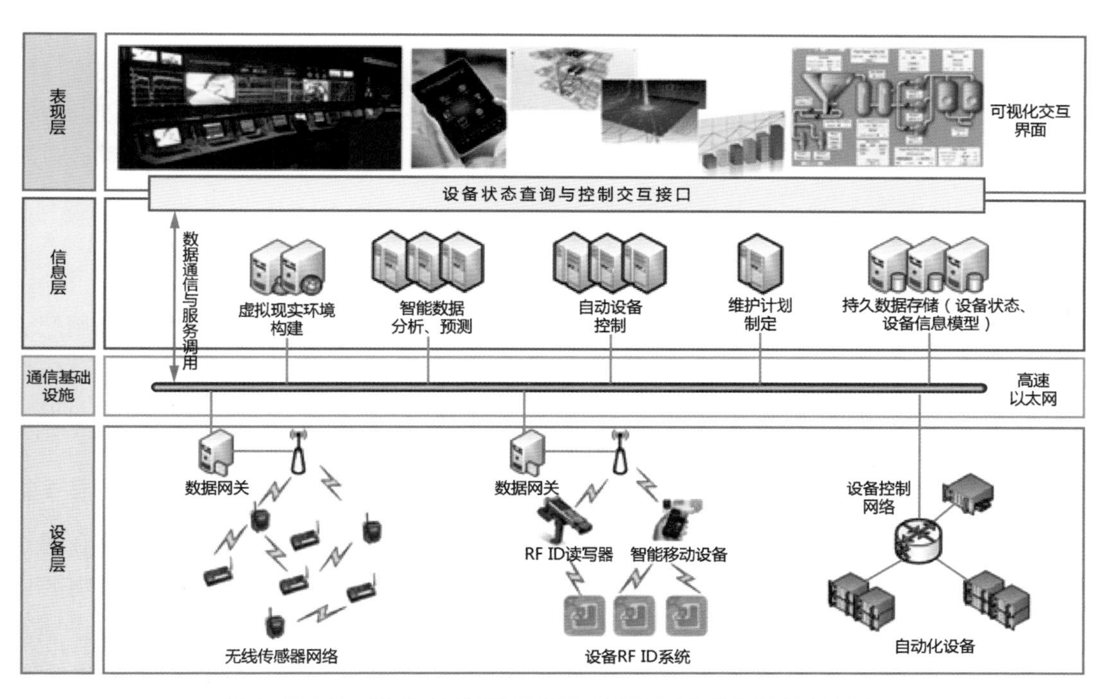

图 1　互联网+ 模式下大数据驱动的重大医疗设施智能化运维平台架构

1）设备层

主要由系统中的被测被控设备设施对象以及对象通信网络组成，大量的实时动态监测数据在此层产生。该层主要分为三个部分。

（1）自动化设备实体，以及用于该设备集合的实时通信与自动化控制网络，提供基于服务的先进工业控制接口。

（2）嵌入或附加在设备上的智能标签（如 RFID 等）节点、智能移动设备，以及无线局域网。

（3）用于监测设备工作环境情况的无线传感器网络。

2）通信基础设施层

以有线网络为主、集成无线网络的基础设施。高速以太网是核心，支撑海量数据、即时消息的传输；多类型的无线网络用于有通信需求的物理对象，如智能标签、传感器网络等。

3）信息层

由各种计算、存储服务器（集群）组成，提供可伸缩的信息服务，可包括：

（1）对设备状态、设备信息模型等各类数据的持久化存储、管理与访问。

（2）智能数据分析与预测。

（3）自动化设备控制。

（4）最优化维护计划自动制定。

（5）虚拟现实环境构建等。同时向监控系统的表现层提供数据访问与设备交互接口，以基于服务的方式，传递状态信息、系统事件，以及执行控制命令。

4）表现层

提供多种视图的信息表现与操作途径，可包括基于虚拟现实的多维展现，或兼容性较高的信息处理软件组件（如 Excel 等）。客户端为可接入网络的监控计算机终端，以及支持二维码扫描、电子标签阅读与无线网络传输的手持终端等。职能不同的各类人员可通过不同的视图观察系统状态、获取告警消息、管理设备信息等。

3. 功能模块设计

互联网 + 模式下大数据驱动的重大医疗设施智能化运维平台针对 PT 设备及公用配套设施系统中的工艺冷却水系统、HVAC 系统、PSS 系统、加速器系统、变配电系统、消防系统、楼宇自控系统、照明系统、安防系统等九大设备系统，在核心平台上实现统一的图形化监控、实时数据曲线、分级报警记录、历史数据报表、辅助数据分析等功能。

PT 系统公用配套设施系统设备数量多、系统结构复杂、控制要求严格。医院日常运行时，PT 系统除了治疗时间都处于待机状态，即全年每天 24 小时处于开机状态，只有在超过 6 天的长假期或者年度维护保养时才会施行完全停机。与之相应，公用配套设施也需要全年每天 24 小时高标准运行，以保证 PT 系统的正常运行。然而，PT 系统及公用配套设施系统的各个子系统现有设备和控制机房地理位置分散，如 PT 系统位于 PT 区地下一层、PSS 系统监视位于 PT 区地上一层辐射防护办公室、工艺冷却水系统控制机房位于 PT 区地上一层、变配电系统控制机房位于主体建筑外的独立建筑变电站中、安保机房位于病房楼一层。物理距离远的同时，各子系统中存在专业壁垒，监控管理依赖专业人员的现场经验，信息更新不及时，信息流动不通畅，形成“信息孤岛”。一旦发生故障和紧急情况，信息传递只能靠各子系统负责人的步行查看和电话联系，信息流动滞后于管理决策，信息化不全面、集中化不完全。

互联网 + 模式下大数据驱动的重大医疗设施智能化运维平台集成医院 PT 设备公用配套系统设备监控模块，实现公用配套系统监控的集中化、信息化和可视化，改善设备运行条件，及时发现设备运行问题，有效提高设备使用效率，保障 PT 系统的正常、稳定、安全运行，是进一步开展互联网 + 模式下大数据驱动的重大医疗设施智能化运维的数据基础。

互联网+模式下大数据驱动的重大医疗设施智能化运维平台研究内容包括以数据为中心的定向扩散路由协议研究、智能化监控系统架构研究以及各子系统接入研究。

1）加速器系统

加速器是PT系统的核心设备，加速器系统中实时监控PT系统的工艺流程、运行状态，可掌握PT系统及其公用配套设备的整体设备状况。加速器系统包括加速器控制子系统（Accelerator Control System，ACS）、治疗室治疗控制子系统（Treatment Control System，TCS）。ACS是由于控制加速器产生粒子束流，进行束流传输和束流诊断的一套系统。ACS可以根据TCS的要求切换粒子类型，并对粒子束进行能量、强度、引出时间、束斑大小进行调整，以满足治疗需求。ACS由离子源系统、RF系统、直线加速器系统、同步加速器储能环系统、磁铁系统、束流诊断系统、真空系统、冷却水系统、空气压缩系统和供电系统等组成。ACS的各个子系统可以独自完成其特定的功能任务和职责，通过之间的通信接口提供所需的数据交换和控制，达到ACS的整体功能。

2）PSS系统

人身安全系统(Person Safety System，PSS)是用于保护工作人员和其他人员的人身安全，防止受到高能束流和束流引起的电离辐射伤害的一套系统。现场安装的警铃警灯、X线机指示灯、急停按钮、搜索按钮、LED显示屏、搜索授权单元、钥匙控制面板等设备与控制器共同组成了PSS系统。PSS系统与加速器、束流阻止系统(BPS)、束流传输系统等一同建立了安全连锁，并设计了足够的冗余安全信号。

3）工艺冷却水系统

工艺冷却水系统是PT系统最重要的辅助系统，承担离子源、直线段、同步环、输运线的所有磁铁和配电电源柜的内部冷却任务。冷却水系统是否能稳定运行，直接关系着PT系统开机率的高低。通过点位数据的采集与存储，工艺冷却水系统实现了对设备运行状态和关键数据负载曲线进行实时监控，提供设备故障和数据异常的报警功能，并进行相关数据的统计分析和报表的制作，最终保障冷却水系统的正常运行，以满足PT系统对温度的极高精度要求。

4）HVAC系统

PT系统直接相关的区域包括治疗室、隧道、电源机房、安装竖井、设备夹层1、设备夹层2、离子源及射频机房和压缩空气房等，对环境温湿度有着特殊的要求，因此单设了一套空调通风控制系统，即HVAC系统。不同的工艺区域，对房间的温度和湿度有着不同的要求，房间温度要求最高的区域其控制精度可达到±0.5 ℃，且同一区域要求温度及湿度一致且均匀。HVAC系统监控通过点位数据的采集与存储，实现对质子重离子放射治疗设备区域空调机组、送排风系统的集中化管理，对设备故障和数据异常进行报警，并进行相关数据的统计分析和报表的制作，最终保障HVAC系统正常运行。

5）变配电系统

上海市质子重离子医院由两路独立的35千伏电源供电。一路从浦东电力公司康桥站引出，接入医院1#变电站内的1#高压进线柜。另一路从浦东电力公司申江站引出，接入医院 1# 变电站内的 2# 高压进线柜。医院共设 3 个变配电站，分别为 1#、2#、3# 变配电站。其中 1# 变配电站为 35 千伏总变电站，为独立的地上建筑；2# 和 3# 变配电站均为10 千伏分变电站，属于地下建筑。智慧后勤建设中，通过标准 OPC 采集电力设备运行数据，并在系统原理图上实时、直观地显示每个设备运行状态信息（正常、故障、报警）及各点位的实时数据，同时显示从高压到低压的变配过程，并将系统的核心参数直观地显示在图上。变配电系统收集到的用电数据将作为能耗管理模块的数据基础。

6）楼宇自控系统

楼宇自控系统监控包括常规区域空调系统、冷热源系统、电梯系统、集水井系统等。监控设备包括冷水机组、锅炉、水泵、冷却塔、空调机组、电梯、集水井等，以监控各设备的运行状态、运行数据，并提供实时监控图、报警信息查询等方式供用户对设备状态进行查询。最终在核心平台中进行数据的统一存储、处理、分析，提供管理决策支持。

7）安防系统

视频监控系统是安防系统中最重要的子系统。尤其是在一些重要的场所，如出入口、主干道等，视频监控系统需保障监控事件发生时的过程记录完整性、可用性，并保证画面的清晰度及细节的展示。视频监控信号通过安防专网进行传输，系统由视频源（摄像机）、传输交换设备（视频编码器、网络交换机）、管理控制设备（视频/数据管理服务器、监控客户端）、NVR 存储设备和视频显示设备（视频解码器、液晶显示屏）等组成。智慧后勤建设中，以分区域或硬盘录像机设备列表方式，选择某一路监控前端设备，播放实时监控视频图像，并可通过系统软件以图形化方式控制云台、焦距，从而对需要进行监控的建筑物内（外）的主要公共活动所、通道、电梯（厅）、重要部位和区域等进行有效的视频探测与监视，并提供单画面监控及按图查看模式供用户进行选择。

8）照明系统

照明控制系统能够对建筑内的正常照明实行集中控制与管理，是节约能源和优化控制的重要手段，不仅适应现代楼宇对智能控制的潮流，以便于管理及营造不同的光环境，充分利用自然光，同时又达到节能的目的。照明系统监控通过点位数据的采集与存储，实现对照明系统设备运行状态的实时监控：监控各回路照明设备状态、获取智能照明系统故障等信息。智能照明系统将相关设备的状态信息、故障信息、实时数据等相关资料传送到智能化系统的数据接口，监控平台将数据进行转换存储，同时供用户浏览、统计分析。

9）消防系统

消防报警系统由触发装置、火灾报警装置、联动输出装置以及具有其他辅助功能装置组成的。在火灾初期，通过消防报警系统，可以将燃烧产生的烟雾、热量、火焰等物理量，通过火灾探测器变成电信号，传输到火灾报警控制器，并同时显示出火灾发生的部位、时间等，使人们能够及时发现火灾，并及时采取有效措施，扑灭初期火灾，最大限度地减少因火灾造成的生命和财产的损失。在智能化监控系统中，可实时监视火灾探测报警系统，显示运行状态信息，包括各类烟感探头、温感探头、手动报警按钮等消防设备报警及故障状态信息，并转发消防报警信息。

4. 大数据模块建设

PT 系统在运行时会产生各类海量的基础数据，系统中的数据来自众多不同种类的设备与传感器，具有来源广泛、形式各异、数量庞大的特点。使用传统关系型数据库来进行数据存储已经不可行，设备运营管理平台需要在海量基础数据的基础上进行分析、处理，实现由数据驱动的管理体系。PT 设备及配套设备设施在运行过程中会产生大量数据，如何高效、有效地处理这些数据是重大医疗设施运维需要解决的重要问题。PT 系统的运维需要根据设备状态实时数据进行分析与诊断，掌握设备的运行状态。

智慧后勤建设过程中，根据设备所上传的大量特征参数，对海量数据使用分布式处理模型进行快速融合、整理，提取设备状态特征信息，快速准确地判断设备所处的状态，判断是否存在故障以及故障的性质。

1）重大医疗设施海量数据存储

大数据是指无法在一定时间范围内用常规软件工具进行捕捉、管理和处理的数据集合，是需要通过建立数据处理模型，应用全新处理模式才能使系统具有更强的决策力、洞察力、发现力和流程优化能力。针对海量医疗数据的如何高效处理，拟采用分布式处理模型；针对海量医疗数据的如何高效正确地利用，拟采用基于海量数据的设备状态智能分析与故障诊断规则引擎；针对海量医疗数据如何快速地传递，拟采用基于压缩感知技术的海量数据处理方法。如图 2 所示。

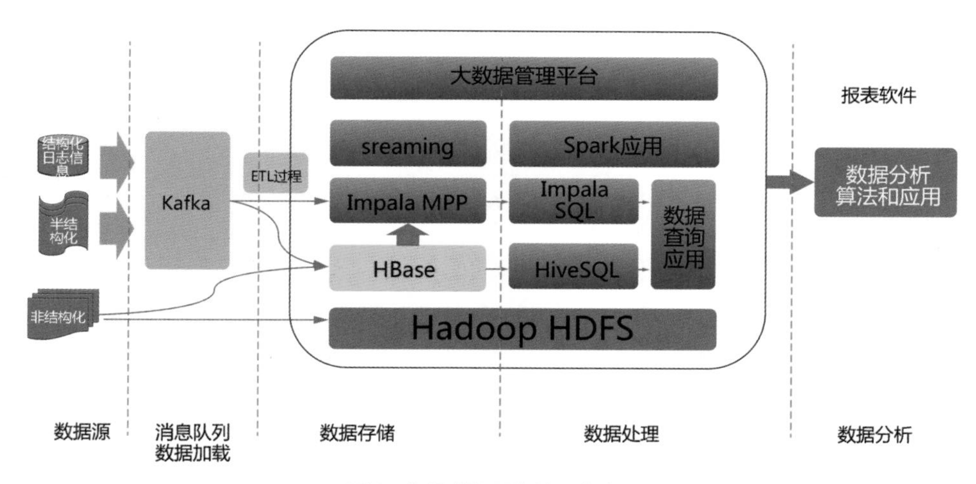

图 2　海量数据采集处理方案图

2）设备状态智能分析与故障诊断

随着设备信息化的不断发展，不管是设备的设计单位还是使用单位，都逐渐意识到信息化对提升设备保障能力的重要作用。与传统模式相比，信息化的参数监测有两个显著特点：从横向看，监测的参数种类较多；从纵向来看，由于传感器采集精度能力的提高，设备的参数不再仅是一个单点值，而是一个波动过程，即参数的连续性，数据对象表现为过程参数，即函数型数据。新形式对传统检测方式提出了严重挑战。设备状态智能分析与故障诊断是保障系统平台正常高效运行的重要组成部分，为了根据设备状态实时数据（如振动、噪声、温度等）进行分析与诊断，掌握设备的运行状态，需要开发一个基于规则引擎的可扩展故障诊断平台，根据设备状态表征参数，对采集到的设备数据进行融合、整理，提取设备状态特征信息，判断设备所处的状态、是否存在故障以及故障的性质。

故障诊断平台建立在诊断引擎的基础上，并具有高度可配置、可扩展的特点（图 3）。信号特征算法库保存了各种对测试信号的处理算法，例如傅里叶变换、小波算法、滤波等。该算法库可以通过配置界面上传算法代码实现扩充。诊断模型库中保存了各种诊断模型，例如故障决策树模型、基于规则的诊断模型、神经网络模型等，这些诊断模型也可以通过相应的工具进行扩充。诊断模型代表了诊断过程中使用的知识，需要专家的合作。

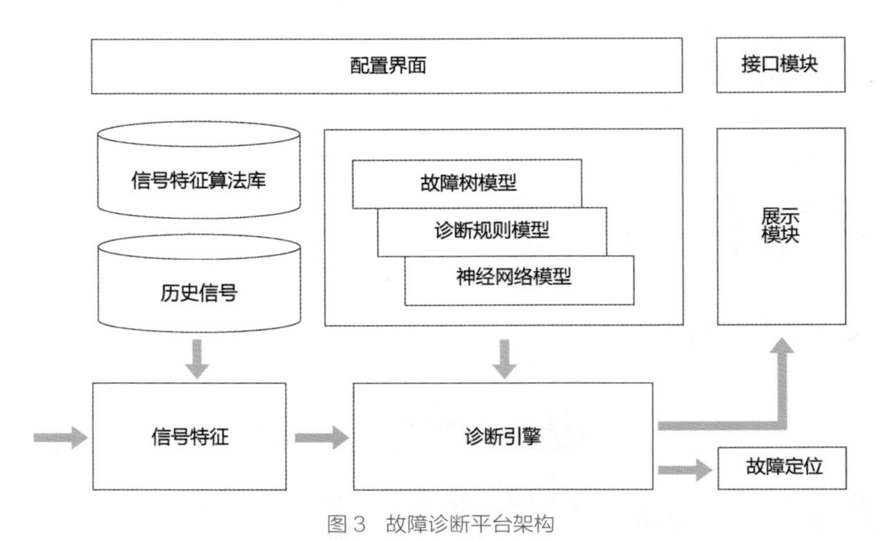

图 3　故障诊断平台架构

3）设备状态预测与最优维护计划

设备状态预测和最优维护计划为系统提供了一个实时快速解决系统故障的方案。制订最优的维护计划，需要基于历史状态数据，追踪、预测设备的变化，以预测结果作为计划编制的重要依据。可采用特征参数跟踪法对设备的状态进行预测。选择最能够反映设备状态的表征参数集合，应用回归分析、时间序列建模、人工神经网络等技术，对设备状态表征参数的发展趋势和预先规定的极限值进行预测。在自动化维护计划编制过程中，可首先使用决定维护方案评价指标（如设备停机影响程度、停机时间、停机频率、维护成本等）对设备进行刻画，在海量设备历史数据的基础上，应用复杂系统理论，建立监控对象的关系网络，根据度、接近性、介数等指标标定各节点在网络中的中心性。应用中心探索法、树形构造器、邻居生长器等算法监控对象进行聚类。在从海量历史数据中发掘出的设备角色与设备间关联等知识的基础上，建立最优化理论模型，生成最优维护计划。

5. 远程管理应用

远程管理系统是利用“互联网+”思维对PT系统及其配套设施进行管理，通过提供互联网和计算机局域网处理PT系统及其配套设施运维的各项日程业务的数字化应用，达到提高效率、规范管理的目的。

远程管理系统通过制订有效的维护计划，合理安排维护资源，促使维护人员高效快速地完成工作，提高了维护管理的工作效率。用户针对不同设备制订相应的维保计划，提醒用户对设备进行定期维护，确保资产设备保持最佳运转状态，延长了使用期限，降低了维护成本。用户可通过业务统计和预警功能，实时查看设备统计信息和设备维护工作的执行情况，为接下来的设备维护计划做好准备，控制维护成本，为设备的规范化运作提供可参照的依据。远程管理系统可对重大医疗设施所有运行设备的档案、运行、维护、保养进行管理，主要包括设备运行管理、设备维修管理、设备保养管理、维修申请/工作单管理等方面。与智能化监控系统相结合，可实时地获取大楼内各种机电设备的运行状态和参数，以方便设备的维修保养等；同时提供技术手段为重大医疗设施的特殊性要求提供服务。

智慧后勤建设中，远程管理系统与智能监控系统数据充分交互，使用混合开发模式实现同终端设备的无差别互联，基于REST架构开发，减少资源访问优化交互性能，并以SSL加密技术保证数据交互的安全性，从而完成重大医疗设施的资产管理、维保管理、备品备件管理、供应商管理、能耗管理、报修管理等全生命周期管理，且在手机、平板电脑等多种移动终端上展示。

1）基于以太网和GPRS的混合通信模式

远程管理系统和智能监控系统的高效通信和数据交互模式是保证系统性能的重要基石。PT设备及其配套设施运维平台采用基于以太网和GPRS的混合通信模式，即将以太网模块和GPRS模块同时集成在远程终端上。因此该系统既可以单独采用以太网方式进行远程管理，也可以单独采用GPRS无线方式实施远程管理，另外还能够实现在以太网出现故障不能进行通信时，采用GPRS作为备份方式完成与智能监控系统的数据交互。

2）基于SSL加密认证技术的数据交互方式

远程管理系统和智能监控系统在数据交互过程中都要通过互联网，然而重大医疗设备智能化运维平台的数据会涉及个人和医院医疗信息的隐私，只有安全可靠的互联网加密通信方式才能使医疗设施数据避免网络攻击，更加有效可靠地运行。最广泛的互联网安全防护措施就是SSL加密认证技术，在移动端应用服务器部署全球信任的SSL证书，并通过https加密防止数据泄露，采用SSL认证防止中间人欺骗和劫持，同时提供验证型OV SSL证书和扩展验证型EV SSL证书，提供更严格的身份认证及更高的安全防护。

三 建设成效

1. 建设初步成果

“互联网＋”模式下大数据驱动的重大医疗设施智能化运维平台在上海市质子重离子医院的质子重离子设备上得到应用，已初显成效。

(1) 智能化运维平台将 PT 系统及其配套设备设施系统数据集中到设备设施管理中心进行管理，实现设备设施实时数据的电子化、集中化、可视化，消灭了信息孤岛。远程管理系统中还设置了报修模块、维保模块，提高维修流程流转效率，提升管理效率。如图 4 所示。

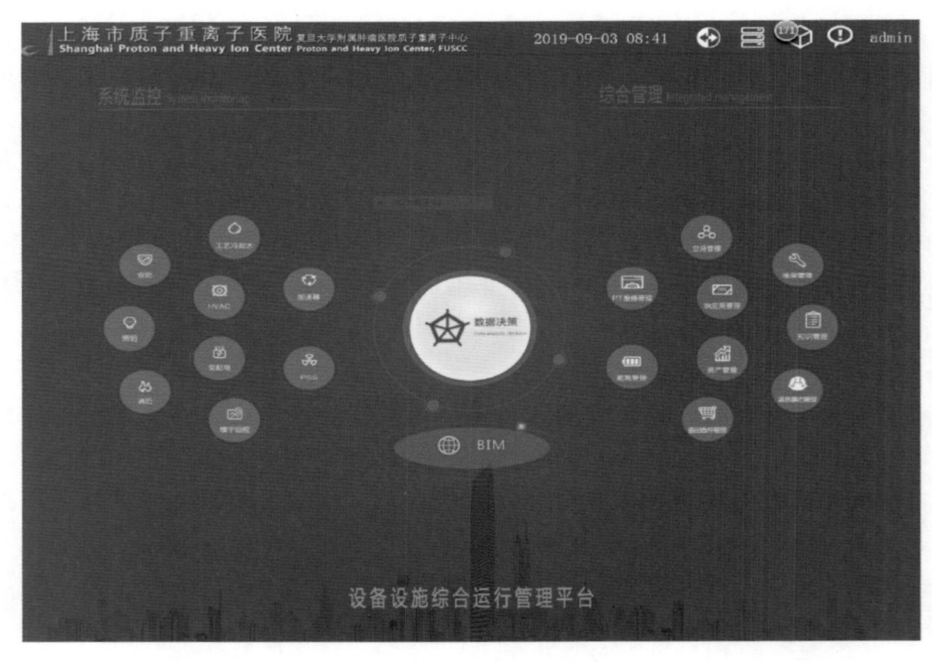

图 4 设备设施综合管理平台

(2) 远程管理系统将维修、管理流程电子化，使得运维过程有据可查、有理可依，建立了运维知识库。此外，通过对设备产生的海量数据的分析开发数据决策模块进行设备状态评估和故障诊断，通过指标快速判断系统运行状态并辅助故障定位，打破经验壁垒。如图 5 所示。

(3) 根据现场实际情况建立 BIM，并基于 BIM 开展可视化、信息化、智能化运维，在三维模型中直观查看设备位置、实时参数，精准定位报警位置，实现运维可视化。如图 6 所示。

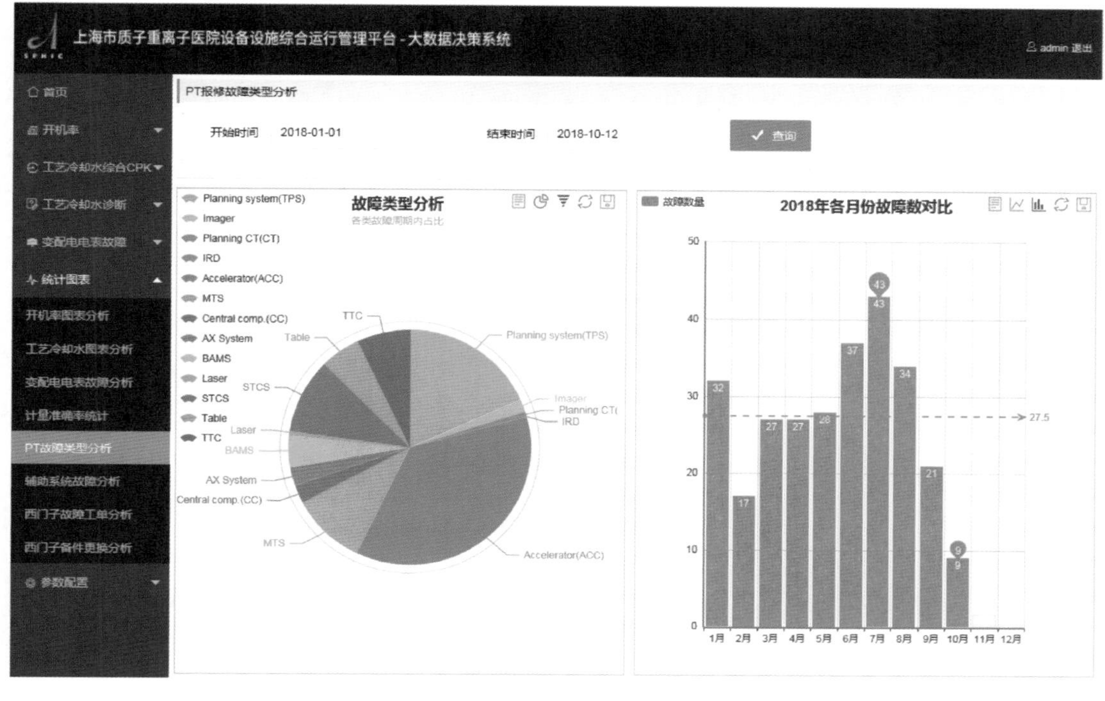

图5 故障分析系统

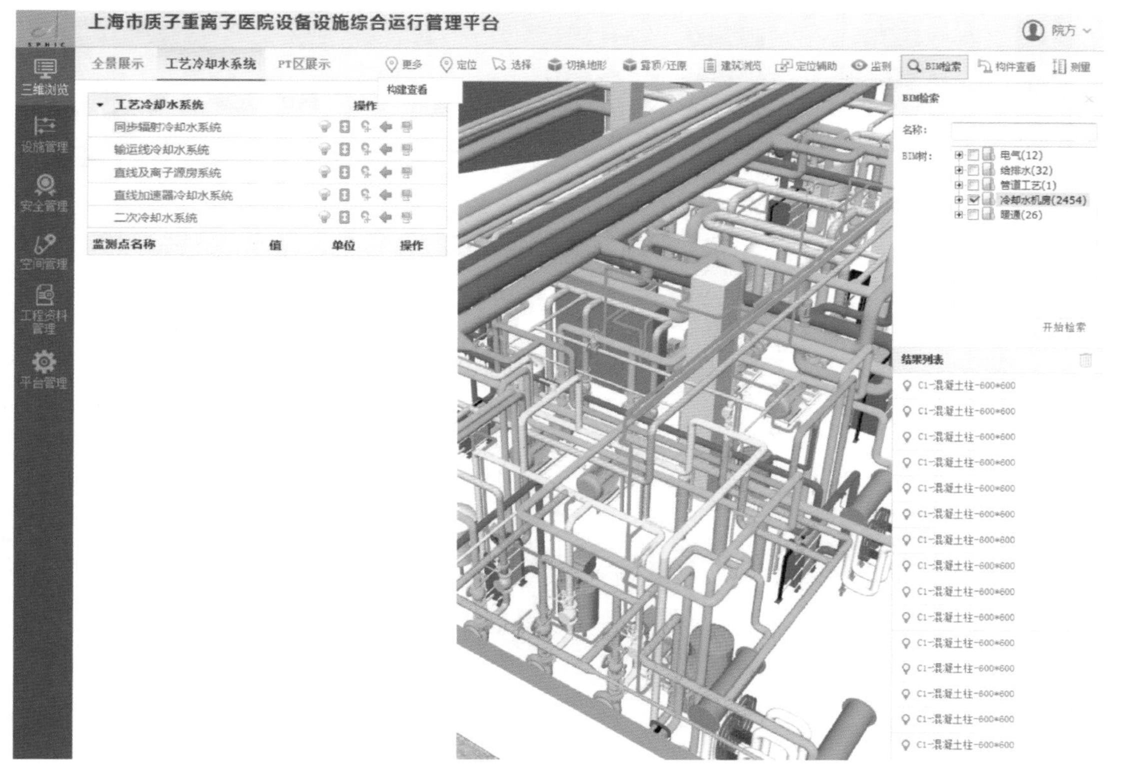

图6 BIM系统

（4）在能耗管理模块中实现能耗数据自动采集、正确性自动验证，在提高采集频率的基础上直观展示能耗使用情况，结合智能化监控系统、远程管理系统、数据决策系统等辅助管理人员决策，最终在延长开机时间的情况下开机率反而得到提升，能源费用下降。如图 7、图 8 所示。

图 7　能耗分析系统

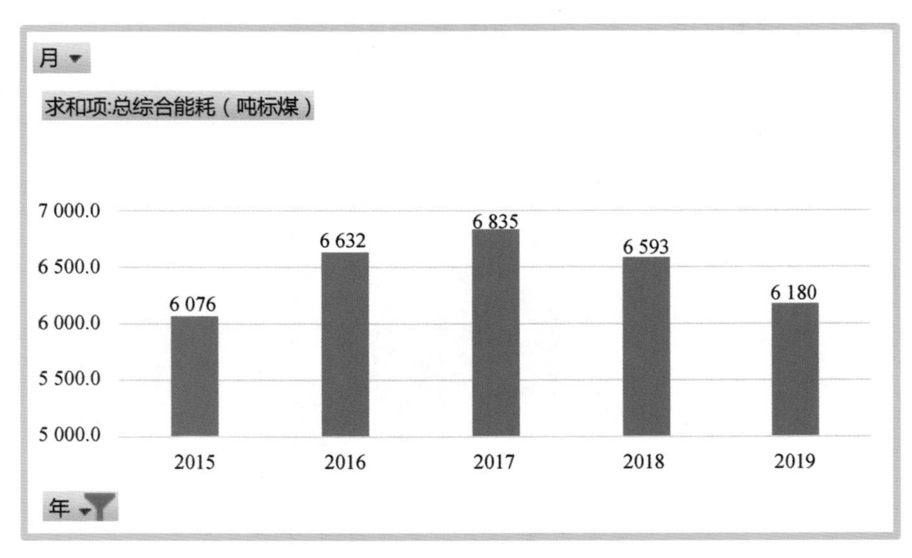

图 8　历年综合能耗统计

除了在以上实际运行应用外，上海市质子重离子医院在其他各项智慧后勤建设中，涉及构建我国重大医疗设备运维产业体系从政策、环境和创新体系等重要的关键技术等，所开发的新技术，代表了尖端重大医疗设备运维管理体系发展方向。经过近3年的攻关，形成的研究成果将可以成为提升上海乃至全国重大医疗设备运维产业发展速度的重要基础技术平台。随着国内粒子治疗中心的逐步建设，上海市质子重离子医院的项目建设经验可以很好地拓展和应用。

2. 学术研究成果

2015年上海市质子重离子医院开业以来，医院后勤保障团队注重专业技术水平的培养，深入调研、分析研究、学习借鉴，鼓励专业人员"走出去学、自己钻研、举一反三、探索总结"，定期组织开展相关培训，集思广益，攻坚克难，突破了多项技术难题，组建一支整体素质高、工作责任心强、专业技术精湛的保障团队，不仅能为PT设备运行提出更加针对性的改进措施，还能熟练分析各种运行参数，及时发现问题，预防和应对各种突发事件。开业五年来，后勤保障部已获得省级课题1项、发明专利2项(图9)、实用新型专利7项，正在申报的发明专利7项，已发表论文23篇，其中核心期刊6篇，3篇被评为"2015年绿色医院建筑研讨会"年度优秀论文。

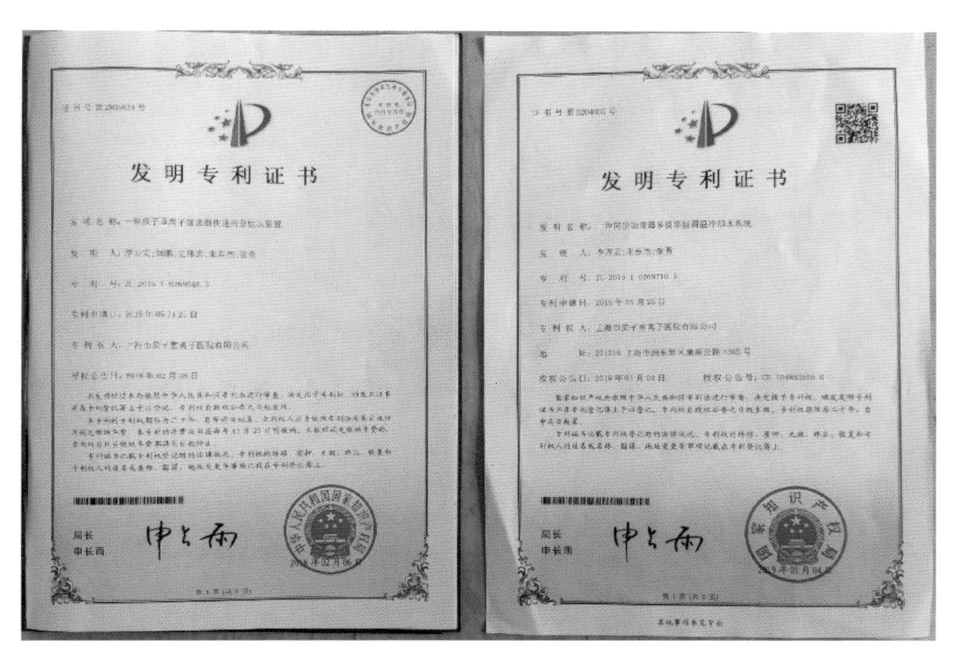
发明专利证书

局长
申长雨

发明专利证书

局长
申长雨

图9 发明专利证书

医院后勤保障团队利用医院专科特色总结自身经验，编制操作管理技术规范，为国内粒子治疗中心运维管理积累宝贵经验，其中质子重离子设备及辅助设备设施操作管理技术规范包括：《上海市质子重离子医院设备运行管理手册》《质子重离子辅助系统设备技术操作手册》《粒子治疗系统及配套设施工程案例汇编》《质子重离子系统及辅助设施实用技术解析》《质子重离子系统设施应用技术解析及运维管理》，经过不断进行技术完善，部分技术规范和管理手册将陆续出版。如图 10 所示。

图 10　管理与技术手册

除此之外，2016 年后勤保障团队出版了医院首份报纸，至今已经出版了 17 期，内容涵盖了每季度后勤重点工作、安全生产、能耗统计分析、维保维修、医疗耗材、办公用品领用、医疗设备使用统计、基建、职工食堂满意度等保障工作。如图 11 所示。

为了保障

全力以赴，确保设备运行

医院重点工作

“重大医疗设施智能化运维”获得市科委立项

研发中心预算基本完成

“JCI”工作推进

研发中心预算执行情况

我院顺利通过“JCI”评审

树标准化服务

图 11 “后勤季报”

开业至今，后勤保障团队先后荣获“全国医院后勤管理创新先进单位”称号，入选“上海市物业管理优秀示范园区”“后勤管理十大价值案例”“全国医院安全管理先进单位”，获得“长三角医院建筑优秀案例奖”“智慧医院建设与运维例奖”优胜奖等殊荣，后勤保障团队还分别在2015年、2016年、2017年连续三年获得医院“优秀集体”荣誉。

（撰稿：王　岚）

一 医院简介与建设背景

（一）医院简介

江苏省人民医院，即南京医科大学第一附属医院、江苏省临床医学研究院、江苏省红十字医院。前身为1936年成立的江苏省立医政学院附设诊疗所，至今已有84年的历史。

医院是江苏省综合实力较强的三级甲等综合性医院，担负着医疗、教学、科研、行风四项中心任务。占地面积20公顷(300亩)，现有建筑面积41万平方米，固定资产总额24亿元，实际开放床位3 685张，职工5 300余人。

医院现有国家重点学科1个(心血管病学)；国家临床重点专科建设单位18个；省临床医学研究中心5个；江苏高校优势学科1个；省重点学科2个；省“国家重点学科”培育建设点1个；省“科教兴卫”工程临床医学中心4个，医学重点学科(实验室)16个。据自然出版集团报告，江苏省人民医院2017年自然指数在全国医疗机构中排名第5。在复旦大学医院管理研究所发布的“中国最佳医院综合排行榜”中，列全国第22位，康复医学中心蝉联全国第1名。在中国医学科学院中国医院科技评价排行榜中，科技影响力综合排名位列全国医院第10位，普通外科和心血管内科位列全国专科排名第2位和第4位。

医院现有中国工程院院士1名(肝胆中心主任王学浩教授)；美国医学科学院国际院士1名(康复医学中心主任励建安教授)；国家级有突出贡献中青年专家6名，2人入选国家百千万人才工程，3人获国家自然科学基金优秀青年科学基金项目资助。有中华医学会专科分会副主委及以上7人，江苏省医学会各专科分会主委、副主委65人。有国际物理医学与康复医学学会主席1人，国际外科学院执行委员会委员1人，听力国际副主席1人。

医院始终坚持发展是第一要务，贯彻“创新、协调、绿色、开放、共享”的发展理念，实施“科教兴院、人才强院、品牌立院、文化和院、医联盛院”的发展战略，突出公益性，弘扬“德术并举、病人至上”的医院精

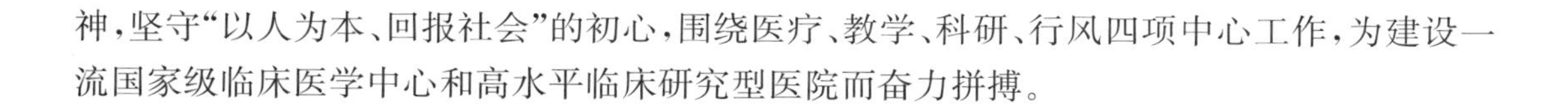

神，坚守“以人为本、回报社会”的初心，围绕医疗、教学、科研、行风四项中心工作，为建设一流国家级临床医学中心和高水平临床研究型医院而奋力拼搏。

（二）建设背景

江苏省人民医院是全省最大的综合性三甲医院，承担着全省繁重的医疗、科研和教学任务。但是由于基本建设相对滞后，在一定程度上限制了医院的发展，特别是2003年“非典”等一系列重大突发性事件的发生，医院自身硬件的发展迫在眉睫，提上了各级领导的议事日程。

医院占地面积较小，医疗用房面积不足，改建前占地面积仅有68 000平方米，医疗用房建筑面积仅95 000平方米，其中门诊急诊楼建于20世纪80年代，原设计容量为日均门诊数3 500人次，但门急诊量以每年约10%的速度递增。全院住院床位仅有约1 500张，排队等床，一床难求，供需矛盾非常突出。这些状态造成医院在面对突发性事件时，无法有效地承担紧急抢救任务。

医院建筑布局较乱，院内环境差。当时的医院建筑落后，功能不完善，流程不合理，患者就医和住院治疗的环境不佳。

院内、外道路拥挤不畅，出行困难。医院车流和人流量骤增造成广州路沿线交通严重堵塞，加之医院地形呈三级依次递增状态，道路狭窄起伏、蜿蜒曲折，不利于医疗抢救工作。

基本建设滞后，限制了优势学科的发展。医院多个重点学科的技术水平虽然位居全国前列，但由于硬件条件限制，医疗、医技用房严重不足，造成人才和技术优势均难以充分发挥，优质资源施展受到限制。

鉴于医院占地面积偏小、进出道路不畅、建筑布局混乱和群众就医环境差的状况，从全省医疗大局出发，为适应门急诊量和住院人数增加而对就医环境的需求，为满足人民群众的健康需要，为充分发挥省人民医院医疗学科和人才优势，努力实现建设国内一流医院的目标，经过广泛论证，于2005年提出了在医院西侧征地65亩，东侧利用市脑科医院19亩土地，采用西扩东延方案，实施医院扩建工程。

二 项目概况介绍

（一）项目概况

江苏省人民医院扩建工程在省委、省政府的关心和支持下，于2005年6月由省发改委〔2005〕523号文批准立项，该项目被列为江苏省社会事业重点项目。

整个扩建包含了门急诊病房综合楼和后勤综合楼两个单体建筑工程，设计方为美国TRO医疗建筑设计公司，江苏省建筑设计研究院有限公司作深化设计。工程建设投资概算为19.1亿元。

后勤综合楼占地面积1 208平方米，建筑面积7 657平方米，地上4层，地下2层，总建筑高度21.7米；楼内设职工食堂、病员食堂、锅炉房、放疗科及后勤办公用房。

门急诊占地面积14 937平方米，建筑面积224 929平方米。大楼东西总长173米，南北进深212米，地下2层，主楼地上24层，裙楼地上8层，主楼建筑高度98.9米，裙楼建筑高度36.75米。大楼内设急诊、门诊、医技、病房等功能，其中急诊设置在地下一楼，与广州路标高一致，方便急诊病患及时就诊。建成后普通床位数1 435张，ICU床位数150张，总床位数1 585张。手术室共计53间（百级手术室6间，万级手术室47间）。设置两个立体停车库，机动车位数累计达1 500个。楼内配套设置了先进的医用气动物流系统。

江苏省人民医院将通过扩建实现国际知名、国内一流的目标，充分提高医院全方位品质，达到功能齐全、布局合理、交通便利、环境优美，全方位满足医院医、教、研发展和人民群众卫生保健的需求。

（二）项目设计理念

采用简洁的线条及多材质的组合使用，体现清新、典雅的建筑风格，构筑了颇具现代感的医疗建筑新形象。造型设计遵循现代、简洁、流畅、可塑性的原则，注重空间的阳光感、流动感与体量感。采用高科技建材，建设洁净、现代的医院。

以“绿色、生态、环保和可持续发展”等理念为设计主题，着力营造“医院城”的概念，精心为使用者规划出一系列激动人心的公共空间，其中包括“医院街”“共享中庭”“内院”“屋顶花园”“阳光庭院”等空间环境。追求舒适、高雅的就医环境，体现对人类对生命的呵护和关爱！

充分考虑医院的地理位置及特点，把医院营造成为花园式绿地，并将医院有机地融合于这个自然的绿化环境中；配合当地的城市总体规划，创造良好的城市景观；为患者、家属及医务人员创造独具地方特色的景观环境。

充分利用基地得天独厚的风景资源，营造出独具特色的医院形象，形成具有绿色生态景观的大型综合医院。

设计亮点有：

（1）采用当今先进的国际化医疗体系，模块化布局有利于不断的医疗发展更新。

（2）通过光控人控措施，达到节能环保减排、可持续发展。

（3）采用先进的医疗物流系统，提高医患诊疗效率和管理水平。

（4）人性化的医院，分层挂号、分层检验，方便患者及医护人员使用最简短的流线。注重患者的私密性，采取二次候诊。

（5）舒适的公共空间，门诊五层高的大厅，医技六层的连廊，宽敞明亮。

（6）门诊设六层高的室外天井，使医患人员享有天然的采光和通风环境。

三 智慧医院建设分享

(一) 全科智慧病房建设

1. 建设背景

为促进和规范全国医院信息化建设，明确医院信息化建设的基本内容和建设要求，国家卫生健康委员会规划与信息司于2018年研究制定了《全国医院信息化建设标准与规范（试行）》，明确了未来5～10年全国医院信息化应用发展要求。

江苏省人民医院针对病房患者多、医护少的现实情况，制订了信息化智慧病房的解决方案，并在新大楼23楼全科医学病房进行试点，致力于优化病房服务、提升患者的住院体验。如图1所示。

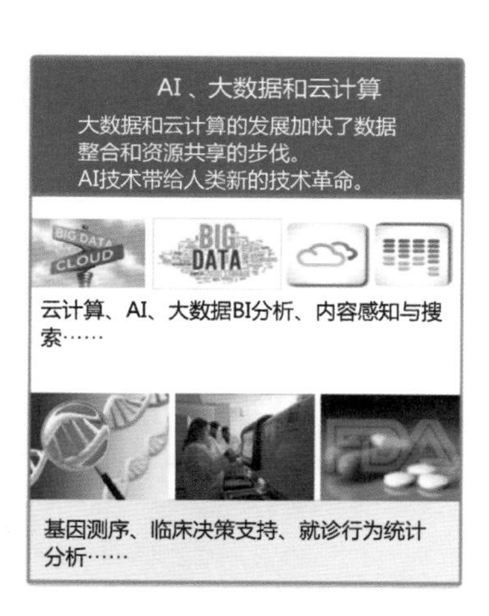

图1 智慧医疗服务进入全新时代

2. 需要解决的关键业务问题

上级医师在病房工作中面临如下问题：

（1）无法远程进行交班和远程指导。

（2）无法在查房现场看到患者的电子病历、检查数据等。

下级医师在病房工作中面临如下问题：

（1）查房过程中，上级医师现场的处理意见和医嘱，无法实时记录到系统中。

（2）接新患者，手工记录患者情况，患者办理入院手续过于复杂，需要办理一系列手续。

（3）住院检查无法实时了解排号情况，检查结果无法直接导入医生系统。

（4）办出院时手续过于复杂繁琐，患者的病历和检查检验单需到病案室自行复印。

(5) 手术谈话和出院宣教千篇一律，重复劳动且效果差。

护士在病房工作中面临如下问题：

(1) 护士查房过程中无法实时在线处理查房护理单。

(2) 无法实时了解患者所处的位置。

(3) 医生开立紧急用药后需要护士人工通知送药。

(4) 病房环境无法实时感知。

3. 智慧病房特点

以 HIMSS 医院信息化等级评审和《全国医院信息化建设标准与规范》等标准规范为基础，通过互联网(Internet)、物联网(IoT)、云计算(Cloud Computing)等技术，打造真正以病患/病床为中心的数字病床、智慧病房。

以云计算、虚拟化和物联网等新技术为基础，构建集感知、网络融合和开放智能应用为一体的智慧病房服务平台。

提供各种高效的管理、医疗、科研服务，使得医生、护士与患者能快速、准确地获取病房中人、财、物和医、研、管业务过程中的信息，同时提供完善的智慧化服务支持。

具有统一用户平台、统一身份认证、统一数据中心、统一云服务和统一感知等功能特点。

主要特点是以患者为中心，病床为平台，以患者的健康数据管理为主线，通过系统连接医疗机构 HIS 系统和各个管理子系统，将患者、医护人员、医疗监测设备通过多网络紧密联接。低成本、高效率建设以患者为中心的健康医护平台，达到患者可感知、可操作，提高患者住院期间的就医体验。降低护理劳动强度，提升医护工作效率，降低运营成本，实现方便快捷的智慧护理(图 2)。

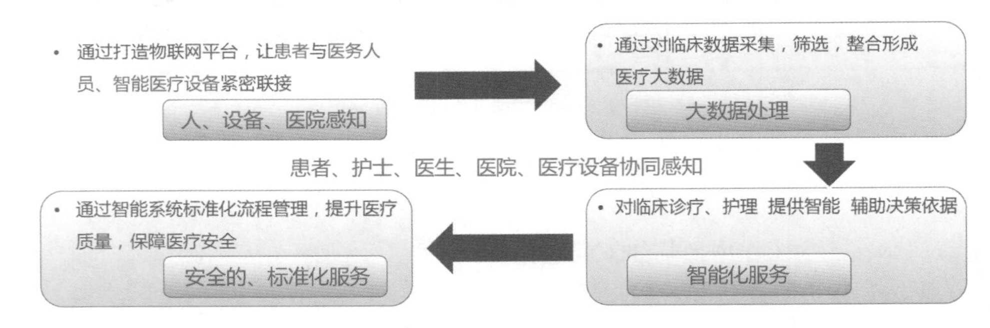

图 2　智慧医护平台

4. 技术模式/模型

江苏省人民医院在智慧病房的建设工作中综合利用了多项先进信息技术，包括室内外组合导航定位技术、智能传感技术、图像识别技术、语音识别技术、机器人本体集成技术以及远程通信控制技术等。如图 3 所示。

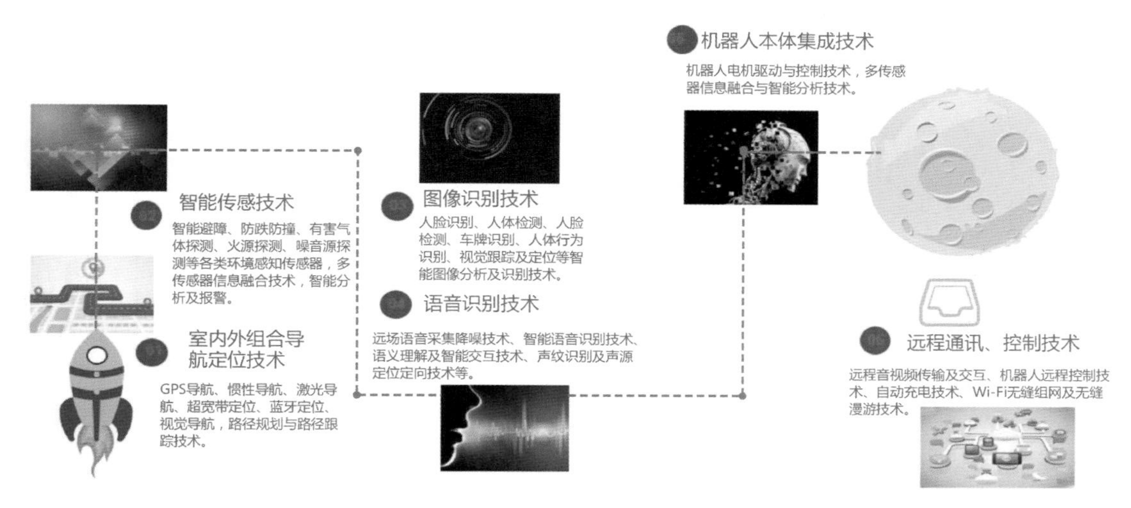

图 3　各类先进的信息技术

江苏省人民医院将原本病房中各个系统的信息孤岛（图 4）打破，把原本独立的各项业务互联互通，把各个系统的硬件统一汇入网络虚拟平台，将信息与数据的共享交互汇入数据处理虚拟平台，将原本分散的登入客户端统合为用户终端虚拟平台，最终形成江苏省人民医院的智慧病房系统（图 5）。

图 4　智慧病房建设前信息系统状况示意图

图 5 智慧病房建设后信息系统状况示意图

5. 智慧产品提升患者住院体验

1）数据可视化大屏展示系统(图 6)

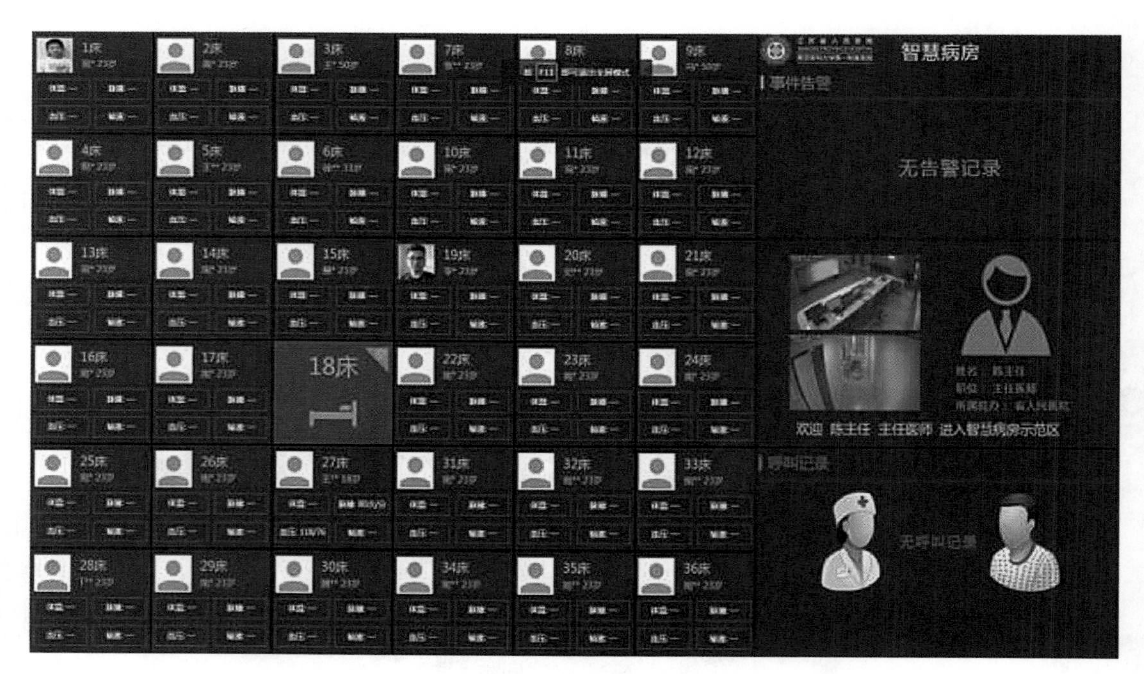

图 6 可视化大屏展示系统

(1) 智慧病房样板展示主体：55 英寸 3.5 毫米超窄边 1 080 P 全高清液晶显示单元，3 行 3 列拼接，病区信息动态监控。

（2）根据护理需求实时改变展示内容，所有展示的内容跟其他的业务系统进行对接。

（3）囊括整个病区所有患者的基本信息：身高、体重、输液、血压、脉搏等。可分类查看统计信息，借助大数据手段，实现患者数据的可视化展示。

2）病床智能交互系统（图 7）

（1）医生和护士可以通过该系统记录患者的病程、远程交接班、电子医嘱、查阅患者的电子病历等。

（2）住院患者，利用床旁智能 PAD 终端，可查看监测信息、健康宣教、智能消息提醒、各类费用、订餐服务、电子病历等信息，使用其中的患者家属远程关爱、影音娱乐、健康百科及医患互动等功能。

（3）患者可通过基础信息系统查看自己的个人住院信息，能够实时查看医院通过病区病房管理系统推送的住院宣教信息。

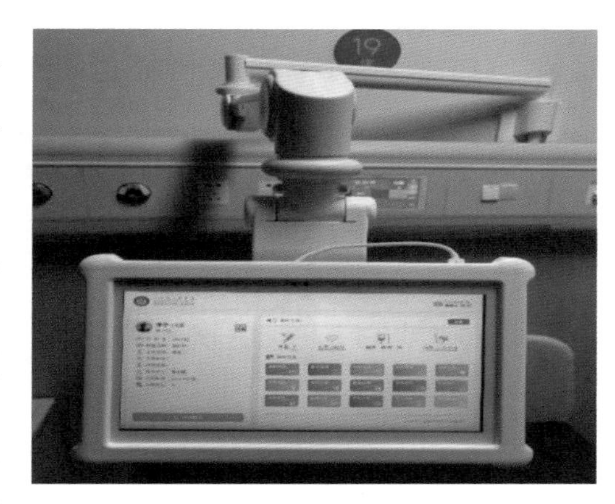

图 7　病床智能交互系统

（4）如果患者预约了手术或者检查事项也会通过智能消息提醒功能实现对患者的提醒功能。

（5）通过费用查询功能，患者可以实时查询自己住院期间的所有的消费情况。

（6）可以对接院方和第三方的订餐服务，实现网上订餐服务。

系统还集成了呼叫服务，可以通过音视频实现对护士站的呼叫功能（图 8）。

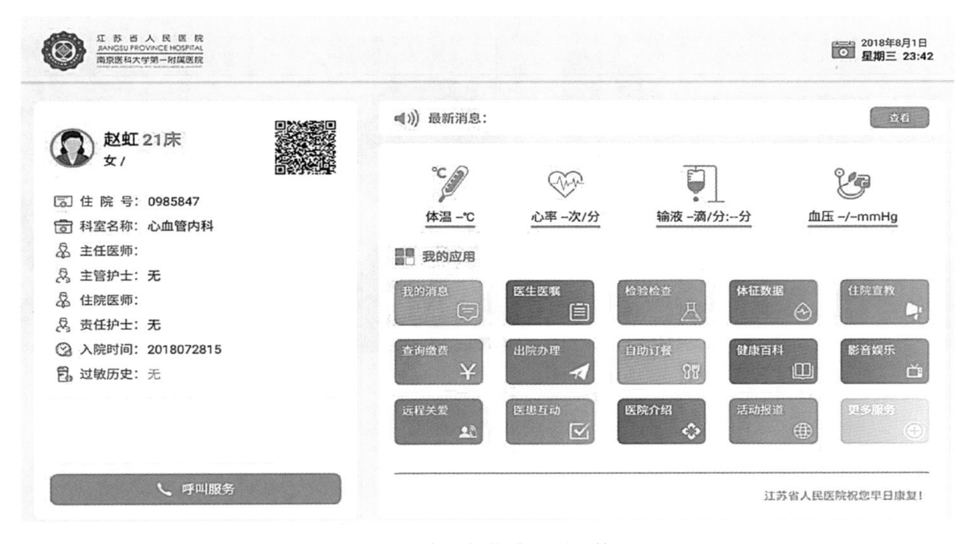

图 8　音视频集成呼叫系统

3）患者实时定位系统

通过入院发放患者手环，对住院的患者进行实时定位跟踪（图 9）。

患者实时定位系统从医护管理人员的角度出发，结合最新的物联网和蓝牙定位技术，实现患者的实时位置感知，解决患者离开病房，出现异常问题无法及时救护的难题，从而节省抢救时间，提高医护人员的救护效率；与此同时，医护管理人员可以通过病区地图信息及电子围栏实现对患者的管理，能够随时查看当前住院患者的位置及离开病区的患者情况，并能够对患者的路径进行统计，对患者的活动情况了如指掌，达到完善对患者管理的目的。

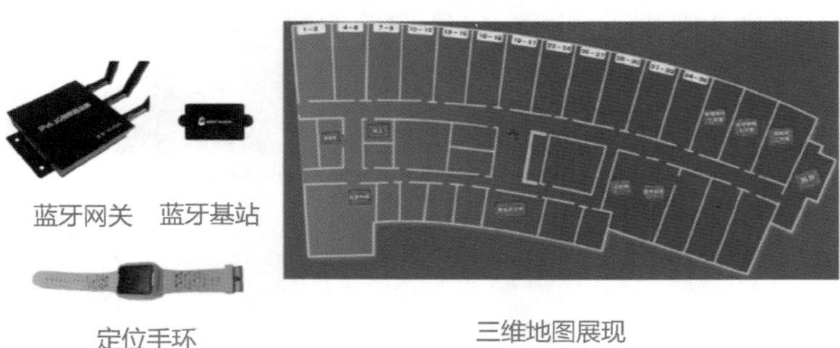

图 9　患者实时定位系统示意图

4）一体化测量台 GP-MK 3（图 10）

人脸识别：测量台自动确认使用人身份，并连接相应数据库。

自由测量：患者每日在任意时间段均可自由测量。

测量项目丰富：身高体重、血压、脉搏、体温、体脂、血糖、心率。

随时查看：护士可以通过护士台工作站随时查看，患者可以通过床旁交互平板随时查看。

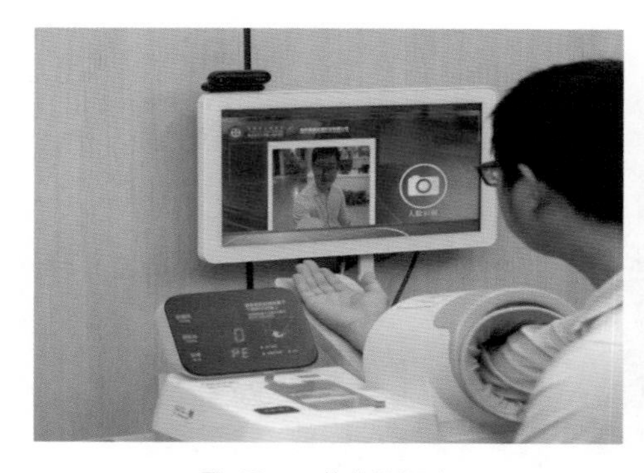

图 10　一体化测量台

图 11　人脸识别系统

5）人脸识别系统 GP-FR 3.0（图 11）

√ 患者及其家属可进入

建立面部信息数据库，通过人脸识别决定放行。

√ 值班医护人员可进入

只有当班医护工作者能进入特需病房。

× 体温异常的非患者不可进入

检测通行人员实时体温，体温过高过低则不予放行。

6. 效益分析

智慧病房建设可帮助缓解百姓日益增长的医疗需求与医疗资源不足之间的矛盾。智慧病房建设是医院信息化建设的重要组成部分，对于推进全行业的信息化建设起到促进作用。

为医院带来一种崭新的智慧病房全新概念，使医院对住院患者的治疗和护理逐渐向数字化、国际化、标准化方面发展，提高了医院的工作效率；避免了许多因沟通不畅或数据传递不及时而引起的医疗纠纷。

节省了住院医生和护士的精力、提高了工作效率，减少了医患矛盾、提升了医院口碑。

患者在病床上能及时得到医生诊断和治疗建议，避免了医患间沟通不畅带来的麻烦，有利于患者把握最佳诊治时机，获得最佳治疗效果。

7. 推广应用价值与趋势分析

智慧医疗是物联网的重要研究领域，物联网利用传感器等信息识别技术，通过无线网络实现患者与医务人员、医疗机构、医疗设备间的互动；未来在更多地融入人工智能、传感技术等高科技后，在基于健康档案区域卫生信息平台的支撑下，必将使医疗服务走向真正意义的智慧化，推动医疗事业的繁荣发展！

（二）智慧物流系统建设

1. 医用气动物流传输系统

医用气动物流传输系统是一种利用空气压缩机抽取或压缩管道中的空气，造成管道内压差来输送携带有传输物资的传输瓶。借助机电技术和计算机控制，通过网络管理和全程监控，将各病区护士站、检验科、病理科、血库、手术室和药房等工作点，通过传输管道连为一体，可实现药品、血浆、检验标本、术中病理和医疗器械等可装入传输瓶的小型物品，智能单管/双向点对点传输。

医用气动物流系统安装方便，传输速度快，可达到6～8米/秒。载重5～7千克，最大可达8千克。可以灵活用于新建和改造医院项目中，穿梭吊顶、地下、连廊，既可在同一楼内传输，也可在不同的楼之间传输。通过RFID实时追踪系统，保证物资安全可靠到达。

针对跨楼连接和特别繁忙的科室，还有快速功能的多瓶连发系统，即快速系统，可保证系统运行在同一管道中可同时行走4～6个传输瓶。针对一些紧急任务需要优先传输，站点处操作人员可使用“优先发送”功能。

操作系统可实时清晰地显示传输瓶在系统内的运行方式，可记录、统计传输量及各站点工作量，显示故障代码并分析查询。监控中心还可远程监控，并提供远程诊断。

医用气动物流系统优势分析：①省时高效。自动化的发送流程，快速高效。②安全可靠。减少人为错送和交叉感染，符合医院感控要求。③优化运营。降低人力成本，减少物品传输过程中出现损失。④改善就医条件。加快就医流程，减少患者等待时间，降低医院内电梯、走道运行负担，改善就医环境。⑤提升医院整体形象，提升医院竞争力。

新大楼气动物流系统使用管道 1 万多米，安装 75 个站点，使用 37 台风机、54 台转换器，在检验科、输血科、药房等使用 4 台领先的快速站点，给核心传输科室的高效率传输提供有效的保证，是国内第一家使用 MTU 快速多口转换单元的气动物流项目。

院内既有建筑使用气动物流系统共设有 74 个站点，连接 1#、2#、3#、8#、10# 五座建筑，使用 22 台风机、61 台转换器，使用 8 300 多米管道，目前已使用两年多，解决老大楼标本、药品、病理等的运输问题，每天传输量近 3 000 次。新大楼建成后，将成为国内目前站点最多、管道最长、速度最快、传输量最多的气动物流系统。总站点数量 149 个，连接管道米数 18 410 米；也是国内首先使用快速站点的医院。如图 12 所示。

图 12　气动物流系统

2. 医用智能仓储系统

医院智能仓储系统包含垂直升降系统、水平回转系统及垂直回转系统。垂直存储系统又称手术室—供应室垂直升降存储系统，简称手供一体化。是由软件平台集成智能仓储装备来集中管理手术室物资仓储，实现手术物资智能化管理存取—配置—追溯，及相关信息联网交互的一体化系统。

通过智能仓储系统的管理平台，可实现对系统的自动化管理，同时管理平台可以与医院的其他智能化系统对接，如 HIS 系统、手麻系统、内网系统、ERP 系统、财务管理系统及追溯系统等，来实现对物品库存和有效期的精准管理。如图 13 所示。

医用智能仓储系统的优势分析。①效率高：系统同步连续拣取；②精准性高：物品条码一一对应，入库/拣取/出库精确复核；③物品库量和效期管理科学：遵循“先进先出”原则，

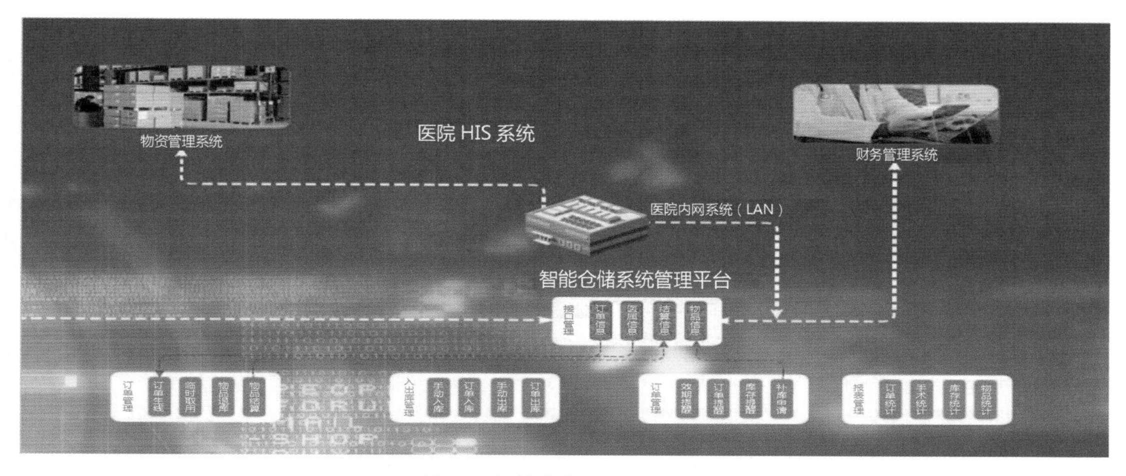

图 13　智能仓储系统管理平台

根据每种物品余量和余期数据可设置独立的自动提醒程序；④流程高效：专人操作管理，手术物品订单前置预处理；⑤库存信息精确且物品信息可追溯，自动关联到具体手术时间、内容、医患人员等信息；⑥交互式工作平台：手术配单物品信息、计价耗材术中使用量和库存实时数据与医院 HIS 的手术、麻醉、财务结算、库房管理等系统模块动态互联互动。

如图 14 所示，这是一套运用于手术室与消毒供应室之间的特殊的物流系统，集储存于运输功能一体。利用洁梯井道，设备占地面积不到 5 平方米，可获得 200 平方米的存储空间，系统将地下一层消毒供应室、四层 DSA、五层门诊手术室、七层手术中心连为一体，设置 4 个提取口，内置 200 个托盘，托盘载重量 450 公斤，平均提取速度 62 秒。本系统总高 38 米，为目前全球最高的垂直升降存储系统。

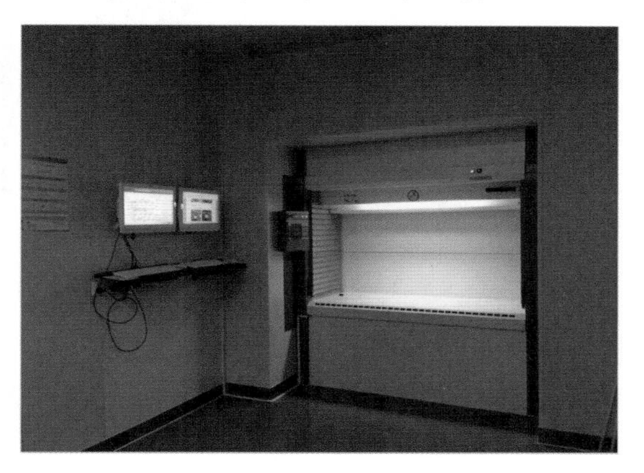

图 14　用于手术室与消毒供应室间的物流系统

3. 自动导航车搬运系统

自动导航车搬运系统（AGV）是指能够在没有操作员帮助下可自动导航车辆的运输系统，以预设路径为基础，辅以系统内的地图存储，通过激光扫描进行导航，且不需要在地面、墙壁或天花板上安装设备，允许在同一时间内具备最大自由的路径修正。

AGV 小车可运送重达 500 千克的物品，最大速度为 1 米/秒，实现了医院手推车的自动化搬运，支持多个部门的交叉操作：厨房、洗衣房、废物和垃圾、消毒、药房及办公室补给仓库等。

自动导航车可确保所运送物品的整体安全性，因为系统具有跟踪功能。AGV 技术是目前公认的在提供效率、服务和安全方面的基本标准，并且能够在所有新医院实现其功能。

自动导航车系统的优势分析：①可 7×24 小时不间断工作；②可依据预设的时间表自动传输；③与气动物流配合可解决医院所有需运输的物品；④改善就医环境，实现洁污分流；⑤取代了密集型的手推车，减少了对医院墙壁等的破坏；⑥直接降低人力成本。

新大楼共设有 6 辆自动导航车，主要配套解决大件物品运输——8 层药房配液中心至各病区的大批量输液袋。设置 2 个发车点，32 个接受点，使用两部电梯，AGV 小车可对电梯进行控制，并优先使用。地下一层及八层配液中心分别设置 3 处充电位置，用以解决自动导航小车周期性及临时性充电。通行线路上门设置电动开门器，保证小车顺利通行。主要路径：从 8 层配液中心通过 8 层 22# 、地下一层 29# 电梯分别将输液袋发往 9～24 层各病区。如图 15 所示。

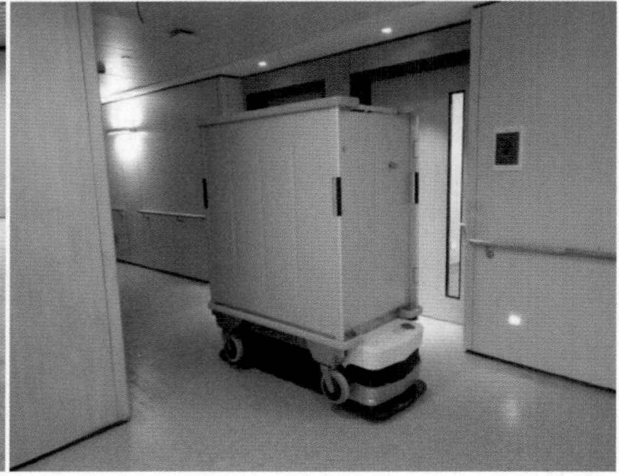

图 15　自动导航车

（三）智慧药房建设

新大楼智慧药房的建设主要分为两个部分，第一部分是药事服务系统的建设，主要是供应链管理和物流管理；第二部分是智慧药房系统的建设，主要包括门急诊药房系统、住院/PIVAS 药房系统和科室/护士站卫星药房系统的建设。

智能设备配置如下：①门诊药房——5 台进口全自动发药机；②急诊药房——智能调配机、麻精药品智能存储柜、智能标签系统；③住院药房——盒装药品快速发药机、工勤药品交接柜、麻精药品智能存储柜、进口单剂量分包机；④静脉用药调配中心——统排机、贴签机、全自动分拣机、盘点机、工勤药品交接柜、上净水平层流台与生物安全柜；⑤传输系统——气动物流、AGV 小车。

通过先进的现代药房自动化管理设备，采用电脑全自动管理，双机械臂取药，抓取药品快速精准，充分保证了患者的用药安全。发药机自带全自动上药模块，可 24 小时不间断工作，发药的间隙也可以上药。并且发药机自带冰箱冷藏模块，提高药品的直发率。全自动发药系统可满足 12 个直发窗口和 7 个混发窗口发药的业务需求，平均取药时间 1 分钟，减少患者取药的排队等候时间。如图 16 所示。

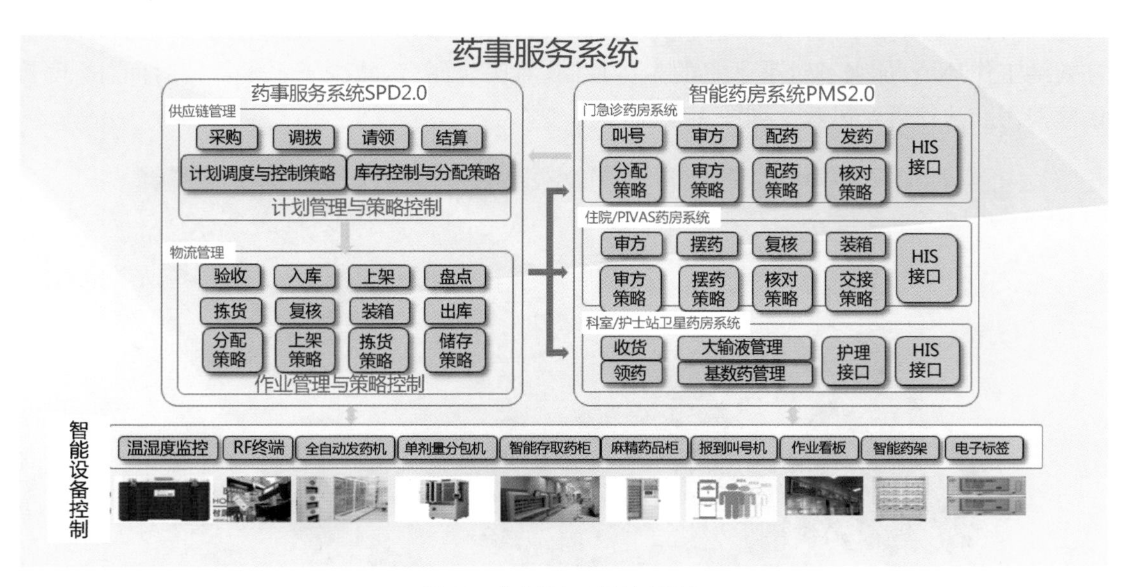

图 16　药事服务系统管理平台

（四）一体化复合手术室建设

一体化复合手术室是随着微创技术的发展而诞生的一个新的医疗项目，集合设备集中控制、信息互联共享，实现手术、观摩、教学、远程会议和远程会诊等诸多功能为一体的医疗实体。体现“以病患为中心”理念，实现诊断治疗及时与高效。将原本需要在影像科、手术室等不同地点、不同时间进行的检查和手术，合并在一个手术室内多学科联合一次完成。一体化复合手术室是现代化医院重要标志，是医院医疗、设施与管理水平重要体现。

它是以创造手术室的高效率、高安全性以及提升手术室对外交流平台为目的的多个系统（如医学、工控、通信、数码等）的综合运用。

一体化手术室的建设包括洁净工程、室内环境控制、音视频信号的采集传输及显示、手术设备的联立以及控制、影像资料采集传输存储、医院信息化集成、远程会诊交互等。

主要特点如下：①共享直播：实时共享手术视频和医学影像资料，全高清手术直播，实现远程教学和远程会诊；②设备整合：全面整合手术周边信息接入（DSA、腔镜、超声、术中影像等），任意路由切换；③集中控制：手术室设备集中控制（环境、视频、音频、医疗设备等），触控一体化操作；④信息互通：手术进程信息互通，提高工作效率，改善医患关系，提升就医体验；⑤物联功能：物联网应用，实现人员、设备定位追踪、手术进程实时监控；⑥信息互联：围术期整体临床信息解决方案，全面整合 HIS、LIS、PACS，实现信息互联互通；⑦BI 分析：手术室 BI 分析与决策支持，全面提升数字化手术室管理水平智能、灵活扩展、即插即用；⑧建立麻醉专家咨询及预警系统：提高麻醉质量，减少麻醉意外。

一体化复合手术室的建设，可实现患者与医院共赢的局面。对患者而言，减少了术中转运的流程，便于集中治疗，可通过多方会诊来为治疗服务；对手术医生而言，为其创造了高效的工作环境，加强了对手术室的整体控制；对医院而言，减少了手术等待时间，降低了医疗费用和法律诉讼风险。如图 17 所示。

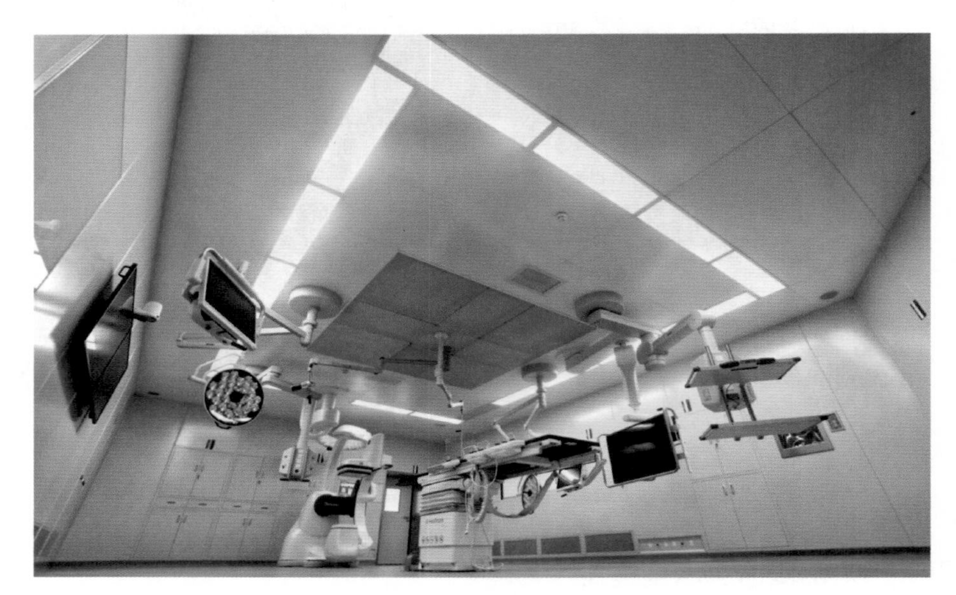

图 17　一体化复合手术室

（五）手术行为管理系统建设

1. 系统建设背景

手术室人员的流动和服装对手术室空气洁净度有直接的影响，系统把信息技术引入手术室更衣区管理流程中，实现手术衣鞋发放与回收的自动化、智能化的管理，对手术室的管理起到了非常重要的作用。该系统与手术排班系统挂钩，未有手术安排的医护人员被禁止进入手术室，同时智能地发放、回收手术衣裤和手术鞋，整个过程能够全程监控与管理，有效解决目前手术室医护人员随意进出、随意领取手术衣、乱扔手术衣的现状。

2. 系统建设目标

系统采用无线射频识别技术（RFID 技术），解决手术室医生身份识别、手术衣管理、手术室拖鞋管理与医生更衣柜管理结合门禁系统将整个手术室工作流程自动化，通过各个工作节点的控制和管理，使得工作流程智能化，并可通过各个环节的管理，避免出现无权限的医生进入手术室、不穿手术衣进入手术室、不穿指定拖鞋的进入手术室以及护工擅自离岗等现象的发生。另外，为了方便医生了解当天手术，该系统与医院手术排班无缝对接，可即时刷卡查询手术排班信息，提高医院整体工作效率。

通过本系统建设后，可实现如图 18 所示的管理目标。

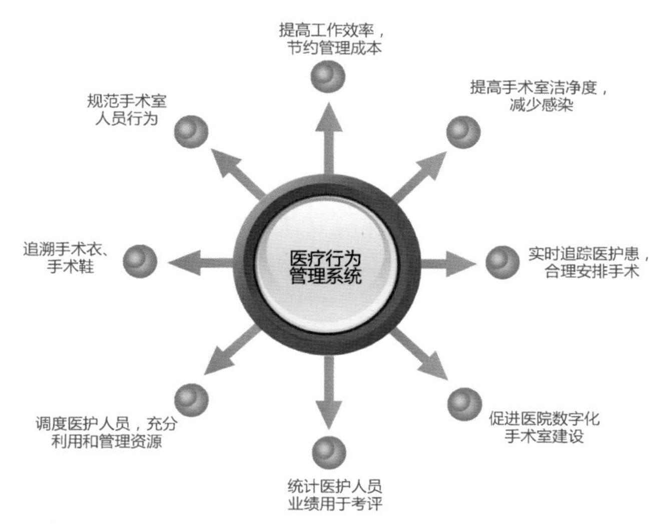

图 18　系统管理目标

3. 设计原则

由于安全性和高效率管理的需要，整个系统的设计原则应遵循下列原则。

1）系统实用性

整个系统的功能应符合实际需要，系统的前端产品和系统软件均有良好的可学习性和可操作性。特别是可操作性（便捷性），工作人员只需设置后通过不同门禁来自动地判别和核准进出。

2）系统的稳定性

整个系统是一项长期应用的系统，与手术室日常工作相关，所以系统的稳定性尤为重要，所以在系统的稳定性上需要得到保障。

3）系统的安全性

整个系统中的所有设备及配件在性能安全可靠运转的同时，还应符合中国或国际上有关的安全标准，并可在非理想环境下有效工作。强大的实时监控功能和联动报警提示功能，充分保证使用者环境的安全性。

4）系统易维护性

系统在运行过程中的维护应该做到简单易行。系统的运转真正做到通电即可工作，走过就能运行的程度，而且维护过程中无需使用过多的专用维护工具。从计算机配置到系统的配置，前端设备的配置都充分仔细考虑到系统的可靠性。在做到系统故障率最低的同时，也考虑到即使因为意想不到的原因而发生问题时，保证数据的方便保存和快速恢复，并且能保证紧急时能迅速地打开通道。整个系统维护是在线式的，不会因为部分设备的维护，而停止所有设备的正常运行。

5）系统的可集成性

独立的应用服务器处理系统间的集成问题，建立功能关联关系，将不同的既往和未来的系统集成到同一工作平台，无缝互连其他业务系统，提供必要的系统外联接口和丰富的设备接口，适应业务变化和流程动态调整的需要。

4. 系统优势

自动身份识别：系统与医院信息系统无缝对接，可以通过一卡通系统、指纹识别系统或人脸识别系统自动识别进出手术室的人员身份，改变以往人工身份核实流程繁琐、效率低下的情况。

精准人员进出控制：系统与医院手术排班系统无缝对接，根据当天手术排班的情况自动审核医护人员的手术室准入机制，有效避免无关人员进入手术室。

衣服自动发放：系统配置智能发衣机，可根据医护人员刷卡信息自动弹出相应大小的手术衣(大、中、小号)，突破以往人工发衣模式，减轻手术衣人工发放的压力。

衣鞋智能回收：系统配置智能回收机，医护人员只要把手术衣鞋放在相应的智能回收机的托板上，系统根据红外检测技术或 RFID 技术检测到物品，即会自动回收物品，并更新系统中物品领用信息。

衣鞋柜自动分配：医护人员刷卡系统会随机分配就近的衣鞋柜，并自动把柜门打开，衣鞋柜可与医护人员绑定，一人一柜；也可开启流动分配模式，随机分配空闲衣鞋柜，改善衣鞋柜空置及分配不合理等问题。

医疗行为可追溯：医护人员进出手术室，领用衣服、鞋，手术衣、鞋归还等行为都会自动记录，医疗行为变成可追溯，为手术室的管理提供有力的保障。

医疗智能调配：该系统与手术麻醉系统关联，每台手术结束时可自动呼叫空闲护工为患者服务，改善以往人工呼叫效率低下的情况，大大提高护工人员的工作效率，规范管理在岗护工行为。

5. 系统总体框架(图 19)

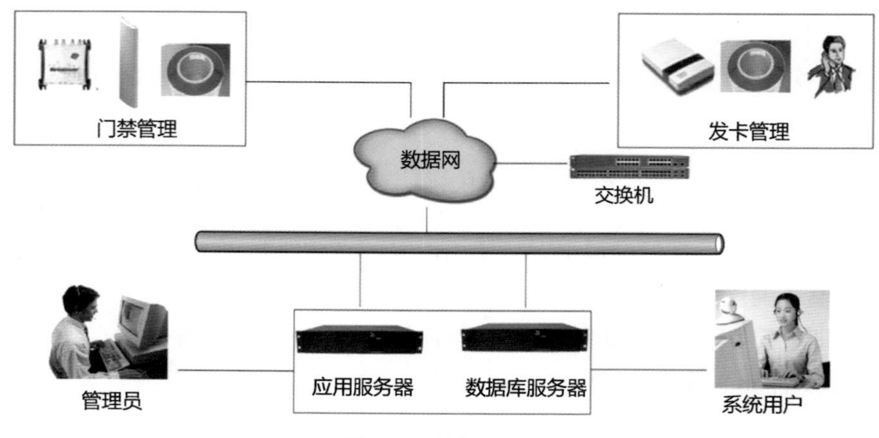

图 19　系统部署架构

6. 系统设计图(图 20)

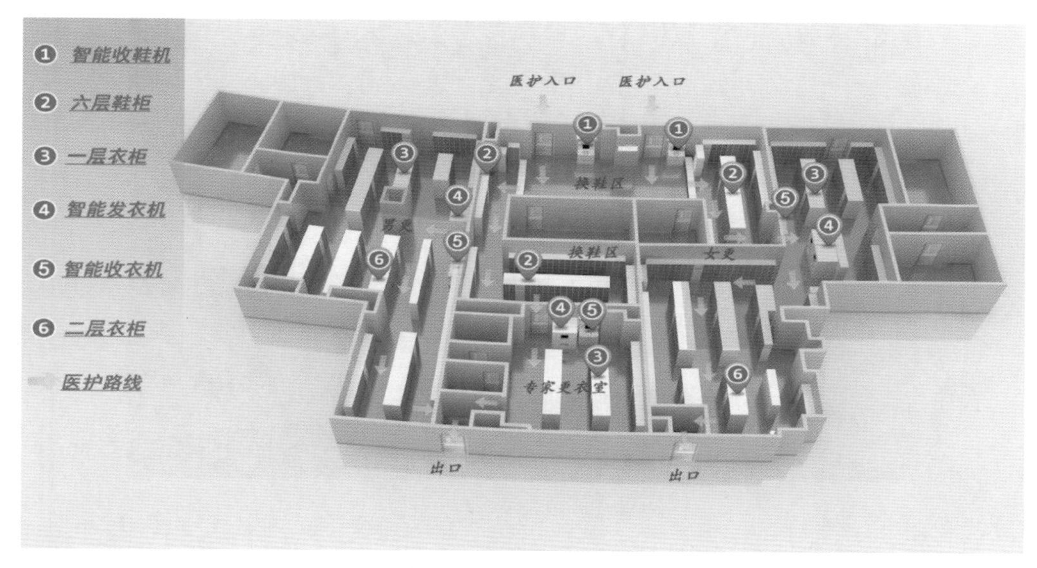

图 20　系统设计示意图

(六)智慧停车系统建设

1. 系统建设

新大楼项目在保持与主楼相同的开挖深度的前提下,采用六套四层平面移动类机械式停车设备(图 21),18 个出入口,24 台搬运器,有效车位 1 180 个,一辆车平均存、取时间 90 秒。此方案成倍地提高了车位数量,停车压力得到有效缓解。

图 21　移动类机械式停车设备

2. 合理规划车库区域及院区内的交通流线

机械车库的出入口采用贯穿式设计,入库和出库交通流线没有交错节点,保证车辆出入的流畅性(图 22)。

在车库行车层规划设计了多种交流流线方案(图 23)。对院区内的交通流线进行合理规划,满足车辆单向行驶、没有交织的原则要求。

图 22　机械车库出入口

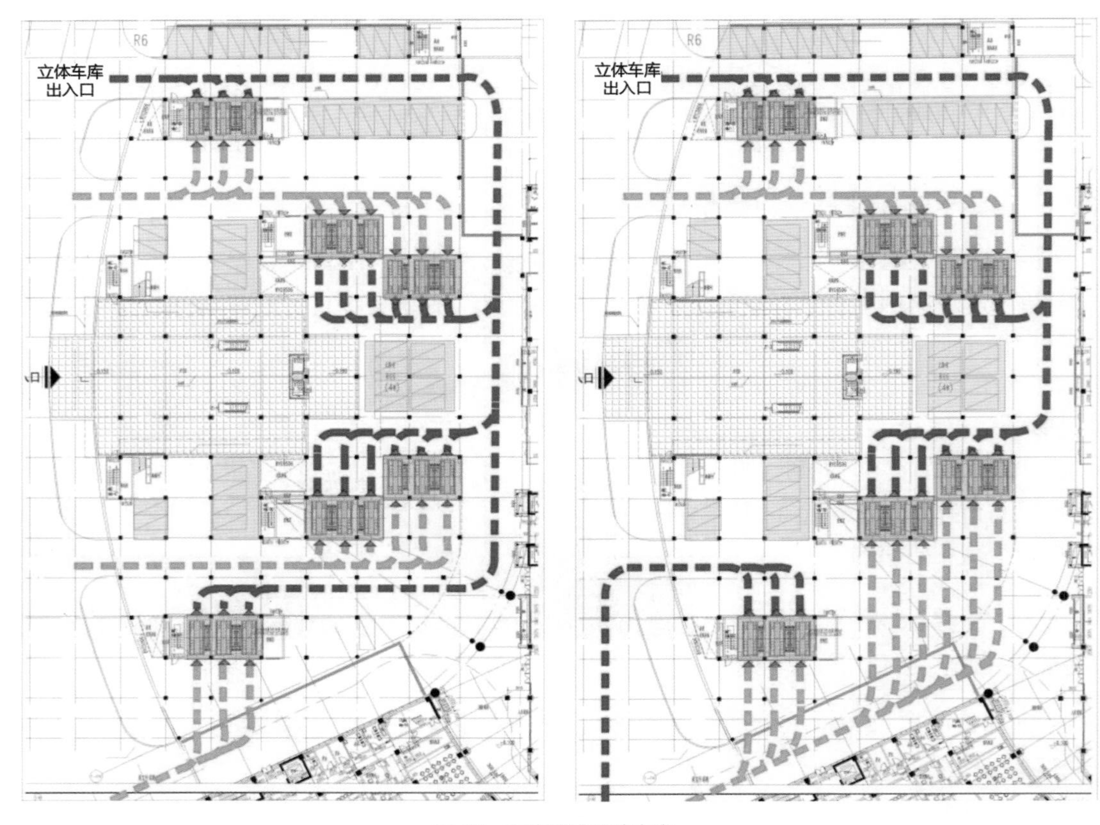

图 23　交流流线设计方案

3. 采用合理的技术手段和管理模式

采用先进的视频车牌管理系统，保证车辆在进、出院区时免取卡、免还卡，极大地避免在出、入口处拥堵现象的发生。如图 24 所示。

图 24 视频车牌管理系统

多种途径的缴费方式的结合，驾驶人员可以在驶出收费点前完成缴费，在出口处系统直接提竿放行，从而避免在收费点处的拥堵。采用外包方式将院区车辆管理交由专业的第三方管理公司运作。图 25 为预缴费方式示意图。

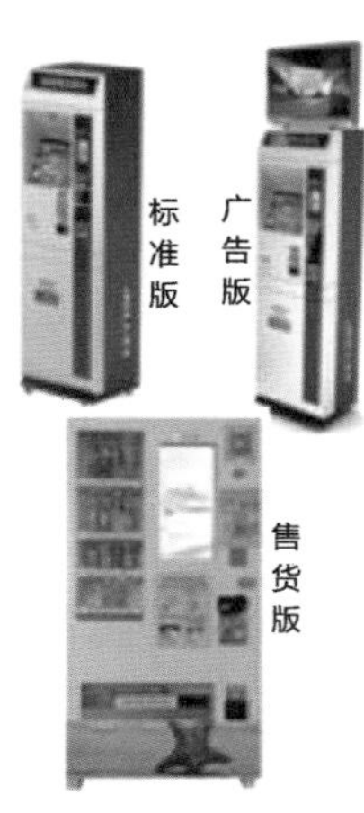

结算中心缴费　　自助终端缴费　　手机快捷支付

图 25 预缴费

图26为完整的缴费结算方式示意图。

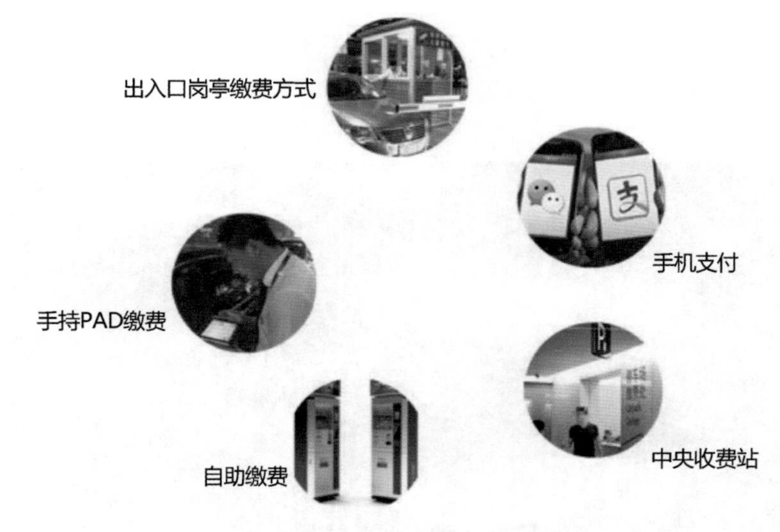

图26 完整的缴费结算

（七）建筑能效管理平台建设

江苏省人民医院门急诊病房综合楼建筑能效综合管理系统是为了对建筑内冷热水、电能、空调热能、蒸汽、医用气体等能耗进行分类计量、监测，对能耗数据进行采集、分析，优化建筑设备控制策略、改进物业管理方法，实现对能源的有效管理并达到降低能耗的目的。监测范围包含：变配电室用电总计量、楼层配电间用电分项计量（照明、插座、动力等）、水泵房用水总计量、楼层用水分项计量（冷、热水）、热交换间热能计量和冷冻机房热能计量等；系统预留标准通信接口，方便接入其他能源介质。

1. 建设思路和规划原则

本项目的设计思路为按照国家卫生和计划生育委员会编制的医院建筑能耗监管系统建设技术导则要求，在系统结构、技术措施、设备性能、系统管理、技术支持、数据采集及维修能力等方面综合考虑，确保系统运行的可靠性和稳定性，达到最大最优的效果。能耗监管平台要具有标准统一的接口，具有良好的开放性、兼容性，同时拥有多元化的数据、可与其他系统进行数据共享，并采用标准的数据库，便于数据上传，为院内的后勤管理建立基础平台，建立整体能耗分析管理机制和绩效考评制度。

本项目以务实设计的思路出发，从系统结构、技术措施、设备性能、系统管理、技术支持及维修能力等方面综合评估、选型，确保系统运行的可靠性和稳定性，达到最大最优的效果。

根据江苏省人民医院的整体规划设计，建立一套医院能耗监管平台，提供标准统一的接口，具有良好的开放性、兼容性，同时拥有多元化的数据，可与医院OA系统、建筑设备监控系统、变电所电力监控系统及其他系统进行数据对接，并预留接口至省、部级数据中心。

结合国家对建筑能耗进行分项计量安装的要求，建立医院多能源在线监测系统，可针对医院各类能耗进行远程采集和实时监控以及主要设备的状态采集和故障告警；并可从第三方系统（如医用氧气）获取相关运行数据，辅助相关管理人员了解设备现状，及时反映设备运行问题并在第一时间发现问题，且可采取针对性的措施；对医院能耗进行统计分析建立医院能耗审计、能效测评以及公示系统，进一步完善后勤保障资源目标管理体制和运行机制，推广目标管理单位，完善能源使用数据库，探索后勤部门能源目标管理办法；可实现遥控遥测，并在医院内部公布各科室的用能情况；预留标准的数据网络接口，便于系统扩展和数据交换。

通过平台获取相应的能耗数据并进行分析，以此为基础采取节水、节热、节电以及其他节能措施，逐步落实医院的节能工作，采取具有针对性的节能措施，实现医院能耗的合理、节约使用。

2. 建设目标

江苏省人民医院西扩工程能耗监管系统建设的总体目标：实现医院能源信息化建设、提供能源消耗全过程、全方位能效管理与节能支持，提升医院能源使用效率，降低用能成本，达到人、建筑与环境共生共荣、绿色可持续发展，将节约型医院建设与绿色医院、可持续医院建设紧密结合起来，在省内乃至全国节约型医院建设中起到引领示范作用。

具体建设目标如下：①建立能源监测平台。通过对医院水、电、暖等能源进行数据采集、统计分析、集中管理帮助院方实现能源的精细化监测与计量，优化能源运营策略，减少能源浪费，达成医院节能降耗的管理目标。②能耗公示。完成医院西扩工程各单体建筑能源数据的监测、统计、多维分析，清晰展现医院综合能源消耗和各单体建筑能耗公示。③指导既有建筑节能改造的工作。以能耗监测、能耗统计和能耗公示结果为依据，指导开展既有建筑的节能改造和评价。④进一步提高全院医务人员节能意识。通过节能措施以及宣传教育，进一步提高全院医务工作者的节能意识，使他们在工作中，注重资源节约和环境保护。如图27所示。

3. 建设原则

1）先进性

硬件设备选用性价比高，具有很高的可靠性和较长的使用寿命，软件应采用目前国际上通用并符合发展趋势的软件，为以后的功能扩充打下基础，技术方法上采用先进的技术方法和理论，设计使用可靠、具有先进水平的分析模型和应用模型。

2）实用性

遵循卫计委技术导则的同时，符合江苏省人民医院西扩工程的能耗管理模式；能耗监

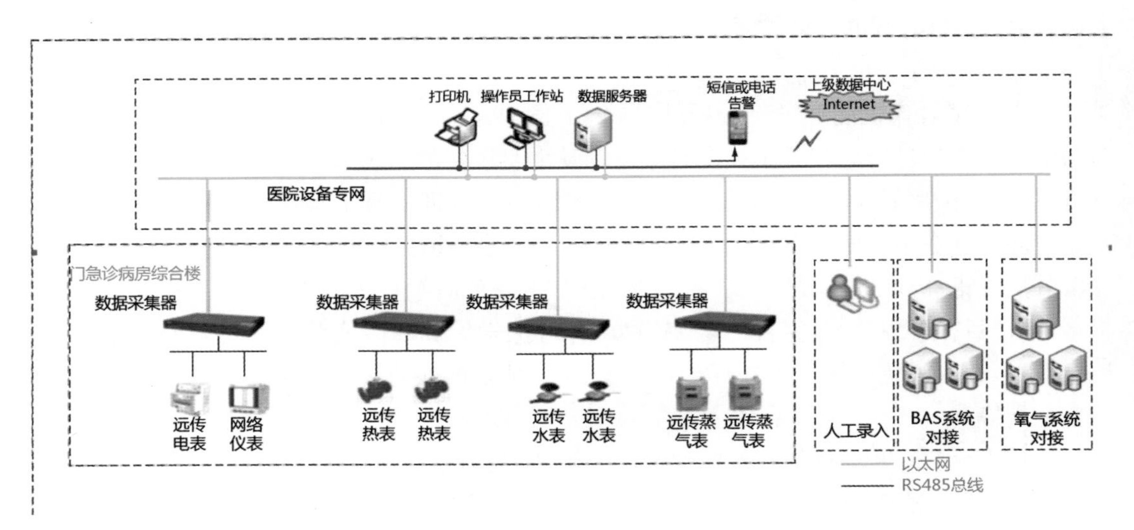

图 27　江苏省人民医院能耗监管系统图

测与管理相结合，有效地实现节能降耗；基于互联网技术，采用国家技术导则推荐的主流监测仪表。

3）安全性

系统对数据的安全性给予高度重视，采取了防范措施防止非法入侵。另外，对外部员工以及调度客户加强权限控制，避免越权。系统具有自诊断自恢复功能。

4）可维护性

系统具有人性化的简洁的人机界面，软件操作简单、便捷；同时提供复杂但功能强大的操作系统，供系统维护人员使用。

5）可伸缩性

软件系统具有良好的可伸缩性，以适应用户管理模式改变的需要。

6）可扩展性

系统设计时按最经济的原则，设计了一个扩展性很强且在扩容升级时浪费最少的系统。系统根据医院建筑用能系统的结构特性进行模块化设计，充分考虑了建筑物及部门组织结构用电特点，构建标准化的用电管理机制和系统结构流程。

7）标准化

系统严格遵循《医院建筑能耗监管系统建设技术导则（试行）》和《医院建筑能耗监管系统运行管理技术导则（试行）》的要求，并参照国家机关办公建筑和大型公共建筑能耗监测系统的相关技术导则要求，完全符合卫计委和住建部的标准要求，各类能耗编码标准化，能耗管理系统应预留标准化通信接口与其他系统对接。

8）可靠性

系统所选的水表、电表多为国内的知名品牌，性能可靠、稳定；系统采用标准化的通信协议，数据接口为无缝对接，系统设计采用三级储存确保数据不会丢失。

9）经济性

在满足功能需求的前提下提高经济性，充分考虑降低初期建设投资、运行费用和维护费用。

（八）建设成效

新门急诊病房综合楼自2018年全面启用后，新增床位数1 500张，新增设备数5 900余件。门急诊及病区环境得到较大的改善，扩容后床位紧现象将得到较大缓解。同时更新检查检验设备，优化诊疗服务流程，大大提高急诊救治能力和综合诊疗水平。2018年全年门急诊量468.2万人次，同比增长10.5%；出院16.8万人次，同比增长14.9%；平均住院日7.8天，同比下降0.1天；手术9.7万台次，同比增长17.3%。新获省卫生健康委新技术引进一等奖11项、二等奖9项。18个国家临床重点专科建设项目全部通过项目评估。获得全国改善医疗服务最具示范案例。在教育教学、科研创新和人才学科等方面再上新台阶，综合影响力再攀高峰，稳居江苏第一。

（撰稿：杨文曙　周　珏）

一 建设背景

1. 医院后勤管理的重要性

医院后勤运行保障系统是支撑医院正常运行的重要基础，是保障医院医教研防工作正常进行的重要支柱，为医院建筑、设施、设备的设计规划与建设维护提供专业保障，为患者与员工提供全方位、全天候的服务，具有较强的技术性和专业性。

南京鼓楼医院行政处下设动力科、基建科、总务科、物业管理科和运行管理中心等职能科室。主要服务内容包括患者与员工后勤服务、餐饮供应、能源动力与设施保障、被服管理、房屋修缮与工程改造、消防治安、安全生产及新建与改造建筑的项目全过程管理等，是医疗支撑保障体系中的重要一环。

后勤、医学工程部、物流中心和信息中心作为医院运营的基础支撑部门，承担着医院大量临床、管理、基础建设的服务和保障工作。大到楼房建筑的装修，小到一张办公用纸的配送，都是后勤工作的内容。可以说，如果没有强有力的后勤保障支撑，就没有医院高效、安全运行的可能性。

随着医院的发展，对后勤保障工作的标准、水平要求也越来越高，如何优化后勤工作流程、提高运营保障质量、建立科学的管理、节约成本、改变传统的决策方式，是医院后勤管理有待解决的难点。通过建立高度整合、精细化的智慧后勤信息化平台建设是行之有效的方法。

2. 医院后勤信息化现状

医院大后勤业务涉及面广，信息化程度低，改建之前仅启用集中报修系统(60000)、物业公司的微信运送管理系统。大后勤业务没有闭环的信息化管理，信息管理多呈碎片化，大量为手工纸质管理。缺少过程管理、监控、提醒，已有的信息系统多为事后信息管理，信息不联通。缺少电子网上审批管理，纸质流转审批周期长、效率低。没有大数据整合和分析。

总体而言，医院相关处室对大后勤信息平台建设的思路清晰、定位明确，但缺少实现信息化平台的总体技术架构规划设计和业务实现。前期系统建设属于基础性布局，各个子系统相对独立，没有一体化的管理，只是从手工方式转为以电子化方式为主，操作比较繁琐，缺少结构化过程化管理，数据不可深度分析，不可深度追溯。大后勤信息化建设基础工作比较薄弱，如分类标准、编码规范等。缺少基础的标准化编码工作，包括资产、位置、人员、科室及物品等。

二 建设内容

1. 智慧后勤建设需求

物业管理部门职责及需求见表1。

表1　物业管理部门信息化建设需求

部门职责	信息化建设需求
1. 运送陪护业务：主要负责住院病人的检查运送，工作人员50～60人，目前启用了放射科的预约派单管理，以组长使用为主，电话通知工作人员。由于网络等原因，工作人员没有启用微信，派单只是分配人员、记录工作量为主，工作人员是按大项目分组进行管理。 2. 单据运送业务：各类物资领用、申购单，会诊单、用血单、手术通知单、急诊手术通知单和病人检查报告等。工作人员在20名左右。 3. 保洁及公共区域巡检：对公共区域、急诊、卫生间等要进行周期性的保洁巡检，数据能上传到管理中心，后期可进行分析和统计，以方便持续改进。 4. 送餐管理：医院共有3个食堂，针对职工点餐、工作餐配送进行管理	1. 医生撤销检查单，及时通知运送。 2. 病人检查完成增加反馈。 3. 根据检查内容自动合理安排时间。 4. 检查信息、工作人员的工作情况等，设置提醒功能。 5. 紧急的单子由医生站发送到物业信息中心时自动进行分配。 6. 公共区域的定期移动巡检，必须保证可到现场。 7. 点餐送餐时间要有时间段管理，对特殊岗位点餐有优先保障，如手术室等。 8. 餐饮支持支付宝、微信支付。 9. 设置评价管理，对菜进行评价。 10. 食堂成本管理，进货(费用)管理，库房(追溯管理)，月收入管理，效益分析

设备管理部门职责及需求见表2。

表2　设备管理部门信息化建设需求

部门职责	信息化建设需求
主要负责设备管理、维修业务、巡检业务、能耗管理、第三方服务管理、满意度评测、合同管理、制度管理和资产管理等，内部工作人员近70名，外包工作人员72名	1. 设备管理、合同管理、维修管理、巡检管理各业务建立完整的系统，进行一体化管理，具备提醒，分析功能。 2. 人员证件档案需要进行管理。 3. 对各第三方公司的岗位监督管理，包括每次抽查的记录、满意度调查、后续的改进措施等。 4. 需要建立更多的智能化提醒、预警管理，如温度、湿度、火警等。 5. 报修以电话为主，后续增加评价、过程记录等信息。 6. 增加特种设备管理模块

总务管理部门职责及需求见表 3。

表 3　总务管理部门信息化建设需求

部门职责	信息化建设需求
主要负责后勤资产管理、房产管理、宿舍管理、购房补贴、电机电话、被服、食堂管理和水电有线电视等缴费管理	1. 总机电话自动录音管理,需要建立系统,以保证病人投诉可以追溯,数据量可以保留 3 个左右。 2. 需要对房产、宿舍进行管理,包括证件、面积、位置等,宿舍的申请、入住、缴费等进行流程化管理,对院外房产、门面房进行过程化管理,如随时查看门面房出租情况、合同等信息。 3. 需建立资产采购申请、审批流程管理。 4. 被服管理。 5. 车辆信息及使用保养管理,含 GPS 定位、保养信息、综合信息

基建管理部门职责及需求见表 4。

表 4　基建管理部门信息化建设需求

部门职责	信息化建设需求
负责新建和改造工程项目的管理,从立项、造价、审批、招标、合同、执行、变更、验收全过程进行管理,在日常的管理工作中,还要对施工安全、质量进行监督,所有的档案归档管理	1. 对档案进行归类编号存放,包括重要的档案扫描上传,建立电子档案。 2. 要对日常项目管理的主要批文、证件进行管理和提醒。 3. 立项、招标、工程安全管理、验收、档案,院内公开、公示,互动管理、付款申请、权限设置。 4. 招标平台流程,与物流中心对接,授权公开。 5. 基建验收交接、查询、提醒、交接过程、交接时间

2. 智慧后勤建设的原则

1）闭环管理原则

医院大后勤各业务条线的管理应根据实际工作需要建立全流程闭环的信息化管理系统,整合建立维修、巡检、资产(含设备)、保洁、运送、能耗、点餐、申购、审批、房产、医疗设备管理、合同、档案、满意度评价、BI 大数据分析等一体化的全过程信息管理,对接集成平台,打通与医院 HIS、EMR、PACS、办公自动化、预约系统、微信支付和支付宝支付等系统的数据和流程的对接。

2）精细化管理原则

医院大后勤管理信息系统平台建设是从无到有,从粗放管理到精细化管理的转变过程,要避免原先的人为手工管理到电子化管理的简单系统架构,通过结构化的数据模型,可配置的流程管理,自定义的大数据分析管理,结合图文、语音、视频,建立全过程精细化管理信息系统平台。

3）标准化原则

医院大后勤管理信息系统平台能否长久的发挥管理作用,一方面取决于系统的架构设

计，另一方面更取决于医院大后勤标准化体系的建立，如科室、人员、位置、分类、故障、管理点、设备名称、品牌、厂商、证件及档案等，建立标准化的编码规则和规范，对后期的扩展使用、数据的统计分析、预警管理都非常有价值。

4）智能化原则

医院大后勤管理信息系统平台应采用全新物联网应用技术，借助无线网络、移动感应设备、手机等实现精准扫码管理、批量感应管理、自动分配任务和监管推送管理，并能通过大数据智能分析进行绩效管理，持续改进工作方法和流程。

5）安全性原则

采用多种信息安全技术，强化信息安全和保密措施，对关键数据进行加密，对内外网的数据采用串口或网闸通讯，对部分审批可通过OA平台进行特定回复审批，包括手机签名等，充分保证数据的安全性、完整性。一方面系统需要提供基于用户名、密码的用户身份认证系统和分别基于角色、基于功能的用户权限管理功能；另一方面，需要提供数据库数据恢复和备份。

6）实用性原则

实用性是评价大后勤管理信息系统平台的主要标准。它应该符合现行医院现有和今后发展的体系结构、管理模式和运作程序，能满足医院一定时期内对信息的需求。支持科室信息汇总分析与核算，支持医院领导对资产的宏观监督与控制。基于b/s架构，操作简便，能提高服务质量、工作效率和管理水平，对医院的经济效益和社会效益产生积极的作用。

7）经济性原则

医院大后勤管理信息系统平台基础的条件应借助医院现有的无线网络、有线网络、硬件平台和信息集成平台等，无需投入大型基础性建设为先决要素，不求最先进，从业务管理可执行的角度进行设计、开发信息管理平台，并加大在应用培训、全院性推广、使用体验上的投入，使大后勤信息系统平台的整体投入发挥实效。

8）个性化定制原则

医院大后管理信息系统平台的建设，特别在鼓楼医院如此大型的医疗机构，要取得良好的应用实效，应在整体应用架构下，根据医院的业务管理需要进行个性化的细节定制开发及新业务管理的开发，以满足医院个性化管理的要求。

9）总体规划分步实施原则

医院大后管理信息系统平台的建设应进行总体规划，分步实施，结合医院业务管理现状，优先解决工作量最大、效率最低、管理上急需的业务，再逐步解决其他的业务需求。稳步推进，利用一到两年时间建立智慧大后勤信息化管理的全国示范工程。

3. 智慧后勤的建设目标

（1）建立单位所有建筑位置、面积管理，将单位的建筑进行计算机系统结构化分解，建立以建筑地理位置、大楼名称、楼层、楼层的每个房间及公共区域多级次树型标准库，并记录每个房间及公共区域的面积。制作二维码加 RFID 一体化的位置标签，进行一对一的标识粘贴。在计算机系统中建立多级模拟位置管理，并能进行逐级分析和对比。

（2）传统的条形码扫描必须在近距离而且没有物体阻挡的情况下，才可以辨读信息。RFID 可进行穿透性通信，不需要光源，读取距离更远，将数据存在芯片中，因此可以免受折损。使用二维码 RFID 一体化标签作为唯一识别标签，RFID 电子标签作为信息的载体，对相关管理点进行一对一建立“唯一”身份识别，以达到智能化管理。

（3）实现资产（含设备）的四级管理，即财政部门管理总账（一级管理）、单位财务部门管理资产明细账（二级管理）、单位实物管理部门应管理资产实物账（三级管理）、使用部门负责资产日常使用管理（四级管理），做到一台一账、一台一卡，账务账和实物相符，并对资产进行全过程管理，即按“申请—预算审批—采购执行—验收入库—出库—日常使用—维修—调拨—报废”进行全程动态监管。

（4）对所有基础信息管理进行标准化分类、名称规范、标准编码管理。对资产等信息进行标准化分类和编码，使其不仅有流水号，还具备更多的有效身份信息。

（5）实现智能化全过程可评价分析的报修维修管理，实现报修快速位置定位，常用故障记忆选择，图文并茂，简单方便。微信维修管理，实现扫一扫加语音、图片快速报修，并能进行进度查询、评价、费用审批。维修材料精细化管理，通过维修工单使用登记，自动消耗维修材料二级库房库存，真正实现有效的维修成本管理。

（6）实现智能化全过程巡检管理分析，实现不同类型的巡检执行不同的巡检方案，和同期、同一类型不同地点也可以执行不同的巡检方案，并对巡检关键指标定义预警值，自动实现巡检报警管理，包括巡检责任人的管理、工作量的统计、及时性的统计分析。

（7）严格遵循《医疗器械使用质量监督管理办法》（国家食品药品监管总局令第 18 号），实现医疗器械使用环节全过程信息化管理，并对关键数据进行分析，实现医疗器械全生命周期可视化。包括申购、审批、招标、合同、验收、入库、出库、维修、PM、巡检、不良事件及检测等，并收集厂家标准的 PM 方案，通过移动 PDA 应用，帮助工程师和科室按出厂规范保养维护设备，使其处于良好的工作状态。

（8）建立全院统一的申购审批预算管理，从科室发起申请、职能部门审批、领导审批、采购计划、招标、合同、验收和档案全过程的管理，以提高工作效率，让科室只跑一次实现所有的审批工作。

（9）建立全过程可数据整合的合同和档案管理，从合同登记、附件上传、合同执行、合同付款、日常工作与合同对接提醒及合同与日常工作智能分析等，最终建立一体化的电子档案管理。

（10）建立全院一体化后勤评价体系和系统，包括满意度、投诉、维修评价、医疗器械质量评价、运送评价、食堂评价、保洁服务评价及物资评价等，并能进行综合分析，给采购、绩效管理、持续改进提供科学的依据。

（11）建立全院统一的呼叫中心管理系统，包括总机、随访、预约等各类业务，提供录音记录和统计查询分析。

（12）建立医院房产管理，包括宿舍、门面房等，信息管理含入住、出租、房屋内资产、维修和证件等。

（13）建立全院职工点餐管理，包括三个食堂的配送管理、评价等，要图文并茂。

（14）完善升级办公自动化管理系统、电子病历系统、全院预约管理系统，逐步取消纸质单据，升级全院运送管理系统。

（15）建立全院统一的手机大后勤综合管理应用，包括评价、申请、过程查询、审批、推送及分析等。

（16）实现全方位的、可自定义的 BI 数据统计分析，如资产分布情况、资产维修情况、医疗设备的使用统计、事务维修情况、保洁工作情况、每年资产的清点情况、工作人员的工作量分析、医疗设备效益分析、保洁工作量及能耗分析等。

三 智慧后勤建设实践

1. 智慧后勤建设架构

南京鼓楼医院智慧后勤架构如图 1 所示。

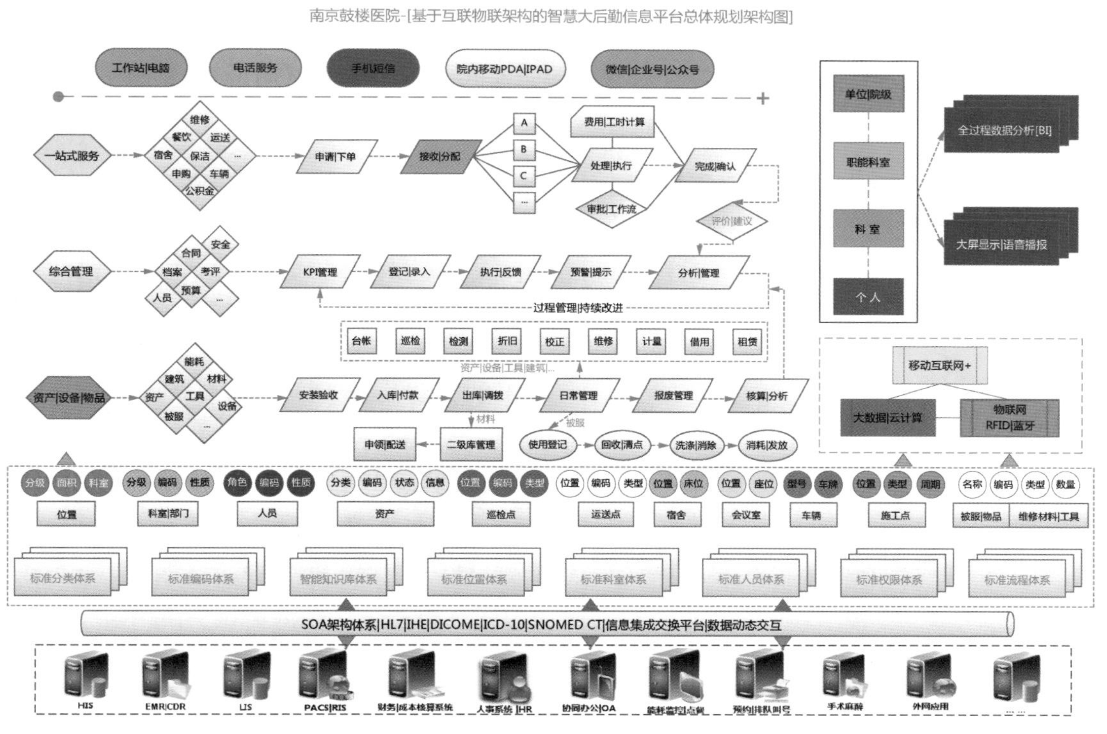

图 1 南京鼓楼医院智慧后勤架构

2. 建设初步成果

1）医院综合导航系统

嵌入医院官方 App 或微信公众号，实时配合就医流程，自动规划路径导航，协助患者轻松抵达各执行科室。如图 2 所示。

图 2 院内综合导航系统

停车前帮助寻找空闲车位，停车后自动记录车位及地理信息反向取车，从容方便。如图 3 所示。

图 3 电子寻车系统

发送当前位置给亲友，一键导航至亲友身边。如图 4 所示。

图 4　院内定位导航系统

2）婴儿防盗管理系统

病房出入口安装信号接收器，母婴手脚佩戴传感器。如图 5 所示。

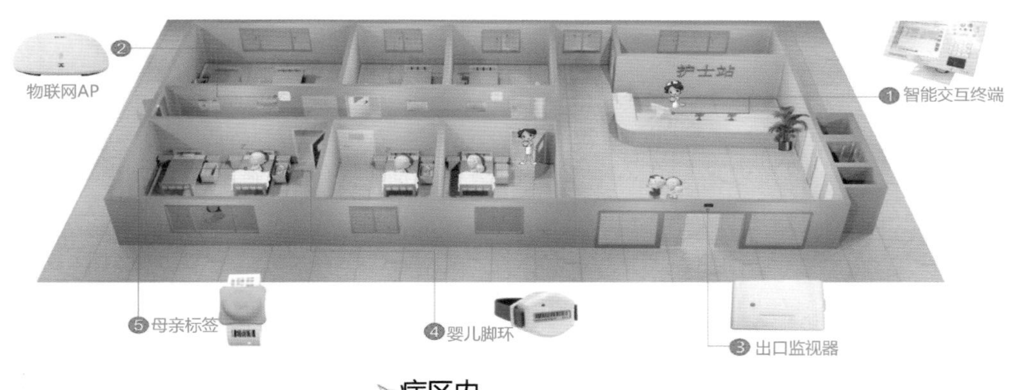

➢ 病区内
未经允许破坏标签触发剪断报警
系统时刻监控标签运行状态、佩戴状态
新生儿活动状态

➢ 病区口
未经允许离开病区触发出口报警
准确提示报警新生儿身份、
位置、时间等信息

➢ 病房里
母亲标签与婴儿标签身份匹配错误触发抱错报警
时刻监控母婴信息、准确提示抱错信息

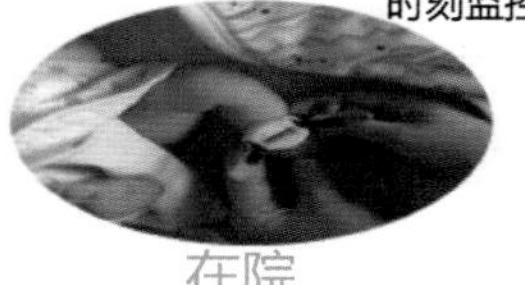

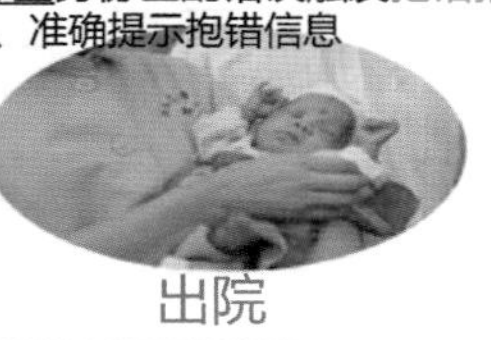

出生　在院　出院

为医院产科提供：新生儿出生至出院的全过程监控与保护

图 5　院内婴儿防盗系统

3）高值耗材管理系统

通过 B2B 平台将以往繁杂的供应商证照管理电子化，订单信息化。所有医用高值耗材经过验收合格后，赋予唯一的 RFID 码，通过智能柜或 PDA 扫码，全程可追溯。

所有的高值耗材的请货、进柜、出柜、临床使用、清货和补货等形成了可追溯的全过程闭环管理，节约了人力，提高了效率，避免了违规。如图 6 所示。

图 6　院内高值耗材管理系统

4）物流传输系统

箱式物流输送系统的使用优化了物品递送，使流程变得更直接、更快捷、更方便；优化了门诊工作流程，可以在专科诊区内完成抽血、送标本等工作，无需病人多处跑动，也理顺了院内秩序。如图 7 所示。

图 7　物流传输系统

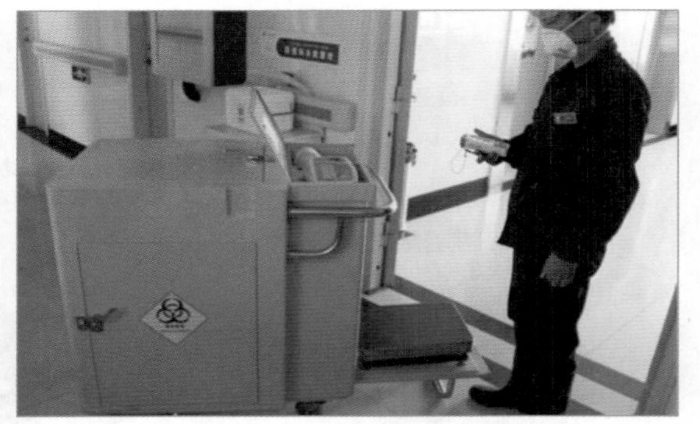

图 8　医疗废弃物转运管理系统

5）医疗废弃物管理系统

医疗垃圾的收集、运输、销毁过程全监控。对医疗垃圾的各种数据进行采集分析，超出管理范围报警，杜绝垃圾外流。如图 8 所示。

6）基建工地管理系统

在基建工地部署人员管理系统，能够实时监测各施工现场的人员状况，并实施统一管理，有效提高项目施工的管理效率。环境监控系统监测扬尘，并及时联动除尘系统。如图 9 所示。

图 9　院内基建工地管理系统

7）设备及环境管理系统

医院设备及环境管理系统利用局部网络或互联网等通信技术把传感器、控制器、机器、人员和物联在一起，实现了对院内地下水平管网、建筑物垂直管井、动力电房和配电柜等关键位置的实时监控。如图 10 所示。

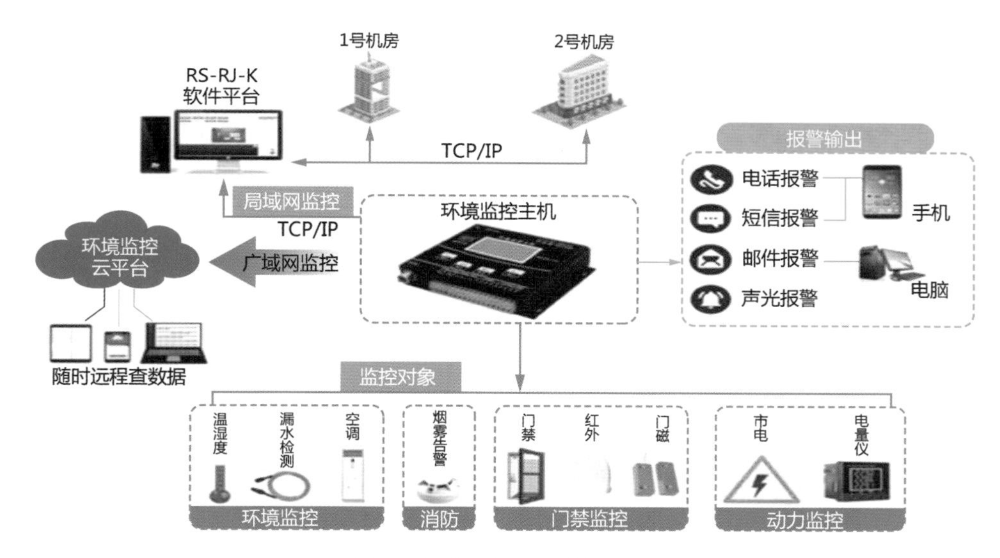

图 10　院内设备及环境管理系统

3. 其他建设成果

1）建立后勤运行指挥中心

成熟应用大数据分析与物联网技术，打通后勤运行的所有孤岛系统数据，建成南北互通互联的后勤运行指挥中心。通过各类物联网传感器实时自动采集设备、动力、服务的运行状态，功能覆盖医院大后勤全部领域，业务流程无缝衔接，汇集后勤运行实时数据，数据化监控后勤各板块运营状态。创新了适用于大数据时代的、“以对标解析来设计管控规则，以数据模型来驱动管理行为”的后勤运行模式。

2）重构后勤管理团队

重新调整组织架构与岗位，建立统一调度指挥的现场运维保障团队，承担设备设施维修、动力运行保障、服务调度和资产调度等应急处置职能；建立专业的质量控制与运营数据分析团队，承担成本效益分析、质量监管、质控指标监测等辅助决策职能。

3）建立后勤运行质量评价指标体系

通过对后勤运行基础数据的梳理，在医院后勤行业中率先完成基于大数据的指标体系，提取 400 多个国内行业中涉及后勤与设备的规范标准，通过 1 200 多种智能算法，遴选设计 152 个医院后勤运行相关指标，能够对医院后勤的执行、监管、决策三个层面进行评价。评价的结果可以推广至全市卫生系统，乃至全国医院后勤管理行业，实现同行业的横向评价。在医院系统率先编制发布后勤运行质量年报、资产月报。

4）具备行业推广能力

在大数据与物联网技术的应用方面实现突破，创新建立了具有示范作用的、适用于新形势的后勤运行模式。从外包服务的质量监管、设施设备运行的实时监测、医疗设备的全生命周期管理、基础数据的标准化可视化等多个热点、难点问题着手，为上海申康医院发展中心建设市级医院“后勤智慧网”提供蓝本。

5）提升学术能力

在“2016 年度全国医院后勤年会”上，鼓楼医院提供论文 20 篇，其中 4 篇获得优秀论文，投稿数全市第二、获奖数全国第一；在“2017 年度全国医院后勤年会”上提供 49 篇论文，其中 4 篇获得优秀论文，投稿数全国第一、获奖数全国第一；在“2018 年度全国医院后勤年会”上投稿 64 篇论文，其中 7 篇获得优秀论文，投稿数全国第一、获奖数全国第一。医院连续三年获得全国医院年会优秀组织奖，连续两年获得全国医院后勤先进示范单位的荣誉。

（撰稿：许云松）

构建安全、实用、高效的智慧后勤运维

——东南大学附属中大医院

一 建设背景

东南大学附属中大医院始建于 1935 年，其前身为中央大学医学院附设医院，历经第五军医大学附属医院、解放军 84 医院及南京铁道医学院附属医院等几个重要历史阶段。历史上名家辈出，戚寿南、姜泗长、张涤生、牟善初、阴毓璋、王士雯、贺林、杨焕明等众多院士和专家学者曾在此校园求学或执教，奠定了丰厚的文化底蕴和笃学重研的传统。如图 1 所示。

图 1　东南大学附属中大医院全貌

经过 85 年的发展，现已成为集医疗、教学、科研为一体的大型综合性教学医院，是江苏省唯一教育部直属“双一流”“985”“211”工程重点建设的大学附属医院，也是江苏省首批通过卫生部评审的综合性三级甲等医院。

为了保障中大医院的高效运作，其中设备设施故障的及时处理、资产的良好管理、能源的高效管理与运用以及智能化系统等均需有运维保障系统的支撑。运维保障系统为中大医院的储流设备、消防设备、供配电、医用气体、供水、中央空调、污水池及电梯等机电类设备系统进行实时监控和报警，由此初步建立形成节能型、智能型医院的基础。

随着门诊量的上升，医院的能耗日益增加。医院常规能源主要有水、电、气等，为了精确计量各设备耗能量，减少用能的跑冒滴漏等现象，使医院有一个可量化的节能和安全监管的指标，让医院做到心中有数，及时发现能耗漏洞和设备故障，提倡建立各个用能系统的能耗监管系统，实现实时监测医院整体用量和设备运行的情况，为智慧运维、能源监控、医院成本核算及提升医院整体管理水平提供强有力的数据支撑。

（一）医院后勤管理的重要性

后勤工作是医院工作中一个必不可少的重要组成部分，贯穿于医院其他工作的每一个环节。医院后勤工作作为医院的保障和支持系统，在协助完成医疗、教学和科研任务中占有非常重要的地位。医院后勤工作是整个医院管理工作的基础，是医院正常运转的重要支持和保障系统。它直接关系到医院的医疗、教学及科研工作的正常运转，关系到职工思想的稳定和积极性的充分调动，关系到医院的全局和健康持续的发展，是医院管理工作的重中之重。医院后勤服务现代化的程度标志着一家医院整体现代化的程度。因此，如何创新医院后勤工作机制，充分发挥后勤管理的功能和作用，提升后勤保障能力和质量，更好地为医院的医疗、教学、科研服务和为患者服务，是我们需要思考的问题。

医院后勤作为医疗、教学、科研的支持和保障系统，对医院的建设和发展有着重要作用，在医院医疗、医技、行政和后勤四大块工作中它具有不可或缺的地位和作用。“兵马未到，粮草先行。”医院的后勤就是医院各项工作的“粮草”，所以在保障医院各项工作方面它应该“先行”和优先。特别是在医院越来越现代化，越来越依赖水、电、设备和网络的今天，后勤工作也就越来越显得重要和必要，在各种突发公共卫生应急事件中，更是如此。所以医院内部的各项工作历来都强调后勤保障的先行性、连续性、实效性和服务性。随着社会进步、多领域高科技技术在医学中的应用和现代医院管理的需要，后勤工作还具有技术性、综合性、复杂性和社会性。

（二）医院后勤管理的目标

为提高医院后勤保障质量与效率，中大医院后勤建立三大管理目标：

（1）建立智慧后勤一站式服务管理平台，改变传统后勤运维服务模式，提高工作效率与服务质量，全面升级后勤服务信息化、可视化管理，实现后勤保障体系的技术型转变。

（2）不断深化改革，强化安全管理，保障临床一线科室持续、稳定运行，减少院内安全隐患，实现院内全方位在线监测，不断提高后勤保障专业化、科学化，努力建设环保节能型医院。

（3）加快后勤保障专业化队伍建设，不断提高后勤保障人员主观积极性，持续提升后勤保障工作专业化、精益化、主动化水平。

其中智慧后勤建设为重中之重，是后勤保障工作运行提升的重要基础。

智慧后勤需要解决关键的管理问题如下。

（1）安全：设备种类繁多，运行维护专业化程度要求高，特种设备年代久，安全隐患高，故障爆发不定性，服务地点分散；

（2）高效：现场巡视、分散驻点值守、人工记录监测、缺乏整体系统设计、标准化程度差、故障判断困难和维修维护不及时；

（3）质量：后勤保障工作进行人工回访科室，报修种类繁杂，报修人员对故障定位不清晰，服务质量提高效果不明显；

（4）主动：后勤保障工作被动，无法跟踪到细节，过程管理模糊，缺乏自动预警、预见性差、突发性故障机动性薄弱。

（三）医院后勤信息化、智能化建设的痛点问题

医院后勤保障工作着力于：安全、高效、质量、主动这四大目标，在近几年的医院智慧后勤建设发展过程中，在信息化、智能化建设中不断尝试与改善，但仍存在着以下三类待改进之处：

（1）业务运行环境复杂，故障定位慢：各业务系统越来越多，系统对智能化、信息化资源的依赖性高，系统一旦出现问题，需逐个排查，故障定位难。

（2）管理模块单一：信息系统覆盖范围局限，后勤管理范围广而杂，信息化系统只在专项领域当中存在应用，例如：运维维修、设备巡检、气体监测等，未覆盖整个后勤，管理模块单一，无法在整个后勤模块中投入使用。

（3）传统思维局限：目前在推进后勤信息化管理的基础上，面临着重重困难，思维局限、缺乏信息化管理的理念、老员工的抵触及各科室配合难度大等问题阻碍着后勤信息化建设的推进，医院后勤做到真正意义上的信息化管理的为数不多。

中大医院信息化、智能化系统虽在专项领域中得到了充分应用，使得维修管理水平得到较大改善并得到基础的保障，但依旧未能在整个后勤管理工作中得到充分使用，后勤管理的快速提升和标准化建设还需要更大的发展。因此对后勤信息化、智能化系统建设提出三大目标：

（1）整合后勤管理保障工作中所有管理模块，实现整个后勤业务在线联动与监管，打造整个后勤建立标准化、专业化规范体系。

（2）强化大数据分析，建设后勤所有数据汇聚后的管理应用与驱动，强化数据准确度与联动性。提取重要数据并进行合理化分析，做到数据有依据，数据有支撑，真正体现“智慧后勤”特色。

（3）提高系统稳定性能。业务数据整体上线后，数据庞大，为确保后勤保障体系高质量上线，系统定期维护并升级，提高使用性能。

（四）中大医院智慧后勤建设基础

中大医院自 2017 年上线后勤运行智能化管理平台，利用现代网络通信技术、物联网技

术与智能控制技术，突破传统被动式的后勤运行保障模式，初步实现了远程实时监测与远程故障预警、自动数据采集分析两大主要功能。

(1) 实现设备设施远程实时监测与远程故障预警。通过现场安装传感器实时采集医院重要设施设备的运行数据，对空调通风、变配电、电梯、医用气体、污水处理和给排水等系统的运行状态进行全天候无人值守，并对可能出现的各种故障实现分级告警。

(2) 实现能耗计量数据的自动采集与智能分析。通过布置水、电分表计量点，实现分楼宇、分楼层能耗成本数据自动采集，并可根据楼宇、楼层、科室单元进行多时间维度能耗成本分析。

平台结合运维模块进行实时联动，实现故障在线监管与报修，实现整个流程可视化、信息化管理，做到过程可追溯，结果可评价，实现后勤保障工作闭环模式。平台持续拓展，开发包括：医疗废物管理、被服管理、订餐管理和电梯监测等全方面功能模块。

2017 年，医院制订智慧后勤三年建设计划，并将于 2020 年建成全面互联的后勤运行指挥中心。

(五) 医院后勤建设目标

(1) 实现后勤保障工作在线管控：通过对智能化、信息化设备进行 7×24 小时的实时监控，实现对系统运行状态、故障状态、报警信息、设备信息及故障工单等信息的采集、整理、存储和分析，提供实时在线管控。

(2) 提高后勤保障人员工作执行效率及服务态度：一站式服务中心建立前，后勤服务人员到达现场的时间和完成任务的效率只能依赖工作态度、自觉性和技能熟练度。后勤一站式服务中心建立后，通过信息化系统的应用，服务的及时性和任务的完成率、完成质量明显提高。特别如：故障报修的及时率基本五分钟内响应，因为各个环节都在监督服务维修的过程。另外，原本需要多人待命才能实现的工作，现在仅需要一人流动接单即可，更加高效、省人工。

(3) 控制成本，提高效益：严格把控备品备件采购及存储，减少备件遗失，同时系统结合绩效考核，降低人员人工成本。从节流角度降低后勤能源管理成本，建设节能企业或单位。

(4) 提高整个医院服务满意度：通过信息化促进流程的改进，提高后勤保障服务满意率。医护人员可在线实时查看维修过程及结果，并针对每项保障工作进行在线评价。

二 建设内容

(一) 后勤建设的对象

1. 后勤管理的核心要素

(1) 安全：消防治安保障、设备安全运行、服务设施保障、应急处置能力；

(2) 人员:人员配置、人员考核;

(3) 响应:故障报修响应、维修接单响应、设备申购响应、问题解决响应;

(4) 质量:后勤运行质量、外包服务质量、设备运行质量;

(5) 成本:能源成本、服务成本效益、设备运行效益、资产成本效益;

(6) 环境:医疗服务环境、工作/生活环境、设备运行环境。

2. 后勤智能化阶段性目标

1) 精益后勤管理:关注流程与监管

运用现代管理手段,细化岗位职责、优化服务流程,实现过程监管与服务评价结合,持续改进后勤保障。

2) 智能后勤管理:关注实时与监测

运用信息技术,实现运行监测、实时预警、移动巡检、数据采集和多方资源调度等目标。

3) 智慧后勤管理:关注数据分析与未来预测

运用数据分析、统计学、运筹学、物联网等最新理论与技术,实现后勤运行可预测、可量化、标准化。

3. 系统建设原则

(1) 功能完整性。覆盖医院后勤运行的完整体系。平台管控范围需要覆盖医院后勤运行管理整个范畴,确保各业务管理过程条线上的功能覆盖完整。

(2) 信息联通性。打通内外相关系统数据。后勤运行中自动采集的数据、人工录入的数据、外部系统接入或推送的数据均实现互联互通,可实现交叉分析。

(3) 数据驱动性。形成数据驱动智能管理。通过系统积累和智能分析模型挖掘,形成智能化的数据驱动管理,通过数据的深度应用,触发管理机制与岗位设置的变革,积累形成行业管理的标准体系。

(4) 系统易用性。引入最新前沿技术,尽可能在移动端开发其应用。提升平台的智能化水平,降低应用化难度。

(二) 智慧后勤建设的主要任务

智慧后勤的建设,不仅仅是信息软件系统的开发应用,也是立足软硬件系统建设,实现医院运行保障的全质量管理;运用一套评价指标,在全行业范围内实现医院后勤运行保障能力的考核与评价。通过建立统一的监控平台、统一调度的专业人员队伍、统一标准的数据库,实现医院后勤运行保障中的资金流、实物流、信息流和工作流(审批或工作路线)等的全数据采集与全过程监管。

医院智慧后勤,也不仅仅局限于传统后勤管理范畴,而是紧紧围绕医疗服务质量的提升、保障医疗安全的目标,应用大数据、物联网、人工智能等技术,将医院多个领域的数据关联起来,以数据驱动管理价值。

智慧后勤，是精益化管理与先进信息技术的深度融合，改变了传统的人工数据采集方式，通过物联网技术的应用，实现数据采集自动化、智能化。

（三）智慧后勤系统架构

1. 系统简介及系统架构图

后勤智能化、信息化管理平台将后勤服务与信息化技术相结合，用科学技术实现整个医院后勤工作规范化、可视化、流程化管理。医院所有科室、人员安装 App 后即可实现在线提出服务需求并可跟踪需求状态，最后对服务结果进行线上评价。针对突发性事件能及时收到通知，积极响应，减少损失。线上完成一系列服务工作，实现服务整合、流程优化。系统架构如图 2 所示。

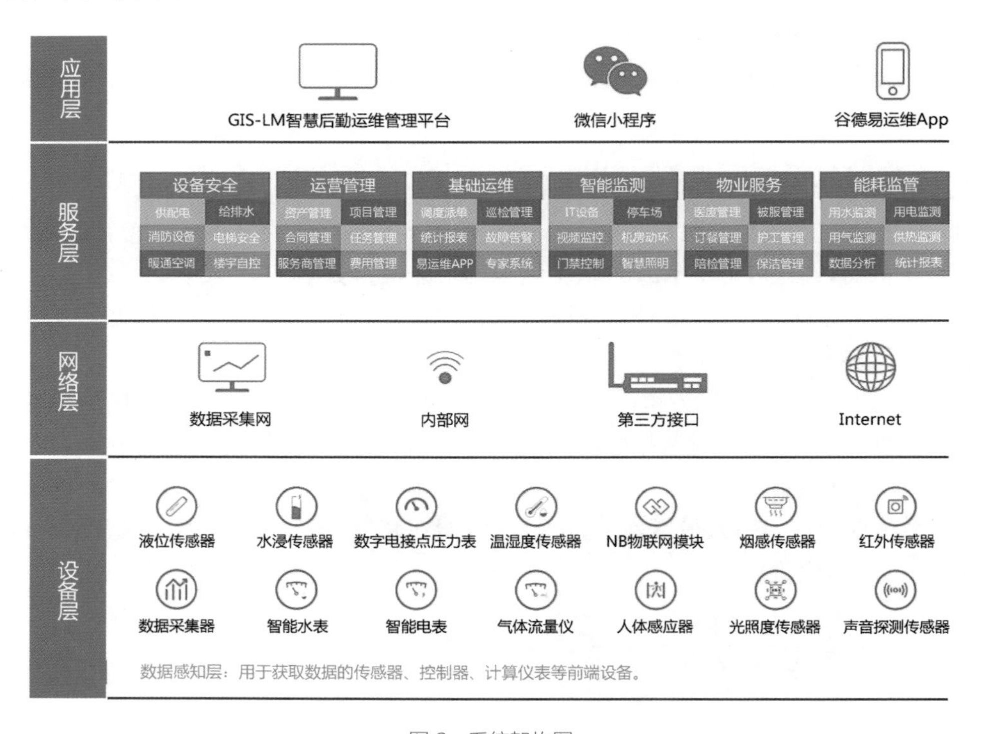

图 2　系统架构图

2. 系统建设原则

采集技术是基础；计算引擎是核心；运行优化是本质；智能控制是关键。

（1）后勤类：提供后勤报修、人员/车辆调度、服务商管理，从管理层角度出发提供多维分析及报表报告和 KPI 统计，辅助决策、分析和管理；

（2）能源类：从建筑分区、业务类别等多种能耗模型角度进行全面深入的能源的统计、分析、管理、节能；

(3) 机电类：支持对后勤机电类各专业子系统的深度全面监控和集成；

(4) 设备类：提供设备台账、工单、报修、巡检及保养等全生命周期管理；

(5) 移动运维：提供高效便捷的移动端运维工具 App。

3. 系统建设依据

1) 技术依据

系统采用 CDMA 技术、GPRS 能耗监测技术、NB-IOT 技术和计算机技术等为本项目的研究工作奠定了良好的工作基础，关于运维管理、实时监测系统的相关研究为本系统的提出提供了理论借鉴和实践参考。

2) 应用依据

随着智慧城市的不断发展，信息化进程在不断加快，基于建筑智能化、信息化管理相关方面的研究，可节约建筑管理成本，大大提高运维的管理效率，保障建筑各子系统及设备设施的正常运作，并创造巨大的社会经济效益。

三 系统建设成效及系统功能

(一) 系统建设初步成果

建立后勤运行调度中心

成熟应用大数据分析与物联网技术，打通后勤运行的所有孤岛系统数据，建成互通互联的后勤运行指挥中心(图 3)。通过各类物联网传感器实时自动采集设备、动力、服务的运行状态，功能覆盖医院大后勤全部领域，业务流程无缝衔接，汇集后勤运行实时数据，数据化监控后勤各板块运营状态。创新了适用于大数据时代的、“以对标解析来设计管控规则，以数据模型来驱动管理行为”的后勤运行模式。

图 3　智慧后勤系统(登录界面)

首页对工单进度、巡检工单进度、故障类型、耗材使用量及医院气体进行数据汇总分析(图 4),所有人员通过首页可以概览到整个医院后勤保障工作的运行状态。

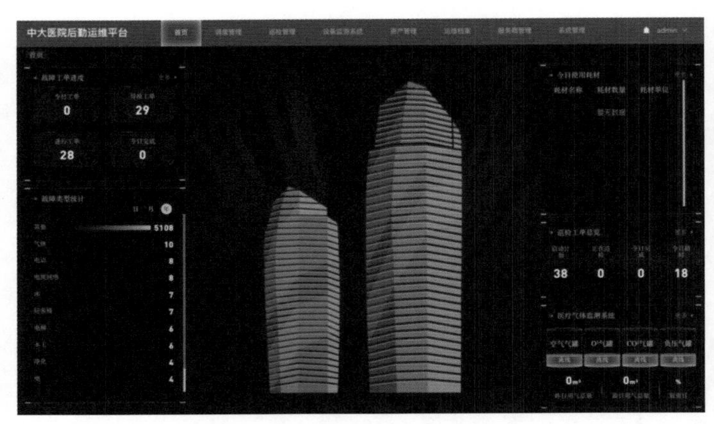

图 4　智慧后勤系统(首页)

(二)系统功能

系统主要功能主要包括运维档案、调度管理、问题库、知识库、服务商管理、耗材管理、设备监测、统计报表和系统管理等。

1. 调度管理

1)故障报修

医院科室可点击在线报修填写报修信息,或通过扫描二维码进行报修,派单中包含故障标题、故障类型、归属系统、项目位置、故障描述和故障图片等信息。

支持多样化报修方式,主要提倡 App 进行报修,整个调度派单过程可控,通过签到、现场照片、汇报进度、回单、签退、App 结果评价和客服回访环节,实现调度的闭环管理。如图 5、图 6 所示。

2)派单

可由系统按照预先设定的规则根据运维人员的空闲状态自动派单,并且运维调度管控平台将自动生成报修编号、报修处室、报修时间等信

图 5　手机 App 报修

首页
服务登记
故障单
*维护单元:
请选择维护单元
*工单优先级:
请选择工单优先级
*故障内容:
请输入故障内容
还可以输入200个字
*运维服务商:
请选择运维服务商
要求恢复时间:
选择要求恢复时间
服务目录:
请选择服务目录
服务级别:
请选择服务级别
故障类型:
请选择故障类型
所需工具:
请填写所需工具
所需配件:
请填写所需配件

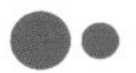

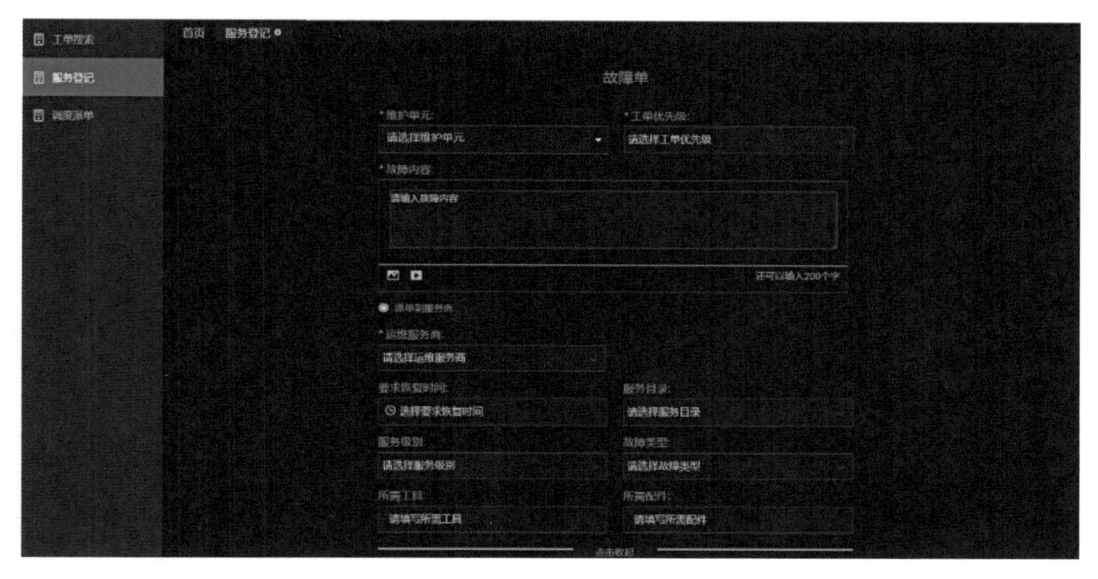

图 6　web 端报修

息，支持附近工程师查询，支持查询工程师当前接单信息、工程师技能、所属部门/单位等。电话报修、特殊情况时，会在平台上提示调度人员分派工单。如图 7 所示。

工单超出规定时间未分派，直接转入抢单池，其他工程师也可以抢单。

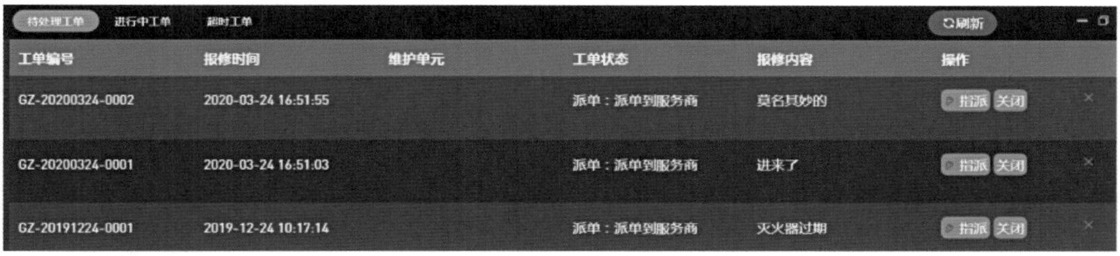

待处理工单
进行中工单
超时工单
刷新
工单编号
报修时间
维护单元
工单状态
报修内容
操作
GZ-20200324-0002
2020-03-24 16:51:55
派单：派单到服务商
莫名其妙的
指派
关闭
GZ-20200324-0001
2020-03-24 16:51:03
派单：派单到服务商
进来了
指派
关闭
GZ-20191224-0001
2019-12-24 10:17:14
派单：派单到服务商
灭火器过期
指派
关闭

图 7　派单

3）接单、回单、验收、评价闭环流程

如图 8～图 11 所示。

4）工单记录

支持工单从报修、派单、抢单/接单、到场维修、提验、验收和评分的全生命周期流程化管理，清楚记录每一步骤的详细操作记录。如图 12 所示。

2. 巡检管理

设备巡检的目的在于加强医院设备的管理和维护，及时发现和排除隐患、异常及故障，保证设备资源的可追踪和有效化管理(图 13)。

图 8　接单

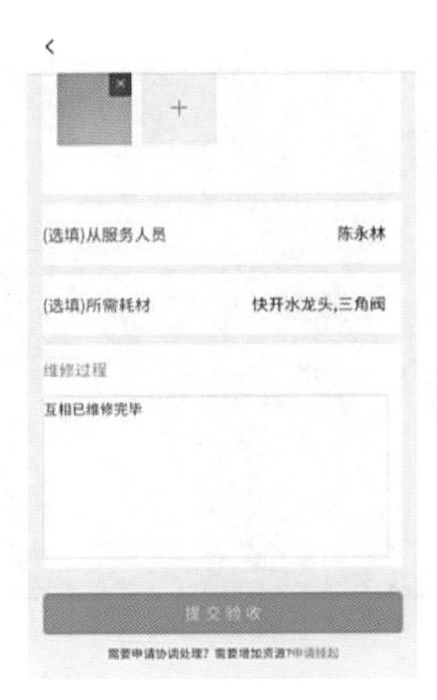

图 9　提交验收

图 10　运维经理验收

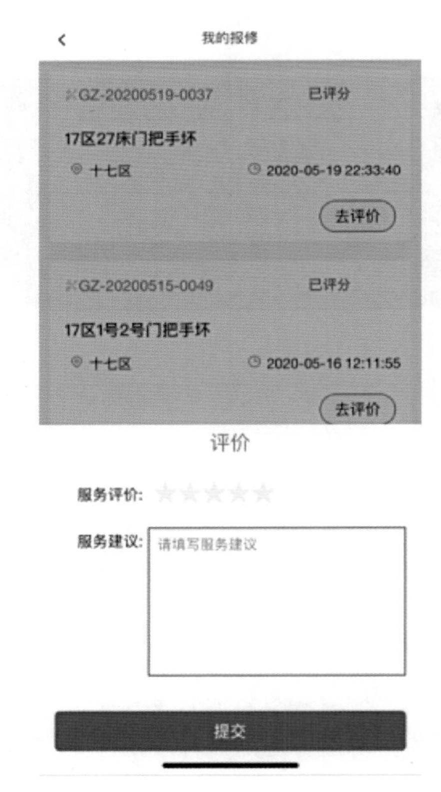

图 11　报修人评价

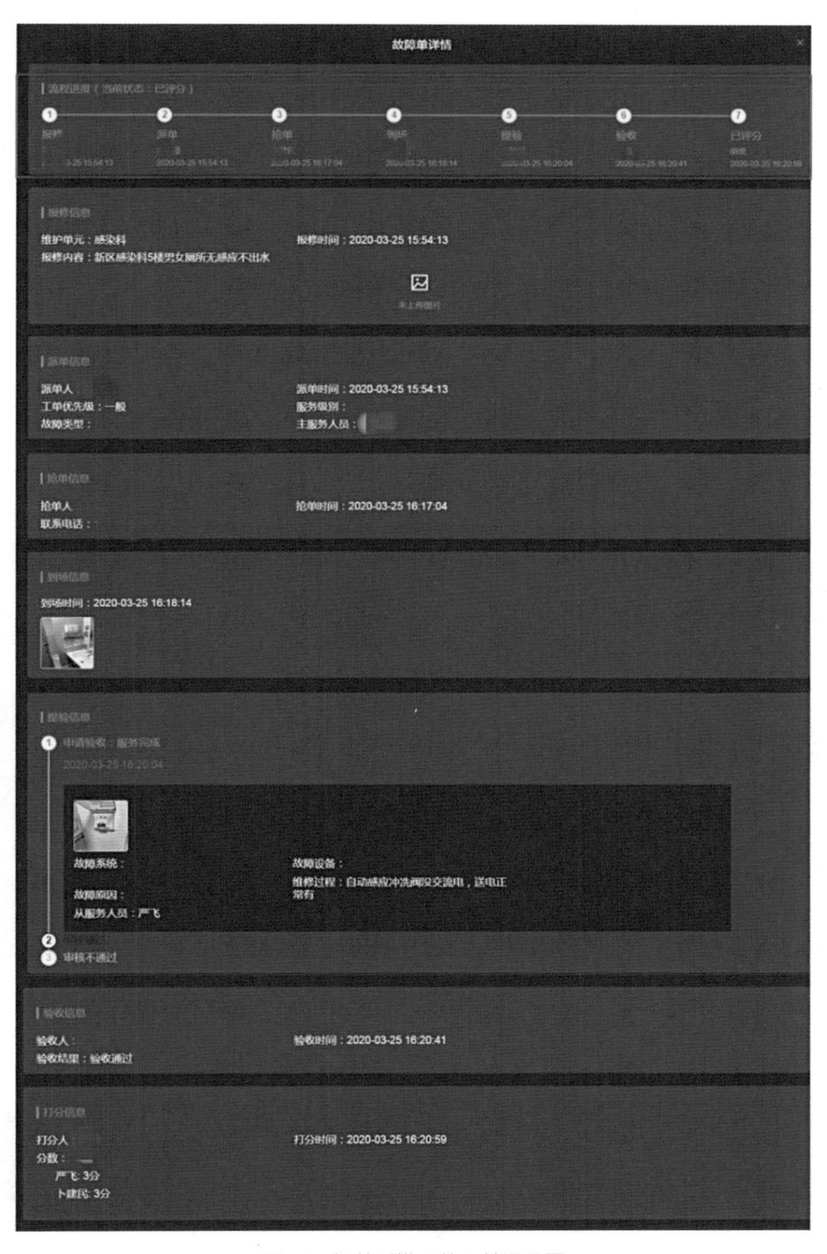

图 12　智慧后勤系统工单记录图

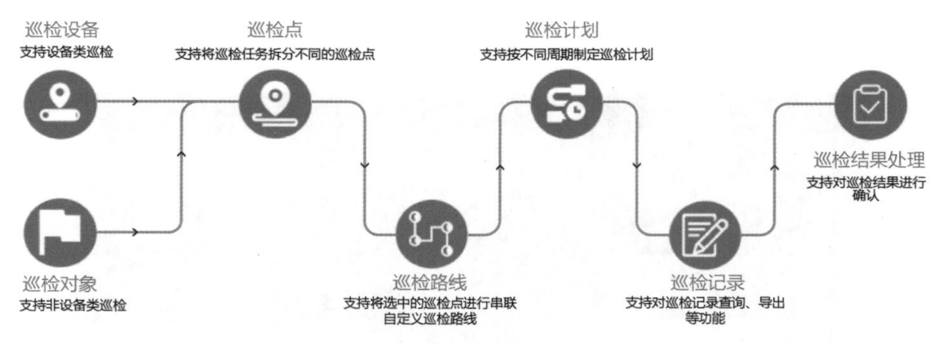

图 13　巡检流程图

3. 资产管理、合同管理

系统资产盘点、资产流动监控及事件告警管理、资产巡检、资产健康度监测等全生命周期管理；备品备件管理（图 14）。

图 14　资产管理

合同模板上传、编辑和下载功能；在线审批、过程监控、到期提醒（图 15）。

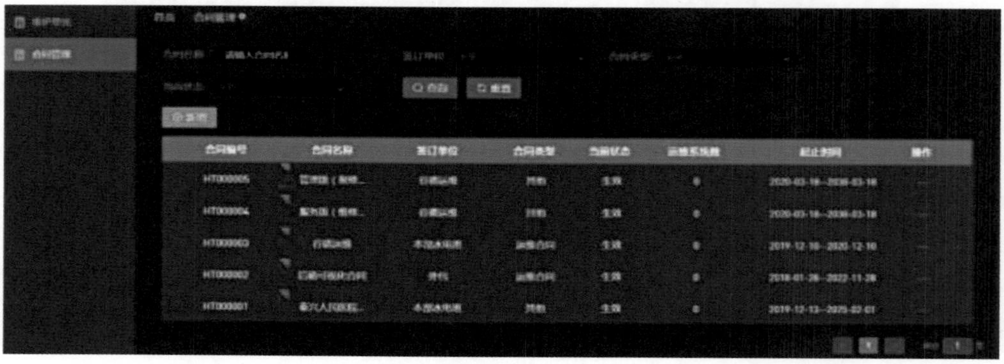

图 15　合同管理

4. 项目管理

从项目的合同签订开始到项目竣工验收的全过程进行计划、组织、指挥、协调、控制和评价，以实现项目的目标（图 16）。

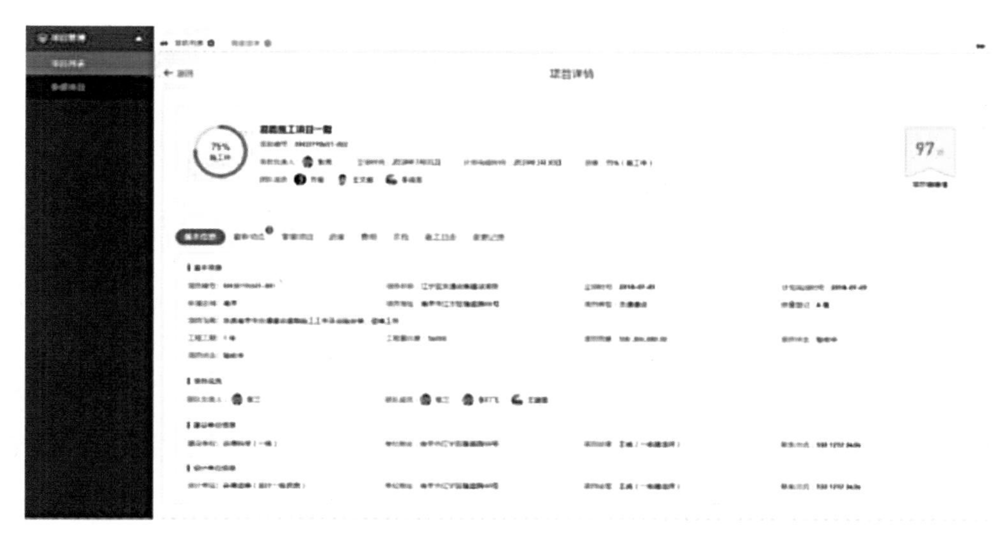

图 16　项目管理

5. 被服管理

医院被服管理是将医院的医生护士制服和病号服及其使用的被褥、床单（文中统称为被服）加装物联网电子标签，利用物联网台面式、手持式、固定式读写器等自动识别被服注册、被服清点、被服领用、被服回收、被服状况查询、被服追踪及被服自动分拣等各个管理流程的智能管理模式，能更好地解决医院在被服管理方面的后顾之忧。如图 17 所示。

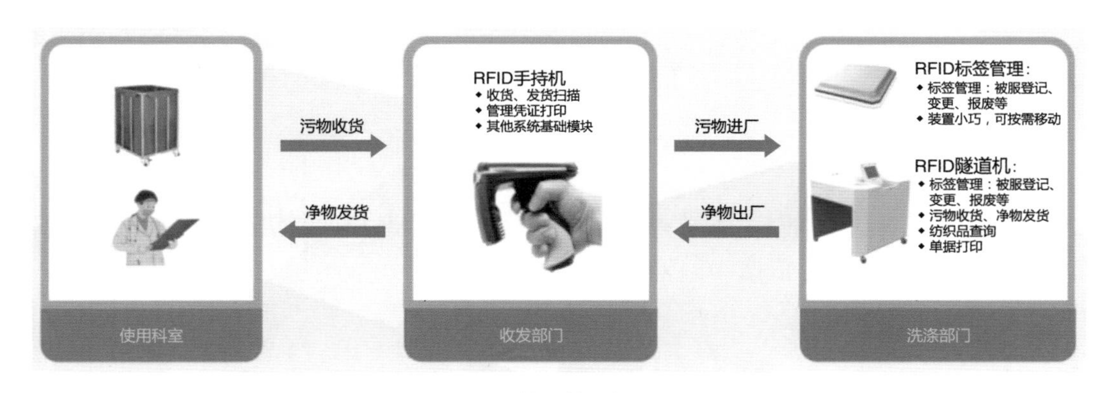

图 17　被服管理流程图

（1）被服注册：对于医生护士制服按款号关联到具体使用人员，就需要在对应制服上安装物联网电子标签并在系统中注册到使用人。

(2) 被服分发:对于专人专用的制服,需要送到各科室供医生护士使用,有条件的医院可以定制加装了物联网读写器的发衣柜,医生护士刷卡即可领到属于自己专用的制服;各科室通用的病人制服、被褥、床单由专人通过识别被服物联网标签领用送至各科室。

(3) 被服回收:各科室可以采用加装有物联网读写器的收衣箱,制服丢入收衣箱自动识别,收衣数量达到一定程度自动通知专人负责将衣服回收。

(4) 被服洗涤:由洗涤工厂人员到各科室回收需要洗涤的被服,使用物联网读写器或手持机清点并完成交接。

(5) 其他功能模块:人员授权管理、系统设置、统计报表查询等。

6. 评价系统

管理人员、医务人员定期对服务商、运维工程师的服务进行服务质量、响应时间、解决时间、服务态度等多维度的评价,助力医院完善服务评价和绩效考核机制。如图 18 所示。

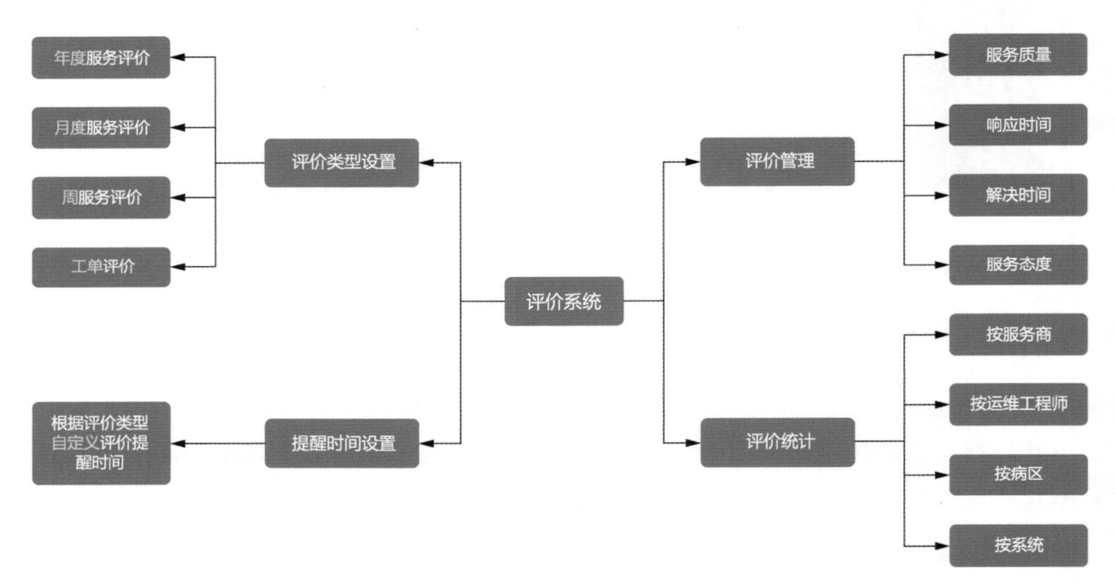

图 18　智慧后勤评价系统

7. 统计报表

具有数据采集、数据报送、汇总查询等功能;对系统状况和项目情况的进行了解,为医院后勤工作改善决策提供依据(图 19)。

8. 医废管理

提供医疗卫生机构、各科室的今日、本周、本月、本年度已收集医疗废物的详情预览,包括废物类别和重量,实现医院服务质量变化趋势分析,支持收集工作人员的数据统计功能。如图 20 所示。

运维报告

日期：至

已报修工单数	已接单数	未接工单数	已完成工单数	未完成工单数	已评价工单数
4860	4685	15	4605	55	24

最短接单时长（分钟）	最长接单时长（分钟）	平均接单时长（分钟）	最短故障解决时长（分钟）	最长故障解决时长（分钟）	平均故障解决时长（分钟）
0.05	131337.23	522.03	0.35	131311.67	123.38

接单工程师人数	平均接单次数	在岗工程师人数	不在岗工程师人数	管理版在线用户数	服务版在线用户数
35	133.86	61	0	96	61

报修人	报修工单数	接单单位/部门	接单人	处理工单数	总评分
戴荣霞	2599	中央空调	张星	1	2
叶军	1121	中央空调	张伟	1	2
陈龙	902	中央空调	李君	2	2
倪旭凤	35	中央空调	杨鼎	3	4
高强强	29	中央空调	曹鹏	9	17
孔兴美	26	中央空调	夏伟	11	22
华建红	15	中央空调	蒋路	30	39
潘新美	11	中央空调	叶玉松	63	147
胡老师	10	中央空调	吾刚	63	126

图 19　统计报表

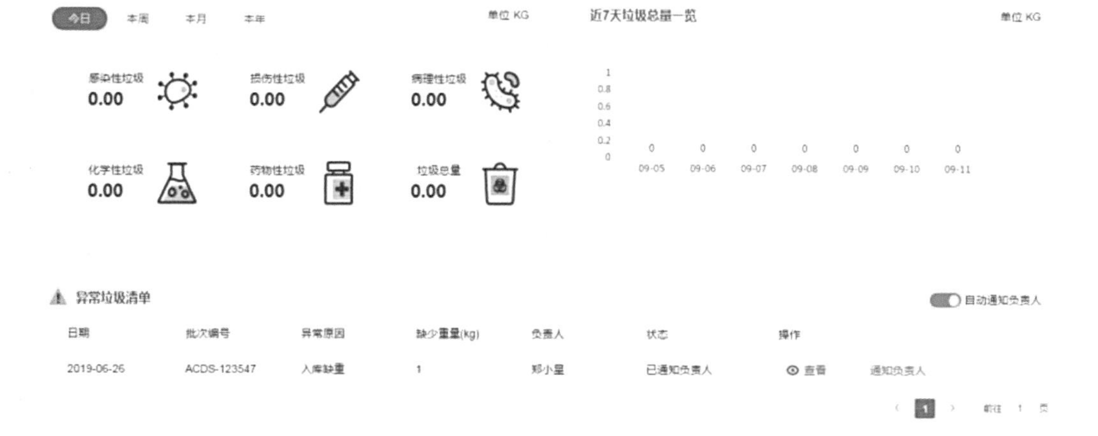

图 20　智慧后勤医废管理系统

收集记录/入库记录/出库记录：实时生成医废收集、入库、出库情况，包括医疗卫生机构、科室、收集人员、类别、时间及重量等信息。

补漏批次：当重量数据出现较大偏差时，系统发生异常告警，并通知相关人员进行处理、查看补漏具体信息。

异常清单：支持医疗废物未及时出入库情况和同期数据对比分析预警功能，预警阈值可由医疗或业务部门在系统中自行设定。

数据报表：统计各科室产生医废总量，可根据时间、科室和产生点来查询并导出具体数据报表。

监控视频：支持实时监控暂存点医废情况，并可调取 3～6 个月的视频记录。

系统对医疗废弃物从产生到处理的全程留痕，实现动态监测和智能统计，并通过区域协同、实时监控和智能定位，实现医疗废物的全程可追溯。

医疗废物管理系统可提高医疗废物的管理水平，实现流程的信息化，用电子化取代传统纸质单据，使业务操作更加规范化，确保公共卫生安全、加强防控疾病的传播。如图 21 所示。

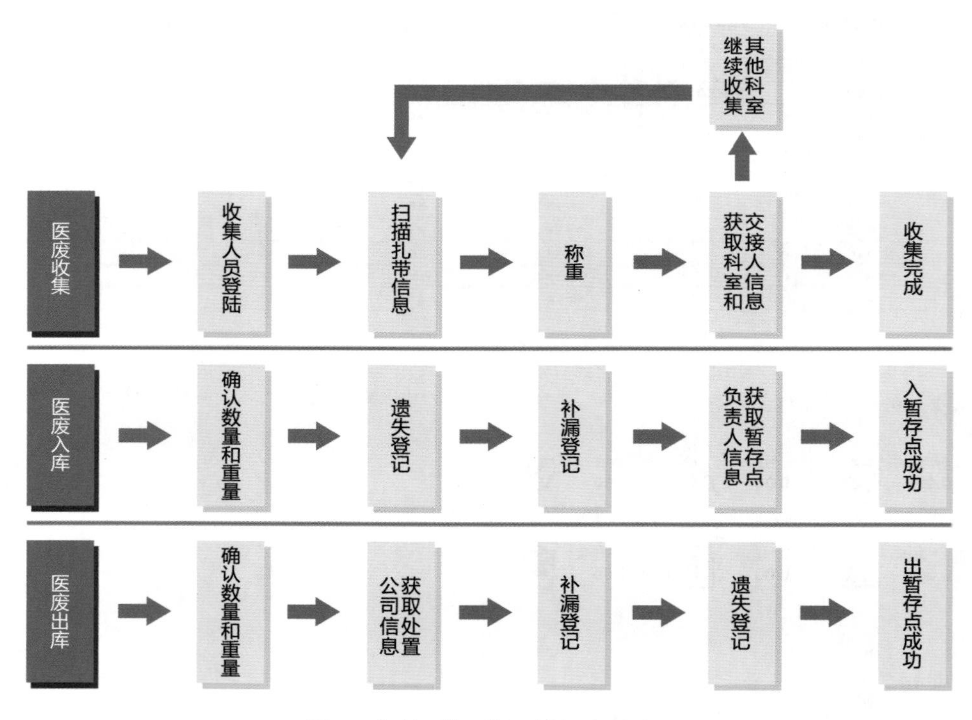

图 21　智慧后勤系统医废管理运转流程

9. 设备检测

1）医用气体机房监控

针对医院的两个室外氧气罐监控，设计适合的“现场报警装置、远程短信、App 通知”三模式。值班人员第一时间处理气体压力异常情况，做出适当操作；维保团队第一时间准备紧急预案，并赶往现场处置；科室分管人员实时在线监控重要设备异常情况的处置情况。形成多层级的良性监督机制，提高维保人员、设备值班人员的自律性和专业性。如图 22 所示。

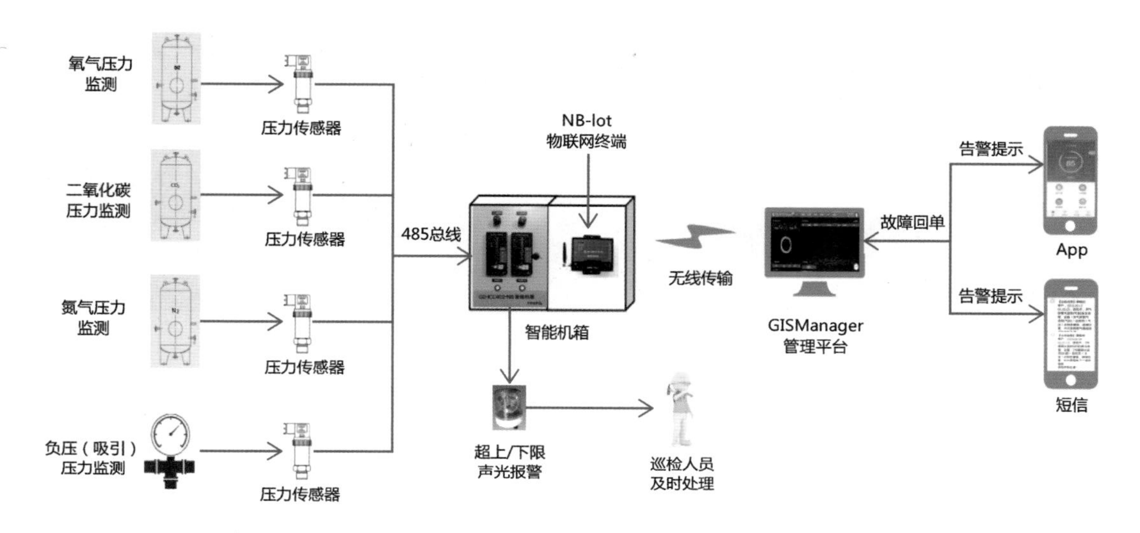

图 22　医用气体监测系统图

2）无人驻点值守的机房监控

针对医院空气压缩机、水环真空泵及各压力检测采样点，实行 24 小时设备监控。适当设置预警值，第一时间把检测到的异常数据推送 App，并以急促不间断的短信方式督促维保单位前往处置；同时发送短信给科室分管，随时掌控设备异常状况。如图 23 所示。

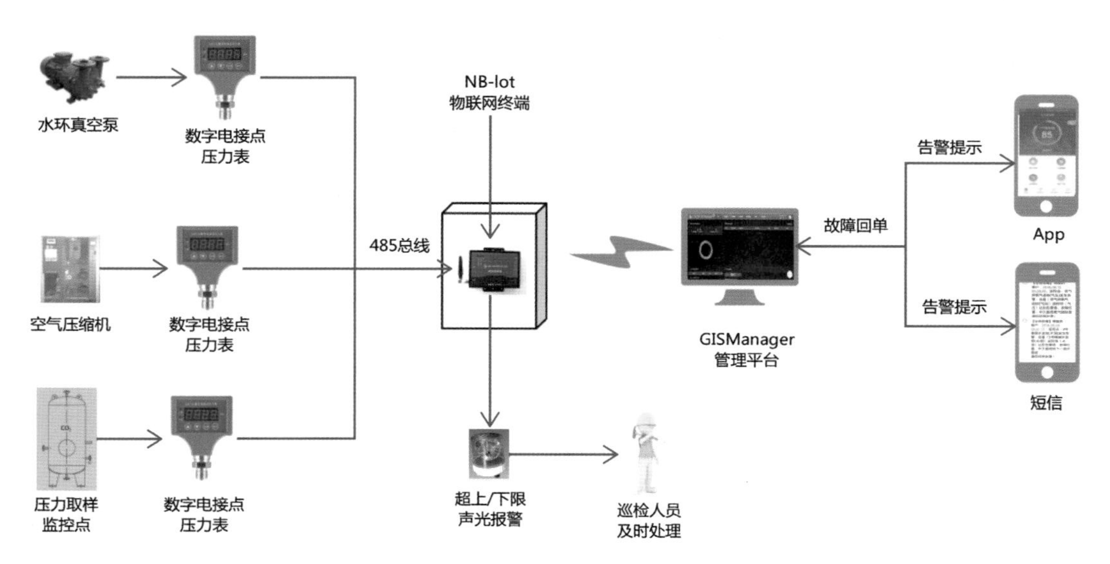

图 23　医用气体压力检测系统图

10. 能耗管理

能源管理模块通过前端智能电表、智能水表能源消耗采集器等数据仪表，实现资产管理的远程实时能耗的监测、管理和优化。如图 24 所示。

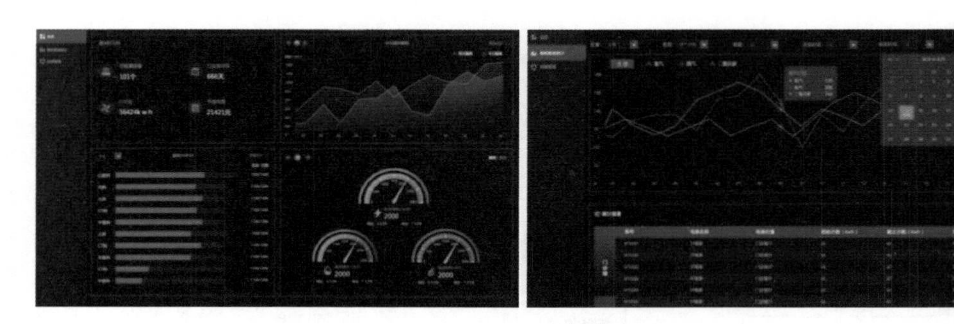

图 24 后勤智慧系统能耗管理

对海量的能源数据进行整理、分析、统计，生成能耗、碳排放、费用分析和节能效果等多维度指标，提升能源管理水平。实时发现能耗异常，智能识别能效薄弱环节，通过经济性分析提升能源使用效率，优化设备设施的管理方案，持续挖掘节能潜力。例如，管理层可以根据不同类型能源（电力、水等）的消耗状况，制定合理的能源计划。同时可以根据能源市场价格的变化，做出及时的调整，优化能源结构，实现经济效益最大化。

（三）智慧后勤改革价值

1. 建设目标创新

中大医院智慧后勤的建设目标与传统信息化建设不同，始终聚焦三点：一是医疗服务与质量，而非孤立的后勤管理，提升医院整个服务流程与管理；二是智慧运行后的管理模式不断改善，并不是单纯的信息化。医院智慧后勤的管理对象应该是数据及其产生的管理价值，而不是单纯对人、财、物管理的台账。

2. 功能模块创新

中大医院智慧后勤建设的驱动是以数据为依据，强化客观现实，以数据为支撑，不再以主观判断为导向，基于一体化后勤运维能源管理平台能够对能耗进行深入分析，定位能耗异常、发现节能机会、展开节能改造，提高能源使用效率。

3. 系统化 + 规范化 + 流程化 + 精细化 + 智能化 + 绿色化 + 统一化

基于现代后勤管理理念，结合后勤业务管理特点，实现后勤运维的系统化、规范化、流程化和精细化管理。

通过全面分析和度量，进行管理优化，实现智能化、绿色化、统一化的后勤管理，提升业务部门对于后勤乃至整体医院服务的满意度。

4. 多系统融合，强化全院联动

实时监控多系统状态，医用气体、给排水、变配电、电梯、空调、锅炉、智能照明及环境监控等专业子系统的全生命周期管理，有效提升子系统的可用性和在线率。加强全院黏合性，实现全院信息化、智能化提升。

综上，中大医院现智慧后勤已实现四大变革：

一是改变了传统纸质运维，所有流程以数据电子化形式呈现，增加数据真实性，现实反映后勤保障工作；二是由变被动管理为主动有计划的预防式管理模式，故障预警与快速定位，降低事故发生率，及时发现和解决安全隐患，有效降低设备故障率和维护费用；三是后勤保障工作量化，促使运维工作标准化，外包服务可控化、部门服务数据化；四是促进全院参与后勤管理与督促，做到了服务评价标准化、工作效率可视化，通过信息化的后勤服务，真正做到将医护人员还给患者，以提供更好的医疗服务。

（撰稿：朱敏生）

基于物联网云平台的医院智慧后勤运维管理

——无锡市人民医院

一 建设背景

（一）医院后勤工作的重要性

医院后勤工作是整个医院运行的重要基础，直接关系到医院医疗、教学及科研工作的正常运转，是现代化医院管理的重要内容。作为医院的保障和支持系统，后勤工作为医院建筑及设施设备的运维提供专业保障，为员工创造舒适、温馨、安全的工作环境，为患者提供优质、周到的服务，具有技术性、综合性、复杂性和社会性。

无锡市人民医院后勤设置总务处、保卫处、信息处和采购中心等职能处室，其中总务处下设 8 个班组：维修班、电工班、空调班、电梯班、保障班、餐饮班、51999 后勤一站式服务中心、陪检服务中心。后勤工作主要涉及环境绿化卫生、既有建筑改造、基础设施设备维护、水电气及各类物资的供应与管理及生产与消防安全等方面，贯穿医院其他工作的每一个环节。因此，现代化医院的发展必须有与之相适应的后勤服务保障体系和服务保障品质的支持。

随着公立医院规模的不断扩大，医院对基础设施的投入加大，大量采用新设备、新技术，医院自动化程度不断更新，对医院后勤工作提出了新的要求：设备全生命周期的管理、设备运行可靠的监管、后勤运营管理策略的科学性、后勤运行效率的提升和医院全成本的管理。

同时，等级医院评审和三级公立医院绩效考核也对医院后勤工作提出了相关要求：

（1）江苏省三级综合医院评审标准实施细则中对医院后勤信息化建设有明确要求：能利用信息化技术严格控制与降低能源消耗，有具体可行的措施与控制指标，包括对医院能耗能实施智能化监管，并有汇总、分析及应对措施；能对医疗废弃物的收集、运送实施智能化监管；有包含门禁、高清监控、停车管理等智能化技防设施。

（2）三级公立医院绩效考核中，与以医院后勤相关的指标是第 34 条，即万元收入能耗支出。年总能耗支出越少，万元收入能耗支出也就越少，指标完成情况就越好，因此围绕指标所做的工作就是节能工作。除实施节能技术改造外，减少能源消耗的重要途径是通过建设智慧后勤，构建医院能源与机电智能管控综合平台，利用各种信息化技术，实现能耗异常智能预警功能，提供节能策略支持，对机电设备进行实时监测与高效控制等。

医院必须创新后勤工作机制，充分发挥后勤管理的功能和作用，不断改善服务质量，实现医院后勤精细化、智能化管理，最终为现代化医院发展创造更大价值。无锡市人民医院后勤围绕“安全生产、高效运行、绿色节能、降本增效”四个目标，对大型医院的后勤保障服务和管理模式进行创新探索，建立健全后勤服务保障体系，持续提升医院后勤管理水平，并提炼总结，将成果在全国推广，推动全国医院后勤的发展。

（二）医院后勤工作的目标

（1）服务第一。医院是提供医疗服务的场所，医院后勤工作应以保障一线、服务临床为中心，满足病患就医合理需求，提供安全、有序、高效的就医环境。

（2）统筹全局。要求后勤管理者要有统筹全局的能力，有计划、有目标、有重点、分步骤组织实施工作，同时处理好后勤局部与医院全局的关系。

（3）成本效益。医院后勤工作是服务化的管理，也是经营化的管理。服务以顾客需求和质量为中心，经营应以成本效益为中心。医院后勤工作必须考虑服务与成本平衡、开源与节流兼顾、经济效益和社会效益相统一。

（4）安全至上。医院安全管理已经由传统意义上的消防、人身、财产安全和突发事件处理等扩展到医院设备、空间、人流、物流、耗材、物资膳食供应及信息系统安全等方面，安全管理已逐步成为医院管理的核心内容。

（5）提高效率。医院后勤工作是医院工作的重要组成部分，在医疗任务中处于重要地位，其工作水平和工作效率的高低直接影响医院的医疗质量和经济效益。特别是在突发事件处理中，效率的高低直接影响医院的安全运行。

（三）医院智慧后勤建设存在的问题

医院智慧后勤建设以服务运营、机电管控、能耗监管和安防为主，通过物联网、信息集成等技术，搭建后勤服务管理平台，建立后勤服务信息管理中心。目前，各级医疗机构普遍开展了后勤信息化建设，业务应用也较多并取得了一定的成功。与以往相比，后勤信息化环境发生了变化，信息化、智慧化的管理应用迅速推进，但仍存在一些不足：

（1）重视程度不高。由于长期以来形成的习惯，医院后勤管理中存在传统思维和传统行为，人为因素比重大、随意性强；一些医院管理层对医院后勤信息化管理不够重视，对管理信息化、智慧化的重要性认识不足，普遍认为医院的后勤工作局限于日常水、电、暖的维护，后勤管理人员局限于掌握基本的管理知识，导致工作效率低，经济效益低。因此，医院管理者首先应该改变传统观念，采用信息化、智慧化模式来管理及处理后勤工作。

(2) 资金投入不足。这是医院智慧后勤建设的又一制约因素。医院智慧后勤建设除需要硬件和软件的投入之外,还需要建设信息中心,对工作人员进行系统的培训,这都与资金投入的多少密切相关。由于智慧后勤建设是一项系统且长期的工程,若管理者认为投入是一种浪费,则会间接造成医院智慧后勤建设步伐缓慢、耗时长、效益不明显。

(3) 建设成效不高。有些医院后勤部门管理信息系统即使已经上了线,也是"按需而上",各自为政,且缺乏统筹规划,分阶段建立,导致信息孤岛化,难以统一集中管理;针对新技术的研究应用仍限制在单个阶段或局部应用,如 GIS 技术、BIM 技术等,缺乏将新技术、新应用与后勤管理数据的整体集成与统一规划,难以建成后勤智能管理平台;在机电设备智能管控方面,只发挥了监测功能,如基于物联网技术对水、电、天然气和蒸汽等能源的消耗数据进行采集、监控,或对设备的运营的状态进行监控等,而在数据分析方面还停滞在报表阶段,不能为管理者提供决策支持,没有实现真正的智能化管理,致使智慧后勤建设不能达到预期的效果。

(四) 医院智慧后勤建设的规划

医院智慧后勤的建设可采用"三步走"的方式进行。

(1) 一期建设。完成基本运维服务模块,搭建"后勤一站式服务中心",作为统一服务窗口,快速提升临床对后勤服务的满意度,简化故障报修流程,优化服务流程,进入服务全闭环管理,同步增加部分服务模块,提高服务满意度。

(2) 二期建设。扩大应用系统覆盖,健全后勤服务体系,提供后勤服务现代化、信息化手段,实现后勤服务更加及时、便捷、高效,对服务全过程进行监督、评价和改进的全闭环信息管理。

(3) 三期建设。推进项目实施,促进后勤数据分析,将分散在各个系统的信息进行汇总,提升后勤管理水平。

无锡市人民医院在智慧后勤建设具有先天优势,在信息化建设方面国内领先,在物联网领域建有院士工作站。医院基于层次分析法开展智慧后勤建设策略研究,编制医院后勤运营智能管控综合平台的建设规划。医院先后部署近 1.3 万个传感器,根据层次分析法结果分步实施医院水泵房、变电所、中央空调及空调末端、电梯机房及电梯轿厢等机电设备的全方位智能管控工作,整合楼宇智控系统、后勤运营管理系统建立医院后勤运营智能管控综合平台。

平台第一期项目于 2015 年 10 月 15 日开始运行,运营方面主要上线了系统管理、基础档案管理、维修管理、巡检管理、运送管理、基础设备管理、特种设备管理、报表管理及服务台等核心平台模块和应用系统模块;2016 年以后先后上线了库存管理模块、合同管理模块、工程项目管理模块、被服管理模块、安全管理、联合巡检管理、外包单位考评、人员考勤管理、集体宿舍管理及医院消费管理等模块,并对设备管理模块和维修模块进行升级。

同时开始智能管控平台建设,主要建设水电能源管理系统,上线电能计量监管子模块、给水计量监管子模块、蒸汽计量监管子模块、变电所联网管理系统以及中央空调的监控管理系统；2016 年 6 月开始建设能源与机电设备智能管控系统，主要包括：基于模糊控制的中央空调节能系统、医院智能建筑集成管理移动 App、电梯联网管理系统、板式热交换器系统、新风监控系统、发电机管理系统、净化空调机组监管系统以及基于 IBMS 的医院运营云服务平台等模块；2017 年 10 月建设中央空调末端集中管控软件系统，主要包括 1452 台智能化末端风机盘管控制开关的采购与安装，原有机械式盘管控制开关拆卸，26 台变风量机组集中控制柜的采购与安装，系统整体的安装、调试、培训、交付与售后服务工作；2018 年建设电梯、水泵房及其他综合设施安全管理系统，主要用于查看楼宇内机房、电梯等设施的整体运行状态，并支持实时预警、运行图形式、监测点穿透等功能。

2019 年，日常运营方面计划上线物资配送系统、培训管理系统、视觉结算系统、职工餐管理系统、病员订餐系统和医废管理集成等模块；智能管控方面准备建设 BIM + 能源与设施运营管理平台，包括 BIM 模型建设、BIM + 基础应用支撑平台和 BIM + 基础应用展示平台建设，同时为后期 BIM + 能源与机电设施扩展应用提供基础服务和数据接口。

（五）医院智慧后勤建设的目标

无锡市人民医院后勤提出“品质后勤，智慧运营”的管理理念，旨在依靠物联网、大数据、人工智能等科学化的技术手段，建设智慧后勤管理体系，建成智慧后勤一体化信息平台，有序推进智慧运营、智慧服务、智慧管控等领域的信息化建设，实现后勤服务流程最优化、后勤运营管理的精细化、机电管控的智能化，达到高效、经济、绿色、安全的运行状态，提供优质的后勤保障服务。

1. 技术层面

研究在机电管控领域建立医院后勤运营智能管控综合平台：

（1）实现设备、人、数据、流程串联互通，解决了数字化医院能源及机电设备智能管控的核心难点问题。

（2）实现医院能源及机电设备统一管理，解决上层应用系统重复建设、开发周期长、组建重复性低和感知层控制类数据与平台数据紧耦合等问题。

（3）实现控制域和信息域两个层面开放的集成与应用，具有强大的业务配置和开发能力，解决了平台的适应性问题。

（4）实现基于 GIS 技术、BIM 技术、物联网技术融合的系统应用。

（5）实现医院建筑内楼宇自控系统、空调系统和其他设备设施的 BACNet 协议、Modbus 协议与信息平台的协议转换，解决了平台实现统一管理和调度提供必要的接口问题。

（6）实现基于公有云技术的信息计算与存储，信息管理与利用。

（7）建立后勤机电管控数据中心，实现基于商业智能技术的数据资源管理与利用。

2. 管理层面

实现医院后勤运营服务智能综合管理平台，包括运营服务、安全防范、绿色高效运行、控制运营成本等。

（1）实现运营流程最优化、服务质量最佳化、工作效率最高化、绩效评价自动化和决策方法科学化。

（2）能源计量和重点用能设备设施进行绑定，全面掌握各建筑及用能设施的电、水、蒸汽等能源的使用状况，发现能耗异常时自动触发报警并可定位至对应位置及设备。同时对大量历史能耗数据进行综合分析，并提供专业合理的决策支持。

（3）水资源利用合理化，实现医院水系统实时水平衡分析，以最高效率发现地下管网水资源的漏失问题，加强热水、消防水、生活水和污水的泵房管理。

（4）机电设备安全保障及管理效能的提升，由传统的人工巡检管理模式转变为“集中监控＋动态巡检”的结合模式，且支持安防联动，发生报警后可第一时间了解现场情况。

（5）医院中央空调、空调末端、电梯、照明及供暖等重点用能设备实现智能化控制，在提高运营管理效率和降低运营成本的同时，可大幅度降低能源消耗。

（6）医院安全生产三维可视，通过 GIS、BIM 等三维可视技术，向管理人员提供直观的管理手段。

（7）建设的平台与医院后勤管理深入融合，将医院能源与设备管理业务归一化管理，管理模式由职能驱动向流程驱动转变，实现医院后勤高效运营。

（8）平台实现全员参与的管理模式，包括决策者、管理者、保障者和参与者等角色，进一步提高后勤管理效率。

二 建设内容

（一）建设对象

以医院整个后勤运行管理为对象，主要包含人员、设备、物资、基建、安全、环境及生活服务等方面，基于物联网技术，利用 GIS、BIM、数据分析和人脸识别等信息技术，建设医院后勤运营智能管控综合平台，促进后勤各个管理领域的智慧管理系统建设。医院智慧后勤建设的目标是建立后勤数据中心和数据应用互操作平台，实现跨系统、跨平台的互联互通和决策支持。

（1）医院后勤运营一体化信息平台。医院后勤运营一体化信息平台是医院后勤信息管理的顶层平台，是后勤信息化实现数据集成、门户集成、应用集成和数据资源管理利用的核心。平台集成后勤智慧运营、智慧服务、智慧管控和智慧安防的全部或部分信息。医院后勤信息平台是指通过现代通信技术、信息网络技术、工作流引擎与智能控制技术的集成，对医院支持保障系统的相关设施和业务的动静态数据进行定期采集、存储与集中管理、分析利用，在此基础上建立的集医院设备监控与能源监控、后勤业务管理与决策支持功能于一体的运营管控平台。

（2）智慧运营集成平台。又称后勤运营管理信息平台、后勤管理信息平台、后勤运营与服务集成平台等。是一个集成各类后勤服务领域应用系统以及日常运营管理的数据交换和业务协作平台。平台实现了医院后勤内部业务应用系统的协同性，形成了一个互联互通、支持辅助决策的医院后勤业务协作平台和管理平台，集成了后勤人员管理、资产管理、维修管理和服务管理等方面的应用系统。

（3）智慧管控集成平台。又称医院能源与机电管控信息平台、智能建筑集成管理平台、医院机电运维智能管控集成平台及医院智慧楼宇集成平台等，是指运用标准化、模块化、系列化的开放性设计，基于信息平台技术实现医院机电运营管理的各信息系统的功能整合。平台将这些分散、复杂、庞大的各类设备、系统的数据、资源、服务进行充分共享，从而方便地在统一的界面上实现对各子系统的全局监视、控制和管理。重点实现机电管控集成、能效监测监管、机电运维服务集成和能效大数据管理与应用。

（二）主要任务

对后勤各个管理领域的智慧管理系统进行综合考虑和优化设计，实行一体化集中处理，可以有效地对医院后勤各类事件进行全局管理，提高平台的管理效率。全面利用医院内各子系统运行的实时和历史信息数据，实现信息数据的共享，并进行综合分析和智能化处理，实现跨子系统的全局化事件的优化管理，为管理者提供合理的决策方案，并进行调度、协同、指挥，使决策方案和措施付诸实施。具体要解决的关键性问题如下：

（1）安全生产。机电系统的安全稳定运行是医院生命支持系统管理的核心内容。由于公立医院医疗需求不断增加，床位数量、规模、设备设施也在逐年增加，对机电设备的安全管理提出了更高的要求，仅靠人力对如此庞大的设备设施是无法进行安全可靠管理的，只有通过信息化手段，实施智能化管理，保证医院的安全生产。

（2）高效运行。大型医院有大量的空调、冷热源、通风、给排水、变配电、照明和电梯等建筑设备，这些设备分布广，数量繁多，且使用频繁，传统的管理手段存在诸多不足，迫切需要采用自动控制等智能化技术手段对各种机电设备进行实时监控、自动控制、统一管理，从而保证大楼内的各种机电设备的高效优化运行。另外，利用物联网技术对机电设备、能耗等后勤数据进行收集，引入专家资源帮助医院后勤管理者进行策略分析，提供决策依据。同时建立标准化的操作流程、维修流程和统一的报警中心，在此基础上，还可以对职工实行细化的绩效考核手段，以此提高医院后勤的运行效率。

（3）绿色节能。建筑节能是我国现阶段节能减排的重要任务，绿色医院也是医院发展必然的趋势。利用信息化手段对各项能源的使用情况进行实时的监控及分析，及时发现症结所在，采用各种节能措施，进行针对性处理，达到医院节能减排的效果。

(4) 降本增效。一方面是通过设施设备的智能管控及相应节能管理项目的实施,医院各种能源的消耗必然减少,医院能耗的支出自然也随之减少,达到降低医院运营成本的目的。另一方面是通过后勤智能云平台的运行与分析,控制设备维修成本、减少后勤人员投入成本等。

(三) 系统架构

1. 建设原则

(1) 集成化原则。后勤各应用系统实现基于主索引机制的数据资源重组与全局展现,实现后勤运营管理的统一注册、统一索引、统一门户、统一通信、统一交互和统一数据管理与应用,满足集成的需要、互联互通的需要、共享的需要和决策支持的需要。

(2) 标准化原则。医院后勤运营智能管控综合平台建设符合医院建设的统一标准:支持符合医院能源管理导则要求的智能数据网关;支持国际标准 OPC 服务;支持欧姆龙、西门子、三菱等 PLC;具备与数据中继站或数据网关之间标准的通用数据传输接口功能。

(3) 经济实用性原则。尽可能利用医院已有设施设备,完成后勤智能管控云平台的建设,如医院已装的表具、医院的内网和公共网络系统等,突出智慧管理系统的整体优势、功能易用实用的经济性原则。

(4) 开放性、可扩展性原则。系统采用标准化协议和数据接口,能够与其他厂商的软硬件设备设施充分兼容,具有开放性。另外,建好的系统具有与其他信息系统数据共享和交换的能力,并能支持后期改造和扩展。

(5) 安全稳定性原则。系统采用分布计量、多级储存、集中管理的架构,对于系统中的局部故障,不会影响平台的运营,且平台会及时发出警报,包括:

a. 通讯安全——建立设备专网,数据传输采用加密机制。

b. 访问安全——安全配置启用 https 协议;建立基于 IP、有效期等策略的黑白名单;系统登录、文件访问账户认证;接口认证与系统访问隔离设计。

c. 数据安全——建立数据的备份机制;对设备级数据的安全授权管理;对外开放数据接口的身份验证,且与系统访问身份区分。

d. 代码安全——文件上传类型检验的安全;XSS 跨站脚本攻击的安全;CSRF 漏洞的安全;页面错误导致信息泄露的安全;其他符合信息安全测试认证的安全。

(6) 可维护性原则。可灵活设置系统管理硬件设备的配置、删减、扩充、端口设置及分组管理等;采用结构和程序模块化构造;提供通用完备的报表及模块管理组装工具,以支持新的应用;能提供各种监控报警机制,并进行分级设置管理。

(7) 实时并行性原则。平台提供基于公有云的计算和存储以及移动技术应用,采用最新的网络传输技术,保证系统显示信息的时效性;可实现多个采集点远程并行获取的功能,且可自动并行上传数据。

(8) 可视化原则。可视化包括界面功能状态可视化、数据展现可视化、系统配置可视化和系统服务监测可视化。系统服务监测可视化是指对系统消息和服务的流转、数量、报错、系统资源占有情况和系统接入情况，进行可视化展现。

(9) 前瞻性原则。系统既要满足当前业务需要，又要考虑未来发展，系统需具有良好的架构以适应新技术带来的变革，保证系统在相当长段时间内不过时、不落后并考虑冗余。前瞻性还体现在对新技术的应用上，应关注 5G、人工智能、大数据、“互联网＋”、移动互联及物联网等技术的快速发展，积极应用新技术或为新技术的应用提供条件。

2. 功能架构

无锡市人民医院后勤运营智能管控综合平台是一个集成各类后勤服务和日常管理的应用系统，实现运营管理的数据交换和业务协作的平台。其功能架构如图 1 所示。

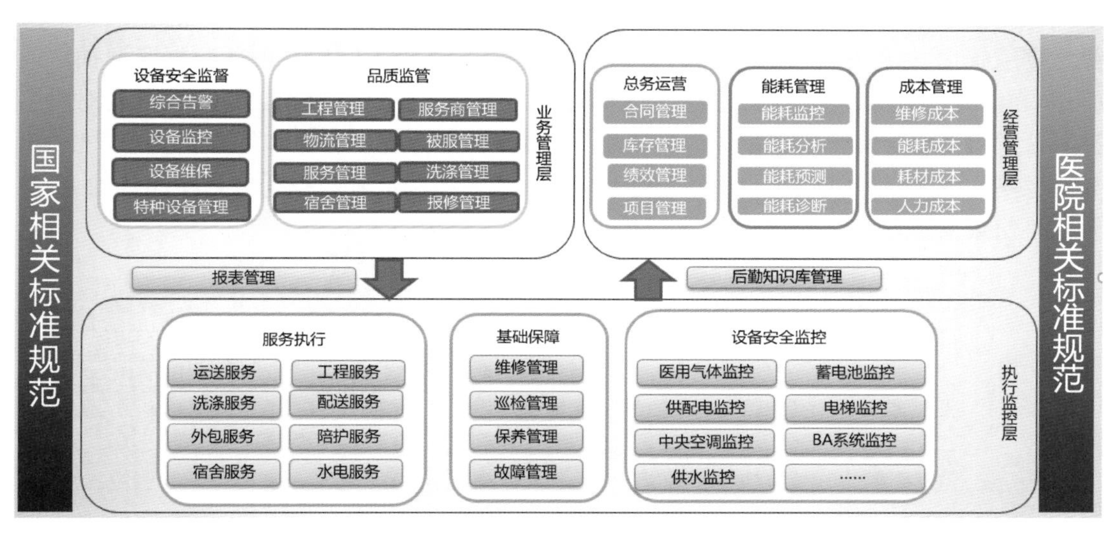

图 1　医院后勤运营一体化信息平台功能架构图

1) 执行监控层功能模块

分为三个部分：服务执行、基础保障和设备安全监控。

(1) 服务执行：包含运送服务、洗涤服务、外包服务、宿舍服务、配送服务、陪护服务和水电服务等系统功能模块，主要面向和患者更加接近的事务，更多体现的是服务支持。

(2) 基础保障：包含维修管理、巡检管理、保养管理和故障管理等系统功能模块，是医院后勤工作的基础。其面向对象是医务人员和日常的作业设备。

(3) 设备安全监控：包含医用气体监控、供配电监控、供水监控、蓄电池监控、电梯监控和 BA 系统监控等系统功能模块。通过对各类设备的实时监控和运行记录的数据传输(包括水位压力、管道流量、阀门状态和电机水泵等重要数据显示)，可做到及时提醒、即时报警等，最终实现各专业资源的集中监控和集中调度。

2) 业务管理层功能模块

(1) 设备安全监管：对设备运行情况进行监管，有安全隐患时及时告警，并串联维修和巡检等，及时进行风险的排查和维修，确保安全隐患于第一时间被控制。

(2) 服务品质监管：主要是检查服务执行中的用户感受、满意度和品质管理体系构建，更好地保障服务执行的效果。

3) 经营管理层功能模块

(1) 总务运营：包含合同管理、项目管理、库存管理和绩效管理等系统功能模块，重点是后勤的项目管理和资源资产管理。

(2) 能耗管理：包括能耗监控、能耗分析、能耗预测和能耗诊断等系统功能模块。

(3) 成本管理：包括维修成本、能耗成本、耗材成本和人力成本等系统功能模块。

3. 数据架构

后勤数据中心是以后勤业务为核心建立的、以后勤信息应用系统为数据来源、实现后勤数据系统化、标准化管理和应用的数据中心。首先，基于各应用系统的数据资源抽取或推送，在信息平台上建立后勤数据资源池，将后勤信息应用系统的所有数据，尤其是对决策层和改善服务有导向作用的业务数据集中汇总起来，进行统一管理和标准化处理，进一步建立共享文档库、后勤服务360视图、机电管控全局视图和后勤数据仓库。在此基础上，实现管理决策支持、服务决策支持和运维决策支持。其架构如图2所示。

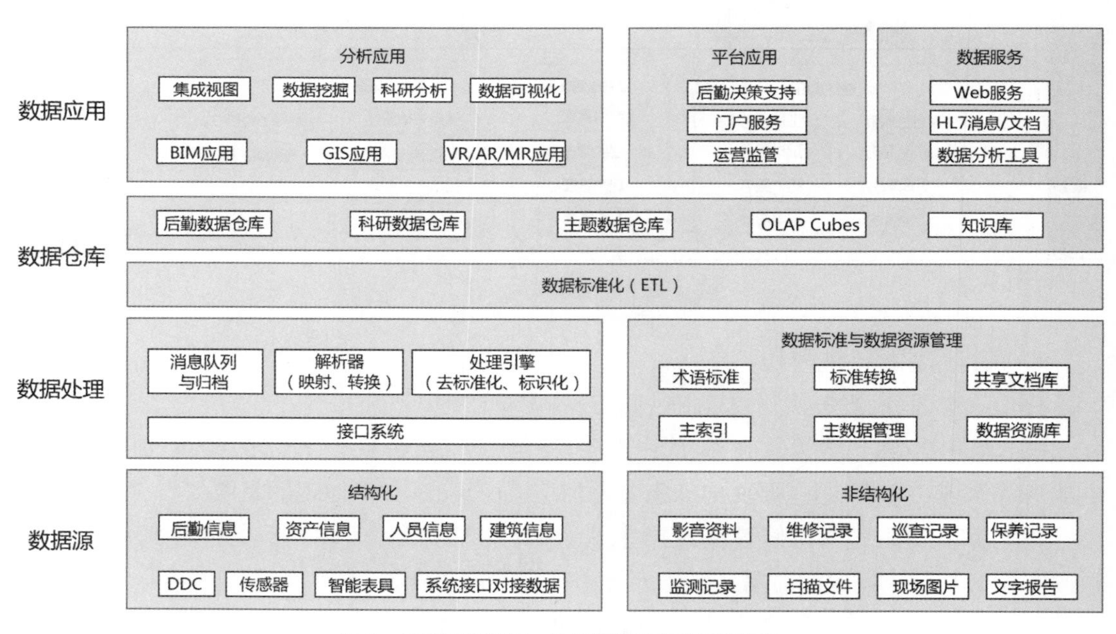

图2 医院后勤运营一体化信息平台数据架构图

(1) 数据源。来自各类后勤信息业务应用系统和基于传感器的自动化采集，包括结构化与非结构化数据。

(2) 数据处理。包括数据的ETL、数据的解构与重组、数据标准化和数据共享文档管理等。ETL是英文Extract-Transform-Load的缩写，用来描述将数据从来源端经过抽取

(extract)、转换(transform)、加载(load)至目的端的过程。ETL 一词较常用在数据仓库,但其对象并不限于数据仓库。

(3) 数据仓库。包括数据文档库、知识库、各类主题数据仓库。对于决策性数据最好建立单独的数据仓库来管理。数据仓库是整合和利用业务系统产生的数据,为决策提供支持的一项技术。为快速展示各种业务统计分析的报表及结果,必须首先对不同来源的数据按照主题的不同进行组织和处理,按照业务统计分析的需求搭建数据仓库,实现对数据的多维管理。

(4) 数据应用。主要是后勤数据展现和应用,包括科研应用、管理决策支持以及 BIM、GIS、VR、AR、MR、AI 的应用。此部分比较重要的是 BI 的应用和基于知识库的人工智能的应用。BI 即商业智能,其主要将医院中现有的数据进行有效整合,快速准确地提供报表并提出决策依据,帮助医院做出明智的业务经营决策。BI 的应用和展示包括形式多样的数据图表展示、复杂报表的制定和管理、仪表板与驾驶舱、地图与决策图、多维分析功能及智能预警等。

4. 技术架构

医院后勤运营一体化信息平台融合了运营服务、机电管控、能效监测和安全防范,其框架设计应遵循三个方面原则:一是基于企业信息架构分层设计思路。按照企业信息架构理论和方法,以分层的方式设计后勤信息平台,不同的层次解决不同的问题。二是基于后勤信息化现状与未来发展,实现后勤信息共享与业务协同,通过平台来整合信息,并实现应用系统之间的业务协同。三是覆盖后勤信息系统建设全生命周期。不仅平台技术框架,还包括平台标准体系、系统运维以及相关的信息安全保障体系。其总体技术架构如图 3 所示。

平台的总体架构设计分为九个部分,包括:后勤信息平台门户层、平台应用层、平台服务层、平台信息资源层、平台信息交换层、医院业务应用层、信息基础设施层以及信息标准体系、信息安全体系与系统运维管理。其中图 3 上半部分包括的平台门户层、平台应用层、平台服务层、平台信息资源层和平台信息交换层是属于后勤信息平台的软件部分,主要服务于医院信息系统应用整合的需求;医院后勤业务应用层是目前医院内部的后勤业务应用系统,是后勤信息平台的基础和数据来源;信息基础设施层以及标准规范和信息安全与系统运维管理服务于医院后勤业务应用系统和后勤信息平台,信息基础设施层主要服务于医院信息系统基础设施整合的需求。

1) 平台门户层

平台门户层是整个医院后勤信息平台对内和对外使用及展示的界面,根据不同的使用者可以分为:专业操作人员门户;专业管理人员门户;管理门户和服务对象门户。

2) 平台应用层

平台应用层通过后勤基础业务数据的交换、共享和整合,结合实际的后勤运营管理和服务保障需要,建立扩展应用。主要包括总务运营管理、基础业务保障、物业流程监管、设备安全监控、院内一卡通服务、区域后勤服务协同、管理辅助决策支持、系统优化决策支持

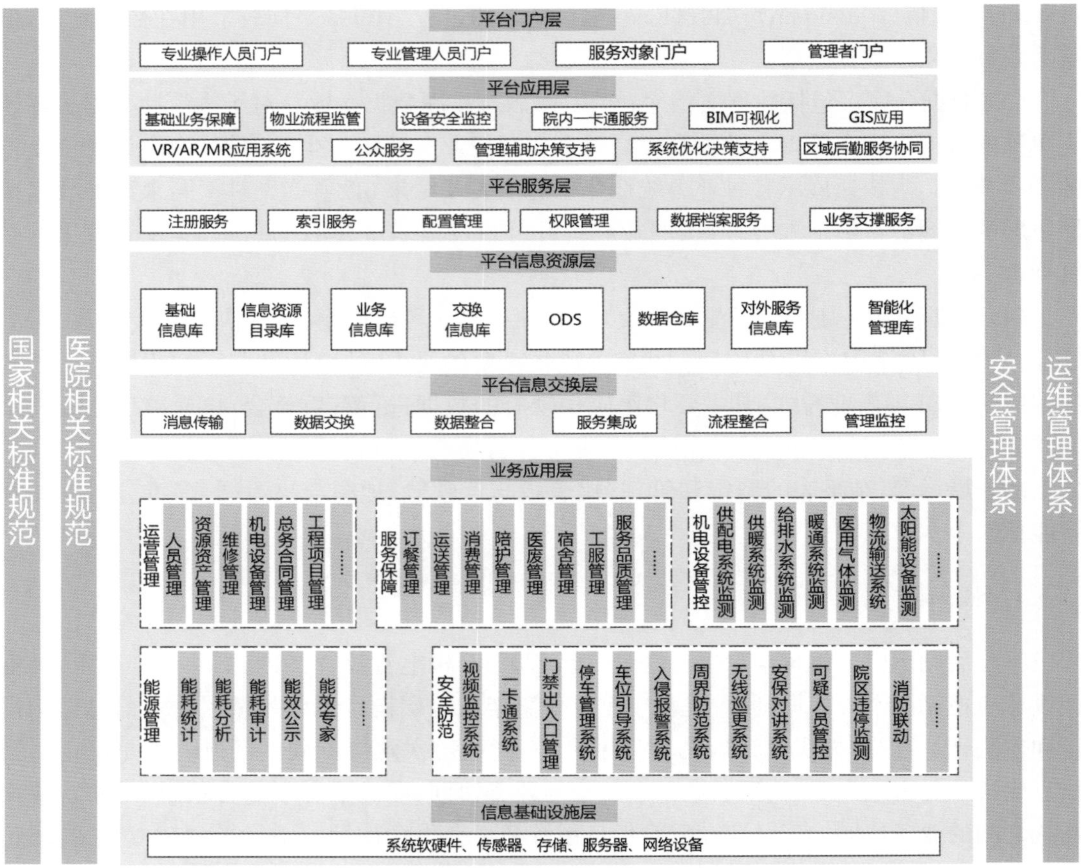

国家相关标准规范
医院相关标准规范
平台门户层
专业操作人员门户 专业管理人员门户 服务对象门户 管理者门户
平台应用层
基础业务保障 物业流程监管 设备安全监控 院内一卡通服务 BIM可视化 GIS应用
VR/AR/MR应用系统 公众服务 管理辅助决策支持 系统优化决策支持 区域后勤服务协同
平台服务层
注册服务 索引服务 配置管理 权限管理 数据档案服务 业务支撑服务
平台信息资源层
基础信息库 信息资源目录库 业务信息库 交换信息库 ODS 数据仓库 对外服务信息库 智能化管理库
平台信息交换层
消息传输 数据交换 数据整合 服务集成 流程整合 管理监控
业务应用层
运营管理：人员管理 资源资产管理 维修管理 机电设备管理 总务合同管理 工程项目管理 ……
服务保障：订餐管理 运送管理 消费管理 陪护管理 医废管理 宿舍管理 工服管理 服务品质管理 ……
机电设备管控：供配电系统监测 供暖系统监测 给排水系统监测 暖通系统监测 医用气体监测 物流输送系统 太阳能设备监测 ……
能源管理：能耗统计 能耗分析 能耗审计 能效公示 能效专家 ……
安全防范：视频监控系统 一卡通系统 门禁出入口管理 停车管理系统 车位引导系统 入侵报警系统 周界防范系统 无线巡更系统 安保对讲系统 可疑人员管控 院区违停监测 消防联动 ……
信息基础设施层
系统软硬件、传感器、存储、服务器、网络设备
安全管理体系
运维管理体系

图3　医院后勤一体化信息平台技术架构

和公众服务等。

3）平台服务层

平台服务层的主要任务是为平台提供各种服务。包括注册服务、主索引服务（服务对象、后勤员工和各类机构的主索引）、权限管理服务、一卡通服务、数据档案服务、业务支撑服务、区域后勤协同、BI 商业智能应用、BIM 应用、GIS 应用以及 VR/AR/MR 的应用等部分。

4）平台信息资源层

平台信息资源层用于整个平台各类数据的存储、处理和管理。主要包括：信息目录库、基础信息库、业务信息库、共享文档信息库、数据资源池、交换信息库、操作数据存储 ODS、数据仓库、对外服务信息库和智能化管理信息库。

5）平台信息交换层

平台信息交换层的主要任务以满足后勤运营、后勤服务、机电管控、安全管理、能效监测与医院管理信息的共享和协同应用为目标，采集相关业务数据，并对外部系统提供数据交换服务，包括与区域平台的数据交换。

信息交换层为整个平台的数据来源提供了技术基础和保障，通过信息标准、交换原则的制订，对业务系统提供标准的信息交换服务，确保数据交换过程的安全性、可靠性，实现数据在系统平台范围内自由、可靠、可信的交换。

6）后勤业务应用

后勤业务应用系统是医院信息平台的基础和数据来源、交互服务对象。包括五大类业务系统：运营管理、服务保障、能效监测、机电管控和安全管理的信息应用系统。业务应用层要接入后勤信息平台，向平台提供后勤管理数据，同时也要从平台获得后勤业务协同支持。

7）信息基础设施层

信息基础设施层是支撑整个后勤信息平台运行的基础设施资源。主要包括各类系统软件、系统硬件、数据存储、网络设备及安全设备等。

8）信息安全体系与系统运维管理

信息安全体系与系统运维管理是整个平台建设和运作的重要组成部分，也应该贯穿项目建设的始终。其中，信息安全不仅包括技术层面的安全保障（如网络安全、系统安全、应用安全等），而且还包括各项安全管理制度，因为只有在一系列安全管理的规章制度实行的前提下，技术才能更好地为安全保障做出贡献。同时，完善的系统的运维管理也是系统稳定、安全运行的重要保障。

9）标准规范

标准规范应该是贯穿于医院后勤信息化建设的整个过程，通过规范的业务梳理和标准化的数据定义，要求系统建设必须遵循相应的规范标准来加以实施。严格遵守既定的标准和技术路线，从而实现多部门（单位）、多系统、多技术以及异构平台环境下的信息互联互通，确保整个系统的成熟性、拓展性和适应性，规避系统建设的风险。

根据以上总体架构的各层次构成，我们可以清晰地知道，医院信息平台内涵十分丰富，包含了一系列工具，核心是基于企业总线 ESB 的思想架构。例如基于 SOA 开放的企业服务总线 ESB 实现信息系统的集成，采用开放的信息技术标准，基础核心组件一般需要包括企业服务总线、通用 ESB 技术组件、通用集成模式组件、POS 系统集成接口、主索引管理组件、安全与隐私管理组件、统一术语和编码标准组件、流程服务组件及其他的集成服务组件等。

5. 模块设计

无锡市人民医院后勤运营一体化信息平台以物联网技术为基础，利用传输技术与集成技术，建立智慧后勤的智能管控系统，并将医院后勤运行相关业务和机电设备的动静态数据进行汇聚，从数据源到数据利用和数据交互实现一体化管理，具体功能如下：

（1）标准化的日常运营功能。医院先后部署了维修管理、巡检管理、陪检管理、陪护管理、库存管理、被服管理、运送管理、后勤设备管理、点餐管理、工程项目管理、集体宿舍管理和合同管理等系统，把若干个独立、相互关联的系统集成到一个统一的、协调运行的系统中，建立了后勤运营管理中心。

a. 维修管理负责受理并处理随机发生的属于维护和修理范畴的运维服务事件，对其进行统一登记、统一派工和集中监控。

b. 陪检管理为给临床患者提供优质的陪检运送服务，利用信息化技术优化陪检流程，实现病人陪检的全过程跟踪，提高了病人陪检的效率，促进工作效率和品质服务。

c. 巡检管理模块在巡检基准完备的基础上可帮助建立周期性的巡视计划，通过计划的合理安排和有效执行，可通过移动应用实现巡检的移动化和实时化，协助工作人员提高工作效率，改善工作质量，变被动等待报修为主动巡检维护，变无序报修工作为有序计划工作，从而服务档次得以提高，人力成本得以降低；有效减少设备因人为因素而带来的错检或漏检问题，同时为管理部门提供有效的监督管理的手段和方法，实现巡视工作电子化、信息化、标准化和智能化，从而最大程度提高工作效率，最终保证医院后勤设备的高效率、低故障率安全运行。

（2）三维的可视管理功能。以运营数据管理服务为支撑，通过三维场景展示建筑三维模型，同时将能源管理和机电智能管控模块叠加在三维模型上，通过三维可视化的方式向管理人员提供直观的管理手段。具体如下：

a. 构建医院后勤机电设备的三维数字模型场景。主要包括中央空调、电梯、水泵、液氧和变电等设备及安装的传感器和周围环境关键要素，如地面、围墙、通道、消防设施和标识等，真实反映各类后勤设施设备的细节、特征和空间关系，让管理人员和技术人员可直观地了解医院后勤设施设备的具体情况。除基本的设备属性信息，三维场景中可融合展示的数据包括实时监测数据、风险预警信息、设备运行状态和实时天气信息等，并支持其他系统的数据接入及显示。部分信息已直接融合于三维场景展示画面中，还有一部分详情信息可点击三维场景中设置的兴趣点、打开会话窗来获取相关信息。

b. 实现三维场景浏览、引导漫游及动态巡检操作功能。巡检过程中发现的问题可按照未处理和已处理问题分类展示，点击案件列表中某一问题，可快速定位至问题发生位置及相关设备，并展示问题的详细信息，提高异常处理效率。另外，该平台还支持安防联动，在触发安防报警时，相关位置的摄像头会被立即打开弹到主屏幕，展示现场真实场景，有助于提高管理人员决策的实时性与准确性。

（3）高效的能源管理功能。方便管理建筑能耗和相关计量设备；具备远程实时传输数据的能力；自动实现数据的存储和备份；提供比较全面的统计报表功能；实现智能预警功能；具备数据挖掘功能并提供决策支持；能够实现能耗管理。具体如下：

a. 电能管理。依据《能源管理体系》和公共机构用能管理相关技术导则，以实现能源消耗智能化管理为目标，从建筑、部门（科室）、设备与场景等多维度实现用电实时监管、用能异常预警，数据诊断分析、能耗公示、用能定额管理等一系列功能，帮助医院能源管理人员建立或完善精细化的能源管理体系，提高能源使用效率，降低能源消耗。

b. 水、燃气、蒸汽管理。通过智能传感设备对水、燃气和蒸汽的流量和管网压力等进行实时监测，并提供各类能耗分析报告，对管网压力异常等安全因素进行实时预警，提高安全保证能力。

c. 综合能效分析。采用先进的数据融合、数据挖掘及动态图表生成等技术，实时地从平台的各子系统中获取数据，形成数据综合分析；通过对海量能耗数据的综合处理与分析，形成各类统计学图表，实时反映历史能耗对比和预测未来能耗趋势。系统包含建筑分类能耗、单位土地面积能耗、能耗分项分类对比、能耗分析与预测及节能工作评价等各项功能模块。同时，通过对大量历史能耗数据的综合分析、设计建模及分析处理，结合环境、气候等客观因素，可实现医院能源指标的合理度评价、能耗趋势的科学预测，为医院节能工作的中长期部署提供专业合理的决策支持；并为减少医院碳排放、实现低碳经济和可持续发展提供全面的数据支撑。

(4) 智能的节能管控功能。包括中央空调群控、供暖分时分温群控、空调末端集控、室外照明集控、室内照明集控和电梯能量回馈节能等。

a. 中央空调群控。通过采集温度、湿度、压力、流量等传感器的动态数据，实现制冷机组、冷冻泵、冷却泵、冷却塔风机和各类电动阀门等主要执行设备随气候温湿度及用户侧实际需求动态联动运行，通过统一集控系统实现各执行设备智能的自动启停及调节转速或温度。同时根据各耗能设备与实际需求动态联动，实现主机的最优启停台数及温度输出，实现冷却泵、冷却塔风机、冷冻泵的启停台数及运行转速，自动调节冷却水及冷冻水的流量系数，实现机房设备在较优的工况下运行，实现机房设备制冷量与能耗的最优比，提高系统运行 COP 值，达到整个中央空调系统节能降耗的目的。系统综合节能率可达 20%～40%。

b. 供暖分时分温群控。根据各类医院建筑供热在不同时间段有着不同供热温度要求，对供热温度采取精细化的智能调节方式，可大大减少热能的无效耗费。即在全区域总体持续供热的前提下，具体子区域或建筑在其不用热时段时，将热量大部分返还系统(低温运行)，从而实现节能降耗。使用智能供暖分时分温控制器后，可在满足热舒适性的同时，显著地节约能源，做到分时分区域用热协调控制，既提高供热的舒适性，又保证了供热安全性。

c. 空调末端集控。将分散在医院各区域的多类型(VRV、分体空调、风机盘管和变风量机组)空调末端进行归一化集中管控。对能源管理者而言，从建筑与部门两个维度实现空调末端实时运行情况查看、区域控制策略的制订与下发、空调违规、能耗情况统计等；对空调末端使用者而言，可实现远程对空调运行状态的即监即控。通过本系统可极大提高运营管理效率和降低运营成本，同时可大幅度降低能源消耗。

d. 室内照明集控。根据室内照明光照度和时间策略进行实时控制。支持时段控制、感应控制、区域控制等灵活的控制管理形式，同时支持光照和人体识别接口，可实现灯具的智能开关，并支持物理开关应急机制。

e. 梯能量回馈节能。应用能量回馈技术，将电容中储存的电能、制动电阻浪费掉的电能回送给交流电网，而不是用制动电阻进行热消耗，从而达到节约能源的目的。由于取消了制动电阻发热，降低了原电梯控制柜周边环境的温度，保护了控制柜内电子元器件及减少机房内空调使用的频率，间接地降低了能源消耗。

(5) 安全的机电设备管控功能。实现机电设备的全局仿真视图;实现医院重点设备运行状态的实时监控;实现设备故障的智能预警;实现设备巡检、保养过程的实时跟踪;实现设备运行策略的智能优化。平台基于不同角色、不同场景进行设计,精确定位,关注聚焦,形成 PC、手机、看板等多终端交互方式,构成机电设备完整的闭环管理。具体如下:

a. 变电所安全管理。通过对变电所空气环境、安防环境、变压器温度、母排温度、次总开关、出线回路等重点运行参数进行采集监测,并进行简单控制。

b. 给水管网安全管理。通过在医院供水基础管线上配置智能远程计量水表,实时在线监测供水流量,并借助传输网络将监测数据上传至能源数据中心,实现各建筑及楼层的用水量在线监测、数据统计、分析和决策等。另外,基于统计数据和系统强大的数据分析功能,可以实现给水漏失分析、用水异常情况识别、实时水平衡分析等功能,辅以系统消息、手机移动端等方式提醒管理人员,可及时发现医院跑冒滴漏问题,最大限度减少水资源的浪费,强化供水保障。

c. 水泵房安全管理。对给排水泵房环境、压力、液位、水质和用电用水等重点运行参数进行采集监测:通过对水箱液位的检测,智能调节开关阀,实现水箱液位自行控制;基于水质检测的数据,实现水箱换水的供水阀关闭、泄水阀开启、恢复等一系列智能调节;根据现场实际各区域供水压力及供水流量需求,实现医院恒压供水控制。

d. 冷热源机房安全管理。对中央空调机房(换热站)主机系统、循环系统、补水系统和室内环境等重点设备的运行参数进行实时采集监测。

e. 电梯机房与电梯安全管理。实现电梯机房环境的安全监管和电梯轿厢的安全运行。采用各类智能传感器对电梯所在楼层、停止、卡层、冲顶、蹬底、抖动和重复关门等运行状态进行实时监测,并基于监测数据进行实时分析,实现电梯故障的智能预警。同时,可详细查看电梯的基本信息、维保信息、故障信息等。

f. 医用气体安全管理。对医用氧气、压缩空气、负压吸引等气体供应系统中的罐体、管道设施的压力、流速等涉及安全运营的参数进行实时采集监测,并设立参数上下限,建立安全报警机制。

g. 其他设施安全管理。对医用其他场景类,如发电机(油压、油位、转速等),UPS(电池电压、电流、温度等)等设备设施安全数据进行统一采集监测、预警管理,构成医院完整的机电设备安全管理体系。

h. 环境与空气质量监测。基于冷热源机房、变电所、水泵房、电梯机房和空调末端等各管控体系,将各场景室内环境数据横向接入,结合室外天气环境数据,实现基于环境维度的机电设备统一管理,有效保证机电设备的安全运行。

(四) 技术支撑

为实现平台内系统数据共享和交换,支持与第三方系统的数据交互,并充分考虑了系统后期的可扩展性,系统开发主要关键技术包括:物联网技术、IT 信息技术、云服务技术、移动互联网技术、数据挖掘技术和人工智能技术等。

(1) 物联网技术解决了后勤智能平台的数据采集问题，通过标准的开放接口 OPC (OLE for Process Control)、BACNet、Modbus TCP、SmartLink 等协议，以及各种信息传感设备，将医院内硬件上各自独立但管理上紧密联系的终端计量设备的数据信息集成在一个系统内，实现信息的共享和联动。

(2) 系统的作用是同时处理多种异构数据信息，并统一管理这些数据信息，而 IT 信息技术解决了后勤智能平台的信息传输问题，是医院内部系统运营管理的命脉，并通过 WEB 驱动应用，将医院设备设施的信息、能源消耗信息和医院特征区域信息进行统一的信息集成，充分实现了医院运营平台的信息资源共享。

(3) 云服务技术是移动端运营管理的技术基础，并提供各种运营管理的增值服务，通过数据交互和调入专家资源，对医院的运营管理情况进行诊断分析和决策支持。主要采用 IBMS 运营云服务，主要由包含两个核心组件：一个是 FrontView 资源池，包括移动服务、地图服务、实时数据库、报表服务和消息服务等，并可基于上报的数据进行大数据分析及呈现；另一个是综合运营管理，它具有节能管理服务、机电运行标准、专家诊断入口等一系列增值服务，通过实时报警和运营 KPI 展示的方式，辅助后勤管理者对运营情况进行优化。

(4) 医院手机 App 管理是医院后勤管理的创新模式，而移动互联网技术则是其运营的关键技术。通过移动端 App 的消息推送，医院后勤管理者、医院后勤保障者及第三方专业维护者能快速了解和掌握整个医院的运营情况，在管理上跨越了时间和空间的限制，保证医院安全、高效、可靠地运行。

(5) 目前，云服务器中的运营数据主要用于实时监控、检索和生成报表等功能。但随着后勤智能平台的投入使用，云服务器中存储了大量的后勤运行数据，而这些大数据中隐藏着很多有用的信息。为充分利用这些数据信息，需要对其进行综合分析和处理，而数据挖掘技术能够从大量的能耗数据中提取出有用的、合理的、可靠的信息，可用于后勤工作的指导。

(6) 人工智能技术的发展为智慧后勤的建设提供了新的方向。因此，可以利用人工智能技术提取医院机电设备运行数据特征，构建设备管理模型，实现机电设备的智能管控、风险管理，提高医院后勤管理质量。

三 建设成效

1. 建设初步成果

(1) 实现后勤运营管理与机电控制的一体化，初步建立医院后勤信息平台，如图 4 所示。促进后勤信息应用系统建设，并通过平台实现后勤运营管理应用系统和机电运维控制系统的集成，一个界面实现一体化可视展现、一体化管理，通过智能化手段实现过程决策支持、自动控制、安全管理和终末管理分析。建设后勤运营数据中心，通过数据中心实现不同应用系统、应用班组部门间信息资源整合，实现数据信息的高效利用，达到一处采集多处利用，实现后勤业务数据实时更新，满足管理决策、科学研究、信息共享。

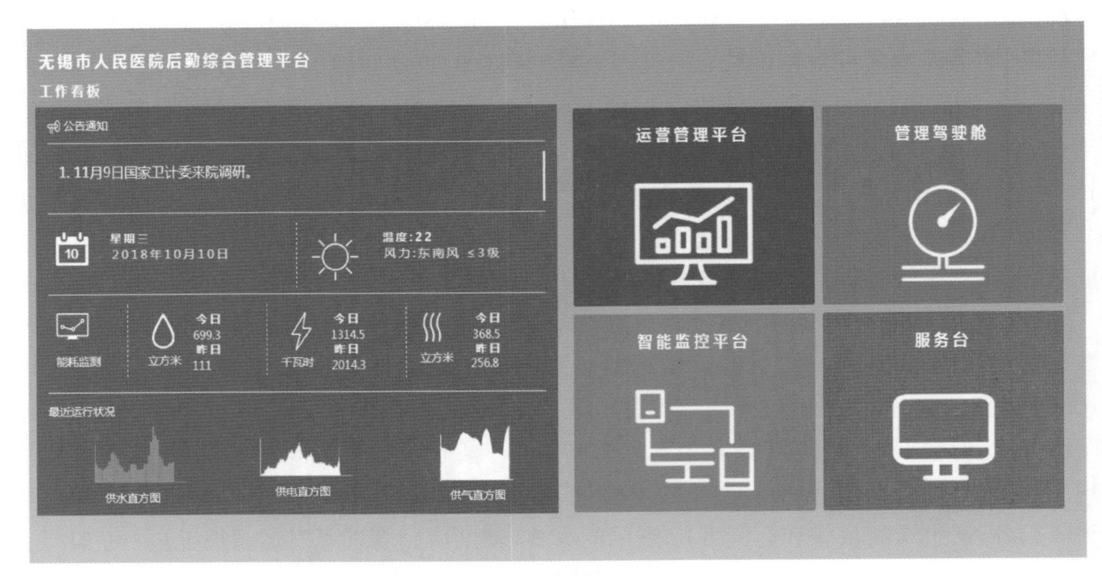

图4 医院后勤运营一体化信息平台

（2）实现后勤支持系统的信息资源整合与利用。医院后勤运营一体化信息平台是一个开放的平台，遵循信息标准化的软件系统都可接入平台，并通过平台实现数据集成和应用集成，将原先分布在各业务系统中的信息交换整合到平台，如第三方外包公司的信息系统等，实现医院后勤各部门班组的信息互联互通，提升服务品质，方便各类后勤管理人员的运营管理和分析决策。

（3）增强设备的安全性。通过远程实时监控的智能化设备管理，实时掌握设备运行工况，促进了设备的安全可靠运行；通过安全防范和保密措施，防止非法入侵和非法操作；基于统一设备监测数据管理，通过统一数据库集中管理数据。完善数据分析手段、优化数据访问权限，保障数据信息安全；基于统一的设备实时可视化监控，有效提高设备巡查效果，加强故障预防并提高故障处理效率，利于保障设备安全。具体如图5所示。

（4）改变后勤运行管理模式。重新调整组织架构与岗位，建立统一调度指挥的后勤运营保障团队，将原来的分散、被动式管理变成集中、主动式服务，提高后勤的管理效率，节约后勤人员的成本投入。

（5）提高医院的智能化管理水平。远程实时监控的智能化管理平台具备可扩展性，可兼容改造或更新换代后的各类后勤设备及部分医疗设备，不断提高医院的智能化管理水平。管理平台可对故障处理的全过程进行实时记录管理，为后勤技术队伍的培养和管理提供有效依据。

（6）实现经济与社会效益。通过对设备的实时监控和各项数据分析，如图6所示，有效提升设备的安全性和用能经济性，实现设备的全生命周期管理。在大数据与物联网技术的

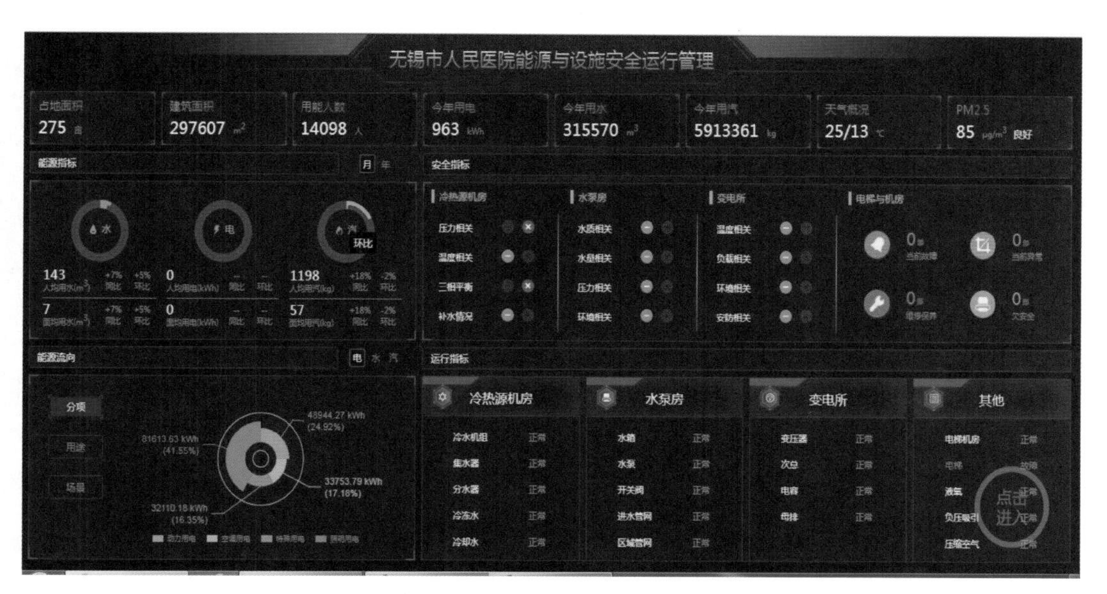

图5　医院后勤能源及机电管控平台

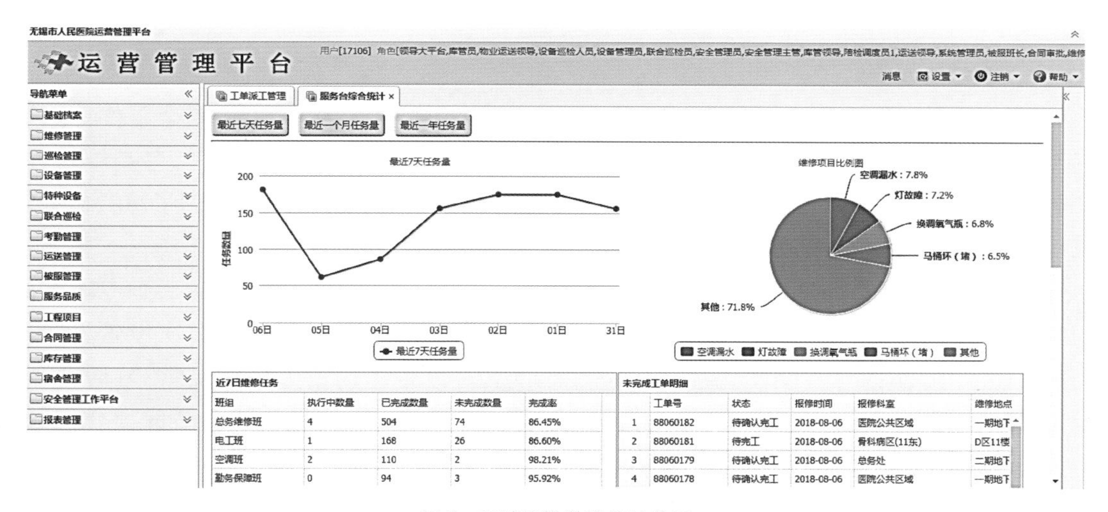

图6　医院后勤数据统计分析

应用方面实现突破，通过智能化后勤管理系统的建设，创新建立了具有示范作用的、适用于新形势的后勤运行模式，带动智慧后勤的发展。

2. 创新价值

无锡市人民医院智慧后勤建设涉及多元的创新价值，主要体现在以下几个方面：

（1）功能集成创新。建立了“一个平台，多维应用”，完成了后勤运营管理平台与后勤机电智能管控平台全方位的整合，不仅是一般意义上系统间的应用交互，包括数据层面、应用层面、用户层面的集成，还包括在此基础上的一系列平台应用展现，实现了智慧后勤的初步建设。

(2) 体系架构创新。首次在医院后勤信息化领域引入了信息平台的体系架构,建设一个集成各类后勤支持领域应用系统以及日常运营的数据交换和业务协作平台。通过平台,要实现后勤运营管理的统一注册、统一索引、统一门户、统一通讯、统一交互和统一数据管理与利用。架构上包括设备层、数据适配层、数据层、服务层、应用层和应用展示层、门户层等。

(3) 数据管理与利用创新。引入了主数据管理的概念,主要包括基础字典、术语库、索引库、数据中心及数据仓库等。基于信息平台,建设后勤运营数据中心,通过数据中心实现不同应用系统、应用班组部门间信息资源整合,保证数据信息的高效利用,达到一处采集多处利用,实现后勤业务数据实时更新,满足管理决策、科学研究、信息共享。通过商业智能技术和工作流引擎,提高数据二次利用能力和管理决策支持,有效提升后勤整体管理水平。

(4) 多维功能实现创新。包括了后勤运营服务管理的近 20 个模块和能源与机电运维管控的近 20 个模块,全面覆盖医院后勤管理的各个环节。

(5) 基于云端的部署模式。后勤智能管控云平台基于阿里云部署,改变了原来医院信息化的部署模式。

3. 学术研究及其他成果

自智慧后勤建设以来,无锡市人民医院设施设备缺陷、服务投诉、突发安全事件等数量下降明显,患者及临床满意度显著提高,其中,设备设施故障率下降了 75.9%,各类维修、运送服务、陪检服务响应及时率均达到了 100%。2019 年,后勤总体满意度达到了 90.91%,年床日节能再次下降 9.6%,较开展节能工作前年综合节能率达到 33%。

近三年医院接待各地医院参观 150 多批次,进修学习 23 人次,参加全国后勤专业方面的学术交流并受邀演讲 60 多场次,2016 年在第十七届全国医院建设大会首次设置无锡市人民医院专场,2017 年在第十八届全国医院建设大会设置无锡市人民医院“智慧后勤”展台,2018 年 5 月在第 19 届全国医院建设大会举办了“医院高效后勤管理与节能提效:无锡市人民医院专场”,取得了很好的反响,如图 7 所示。2018 年 10 月,医院主办的国家级继续教育项目“医院后勤品质管理高级培训班”与中国医学装备协会医院建筑与装备分会联合

图 7　2018 年中国医院建设大会无锡市人民医院专场

主办的“医院建筑规划与医疗工艺设计高峰论坛”同期举办，吸引了来自全国各地百家医院的后勤管理和医疗工艺专家 500 多人参加。2019 年，组织了首届中国医院后勤发展大会“趋势、管理、对标——医院后勤现代化管理论坛”(图 8)，该项目为无锡市人民医院参与主办的国家级继续教育项目，吸引了来自全国各地 20 余省、自治区、直辖市百家医院的后勤管理专家近 700 余人参加。同期还组织了首届“智慧后勤培训班”。

图 8　2019 年首届中国医院后勤发展大会

三年来，无锡市人民医院在管理理论应用领域进行了一系列研究和探索，承担了一系列科研项目。医院参与行业标准 37 项编写，主编 6 项，其中医疗工艺与建筑运维类 5 项；主编专著 5 种，参编专著 5 种；发表软件著作权 2 项，目前着手编制的著作 4 种；发表中文核心期刊 10 余篇，获得相关优秀论文 30 多篇次，全国专业年会交流论文上百篇，连续两年获得全国年会优秀组织奖。

（撰稿：沈崇德）

构建智慧化后勤运维体系 赋能医院运营管理提档升级

——苏北人民医院

一 建设背景

(一) 医院后勤管理的重要性

2015 年 7 月 4 日，国务院印发《国务院关于积极推进“互联网 + ”行动的指导意见》，在后勤管理领域引入“互联网 + ”的概念；2016 年 10 月 18 日国家卫生计生委办公厅印发《医院信息化建设应用技术指引》，为医院信息化建设工作指明了方向；2018 年 4 月 2 日国家卫生健康委员会办公厅发布了《全国医院信息化建设标准与规范》以及 2018 年 4 月 28 日国务院办公厅正式发布《关于促进“互联网 + 医疗健康”发展的意见》等，均为医院后勤运营管理的信息化建设提供了更加全面和详细的指导内容。

国家卫生健康委员会网站公布数据显示，公立医院床位数量及诊疗人次持续增长，医院数量却不断减少，大型综合性医院人满为患，承担了相当的医疗任务。当下医院后勤存在管理人员素质不高、设备管控技术落后、巡检维保模式单一、服务响应效率低下、用能能耗只增不减等诸多问题，而在医院后勤减员的前提下，后勤运营管理面临着前所未有的压力，进而在一定程度上影响了公立医院改革的推进，制约了医院的进一步发展。

从全国大趋势看，以信息化的发展为引领，植入信息化的管理模式在医院后勤管理改革和发展中的作用日益凸显，是医院后勤服务的核心竞争力，是一项事关医院全局和战略的重要工作。因此，紧紧围绕临床一线和患者需求，探讨依托物联网、大数据、云存储、互联网等新技术，构建“互联网 + ”医院后勤“2.0 时代”智慧化后勤运维体系，全面提升后勤智慧化、精细化、标准化管理水平及运维效能，为医院后勤科学运营管理转方式、转机制提供改革思路。同时以期为同类单位提供可借鉴、可参考的实践样本。

(二) 医院后勤信息化、智能化建设的普遍问题

(1) 现有信息系统分散。目前医院后勤信息化程度偏低且分散

驻点值守，存在信息孤岛现象。

(2) 管控手段落后单一。后勤设施设备需要现场巡检、人工记录，缺乏安全预警机制，遇到突发事件往往是被动应对，而非事前预警、主动预防，工作效率不高，存在时间、空间盲区。

(3) 服务保障效率低下。存在建筑设备管理台账不清、部分标准化程度不够、故障判断困难等诸多问题。

(4) 运营成本居高不下。目前仍然存在后勤值班人员冗余、设施设备运行寿命缩短、能耗增加、能效低下等现象，大大增加了医院运营成本，在一定程度上影响了公立医院改革的推进，制约了医院进一步的发展。

(三) 医院智慧后勤建设的目标

苏北人民医院立足设备安全、着眼智慧运维、打造便捷服务、聚焦能耗管控，积极推进后勤信息化建设，切实提升后勤智慧化、精细化、标准化管理水平，赋能医院运营管理提档升级，预计达到的目的具体包括：

(1) 设备安全管控。①系统融合：将医院分散的子系统纳入统一的安全监控体系，打通系统间信息孤岛；②实时监控：实时集中管控后勤各子系统主要设备、关键点位，提升医院在安全生产、风险管控方面的综合预防能力；③告警体系：建立完善的设备分级预警/报警体系，实时主动预警、及时告警设备隐患故障；④智能联动：设备运行异常时，自动弹出报警点所在区域视频画面并置顶，且通过手机 App、短信第一时间推送给相关责任人，及时排查处理问题。

(2) BIM 智慧运维。①借助 BIM 模型在空间维度立体化实时展示系统整体位置框架、运行状态数据、报警日志信息等内容；②推进设备全生命周期管理。系统充分涵盖设备设施采购、使用、维护、保养、处置全生命周期管理及大数据存储，做到全过程无遗漏记录，将事后抢修、疲于奔命式的设备管理转变为事前预防，实现故障问题的“预检预修”，提高运维效率。

(3) 优质高效服务。①定期开展业务知识和实操培训，加强人员应急预案演练，提高后勤设备运行完好率；②打造一站式报修服务，提高维修质量，降低维修频次；③实现医院后勤设施设备二维码报修全覆盖，推进报修工单的全自动闭环管理，全过程监管考核服务响应及过程，加强落实首接责任制，责任服务一体化。

(4) 能耗管控。①实时分类、分项采集医院水、电、汽等能耗数据，实现全院、各楼栋、各科室能耗数据的三级监测，为医院建筑高效节能运行提供决策依据；②以数据模型深度节能分析、数据建模优化设备启停以及新回排风优化控制等多举措为抓手，合理规划医院用能，强化成本管控；③以全自动抄表取代人工抄表，解决传统方式效率低、无法抄读电表内部小时段分项数据等问题。

(四) 后勤运行管理的核心要素

医院设备管理存在繁杂、分散等特点，而常规管理的特点是采用人工巡检的方式发现影响设备安全运行的隐患，当设备故障发生后采用事后维修的方式解决问题。这种管理方式难以及时发现设备存在的故障隐患，不能实现针对各类设备的运行特点采取预防性的监测和分析，故障发生后不能及时有效采取处理措施解决故障问题或减少故障造成的损失。

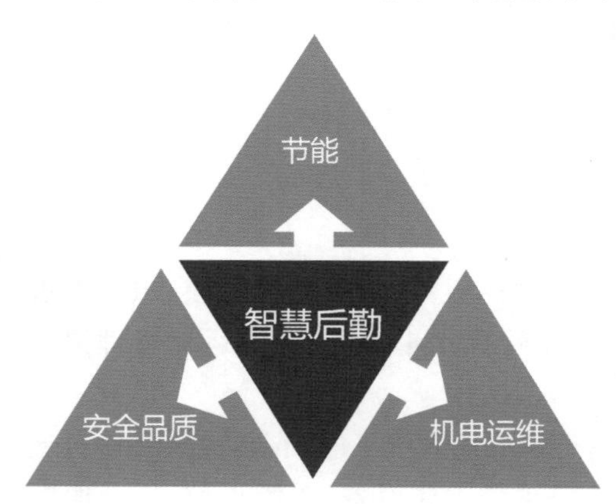

图 1　智慧后勤运行管理核心要素

随着信息化技术的发展，建立高效后勤运营管控体系，以信息化的技术将后勤设备管理涉及的服务信息、设备信息进行数据整合，纳入统一平台进行集中式监控、管理，是解决传统管理模式弊端的重要手段(图 1)。基于信息技术进行后勤运行管理的主要要素包括：

(1) 安全与品质管理：通过线上监管与线下维护，保障设备安全、环境与运营品质。

(2) 智慧运维与质量管理：结合线上与线下的管理模式，使得后勤设备设施维护最优化，保障维护、维修等工作质量。

(3) 节能与成本管理：通过能耗计量及能耗数据统计分析，落实空调、照明等重点用能设备节能技改，使得医院整体能耗下降，降低医院运行的成本。

后勤运行管理涉及的范围主要包括给排水系统、通风空调系统、医疗气体系统、消防系统、电气系统(包括 10/0.4 千伏变配电系统；电力设备的供电与控制；照明系统；建筑物防雷保护，安全及接地保护；火灾自动报警与消防联动控制系统；电话交换系统；计算机网络系统；综合布线系统；IPTV 电视系统；安防监控系统；入侵报警系统；出入口控制系统；电子巡更系统；车库管理系统；一卡通系统；信息发布系统；会议系统；统一视频管理系统；候诊呼叫系统；护理呼叫系统；灯控系统；设备监控系统(BA)；一氧化碳/二氧化碳监测；公共广播系统；五方对讲系统；LED 显示屏系统；智能化系统集成平台；数字时钟系统；RFID 系统、AGV 物流机器人、被服管理等系统。

二　建设内容

(一) 智慧后勤建设基础与规划

2018 年以来，苏北人民医院开始建设医院后勤运行智能化管理平台，利用现代网络通信技术、物联网技术与智能控制技术，初步实现了远程实时监测、故障报警联动、BIM 运维管理、能源管理四大主要功能(表 1)。

表 1　后勤智慧化管理规划时间表

阶段	时间	内容
第一阶段	2018 年—2019 上半年	搭建安全管控平台,接入制冷主机、换热站、配电、污水坑、电梯,实现相关设备的远程监视、报警通知,基于 BIM 运维的试点应用
第二阶段	2020 年上半年	修复楼宇自控 BA 系统,并接入安全管控平台,实现空调系统的运行监控、自动运行
	2020 年下半年	建立 BIM,实现全院区的基于 BIM 的智慧后勤运维管理
	2020 年下半年	打通安全管控平台、BIM 模型、既有 FM 平台、能源管理平台等,实现统一的智慧后勤运维平台
	2021 上半年	基于 5G、物联网等技术,基于实际运行场景需求(环境监测、智慧巡检)等,实现院区后勤运维硬件设施升级
第三阶段	2021 上半年	积累空调系统、能源管理系统运行数据,建立院区重点用能设备的模型,实现基于大数据和 AI 的方法,自动优化后勤设备的运行
	2021 下半年	持续积累后勤运维数据,结合智能电网、需求响应等新型能源应用方式,以及能源托管运维等新型业务模式,持续性地降低运维成本

(1) 第一阶段(2018—2019,已完成),建立安全管控平台:将医用气体、电梯安全监控系统、供配电系统、供暖系统纳入统一的计算机网络智慧后勤运维平台中,实现数据监测、故障报警、状态异常报警、视频实时监控及联动、手机 App 查看,并支持多业务场景如巡检、维修操作处理,达到对设备安全管理的闭环控制。

(2) 第二阶段(2019—2020),建立智慧后勤运维大平台:通过整体规划和一体化架构设计,将所有需要监控和管理的弱电系统、后勤相关子系统集成在一个操作平台上,实现集中管理,从而保障医院运营过程的“安全可靠”“服务导向”“数字化效率”和“绿色节能”运行。

(3) 第三阶段(2020—2021),持续性节能运维:以智慧后勤运维平台为基础,科学诊断医院设备的能耗以及效率状况,能够实现以医院各主要设备基本特性为基础,结合智能优化算法对设备进行建模及仿真,通过各种控制、优化措施协调各设备的联合运行,为各设备建立匹配的设备性能模型,以整体能耗最低为控制目标,根据实时工况实时优化调整各设备的控制参数及状态,使整个系统运行效率最优。

(二) 智慧后勤建设原则

1. 满足运营管理安全可靠的要求

(1) 医院拥有众多重要关键设备和区域,应针对这些重要关键设备和区域进行定制化系统设计,通过数据分析、预测、预警等方式,尽可能将隐患消除在萌芽状态。

(2) 实时监视和显示各子系统重要报警信息,出现异常时,第一时间将相关信息发送至相关管理或运维人员。

(3) 长期记录各子系统运行数据、报警记录以及事件记录等信息，并以图形、图表等形式进行分析和展示，便于管理人员定期对各子系统或运营区域进行全面诊断和分析。

2. 满足运营管理服务导向的要求

(1) 医院各弱电智能化真正服务于病患及医护工作人员，以提高病患及医护人员体验和服务/就诊效率。

(2) 从患者就诊流程和医护流程角度出发，对不同区域的环境及智能化需求进行分析，以指导各子系统设计、实施和集成，提高医患服务体验。

(3) 以关键区域及角色应用需求为导向，建立智能单元和运营角色概念，从区域流程角度出发指导区域智能化功能及运维方式设计，以提高关键区域和运营角色的服务体验及效率。

3. 满足运营管理数字化效率的要求

(1) 通过医院智慧后勤运维平台应将所有需要监控和管理的弱电及医疗智能化子系统集中在一个操作平台上，以简化管理接口。

(2) 在各子系统之间建立必要的数据联系或联动关系，以提高运维管理效率。

(3) 以系统结构、区域位置、工艺流程等不同逻辑关系对监控数据进行组织和分析，以便为不同运维、管理及医护人员提供多维度的视图和管理手段。

4. 满足运营管理绿色节能的要求

(1) 医院 7×24 小时运行，且能源需求复杂、能源消耗量大。通过智慧后勤运维平台将各子系统集成在同一平台，可以使得智能化子系统协调统一工作，实现绿色节能运行。

(2) 建立以能源关键指标参数为导向的系统内优化控制逻辑以及跨系统联动逻辑，使得运营管理遵循统一标准，根据预设逻辑实现自动节能运行。

(3) 系统对重要运营数据进行长期记录，运维管理人员可对数据进行分析和比对，找出能耗异常情况及潜在节能空间，并进一步指导运行模式、运行逻辑，以及运行参数的不断优化和改进。

(三) 智慧后勤平台架构

智慧后勤的建设通过将医院建筑智能化及后勤信息化管理二级平台及各应用系统有机的联系在一起，成为一个相互关联、完整和协调的综合监控与管理的大系统，是医院智能化系统的核心。系统实现使各应用系统信息高度共享和合理分配，克服以往因各应用系统独立操作、各自为政的“信息孤岛”现象。

智慧后勤的建设基于 Web 技术、互联网、物联网、嵌入式等现代科技，实现系统集成、功能集成、网络集成和软件页面集成的要求。系统结合计算机技术、网络技术、通信技术、自动控制技术、运营管理技术、物业资产管理技术及智能 App 移动终端技术对医院后勤管理的所有相关设备进行全面有效的监控管理和资产运维，提高医院后勤管理水平、管理效率和服务质量。

为了构建高可用性、安全性、可靠性、可伸缩性和扩展性的系统，智慧后勤建设采用多层的分布式应用模型、组件再用、一致化的安全模型及灵活的事务控制，使系统具有更好的移植性，以适应应用环境复杂、业务规则多变、信息发布的需要，以及系统将来的扩展的需要。

1. 整体架构

智慧后勤平台是把各子系统集成一个“有机”的统一系统，其接口界面标准化、规范化，完成各子系统的信息交换和通信协议转换，实现多个方面的功能集成：所有子系统信息的集成和综合管理，对所有子系统的集成监视和控制，全局事件的管理，流程自动化管理，最终实现集中监视控制与综合管理的功能。如图 2 所示。

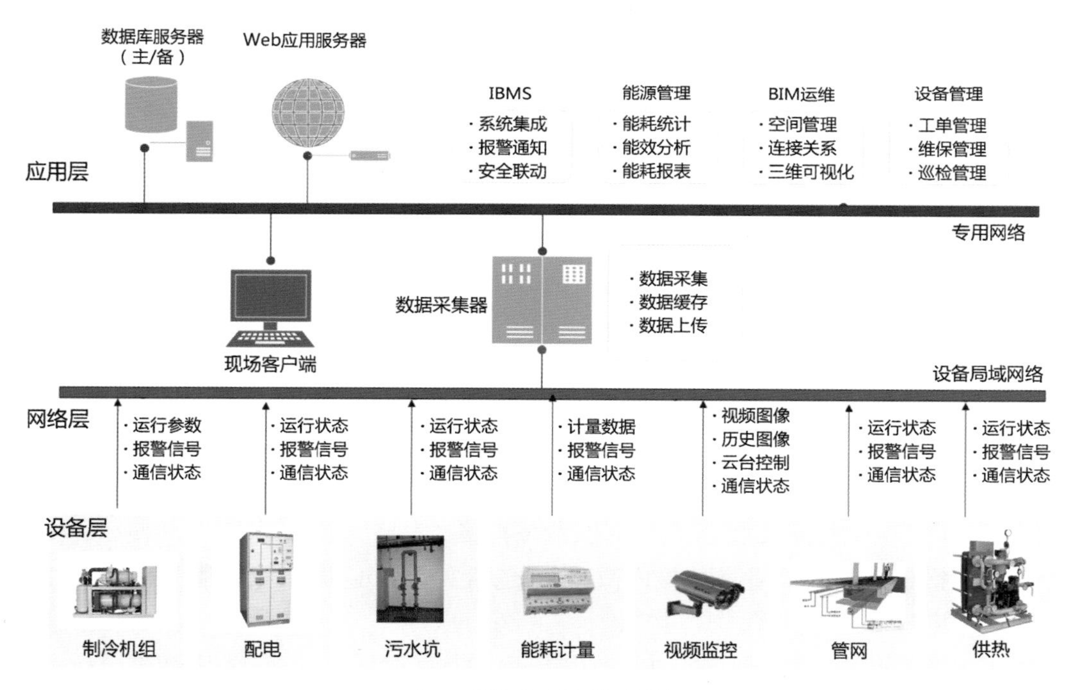

图 2　智慧后勤平台整体架构

2. 数据架构

智慧后勤平台数据架构如图 3 所示。

（1）数据底层：对于医院的医用气体、电梯、配电、锅炉、中央空调、能耗计量、智能照明等系统，通过各种标准接口（OPC、BACnet、ODBC、RS485/232、ModBus 等）和非标准接口实现各应用系统的信息（运行数据和命令）的转换和实时传送。

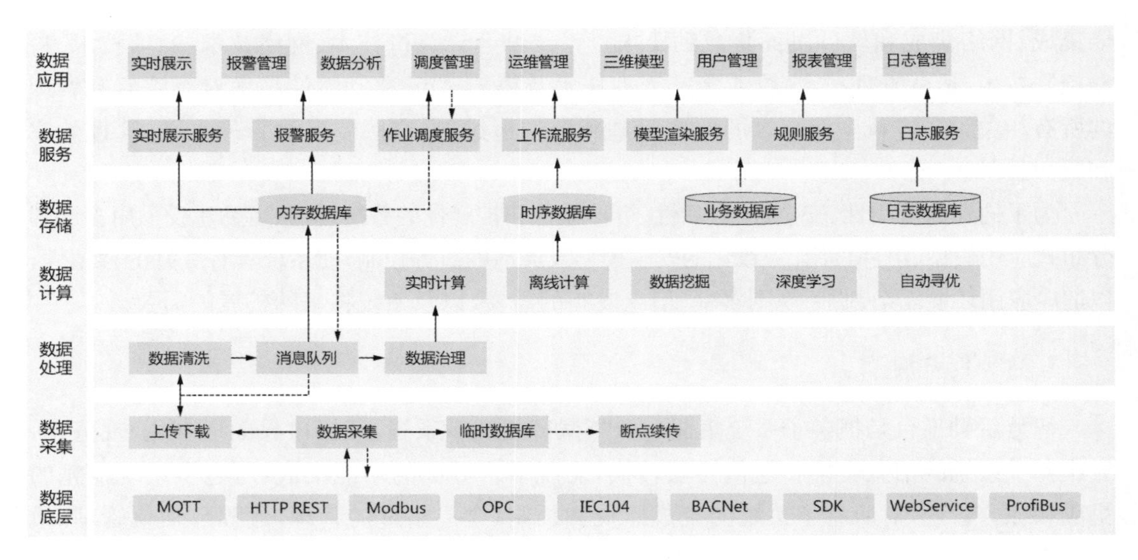

图3 智慧后勤平台数据架构

(2) 数据采集:平台按照设定信息数据采集周期采集数据。采集子系统任务模块主要与子系统进行通信,通过数据接口驱动方式获取子系统的数据。临时数据库,则作为采集数据的临时存储,支持断点续传功能。数据上传下载模块,通过与数据中心的数据处理模块进行通讯。

(3) 数据处理:包括数据清洗、消息队列与数据治理模块。

(4) 数据计算:包括实时计算、离线计算、数据挖掘、机器学习、深度学习和自动寻优等模块。平台按照一定的计算规则对采集的数据进行处理、计算,然后提供到数据库存储和前台页面展示应用。数据模块辅助以计算公式配置表,来完成平台的数据计算功能。

(5) 数据存储:包括内存数据库、时序数据库、业务数据库和日志数据库。内存数据库采用 Redis 进行存储。时序数据库用以存储平台运行历史数据,采用数据的定时存储方式。业务数据库采用关系型数据库,存储项目的配置信息。日志数据库用以存储平台的用户操作日志、系统运行日志、调度指令下发日志、故障报警日志等。

(6) 数据服务:为平台业务数据的微服务,包括实时展示服务、报警服务、优化控制服务、工作流服务、日志服务等。

(7) 数据展示:以 Web 的方式进行数据展示,包括实时展示、报警管理、数据分析、自动控制、运维管理、三维可视化、用户管理和日志管理等。

(四) 技术支撑

智慧后勤平台主要通过物联网(IOT)、系统集成(IBMS)、机器学习(ML)和人工智能(AI)等技术,实现数据采集、处理、分析和应用展示(图 4)。

(1) 基于 IOT + IBMS 的数据采集和汇总:平台对于各种标准接口(MQTT、OPC、

BACnet、LonWorks、ODBC、RS485/422/232、ModBus 等)和非标准接口都能够实现各应用系统的信息(运行数据和命令)的转换和实时传送。

(2) 数据规律识别与模型抽象:基于物理特性及实际运行数据的全系统建模,专业高精确度的设备性能模型。

(3) 基于数据校核模型的全系统仿真:基于系统整体全局优化控制,在不同室外状况以及系统负荷下,利用校核的系统模型实时寻找机房运行的最佳效率点,实现系统层全局优化控制,实时对比优化工况与常规工况差异,优化计算并输出系统最优控制设。

图 4　智慧后勤运维平台技术体系架构

1. 即插即用的物联网组态技术

智慧后勤平台创新应用即插即用的物联网平台技术实现对多区域、多厂家、多设备的统一信息识别和功能驱动,对医院的配电、电梯、中央空调、视频监控等各个子系统全过程信息采集和感知。

通过连接管理实现支持多网络、多协议、多平台、多区域设备快速接入和实时在线。通过设备管理和标准治理实现协议标准转换,数据统一转发、集中存储。通过应用赋能应用数据并行计算、数据共享,灵活构建联动场景,实现业务融合。

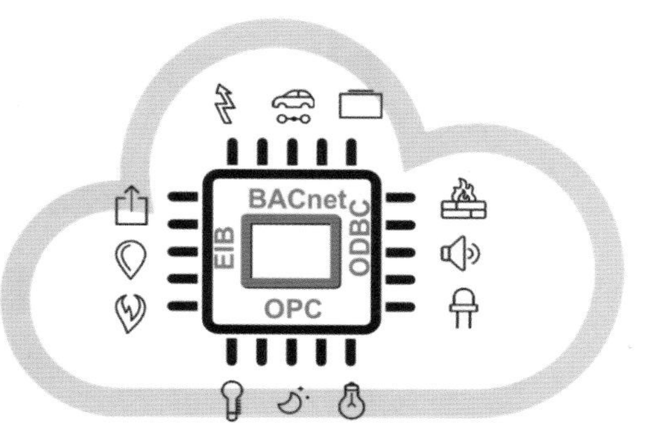

图 5　即插即用的物联网

2. 微服务框架

智慧后勤平台应用微服务构建了的主要业务后台服务。采用 SpringCloud 框架进行微服务治理,支撑业务使用微服务架构开发。提供服务注册与发现、服务访问智能路由、路由规则配置、服务调用追踪、服务访问流量控制、服务异常熔断、访问安全认证、统一日志等微服务组件，构建智慧后勤平台业务应用软件功能组件。如图 6 所示。

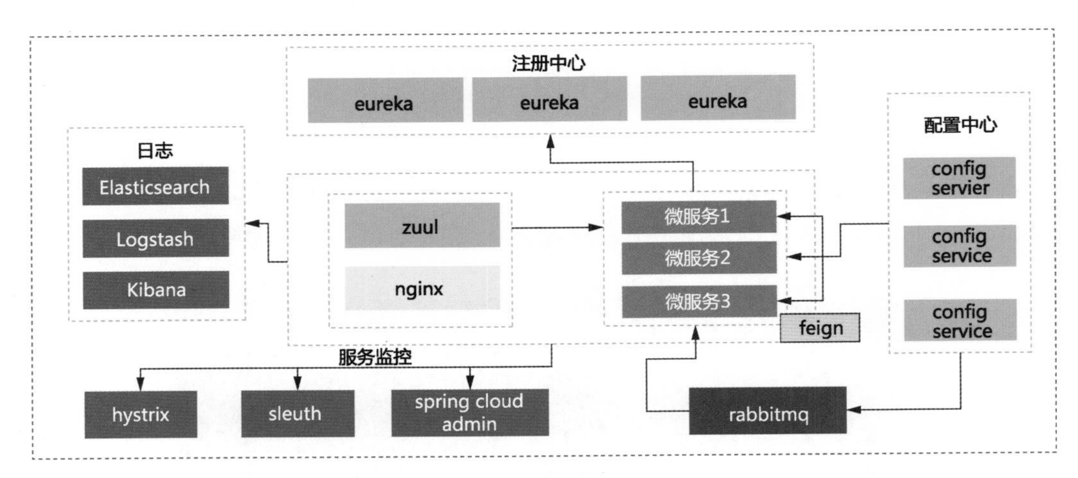

图 6　微服务框架

3. AI 服务组件

智慧后勤平台集成了机器学习、深度学习等人工智能核心技术，能够快速准确地进行多样化的数据处理、数据挖掘分析、模型训练、模型调度等操作，降低数据分析挖掘门槛，节约人力成本。

该组件包含基础操作平台、模型库、智慧应用等功能(图 7)。通过搭建基础技术平台和统一调用接口规范，实现对第三方算法模型兼容。通过积淀人工智能技术能力和行业算法模型，为医院在智慧能源信息化建设、物联网建设项目中提供智能服务能力支撑。

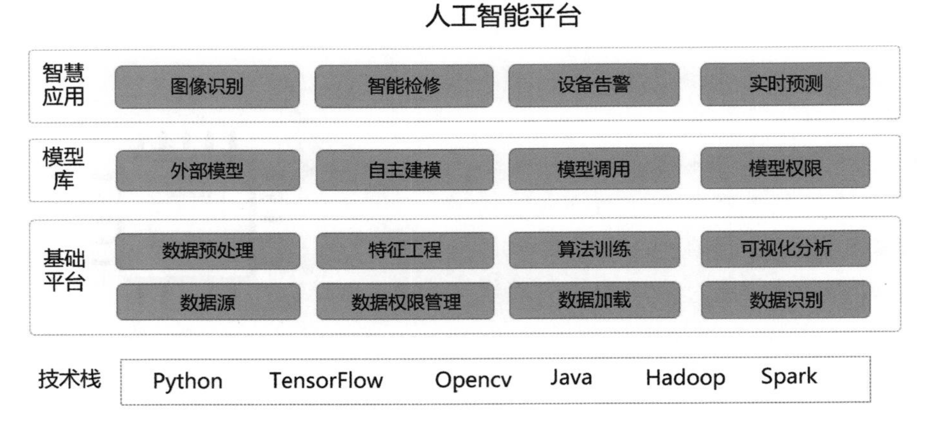

图 7　AI 服务组件

智慧后勤平台基于 AI 的节能优化建立在能效模型的基础上，排除了在线寻优的盲目性，实现设备综合能效的最优化及负荷动态变化的在线修正，实现整个能源站系统的集中管理、远程控制。其表现在对先进节能技术的利用。

（1）基于神经网络算法的负荷预测模型：根据医院运行规律，以小时为基本单位，建立起包括天气、门诊量负荷预测模型，并且能根据能耗及制冷量自动修正负荷预测模型，负荷预测模型为中央空调系统模型运行提供了基础条件。

（2）基于数据驱动＋物理框架的高保真模型：根据中央空调能效模型，建立起包括主机、冷冻水循环泵、冷却水循环泵、冷却塔的能效模型，将能源站系统的控制由单参数控制改变为负荷需求模型，从“局部控制、整体能耗输出”来分析整个能源站系统的能耗情况，并寻找能耗最优状态点，从系统整体上节约能源。

（3）基于遗传算法的自动优化技术：是一种通过模拟自然进化过程搜索最优解的方法，应用遗传算法将系统能效优化问题进行无约束处理，用以解决系统中单一设备节能运行时对其他设备产生的能效制约情况，实现系统整体能效的最优化控制。

4. 智能诊断引擎预警技术

以“同步监控、动态分析、智能诊断”为目标，结合云技术和机器学习技术，在海量信息中提取状态变量，建立预警和诊断模型，通过算法优化和迭代，实现设备风险预警预判和智能决策，促使检修管理手段由计划性检修、事后检修向状态检修、改进型检修演进和转变（图8）。

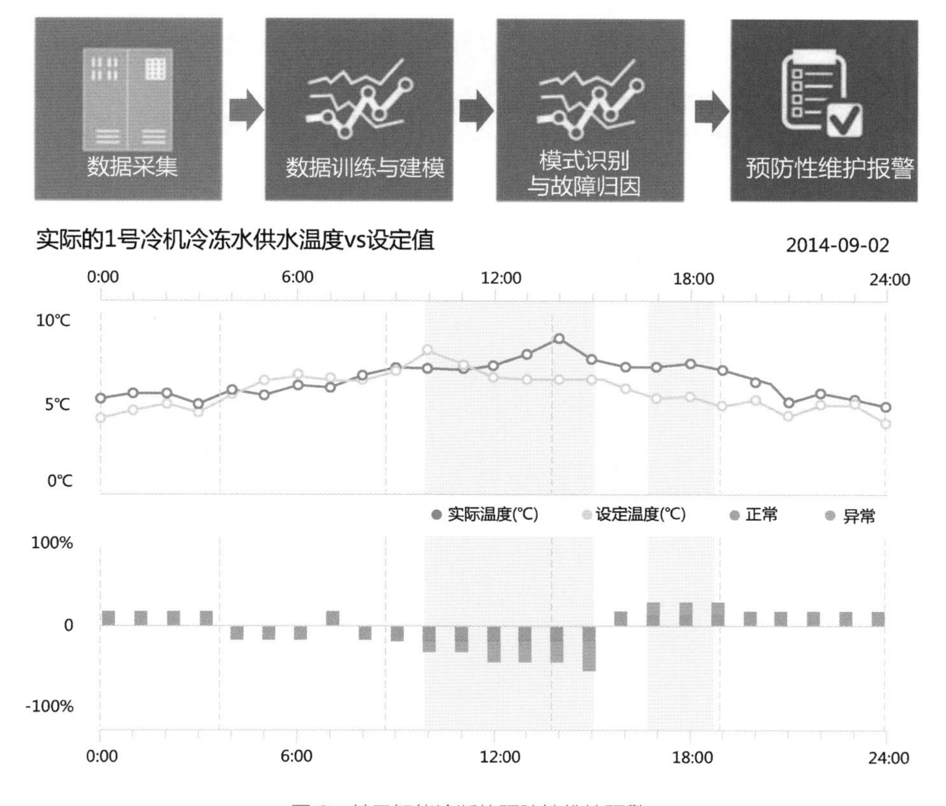

图8　基于智能诊断的预防性维护预警

5. BIM三维可视化模型集成应用技术

整合三维BIM、物联网设备运行及设备管理数据库，为运维人员提供一个基于BIM数字三维模型的管理及监控界面，实现基于BIM运维管理功能（图9）。

利用系统平台调用三维模型BIM，实现在三维模型内的漫游，并进入各需要监控及管理的子空间系统。在各管理间子空间内，根据管理及监控需求，点击设备BIM，调取平台采集的数据库，实现对现场的设备及仪表运行参数的实时监控、历史数据调阅，设备维修维保记录的实时调用，主要材料设备备品备件管理，实现实时的管理及监控。

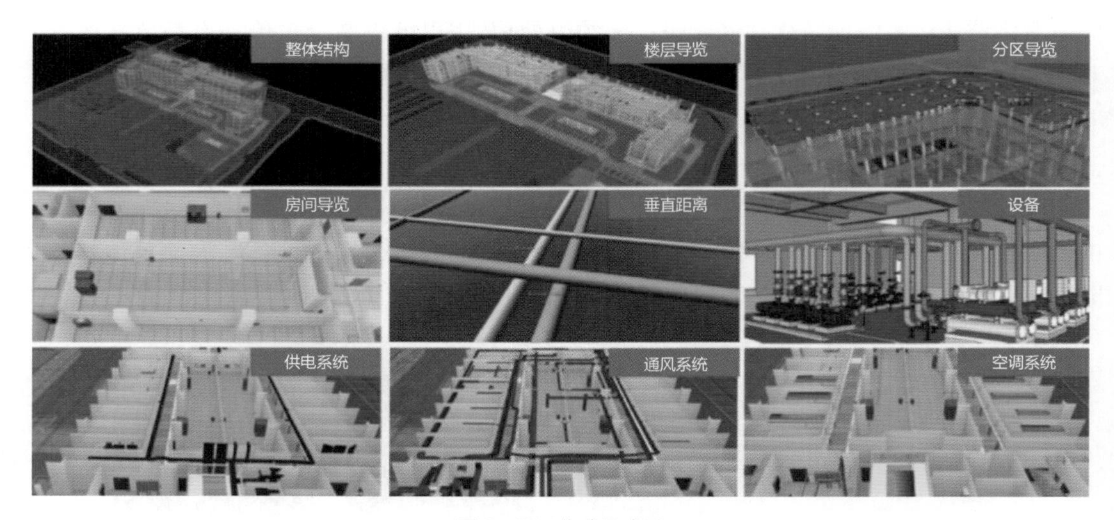

图9　BIM集成及应用

三　建设成效

（一）初步建设成果

1. 建立了基于数据驱动的后勤管理知识库

智慧后勤其关键核心的设计在于精准化数据驱动后勤管理的理念，因此在功能模块建设之外，都应该有针对性地建立数据驱动知识库。数据分析的结果、管理决策的辅助，都是建立在数据驱动知识库的基础之上（图10）。

医院后勤管控的设备多样性大、品牌多、运行管理较为复杂，主要包括的设备类型如下。

（1）供电类设备：高压配电设备、低压设备、母线开关箱、动力配电箱，照明配电箱、医疗动力箱、应急照明箱、UPS等。

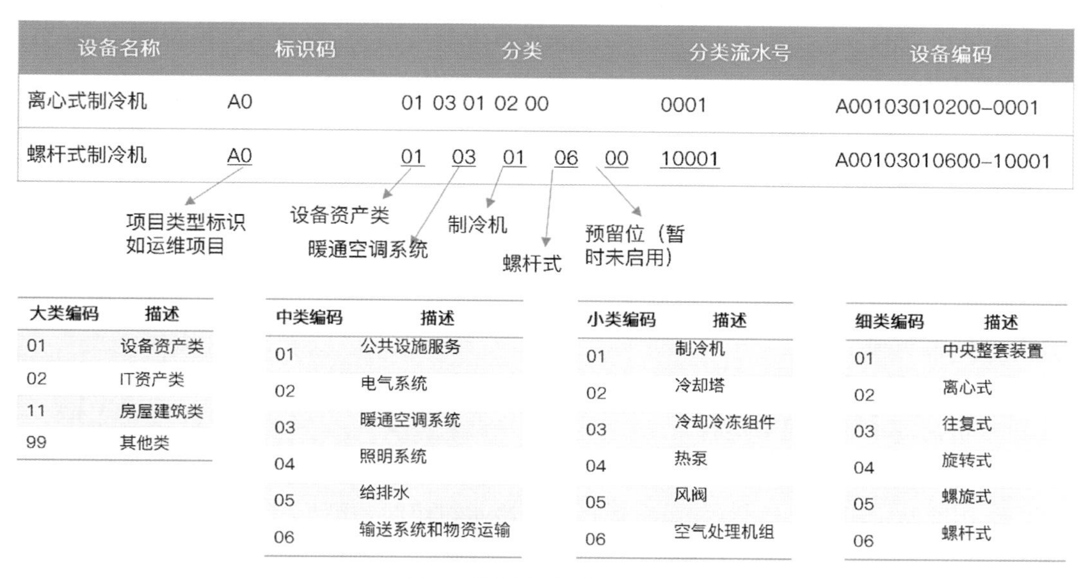

设备名称	标识码	分类	分类流水号	设备编码
离心式制冷机	A0	01 03 01 02 00	0001	A00103010200-0001
螺杆式制冷机	A0	01 03 01 06 00	10001	A00103010600-10001

大类编码	描述
01	设备资产类
02	IT资产类
11	房屋建筑类
99	其他类

中类编码	描述
01	公共设施服务
02	电气系统
03	暖通空调系统
04	照明系统
05	给排水
06	输送系统和物资运输

小类编码	描述
01	制冷机
02	冷却塔
03	冷却冷冻组件
04	热泵
05	风阀
06	空气处理机组

细类编码	描述
01	中央整套装置
02	离心式
03	往复式
04	旋转式
05	螺旋式
06	螺杆式

图 10　后勤设备台账与编码体系

(2) 用电类设备：风机系统(新风系统、排风系统)、消防风机系统、排水系统、排污系统、电机、空调设备等。

(3) 大型设备：电梯、轿厢、机房、轿顶、曳引机、控制柜、外呼显示器、内选显示器。

(4) 制氧设备：空压机、冷干机、制氧机、空气罐、氧气罐、负压吸引泵、负压吸引罐、水箱。

(5) 水暖设备：水暖通风空调类、空调直燃机组、蒸汽锅炉、净化机组。

(6) 信息化设备：小型机、PC 服务器、网络交换机、电脑、打印机。

(7) 特种设备、计量检校设备：锅炉、压力容器(含气瓶，下同)、压力管道、电梯、起重机械、院内专用机动车辆。

本项目从后勤设备的实际需求出发，建立了一整套的设备台账及编码体系(图 10)，是后勤精益运维的基础和核心，主要包括：

(1) 设备编码体系(如冷水机组、水泵、电梯等)。

(2) 位置编码体系(如建筑、楼层、房间等)。

(3) 设备参数编码体系(如供水温度、送风温度、室内温度等)。

2. 建立了智慧后勤运行安全报警诊断体系

本项目建立了后勤设备运行的报警与故障诊断的专家规则，实时的诊断建筑设备(冷水机、热水系统等)运行的异常情况，生成报警并计算其对系统能耗的影响。通过诊断知识规则体系，自动检测，实现在线的异常检测和诊断，对异常进行实时的在线提醒，自动发现问题，这大大提高了后勤运维管理效率。

故障诊断包括如下几个方面：

(1) 不合理的设备启停时间(如冷水机组、空调机组等未按运行计划启动/停止)；

(2) 不合理的设备控制设定参数(如冷冻水出水温度设定,冷却水出塔温度设定,空调机组送风温度设定等);

(3) 设备运行参数达不到设定值(热水供水温度达不到设定值,冷冻水出水温度达不到设定值等);

(4) 设备运行效率低于合理的阈值(如冷机运行 COP、水泵输送系数、风机输送系数等);

(5) 工作时间前过早开制冷站设备(如周一到周五过早开启制冷机组,使机组在部分时段工作在较低负荷下);

(6) 工作时间后未及时停制冷站设备(如周一到周五关闭制冷机组时间不合理,使机组在无供冷负荷需求的情况下运行);

(7) 天气温度低而制冷站运行(如室外温度低于供冷限值,而开启制冷站供冷的情况);

(8) 制冷站一机多泵运行(如系统运行 1 台冷水机组时,开启一台冷冻水泵即可满足流量要求,而出现开启 2 台及以上水泵的情况);

(9) 制冷机负载率过低(如末端冷量需求已满足,冷水机组却长时间运行在低负荷下);

(10) 冷冻/冷却水泵、冷却塔未及时关停;

(11) 冷水机组启停频繁、喘振区域预警(对冷水机组的喘振区域进行模型分析,当冷水机组运行在喘振区域边界时,给出预警提示,提醒管理人员采取措施避免喘振现象出现);

(12) 供水温度低于设定值、冷凝器趋近温度高于限值;

(13) 蒸发器趋近温度高于限值、水泵运行频率高于/低于限值报警。

3. 建立了后勤设备管理指标体系

1) 运行指标体系

后勤运行指标体系描述分运行、自动化、连通性三个方面,每个方面由时间切片统计、时长统计和比率三种指标组成,用于评估后勤管理的设备运行及自动化情况。

(1) 设备正常率:(设备总台数 - 故障台数)/设备总台数。

(2) 设备正常时长率:(设备总时长 - 设备故障时长)/设备总时长。

(3) 故障解决率:解决故障数/(剩余故障数 + 解决故障数)。

(4) 运行自动化率:自动控制台数/设备总台数。

(5) 运行自动化时长率:自动控时长/(设备总台数×24 小时)。

(6) 模块及通信设备在线率:(模块及通信设备总数 - 模块及通信设备离线数)/模块及通信设备总数。

(7) 模块及通信设备在线时长率:(模块及通信设备总时长 - 模块及通信设备离线时长)/模块及通信设备总时长。

2) 能耗指标体系

能耗是医院运行的成本,建立了能耗指标体系,用于评估后勤管理的能耗成本及节能潜力。

(1) 医院经营能耗指标体系：包括单位门诊量能耗，单位营业收入能耗。

(2) 医院单位面积能耗指标体系：包括单位面积总能耗、单位面积空调能耗、单位面积照明能耗。

(3) 设备能效指标：包括空调系统能效比 EERs、制冷系统能效比 EERr、冷水机组运行效率 COP、冷却水输送系数 WTFcw、冷冻水输送系数 WTFchw、空调末端能效比 EERt。

3) 运维指标体系

运维指标体系用于考核运维人员工作量以及工作效率，主要包括如下。

(1) 工单总数：电梯、空调、配电等班组月度、年度工单总数。

(2) 工单完成率：电梯、空调、配电等班组月度、年度工单完成率。

(3) 人均工单数量：电梯、空调、配电等班组月度、年度平均工单数量。

(4) 工单各流程时长：包括分派标准时长、接单标准时长、到达标准时长、完工标准时长、验收标准时长和回访标准时长。

(二) 智慧后勤平台功能

苏北人民医院智慧后勤运维平台，是基于 BIM 的三维展示，在一个大平台上集成了 IBMS(系统集成)、SYS(优化控制系统)、EMS(能源管理)、FM(设备运维管理)等功能，不仅实现了系统间和功能模块间的数据打通，还打通医院建筑设计、施工、运行间数据，实现了医院的可视化、全生命、全方位、一体化管理，让数据驱动管理运维，为医院全生命周期的所有决策提供可靠的依据。

主要实现了如下功能：

1) 集中监控功能

机房采用的是集中实时报警、监测、监控功能通过通信数据采集终端设备，将当前监控对象的运行设备参数实时显示在控制平台上，中心控制平台智慧后勤运维平台实时地显示每一个监控对象的独立运行状态，管理人员也及时、准确地获取后勤各设施、设备的运行情况。

2) 图形化操作界面

全中文图形操作界面，系统采用全中文界面，以三维立体的图形、列表等多种表现方式实时显示监控参量于中央控制室内中心控制平台的彩色显示屏上，简单、易懂、形象地实时反映各设施设备的运行状态，如柱状图、曲线波形图、图表式等图形，供操作人员随时使用。其中的重要数据可通过打印机打印出来作为记录。

3) 报警功能

报警功能是各设施、设备环境监控系统中最重要的一项功能，一般分为正常、一般、紧急三级，当运行中出现问题时，报警系统就会发生报警，并对事件进行记录，但当管理人员由于一些需要修改必要参数时，系统也将修改时间(但设置修改权限)、修改人等事件记录，便日后查询。报警发生后，系统对报警事件进行记录。当各设施、设备发生报警时，并迅速通知相关值班维护人员或管理人员进行处理。

4）运行历史数据记录和趋势功能

系统具有历史告警记录功能，数据库中能长时间保存的历史报警记录，能实现对机房运行的关键参数进行长期的记录，通过查询、查看历史趋势图，进行一些统计分析等。

5）用户管理功能

主要是对监控系统的使用者进行权限管理，避免未授权的人员随意修改参数设置或者查看。而授权需要进行分级控制，不同级别的人员只有本人级别内所允许的操作功能。

6）报表功能

数据报表是对监控过程中系统监控设施、设备的运行状态的综合记录和规律总结，一般有实时数据报表和历史数据报表。用户通过报表的过滤器选项，可以方便地按照预定义的限制条件进行查询。系统可以分时段、分地域、分设施、设备对故障率、平均障碍历史等信息进行统计，查询统计的结果可以自动形成报表通过打印机输出。

7）远程管理集中控制功能

远程控制主要利用日益完善的网络资源，使操作人员不再局限在监控主机旁操作，而能在中心平台对系统进行远程监测、监控和监视，比如空调、通风、水箱、热交换机组等系统。

8）安全保障功能

具有信息过滤、自检和自动维护能力，通过设置智能系统监测、监控软件及服务器内部采用数据备份大容量存储卡，保证系统及数据的同时备份，以保证系统安全无故障运行。

9）能耗管理及分析

具有独立的能耗管理平台，可通过采集的能源数据制作各种图表进行二次分析，并可进行长期数据保存。

1. 集中运行监测

1）中央空调集中监控

本项目将苏北人民医院1号楼、8号楼、9号楼、医技楼的离心冷水机组、螺杆冷水机组、风冷式冷水机组内部数据采集到智慧后勤运维平台，进行统一监控和报警管理（图11），监控的内容包括：

（1）监测并显示冷机冷凝温度、蒸发温度、冷凝压力、蒸发压力、冷冻水进出口水温、冷却水进出水温、冷冻水供水温度设定值等冷机运行参数。

（2）监测并显示室外干球温度、相对湿度或湿球温度。

（3）当任何一台冷水机组运行故障时，通过显示及声音提示方式，针对各台冷机分别发出故障报警。

（4）记录各台冷水机组蒸发温度、冷凝温度、蒸发压力、冷凝压力、蒸发器进出口水温、冷凝器进出口水温、冷冻水出口温度设定值。

（5）记录各项故障报警发生的内容和时刻。

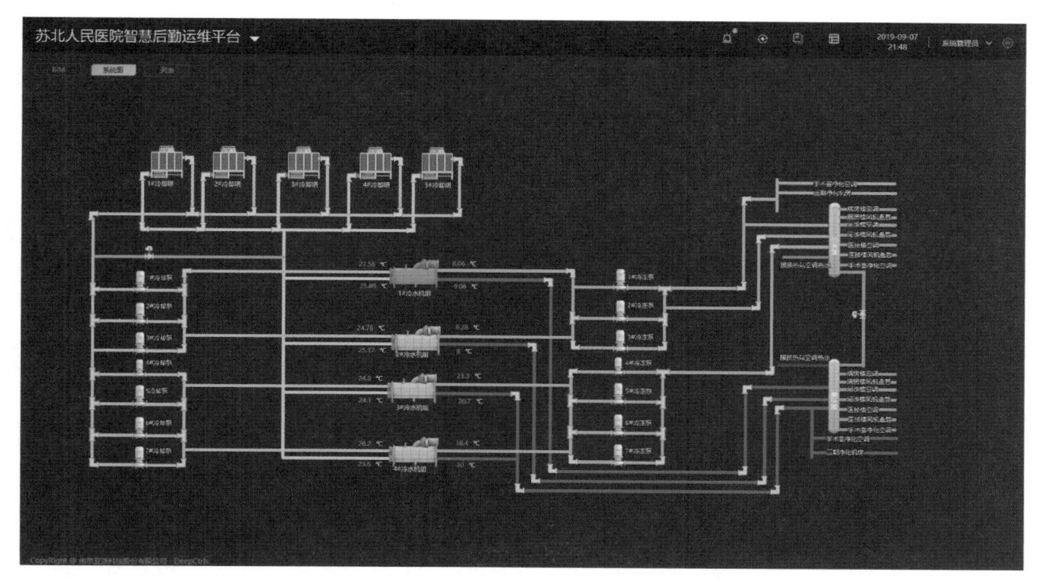

图 11　冷源监测功能页面

2）热源集中监控

本项目将苏北人民医院 1 号楼、5 号楼、8 号楼、9 号楼、医技楼热水温控器通过接口采集到智慧后勤运维平台，进行统一监控和报警管理（图 12）。温控器接入平台的进行监控的内容包括：

（1）供水温度/阀门开度/供水温度设定。

（2）温度过高发出温度超高报警。

（3）记录各项故障报警发生的内容和时刻。

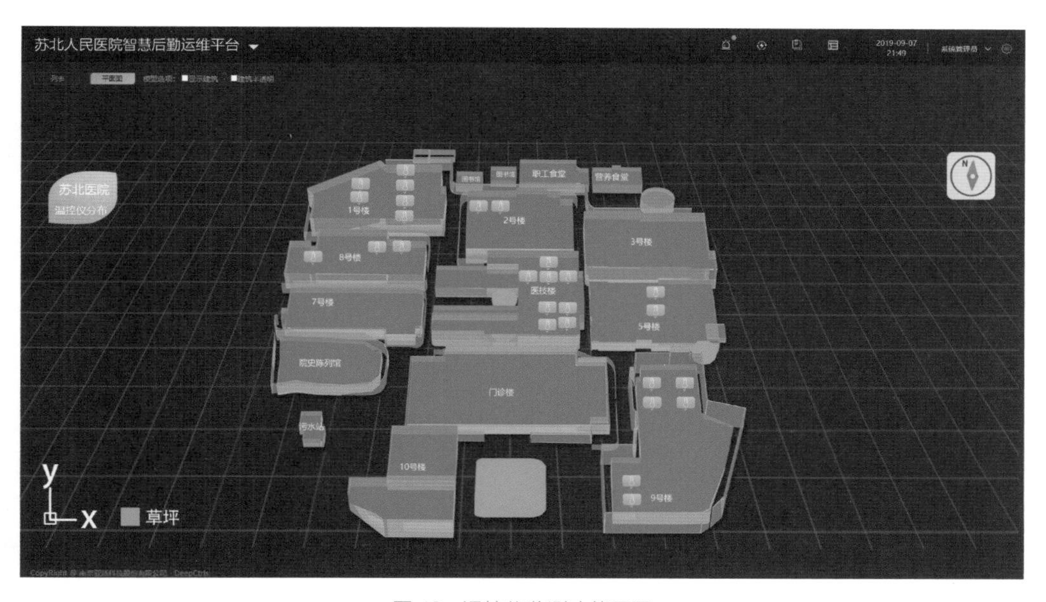

图 12　温控仪监测功能页面

3）供配电系统集中监控

本项目将苏北人民医院新配电房高压系统、老配电房高压系统、新配电房低压系统通过接口采集到智慧后勤运维平台，进行统一监控和报警管理（图 13），监控的内容包括：

（1）断路器分合状态、刀闸状态、电流、电压等参数。

（2）变压器温度、发电机组内部参数。

图 13　高压配电监测功能页面

本项目还将苏北人民医院职工食堂、医学研究中心、公寓楼、洗衣间配电间、1 号楼配电间、5 号楼配电间、8 号楼配电间共 7 个配电间的配电回路接入智慧后勤运维平台（图 14），监控的内容包括：

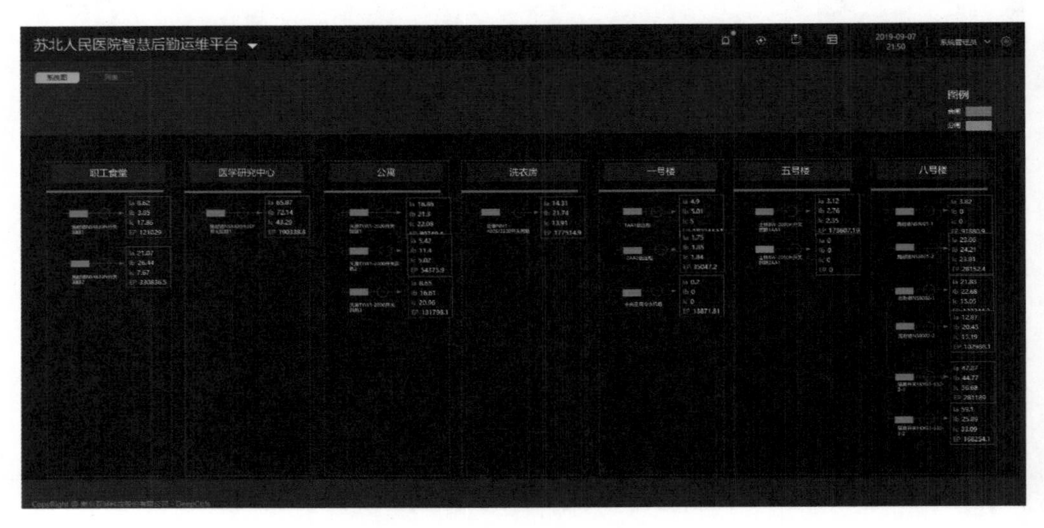

图 14　楼层配电间监测功能页面

（1）A、B、C 三相电压、三相电流、三相有功功率、三相无功功率、三相功率因数、用电量。

（2）最大功率需量值及发生的时刻。

（3）电压不平衡度、电流不平衡度。

（4）A、B、C 三相温度。

另外采集装置配置温度模块，可在每个配电箱内配置一个温度传感器，监测当前配电柜内的温度情况。通常，配电回路出现过负荷、跳闸等现象的先兆就是出现温度上升现象，在配电柜内安装温度传感器可及时发现异常温度上升现象，综合管理平台报警功能可增加温度异常上升判断规则，当某个配电柜内温度出现异常上升时，给出预警提示，管理人员及时处理故障隐患，可将过负荷导致的跳闸、火灾等事故消除在萌芽状态，做到防患于未然。

4）电梯集中监控

将苏北人民医院的电梯系统参数采集到平台上进行统一监控和报警处理（图 15），监控的内容包括：点位包括总接触器状态、运行接触器状态、安全回路状态、运行状态、门状态、轿厢上下行、电梯平层状态、上下极限状态、轿厢报警按钮动作、基层检测和楼层位置检测，以及 10 项故障告警（包括轿厢困人、安全回路断路、电梯冲顶、蹲底故障、轿厢开门走梯、运行超时、反复开关门、长时间开门、轿厢在非平层区域停止、轿厢报警按钮动作）等。

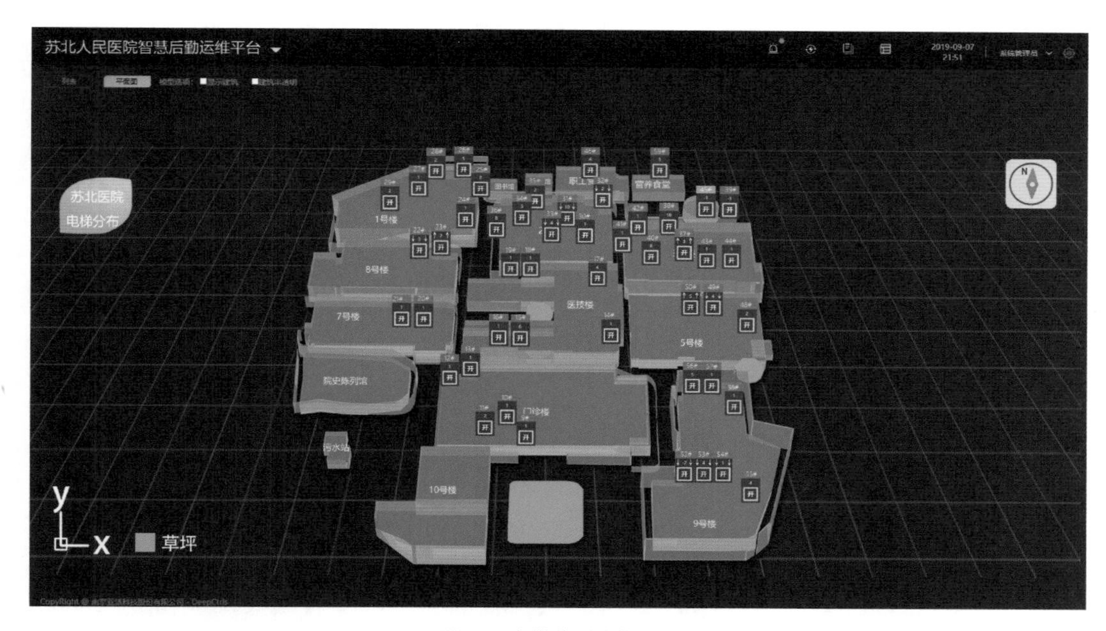

图 15　电梯监测功能页面

5）视频集中监控

本项目将主要设备区域视频监控画面集中采集到智慧后勤运维平台（图 16），主要包括接入电梯轿厢内视频画面，并在关键设备机房（制冷机房、配电房、换热站）增加摄像机，将主要机电设备运行情况集中监控。

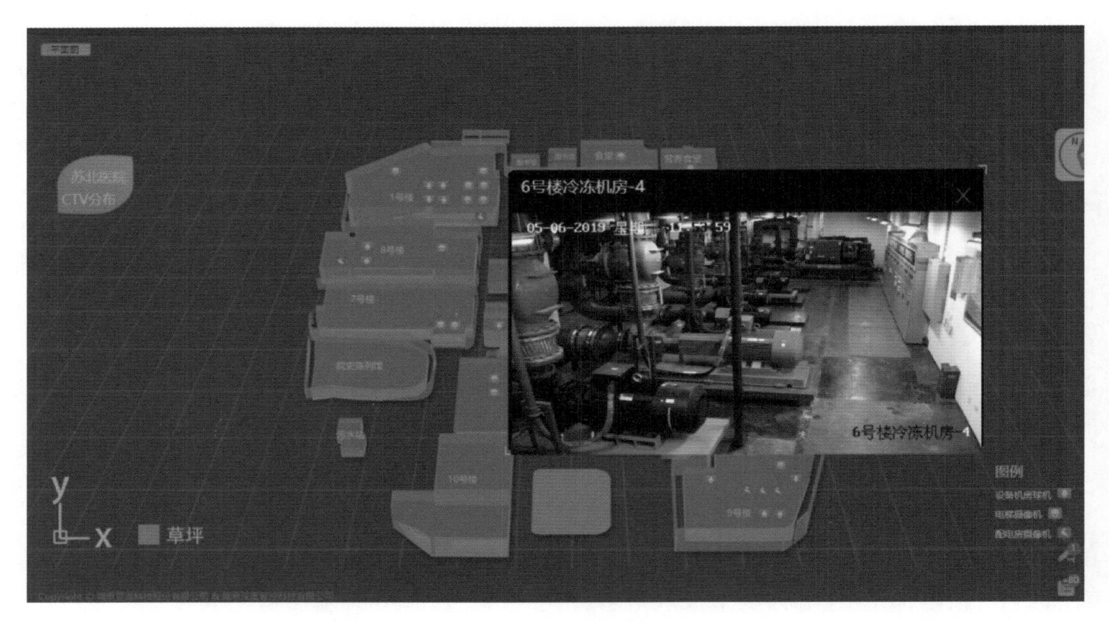

图 16 视频监控功能页面

6）污水坑集中监控

本项目将医院关键区域污水坑及污水泵纳入智慧后勤运维平台，采集污水坑溢流状态、污水泵故障状态、污水泵运行状态、污水泵手自动状态（图 17）。当污水坑发生超过液位报警信号时，智慧后勤运维平台弹出报警提示，报警提示框列出报警设备的监测地址，点击报警设备，系统跳转到当前污水坑运行监测页面，查看污水泵是否在自动状态，污水泵是否运行，污水泵是否产生了故障报警。

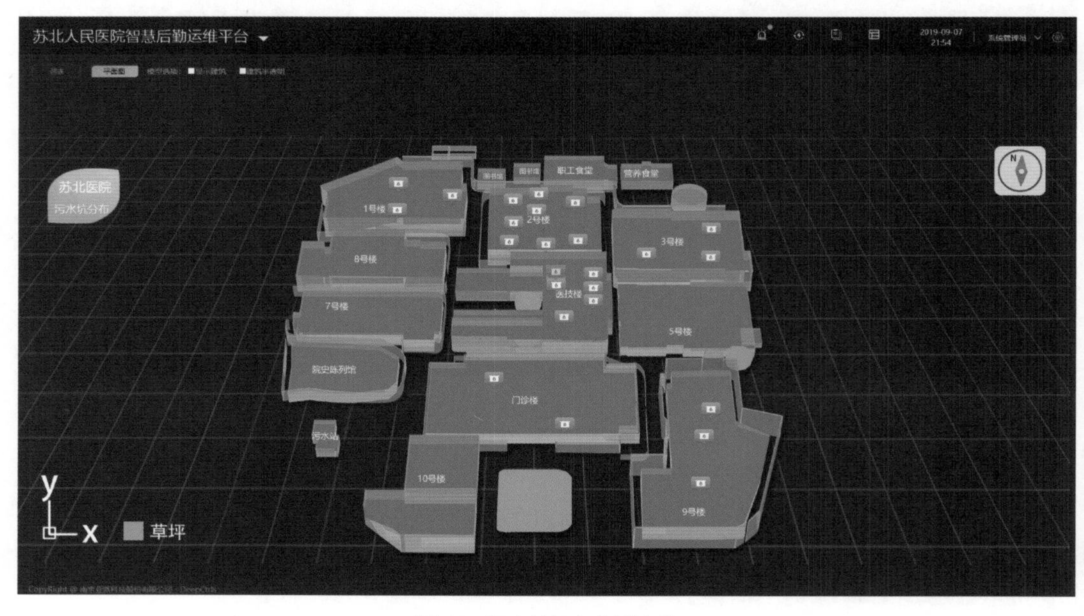

图 17 污水坑运行监测功能

7）地下管网集中管理

本项目对医院室外地下管网进行了全面勘测，修正、补充了地下管网缺失的二维图资料。利用 BIM 技术对管网进行建模，并添加相关信息，最终利用平台进行三维可视化呈现，建立了全面的二三维数字档案。如图 18 所示。

本项目集中管理的地下管网包括：自来水、雨水、污水、燃气、氧气、供热，共六类管道，采用颗粒度 LOD300 的 BIM 进行了建模与可视化，使地下管网的管理、查询更加直观、规范、准确，为苏北医院日后进行地下管线建设、改造等提供辅助决策技术支撑。

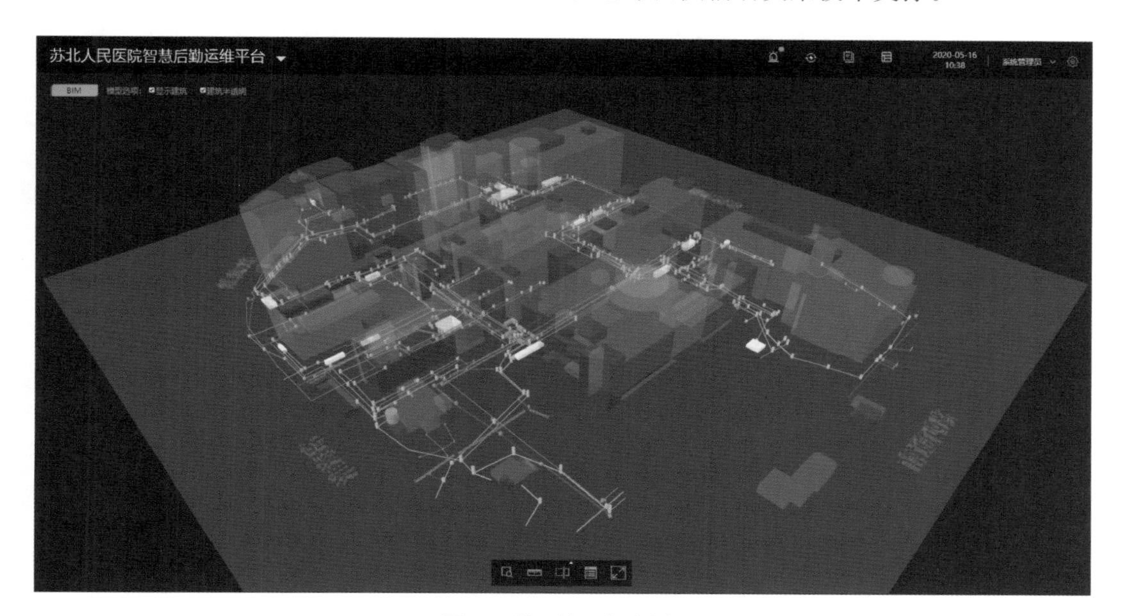

图 18　地下管网监测功能

2. 集中报警管理

报警功能是各设施、设备环境监控系统中最重要的一项功能，一般分为正常、一般、紧急三级，当运行中出现问题时，报警系统就会发生报警，并对事件进行记录。但当管理人员由于一些需要修改必要参数时，系统也将修改时间（但设置修改权限）、修改人等事件记录，便日后查询。报警发生后，系统对报警事件进行记录。当各设施、设备发生报警时，可迅速通知相关值班维护人员或管理人员进行处理（图 19），有以下几种方式。

（1）屏幕显示报警：通过在监控电脑屏幕上优先弹出报警相关画面，并显示醒目的图案和文字来告知中心控制平台管理人员，并迅速通知相关值班维护人员或管理人员进行处理，报警故障排除后，声光报警提示自动消失。

（2）声光报警：当设施或设备出现故障时，系统及时进行声音、灯光提示给中心控制平台管理人员，并迅速通知相关值班维护人员或管理人员进行处理，报警故障排除后，声光报警提示自动消失。

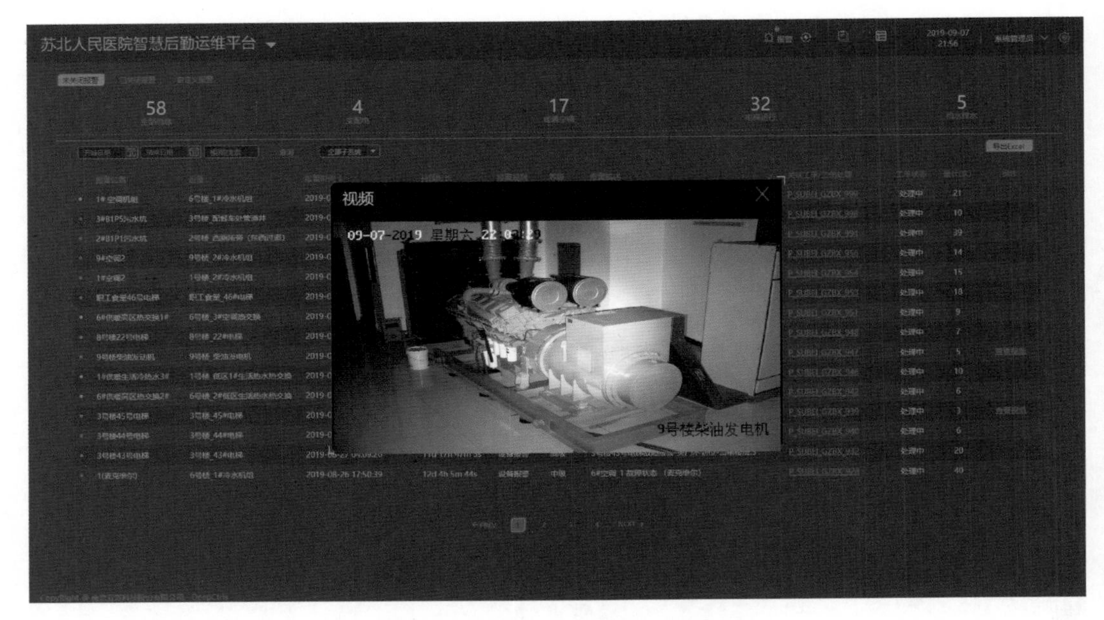

图 19　报警管理——实时报警内容处理

3. 系统联动

系统将接入的中央空调、热源、供配电、电梯系统、视频监控系统数据打通，实现各系统具有关联性数据之间的联动功能。

1）配电报警联动视频监控画面

系统根据配电管理规定或设计标准，对各个用电支路或设备进行安全门限设置，包括异常跳闸、过流、超温，与安全报警模块联动。当配电系统有报警产生时，自动在报警屏弹出该报警条目，提醒管理人员，并且将该报警所对应的视频监控画面在视频监控窗口置顶，使管理人员可以在第一时间了解现场的情况。

2）电梯报警联动视频监控画面

当系统监控的电梯轿厢报警按钮动作、轿厢困人、轿厢开门走梯、反复开关门、长时间开门、轿厢在非平层区域停止、轿厢报警按钮动作等报警被触发时，系统自动在报警屏弹出该报警条目，提醒管理人员，并且将该报警所对应的电梯轿厢内容视频监控画面在视频监控窗口置顶，使管理人员可以在第一时间了解设备及轿厢内人员安全的情况。

当系统监控的电梯安全回路断路、电梯冲顶(超限值)故障、电梯蹲底(超限值)故障、运行超时等报警被触发时，系统自动在报警屏弹出该报警条目，提醒管理人员，并且将该报警所对应的电梯机房视频监控画面在视频监控窗口置顶，使管理人员可以在第一时间了解设备运行的情况。

3）冷水机组及换热器报警联动视频监控画面

当系统监控的冷水机组出现故障、喘振预警等报警被触发时，系统自动在报警屏弹出该报警条目，提醒管理人员，并且将该报警所对应的冷站机房视频监控画面在视频监控窗口置顶，使管理人员可以在第一时间了解设备运行的情况。

4. BIM 运维管理

BIM 监测模块通过 BIM 的方式展示项目及运营数据，在空间维度实时展示主要设备的位置、状态等信息。通过 BIM 模型能够方便地查询子系统及设备的基本信息、运行信息、报警信息、日志信息等，实现将静态数据与动态数据结合，实现了可视化运营管理。如图 20、图 21 所示。

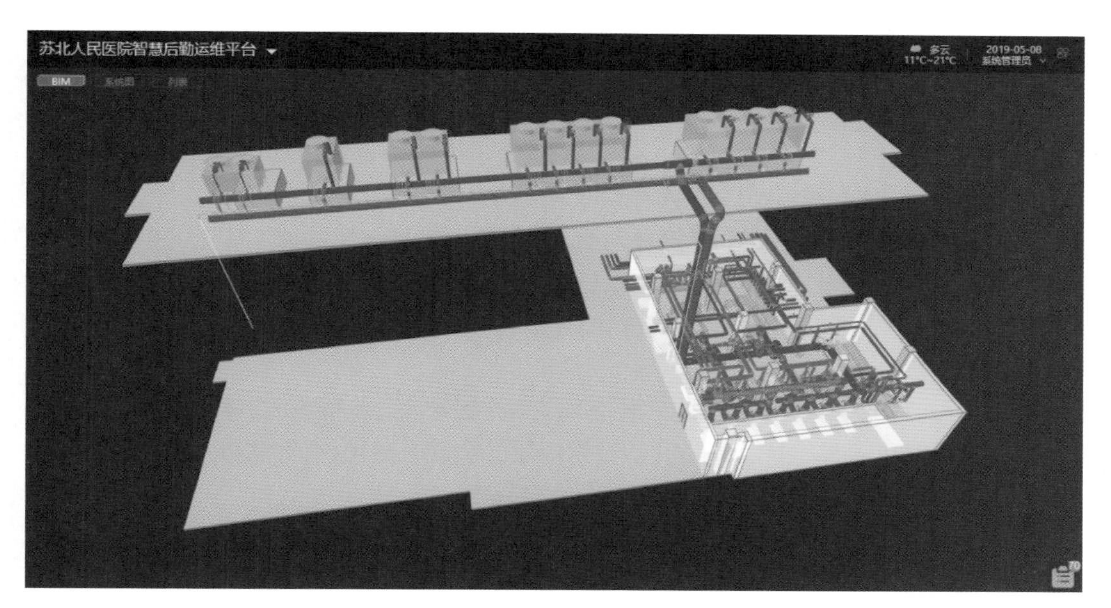

图 20　制冷站 BIM

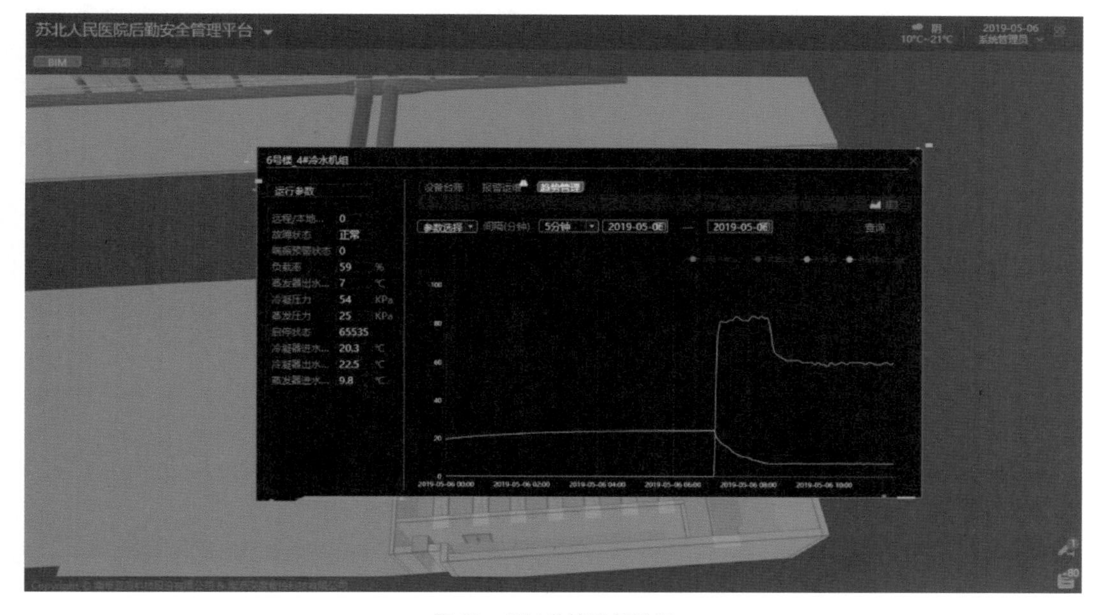

图 21　BIM 监控设备弹框

5. 能源管理(图 22)

1）能耗模型

实现了根据国家标准和行业标准以及医院需求从区域和业态维度进行能耗建模，具备使用实际计量设备和使用虚拟计量设备两种建模方法，支持对不同类型的能源进行能耗建模。

2）能耗分析

实现了对各能耗节点的多维度分析，同时支持柱状图、折线图、表格方式，分析的数据可以导出。内容包括算术统计、同比、环比、单位面积能耗、人均能耗、转化指标(标准煤、碳排放、人民币)的分析。

3）能耗对比

实现了各能耗节点的多维度能耗对比，支持折线图、表格方式，对比的数据可以导出。内容包括算术统计、单位面积能耗、人均能耗、转化指标(标准煤、碳排放、人民币)的对比。

4）能耗排名

实现了对各能耗节点的多维度能耗排名，支持柱状图、表格方式，排名的数据可以导出。内容包括单位面积能耗、人均能耗、转化指标(标准煤、碳排放、人民币)的排名。

5）人工填报

实现了人工录入/修订某一设备或某一能耗节点的能耗值；实现了批量录入/修订一段时间的多个能耗值。

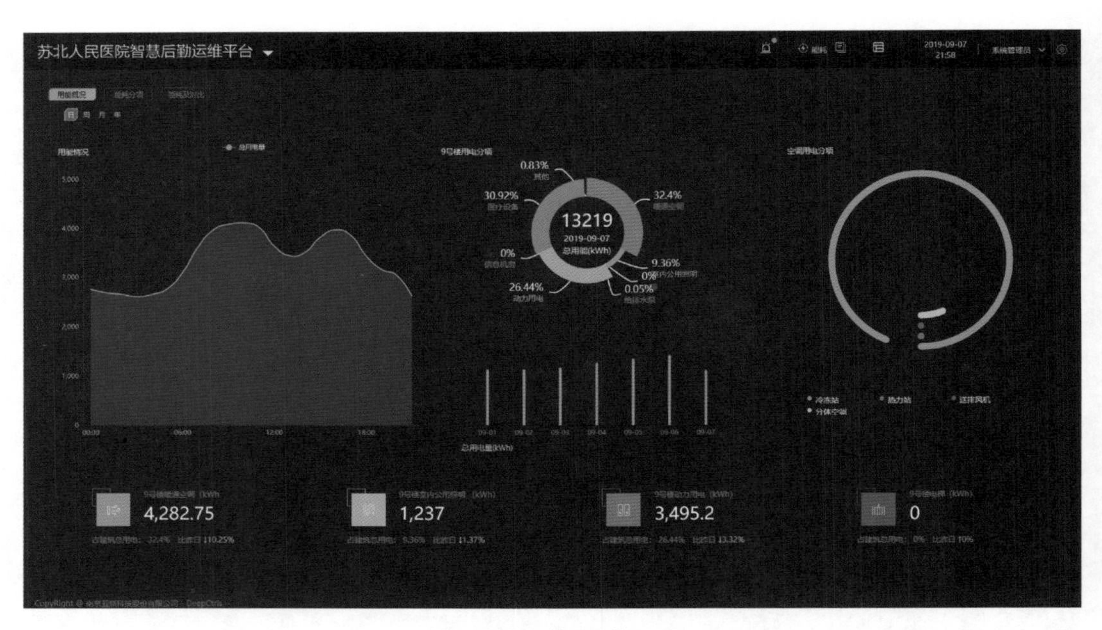

图 22　能源管理功能页面

6. 运维工单管理

1）设备台账

建立了设备的层次管理体系和关联结构。跟踪设备的库存、运行和维修状态。能实现设备从选型、采购、安装调试、运行、维护保养直至报废的全生命周期管理。可以通过灵活的授权，能实现多站点之间设备、物资相互可以查阅、迁移、调拨或交易，也可以授权部分的内容相互不可见。

根据实际的设备状况灵活建立实物设备结构，按多种属性建立拥有继承关系的层次树形结构，以上层次结构中层数、复杂性应不受限制。设备台账与设备之间应建立一对一或多对一的关系，支持实物账和价值账的一致。

设备台账为建筑中的设备数据库，用于设备管理和其他应用调用，包括下面两部分内容。

（1）设备列表：展示设备的名称，所属系统以及位置信息，并可根据系统过滤显示；点击具体的设备，进入设备详细信息界面。

（2）设备详细信息：包括基本信息；位置关系（城市/建筑/楼层/区域/系统/设备组）；计量关系（对应的计量设备）；技术规范（设备额定参数）。

2）工单及流程

设备运维工单体系，以设备台账为基础，以工单为主线，通过信息化、流程化完成运维工作的流转，工单流程包括如下。

（1）工单提报：可根据监控报警自动提报、按照频率周期提报和人工提报。

（2）任务分派：提报任务下发至相关管理人手中，由管理人选择可执行的工程人员，完成任务的可行性分派。

（3）执行汇报：工程人员在执行过程中增加任务描述、任务现场照片、任务完成时间等信息，实时记录任务执行阶段所有内容。

（4）验收确认：管理人员根据工程人员所提交的执行信息，审核任务执行情况，对于不合格的任务可驳回重新执行，直至合理完成维保工单作业。

实现了通过手机客户端、Web应用创建派工单，记录派工工作内容，实际执行人及工时，根据派工单发放库存物资，通过KPI查看派工单相关数据的统计分析。如图23所示。

7. 报表查询

报表功能实现了设备运行报表查询和设备运行报表导出的操作。

1）报表查询

能够通过对所属专业、设备类别、设备类型、所在位置、设备名称和日期的选择，完成对设备运行报表的筛选和查询。

2）报表导出

对于每一种设备中想要下载的设备，可通过平台上的“输出”按钮，将当前设备报表信息导出到Excel文件中，同时还支持批量输出。

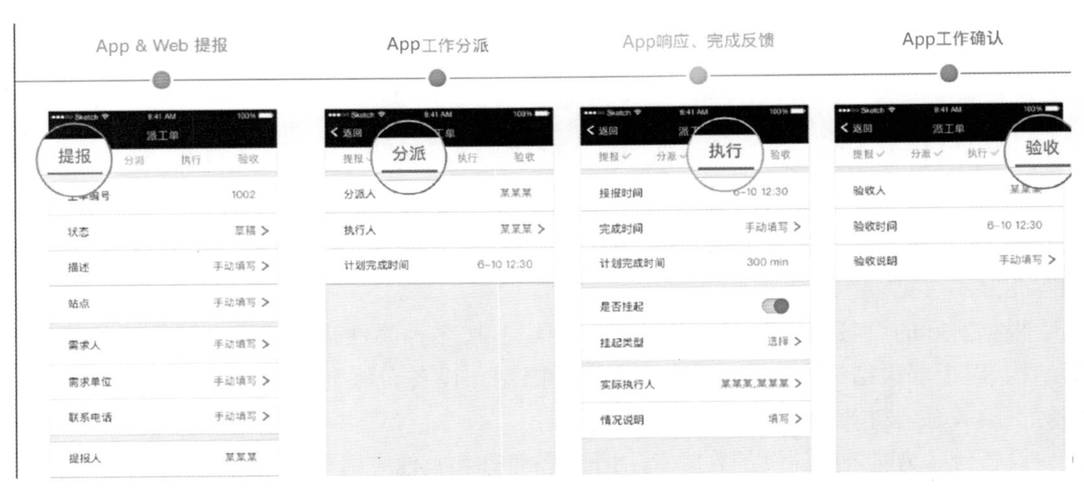

图 23 工单流转流程

8. 移动客户端应用

移动客户端的应用（图 24）分为报警模块、监控模块等功能模块。

图 24 移动端应用

1）监控模块

（1）实现单台设备的实时参数监测、运行趋势图查看。

（2）实现收藏、分项批量选择的多台设备。

（3）模糊查询设备进行查看。

(4) 实时查看视频监控系统画面。

2) 报警模块

(1) 实现实时报警的系统通知推送。

(2) 展示实时报警信息的展示(包括报警分级、报警分类、报警所属设备、位置、报警描述、发生时刻)。

(3) 对单条报警信息可以进行置顶和已读、未读操作。

(4) 对报警信息进行模糊搜索查询。

(5) 对报警信息进行排序处理。

(三) 学术研究成果

医院后勤管理者面对医改新形势,在后勤管理团队的共同努力下,乘势而上,主动作为,谋划专业人才培养、推动后勤信息化建设,坚持更加科学化、规范化、信息化、社会化和精细化的道路办后勤,用心谱写后勤工作的赞歌,用双手描绘后勤工作的蓝图,成为临床和患者的坚实后盾。近年来,有多家国内外医院后勤专家来院交流学术成果与实践经验。

三年多来,共获得省级课题重大课题 1 项、一类课题 1 项;发表/录用中文核心期刊 3 篇,省级期刊论文 25 篇,全国专业年会优秀论文 4 篇,省市级专业年会优秀论文 16 篇。

“2018 年度全国后勤年会”获得优秀论文二等奖 1 篇、三等奖 1 篇,“2019 年度省级后勤年会”获得优秀论文一等奖 1 篇、三等奖 1 篇,并荣获省级后勤年会优秀组织奖,连续两年获得全国医院后勤先进示范单位荣誉。先后荣获全国医院后勤管理创新示范单位、中国医院管理奖、后勤管理优秀奖、第二届中国现代医院管理典型案例后勤管理案例 50 强 2 项等多项殊荣。

(撰稿:吴永仁)

杭州市崛起首个EPC装配式钢结构医院建筑新地标

——杭州市第七人民医院浙西院区

一 建设背景

1. 项目概况

为贯彻落实省市优质资源双下沉的工作要求，推进基层精神卫生事业发展，2016 年 8 月 10 日，杭州市第七人民医院与建德市人民政府签订了浙西院区建设项目合作协议书，浙西院区建设标准按照国内三级甲等精神病专科医院的要求，建筑、流程布局以 JCI 标准设计规划，打造全国一流的现代化、国际化的精神专科医院、全国精神专科科研教学培训示范基地。项目建设用地由建德市政府提供，占地总共 200 亩分批供地分两期建设。

杭州市第七人民医院总院位于杭州市西湖风景名胜区，医疗环境舒适、医疗设备先进，医院立足精神科，积极拓展服务领域，现已成为集医疗、教学、科研、康复和预防职能于一体的治疗精神、心理疾病的三级甲等专科医院，在全国具有较高知名度。浙西院区选址于钱塘江上游的建德市寿昌镇十八桥村，基地西临寿昌江，东靠自然山体，依山傍水，环境优美；用地条件宽松，为创造“花园式”“度假村式”医院创造了条件。浙西院区是杭州市第七人民医院突破现有主城区用地限制，扩大规模，提升品质和知名度的一个重要契机。如图 1 所示。

图 1 浙西院区鸟瞰效果图

浙西院区一期工程项目建设床位数 500 床，总建筑面积约 47 465 平方米，占地 127 亩，总投资 27 057.02 万元，二期暂未立项。建设内容包括急诊部、门诊部、住院部、医技科室、康复治疗、保障系统、行政管理和科研教学培训等功能用房，以及机动车停车位、非机动车停车位、设备用房等辅助用房。项目供地主体为建德市人民政府，建设主体为杭州市第七人民医院，建设资金由杭州市本级财政统筹解决，这样的合作建设医院模式也属杭州市首创，也是杭州市本级财政资金直接投入在县市建设新医院的首次尝试。杭州市本部总院区距离浙西院区项目约150公里，车程约2小时，较远的空间距离给新医院建设增加了困难和阻力，亟待采取创新性的建设管理模式与建造方式以适应解决本项目的特殊性。

2. 传统医院建设的常见问题

与其他各类公共建造相比，医院建设项目具有投资大、工期长、技术复杂等特点。医院建设项目的复杂性体现在：①专业化程度高，系统配置多，施工工艺复杂，个性化要求高；②医疗工艺流程复杂；③平行分包项目多，招标难度大；④施工作业交叉多；⑤设备安装和系统调试复杂，项目验收、交接工作量大。目前多数医院的建设管理仍采用传统的业主—监理—施工三角模式，或者政府投资项目要求采用代建制的模式，这两种模式各有不足之处，导致建设项目易工期延误、易扯皮、易超概算等现象时有发生。

3. 智慧建造的重要性和必要性

智慧建造指的是依托先进的信息化技术，建立以房屋建造为最终产品的理念，运用系统化思维，优化集成了从设计、采购、制作和施工等环节的各种要素和需求，通过设计、生产、施工和高效管理及协同配合，实现了工程建设整体效率和效益最大化的建造过程。智慧建造能实现项目的数字化、精细化、智慧化生产和管理，提升工程项目建设的技术和管理水平，对推进和实现建造产业现代化具有十分重要的意义，将成为建造领域改革的重要内容之一。医院作为最复杂的公共建筑，在《健康中国行动(2019—2030)》大背景下，又引来了新一轮医院建设高峰期，迫切需要运用智慧建造方式，建立全生命周期的信息化建造管理，助力医院可持续发展。

二 建设内容

浙西院区一期工程以“绿色化、信息化、工业化”为策略，以节能环保为核心，以信息化融合工业化为手段，实现智慧建造、绿色建造。

(一) 组织构架

1. 党建引领，支部共建

项目作为杭州市重点项目，是杭州市委市政府决策部署“干好一一六、当好排头兵”在民生实事领域推进扩大有效投资的举措之一。同时,医院在实行院党委领导下的院长负责制后,从项目起始便积极筹备浙西分院一期工程临时党支部的建设,将党的政治优势、组织优势转化为具体工作中的执行优势和竞争优势。全力搭建的工程建设管理"党建+"平台,充分发挥基层党支部的战斗堡垒作用,与工程项目推进互促互进、同频共振、高度融合。项目临时党支部由医院建设现场办公室、EPC单位、施工单位、监理单位、BIM咨询单位和跟踪审计单位的党员组成,由医院建设现场办公室主任任支部书记。

为推进项目落地与工程建设进程,进一步增强党组织凝聚力与影响力,浙西院区一期工程临时党支部又与建德市第四人民医院党支部、寿昌镇十八桥村党总支、建德市住建局建筑业管理处党支部开展党建共建,增进优势互补,为项目建设攻坚克难提供保障。以基层党建共建为沟通协调平台,促成了项目周边高压临时干线的迁移、建德市无欠薪工程示范项目的申报、省市新型建筑工业化示范项目的申报等具体工作落实。

临时党支部加强项目廉洁风险防控建设,有针对性地开展党员教育和警示教育活动,将学习人员扩大到班组,让项目管理人员筑牢防腐拒变的思想防线。医院纪检书记多次通过临时党支部平台组织对所有项目参建单位党员及负责人进行集体廉政谈话,在支部的固定党日也邀请医院纪检书记或监察室主任做廉政教育及清廉医院建设的相关讲座,确保将项目建成优质、廉洁、和谐工程。

2. 组织保障

由于医院同期承担了本院内的杭州市第七人民医院精神科病房楼改扩建项目,亦属杭州市重点项目,两个项目的同时实施对医院基建管理与行政管理提出更高的要求。在医院的行政管理层面高度重视两大重点项目的筹划与推进,针对浙西院区项目采用设计、采购、施工等一体化承发包(Engineering Procurement Construction, EPC)建设模式的特点,改变医院原有职能型行政管理组织结构,为医院重点建设项目而专设了在分管基建副院长领导下的"项目工作组",建立了扁平化、矩阵式的项目组织结构。与医院各职能科室形成矩阵式结构,除项目组固定负责人员外,根据工作进度安排,各职能部门相关人员随时进入项目部参与相关工作,凡进入项目组人员均以项目工作组的指令为主、职能科室指令为辅。该矩阵式组织形式既保证了人员精简,又使得医院项目组管理各项内容得以有序、大力、全面地开展。如图2所示。

在项目层面,医院项目组作为项目业主方的代表与各参建单位形成以合同为纽带的组织结构。由于本次EPC单位为设计+施工联合体——浙江工业大学工程设计集团有限公司与潮峰钢构集团有限公司联合体,其中浙江工业大学工程设计有限公司(以下简称浙工大)为联合体牵头人。按照合同规定,潮峰钢构集团有限公司(以下简称潮峰钢构)承担钢结构构件制作与指导安装,浙工大作为牵头人负责工程的全过程管理,经过联合体内部招投标程序将施工总承包发包给施工特级单位浙江环宇建设集团有限公司。因医院建设项目复杂,涉及医用专项比较多,EPC单位又根据实际情况将相应设计与施工工作分包给专业单位。工程总承包单位作为EPC合同履约主体,全面负责设计、采购、施工全过程,对工

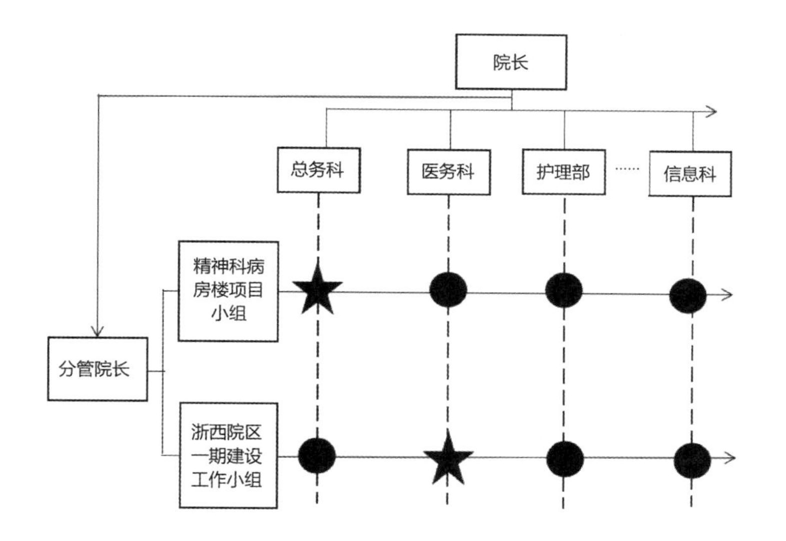

★ 表示项目组固定负责人，牵头落实相关工作（浙西院区一期小组组长为医务科副科长，同时负责项目所在地医疗双下沉相关工作）

● 表示组员，根据项目进程，科室相关人员随时进入项目小组参与相关工作

图 2 业主方项目管理组织结构

程质量、安全、进度和成本负全责；解决设计、采购、施工脱节矛盾问题；设计全过程持续优化完善。采用 EPC 建设模式项目层面的组织管理相对比较简单，纵向的管理层级相对少，但对 EPC 工程总承包单位的横向协调衔接能力提出了更高的要求。目前市场上具备相应能力的工程总承包单位凤毛麟角，真正熟悉医院建设特点的单位几乎没有。

另外，依据项目进度计划制订了项目专家资源需求计划，建立了专家库。专家库主要由杭州市属医院的总务基建和相关科室的负责人、工程咨询公司的专家及高校教授等组成，通过评审会、论证会、评标会的形式，为项目提供了坚实的技术支持。

（二）建设新模式

1. 方案国际竞赛，择优设计

在立项之初，就启动了国际性地方案设计竞赛，此次竞赛总共邀请到 7 家国内外知名的设计院，其中 4 家是境外设计院。经过历时 2 个月的激烈竞争，评审专家通过对方案整体、设计效果、功能布局、技术指标分析和设计单位综合实力等五个方面进行评审，最终确定了三名优胜者：主打和式建造风格的美国 HKS 公司、主打新中式建造风格的我国台湾地区的许常吉建筑事务所以及主打现代风融合山水意向风格的美国 SmithGruopJJR 公司，经全院职工投票，最终美国 SmithGruopJJR 公司的设计方案胜出。

该设计方案采用功能区块集中化布置原则，各功能区块衔接紧密，让医疗资源得到更合理的分配。同时,设计方案突出“少规格,多组合”的模块化设计理念,“少规格”就是各模块的平面空间具有简单、规则的特征;“多组合”就是标准模块的接口具备通用性,以便模块单元对接,标准化模块以精神专科医院单元功能重复性最强的空间设置——以病房区、诊室等为主。突出模块化设计方案的落地,为项目后续应用装配式建造技术奠定了技术基础。

2. 工程总承包(EPC)模式的应用

EPC 是国际上通行、主流的工程建设组织模式,优势在于投资控制、缩短工期、品质保证和责任明确。公立医院建设项目投资大、工期长、工艺复杂,与 EPC 建设模式的诸多优点结合后,能够充分发挥设计在整个工程建设过程中的主导作用,保证采购与施工的准确性,提高效率。业主方协调工作量大大降低后,也可将更多的精力放在医疗功能的完善和诸多大型医疗设备的采购上,有利于工程建设项目整体方案和医疗工艺流程的不断优化,提升项目价值。另外,EPC 工程总承包单位全权负责项目的设计、采购、施工工作,有效克服三者之间相互制约和相互脱节的矛盾,加强工作的合理衔接,提高作业效率,高效实现建设项目的进度、成本和质量控制,并获得较好的投资效益。

目前,EPC 模式运用于公立医院建设的案例较少,医院根据浙西院区一期项目基地距离本部远、工期要求紧、设计需求相对明确等特点,在征得杭州市卫健委、市建委、市发改委及市财政局等部门的同意并获得初步设计批复后,大胆采用 EPC 建设模式(施工图设计 + 采购 + 施工)。采用 EPC 建设模式后,施工图设计与项目报建可同步开展,项目实现从立项到开工仅用时 1 年,与传统建设模式相比大大缩短前期工作周期;采用 EPC 建设模式使设计与施工衔接更加紧密,项目实现从实质性开工至地下室 ±0.000 形象进度节点用时仅 3 个月。同时,EPC 建设模式也为装配式建造技术与智慧建造的应用提供了高度组织化的保证。如表 1 所示。

表 1　开工周期差异

前期工作	传统模式周期(天)	EPC 模式周期(天)
建筑方案征集,完善报规	60	60
立项、环评、可研报批	240	240
勘察、设计招标	30	30
初步设计审查	30	30
工程总承包招标	/	30
施工图设计与审查	60	30
工程量清单及控制价编制	30	/
招标控制价审查	10	/
施工总承包招标	30	/
工程规划许可证和施工许可证办理	20	20
总计	510	440

3. 借力"最多跑一次"改革成果实现快速报建

借助杭州市深化"最多跑一次"改革——全面深化杭州市工程建设项目审批制度改革试点的红利，项目的前期报建周期大大缩短。以施工图审查为例，以前一个项目施工图需要消防、人防和建委等单位一个个审批过来，现在通过"最多跑一次"改革，实现了多部门联合审查，集中图审，原来至少需要3个月的审查时间，现在的审批已经压缩到12天内。同时，采用EPC建设模式后，建筑、结构、给排水、暖通、电气、精装、弱电智能化、园林、幕墙和医疗专项等17个专业和专项设计全部由EPC联合体的浙工大设计院内部协同完成，不存在责任主体不清、界面不明的问题。在施工图设计过程中，项目也取得了建德市政府的大力支持，在政策允许的范围内，开辟绿色通道，实现容缺审批、并联审批，快速报批报建，桩基先行介入开工建设。

4. 精准筹备，策划先行

由于医院工程体量大、施工环节多、涉面广和工程流水交叉作业较为频繁，为确保工期，EPC单位以强化管理、周密运筹为根本，利用BIM技术实现精准工程量统计与精准下料，合理配置劳动力、周转材料、机械设备等施工要素；根据各施工阶段的要求，对人、财、物三位一体由项目部统一调度，提前解决施工中可能出现影响工期的各项因素，使各专业施工准时穿插，精益化管理，确保计划工期。

5. 资金监管新模式

为确保建设资金规范使用，同时保障民工工资到位、防止资金被挪用，本项目要求EPC总承包商在当地所在银行机构开设第三方资金监管账户和农民工工资专户，实时进行资金监管。项目已被列入建德市无欠薪工程示范项目。

6. 利用政策优势，规避招投标风险

本项目被建德市政府列入《2018—2019年建德市装配式建筑及住宅全装修项目计划》。装配式建筑作为一种新型建筑模式，目前市场上具备施装配式建造能力的施工单位不多，且尚没有专项施工资质，根据《浙江省人民政府办公厅关于推进绿色建筑和建筑工业化发展的实施意见》和《关于新型建筑工业化项目招标投标的实施意见（试行）》文件精神，以及建德市《关于加快推进新型建筑工业化的实施意见》，医院经前期充分考察调研，项目周边200公里区域范围内仅有为数不多的钢构件制作基地，且具备装配式建筑总承包施工经验的施工企业也较少，因此特向建设主管部门申请施工总承包的邀请招标。在获得建设主管部门批复同意，经医院党委三重一大会议通过后，项目工程总承包（EPC）采用了邀请招标的形式，经评标委员会综合评审（非最低价），优选出具备EPC建设经验的且具备相当规模钢构件制作基地的工程总承包联合体，减少了招投标阶段的风险。

(三) 装配式建造技术应用

1. 主体结构

装配式建造(Prefabricated Construction)笼统定义为:“使用工厂预制构件加工,建造并且大部分在现场组装完成。”其建造的全过程中采用标准化设计、工厂化生产、装配化施工和全过程的信息化管理,形成了完整的一体化产业链,实现了建筑工业化大生产。浙江省在2016年就出台了《关于推进绿色建筑和建筑工业化发展的实施意见》,明确要求由政府主导的公共建筑(医院、学校、保障性住房等)应率先采用装配式建筑形式。

浙西院区一期工程在立项之初被建德市住建局列为装配式建造实施试点项目,根据当时施行的浙江省《工业化建筑评价标准》与项目竞赛设计方案的建筑特点,经相关专家论证,项目决定采用钢结构的建筑结构形式,可达到装配式建筑评价AAA级标准。

2. 围护墙结构体系

本项目围护墙采用非承重非砌筑——ALC(蒸压加气混凝土砌块)大板装配,建筑外围护采用保温、隔热与装饰一体化板——一体化铝板。一体化铝板由以防火性能A1级的珠光砂保温板为内侧保温材料、氟碳漆铝板为外衬面板,整板在工厂预制加工成型复合而成的集节能与装饰为一体的板材,具有建筑装饰、保温节能、隔热隔音和耐水稳定等性能。

3. 内隔墙体系

内隔墙采用了轻集料混凝土条板和钢制成品隔墙两种材料组合设计,轻集料混凝土条板内隔墙体系非砌筑、非承重,具有重量轻、强度高、保温防火、耐高温、防水、防潮、耐腐蚀、隔音、吸声、抗震、抗冲击、性能稳定及多重环保等性能特点,符合四节一环保要求。而钢质成品隔墙是一种作为内墙体的新材料,其不但可以有效减少建筑自重(减少主体结构用钢量),而且其抗菌、抗腐、防污、零甲醛和耐火等的特点也非常适用于医院环境,整体外形美观不亚于传统木制墙板或墙塑的效果,同时具有强大的承载力,可整合内置各种医疗设备、收纳家具等。其易拆卸、重复使用、灵活变化的特点也为日后的维护与改造提供了便利。在施工过程中,完全干法作业,可不受现场条件限制,能够有效缩短工期。同时室内装修方面要求管线与结构分离技术,局部应用整体式卫生间,实现了“干作业、免抹灰”,避免了传统大面积湿作业带来的弊端。所有材料提前定尺、提前下料,现场装配、快速环保。

(四) 智慧建造

在浙西院区一期工程设计与建造实施过程中,围绕BIM、物联网、大数据、云计算与VR等信息技术,实现多种场景的智慧应用。

1. BIM 的设计协同与优化

施工图设计阶段的 BIM 应用是各专业模型构建并进行优化设计的复杂过程，各专业信息模型包括建筑、结构、给排水、暖通和电气等专业。在此基础上，根据专业设计、施工等知识框架体系，进行碰撞检测、三维管线综合、竖向净空优化等基本应用，完成对施工图阶段设计的多次优化。研究了专门针对医院项目的建模方法：第一阶段建模（建筑、结构、机电主管线建模）；第二阶段建模（装修饰面、机电支管及末端建模）。阶段建模方案的成果提交同时对应着施工阶段各参建方急需使用的 BIM 成果及工程中急需解决的各类问题。模型深度满足《浙江省建筑信息模型（BIM）应用统一标准》。

碰撞检测及三维管线综合的主要目的是基于各专业模型，应用 BIM 三维可视化技术检查施工图设计阶段的碰撞，完成建筑项目设计图纸范围内各种管线布设与建筑、结构平面布置和竖向高程相协调的三维协同设计工作，尽可能减少碰撞，避免空间冲突，避免设计错误传递到施工阶段。同时应解决空间布局合理，比如重力管线延程的合理排布以减少水头损失。

竖向净空优化的主要目的是基于各专业模型，优化机电管线排布方案，对建筑物最终的竖向设计空间进行检测分析，并给出最优的净空高度。机电净高分析通过零施工成本演练，进行项目机电管线的净高分析，提出不满足规范要求和业主方需求的点，提出解决方案，协调项目各参与方完善、落实方案。

通过 BIM 技术的智慧设计，实现了 BIM 模型共享和协同设计，基本消除了“错、碰、漏、缺”等设计问题。如图 3 所示。

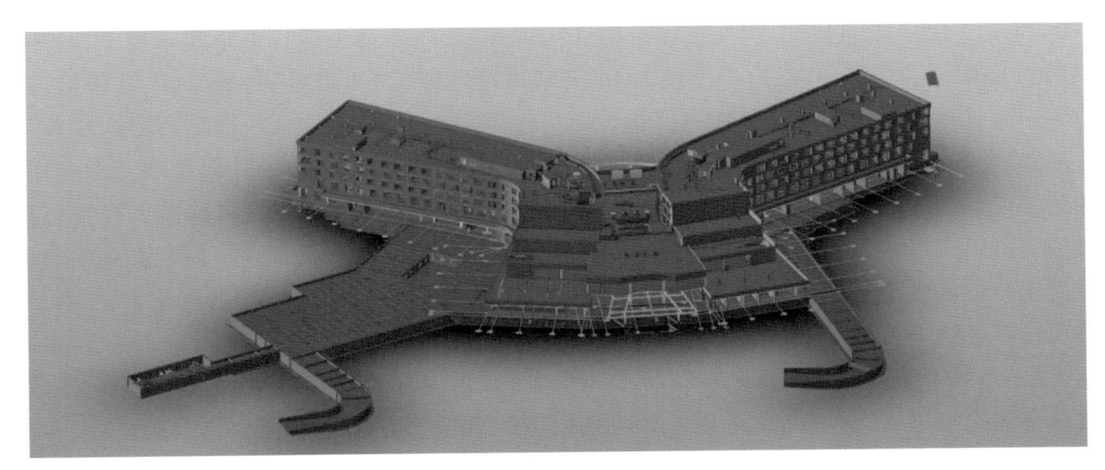

图 3　BIM 建筑模型

2. 基于 BIM 的云协作管理平台

BIM 云协作管理平台：是一款以信息共享、移动应用为核心，通过云技术融合 BIM 的“虚“与现场”实“，基于项目的协作平台解决方案。BIM 云协作管理平台对于实现建筑全生命期管理，提高项目施工和运维阶段的科学技术水平，提高项目评定等级，推进建筑全面信息化进程，具有巨大的应用价值。BIM 云协作管理平台采用云服务器端 + 客户端的模式（图 4），所有数据（BIM 模型、现场采集的数据、协同的数据等）均存储于云平台，移动端、网页端、PC 电脑客户端可以根据提前设定好的权限，随时访问云服务器。各应用端主要功能如下：①移动端：模型轻量化浏览；二维码扫描；拍照；表单填写；问题发布与沟通等。②Web 端：账号分配、权限管理、数据集成。③PC 电脑客户端：模型浏览（漫游、剖切等）；问题集成；数据统计分析等。

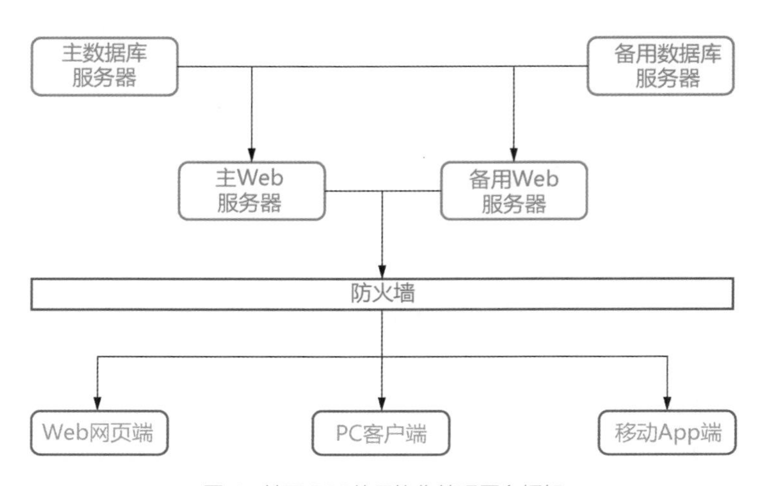

图 4　基于 BIM 的云协作管理平台框架

项目建立云协作管理平台，进行医院、监理、跟审、EPC 承包商、施工总包及分包单位为一体的现场 BIM 信息协同，为实现项目精细化管理，节约项目工期打下坚实基础。为加强 BIM 咨询单位的管理权限，避免出现 BIM 模型与现场施工“两张皮”的情况，医院根据《浙江省卫生计生委关于在大型医疗卫生建筑项目中推广应用 BIM 技术的通知》精神，单独列支 BIM 咨询概算项目，由医院委托专业 BIM 咨询单位利用 BIM 技术进行各项管理应用。同时医院将 BIM 咨询单位的审批意见纳入业主方审批的前置条件之一，包括工程变更审批、工程款审批等实质性审批权限，大大增强 BIM 咨询单位的项目管理权限，为 BIM 模型在施工阶段的大范围应用提供了坚实的保障。同时，为广泛应用云协作管理平台，BIM 咨询单位在各级项目部加大培训宣传力度，并要求涉及工程管理的流程等均先通过平台沟通及审批，待线上流程通过后再进行线下的纸质审批，强制项目各参建单位习惯使用云协作管理平台进行项目管控，大大提升平台利用率与模型的更新水平。基于 BIM 的云协作管理平台界面如图 5 所示。

竣工验收及运维阶段，依据各专业竣工图进行模型调整，保证模型与竣工图一致；将相关设施设备信息及后期运维所需信息录入到模型构件中，保证后期 BIM 在运维方向的研发和使用；在竣工模型的基础上，将各专业最终施工安装后图纸信息整理录入，形成最终实现与运维管理平台无接缝交付。

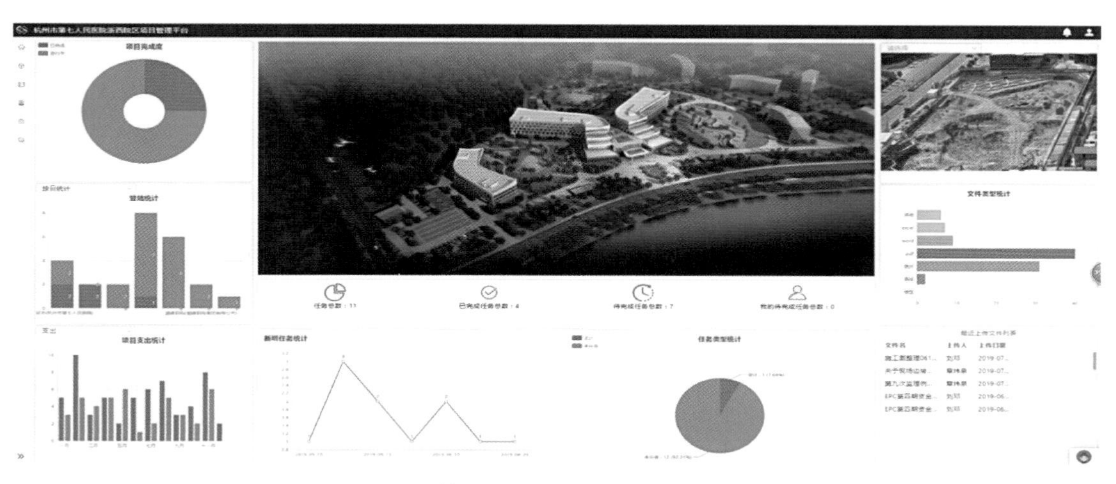

图5 基于BIM的云协作管理平台界面

3. 物联网技术应用

项目应用服务器的物联网技术搭建建筑系统平台，对建筑质量进行全过程可追溯，如通过二维码技术有效管控钢结构构件的采购、加工、运输和安装等环节，实现构件信息的可追溯，严格保证施工质量。同时要求监理单位派驻专业监理工程师进驻钢构件加工工厂进行驻场监理，把控钢构件制作、起送质量。

4. 人脸识别技术

项目采用人脸识别技术对现场人员进行精细化管理，精确掌握人员考勤，各工种上岗情况以及工资发放情况等，在工地出入口处设置员工实名制通道。

5. VR虚拟现实技术

虚拟仿真漫游的主要目的是利用BIM软件与VR技术模拟建筑物的三维空间，通过漫游、动画的形式，及时发现不易察觉的设计缺陷或问题，减少由于事先规划不周全而造成的损失，有利于设计与管理人员对设计方案进行辅助设计与方案评审，促进工程项目的规划、设计、投标、报批与管理。通过漫游功能对已建模型进行自由模拟查看，从而发现其中的碰撞，检验模型的宽度、净空的合理性。还可以进行测量，并能保存相应的视点，以备记录查看。也可导出相应的动画，在漫游动画中发现问题、记录问题并解决问题。

（五）绿色建造技术

1. 雨水回收系统

本项目从标志性、可持续性、人性化设计出发运用现代设计理念，最大程度地考虑“四节一环保”，最大化地利用场地，因地制宜地采用适宜的绿色建筑设计手段及技术设备，为

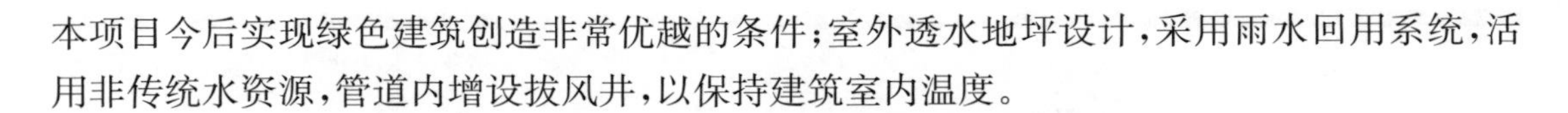

本项目今后实现绿色建筑创造非常优越的条件;室外透水地坪设计,采用雨水回用系统,活用非传统水资源,管道内增设拔风井,以保持建筑室内温度。

2. 海绵城市

以生态优先、规划引领、协同推进为基本原则,综合采取“渗、滞、蓄、净、用、排”等措施,实现年径流总量控制率达75%。对大部分雨水都要进行预收集,可控可利用。

3. 分布式能源站

引入合同能源管理模式,采用天然气分布式冷热电三联供系统(CCHP)。分布式能源具有较高的能源综合利用效率,节能效益明显,且环保效果显著。综合考虑浙西院区的用能需求、能源站机房面积及能源系统投资收益情况,发电机组采用燃气内燃机,在原设计常规离心式冷水机组及燃气锅炉能源系统基础上增加一套燃气热电联供系统联合供能。考虑天然气分布式能源供能的经济性及业主方用能的灵活性,燃气热电联供系统按电力基础负荷结合生活热水需求配置天然气发电机组。

4. 绿色文明标化

本项目部配置扬尘噪音监测系统、移动雾炮机,道路喷淋系统、塔吊喷淋系统、三级沉淀池等设备设施,以实际行动践行“绿色低碳,清洁环保”的建设理念。

三 建设成效

1. 初步成效分析

本项目采用新型建设模式,从立项开始至开工建设仅耗时费一年,较传统医院建设模式周期大大缩短。采用装配式建造技术、智慧建造技术、绿色建造技术,实现“建筑、结构、机电、装修”一体化、“设计、生产、施工”一体化、“技术、管理、运维”一体化,改变了传统建造方式的界面割裂,大大降低建筑全寿命周期成本,实现医院建筑的绿色可持续发展。目前,EPC各方协同配合项目施工进展顺利,基本实现±0.000进度节点,同时项目被评为建德市无欠薪工程示范项目、杭州市新型建筑工业化示范项目。

2. 思考与讨论

项目围绕智慧建造,在技术、管理、模式等方面有所突破,但也存在很多不足值得思考:

(1)一刀切式推广工程总承包。相对于平行发包模式,工程总承包具有其自身特有的优势,但并非所有工程建设项目都适合工程总承包建设模式。通常,工程总承包适用于功能需求明确、标准化程度较高、设计施工和采购需高度融合的建设项目。而医院作为最复杂地公共建筑,适应性问题需要深入讨论,前期要对招标文件好好梳理,特别是功能定位、材料品牌都应明确，如果依据的初步设计文件，在合同执行过程中，对工程相关建造范围和标准可能产生重大偏差，不利于项目的推进，为工程埋下重大隐患。

（2）政策制约。与工程总承包相关的《建筑法》《合同法》涉及工程总承包相关规定的条款较少，远远无法满足工程总承包发展实践的需要。最高人民法院针对建设工程合同纠纷案件的审理，先后出台了若干司法解释，但这些司法解释均适用于建设工程施工合同纠纷案件的审理，并非针对工程总承包合同纠纷，不能直接指导工程总承包合同纠纷案件的审理。建议工程招标或签订合同之前，医院将招标文件、合同交予专业律师审查后方可签订。

（3）监管模式未跟上。对于工程总承包项目的计价模式，国际上以固定总价模式为主。固定总价模式是能够最大限度发挥工程总承包价值的一种计价模式，有利于建设单位控制工程造价，有利于总承包单位充分发挥积极性，提高效率，优化设计。在政府投资项目中，作为建设单位的政府部门，为规避自身的审计风险，往往一方面约定计价方式为固定总价，同时又约定以“审计结论”作为工程结算依据，导致在执行中产生较大争议，对总承包单位带来重大结算风险。

（4）装配式技术在医院建筑领域适应性问题。在大力推广装配式建筑的政策背景下，国家、各省均结合产业特点出台了装配式建筑评价标准，如浙江省《装配式建造评价标准》，但标准设置的指标多面向居住建筑，缺乏针对医院建筑特点的内容。如：医院建筑主楼梯宽度要求高于其他民用建筑，预制主楼梯构件的自重远高于其他主体结构的预制构件，为了一跑楼梯加大吊装设备载重是不经济的。因此在医院装配式建筑中强调预制楼梯的应用比例不太合理；病房区域的处置室、治疗室等区域有评价标准中类似“集成厨房”的功能，并且也有装配式建造技术的应用基础，可按照“集成厨房”予以评价；防辐射屏蔽用房及手术用房的功能要求主体结构、非承重墙体、全装修和设备管线的一体化集成，这正与评价标准所提倡的建筑系统大集成方向是一致的，但评价标准没有此方面的评价项。在我国，装配式建筑在医院建设中仍存在较多问题，多数是为了装配式而装配式。目前装配式技术整体造价仍偏高，而且特别是 PC 构件的成熟度还不够，存在一系列技术难题。

（5）针对医院建设特点的市场与全产业链不成熟。目前设计单位没有针对医院特点模块化设计簇库，没有医院装配式建筑的设计经验，对标准化、一体化、模块化的设计理念关注不够；市场上有医院建设经验的 EPC 工程总承包商几乎没有。现阶段 EPC 承包商多以设计和施工联合体形式组建，缺少长远战略，人才团队培养不足；装配构件厂作为装配产业链的起始端，仅能提供普通结构构件的相关产品，针对医院特点的结构装修机电设备一体化的构件生产能力没有，导致在医院建设领域很难推广；基于建筑全寿命周期 BIM 的应用较少，从后期运维角度来说 BIM 对医院管理是有很大的利用空间，可能由于政策鼓励缺失以及医院管理者认识不到位等因素，使用基于 BIM 的智慧建造方式没有在医院建设领域被广泛推广。

（撰稿：项海青）

一 建设背景

1. 医院后勤管理的重要性

后勤工作是医院工作中必不可少的重要组成部分，贯穿于医院其他工作的每一个环节。后勤工作作为医院的保障和支持系统，在协助完成医疗、教学和科研任务中，占有非常重要的地位。它直接关系到医院的医疗、教学及科研工作的正常运转，关系到职工思想的进一步稳定和积极性的充分调动，关系到医院的全局和健康持续的发展，是医院管理工作的重中之重。医院后勤服务现代化的程度标志着一个医院现代化的程度。

浙江省人民医院后勤管理中心下设总务科、基建科、保卫科及膳食中心，全面负责管理监督后勤运行保障、基本建设、安全保卫、饮食管理、绿化管理和物业保洁等工作，强调后勤保障的先行性、实效性、连续性和服务性，旨在提高后勤专业化管理水平及工作效率，保障医院正常运行，为医、教、研活动提供服务。如图 1 所示。

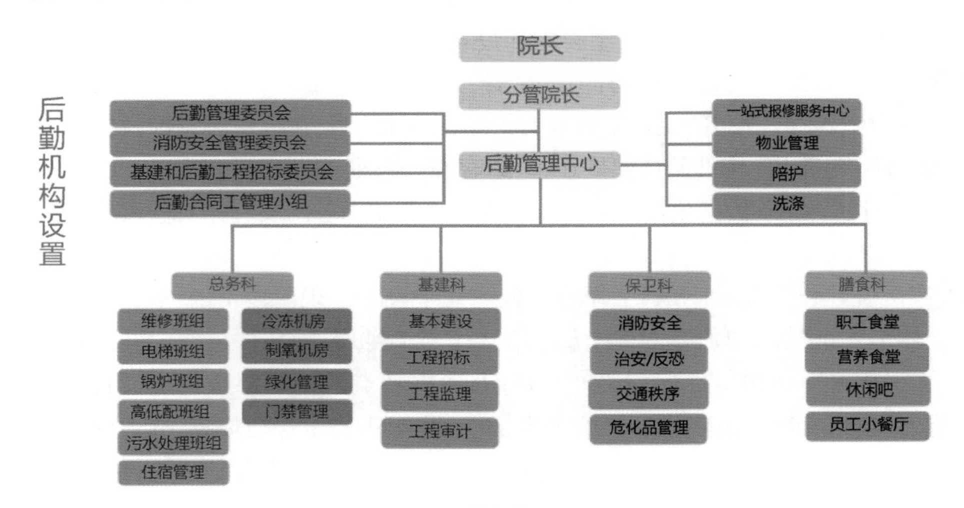

图 1 后勤机构设置

随着经济的飞速发展和社会的进步，国人的生活水平得到了显著的提升，对于医疗服务的需求也逐步提高，而科技的飞速发展也影响着医疗服务水平，医疗信息技术的应用使得医疗信息化呈现出高速发展的趋势。两者结合极大地推动了医疗产业的创新与变革，大数据、人工智能等新技术不仅深入医疗事业，也体现在医院后勤的智能化。医院后勤作为医院重要组成部分，服务的质量以及管理水平直接影响到医院为患者提供的医疗质量。

智慧后勤是基于互联网构建的新型后勤服务体系。是以云平台、大数据、物联网、互联网、移动终端、智能终端等技术为基础，针对后勤服务的特点，通过对人的行为、资金的交互、资源的使用等数据的分析挖掘，构建立体化、智慧化的后勤服务体系，为医护人员及患者提供全天候、高效率、个性化的新型服务，全面提升后勤的服务管理水平。

2. 医院后勤管理存在的问题

1）思想意识落后，支持力度有限

如今，人们基本已经具备信息化观念，但对于医院后勤信息化的认识还存在偏差，我们要用发展的、动态的观点看待医院后勤信息化，并随着技术的发展和管理理念的更新以及后勤工作实际情况的变化而更新观念，推动信息化建设。

2）后勤人员的素质偏低

医院后勤团队中部分管理者不熟悉后勤管理，且存在人员整体文化素质普遍偏低、业务水平不高、年龄结构老化的问题，这对信息化的发展趋势都是不利的。

3）后勤业务随意性强

由于长期以来形成的习惯，医院后勤管理中存在人为因素比重大、随意性强等特点；而信息化必须建立在管理标准明确、业务流程规范的基础上，否则信息化会因受到强大阻力而走弯路，造成项目进程停滞。

4）缺乏专业技术人才

医院后勤管理中普遍缺乏技术专业人才，往往会外购或外包相关的管理软件，在系统建立前没有充分进行需求调研和项目分析就仓促决定；系统建立过程中没有应用单位人员参与；系统建立后又没有采取必要的验收和培训措施，很容易导致无法正常使用的结果。

3. 医院智慧后勤管理的目标

浙江省人民医院对后勤管理工作提出的目标是“精益后勤，智慧赋能”。即以医院核心价值观为出发点，着力现代医院后勤治理结构建设，通过在后勤管理理念的提升、流程设计的取舍和节能增效等方面进行持续的改进，并以信息化管理技术为依托，最终实现医院后勤建设运维管理效率和服务品质的全面提升。

二　建设内容

（一）智慧餐厅建设的对象

1. 智慧餐厅设计概述

智慧餐厅一体化服务平台解决方案是一个由智慧餐厅管理＋员工健康管理的在线平

台，基于一卡通统一身份认证、统一的账务及支付功能，为餐厅管理及员工餐饮和健康服务提供了一个综合应用系统。其充分利用了互联网、物联网、大数据和云计算相关功能，提升餐厅管理能力，提高针对员工的餐饮和健康的服务水平。如图 2 所示。

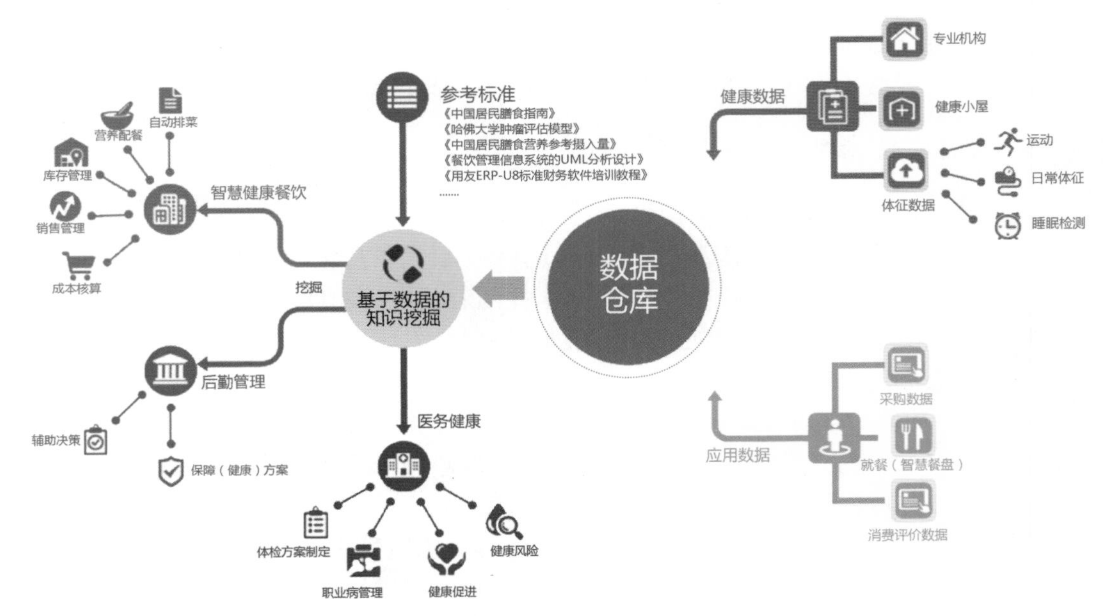

图 2　基于大数据分析的应用场景

智慧餐厅管理：将医院内部的所有餐厅、超市等餐饮服务机构统一在一个平台上管理，提供网上信息发布、网上订餐、净菜、超市及代购代销等各类经营服务内容。提供员工打分、评价、餐饮建议等各类服务以及和自身相关的个人健康信息管理等。管理平台主要包括餐饮流程的管理、物料需求及相关的请购管理，供应商和价格管理以及原材料的出入库管理，客户服务及互动响应管理，员工健康管理等。系统可以外接各类阳光厨房监控设备、电子秤和移动平板出入库客户端、现场信息展示大屏系统、智能餐盘结算系统和卡户结算系统。

员工健康关爱：通过员工健康关爱平台，科学规范地开展团体健康管理工作，建立员工健康档案，采集员工就餐的饮食数据、导入员工每年的体检数据和员工用智能设备测量的日常体征数据。通过分析采集的这些数据，为每一名员工提供科学的健康干预、体检报告解读、疾病风险评估等一系列健康管理方案，及时掌握员工身心健康的变化趋势，为员工提供科学的健康指导。

2. 智慧餐厅建设目标

（1）通过智慧健康餐厅管理平台的建设，为医院膳食中心管理的各方面提供智能、科学的管理工具。医院的智慧健康餐厅建设的主要内容是服务和管理两个方面。

a. 服务方面：系统帮助传统餐厅从封闭服务向基于互联网的开放式服务转变，提高员工的感知度和参与度，从而提升餐厅的服务水平（图3）。主要包含短信提醒、信息发布、网上消费、膳食健康及在线互动等系列服务手段。

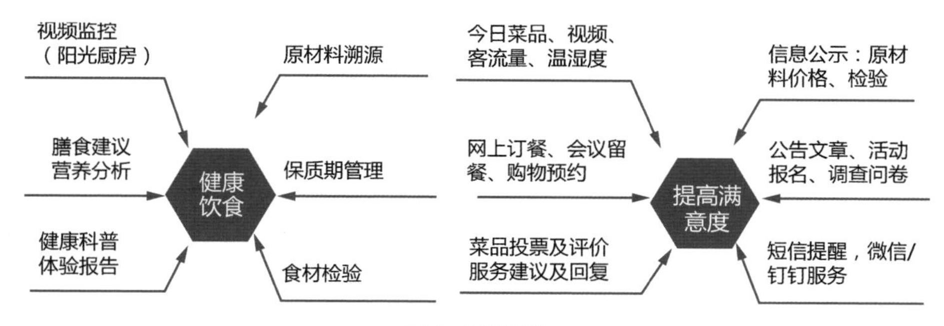

图3　提升服务

b. 管理方面：提升管理的便捷性、精确性、完备性和规范性，在加强管理的同时减少不必要的浪费以减少成本，主要包含餐饮流程管理、物料管理、仓储管理和响应服务等内容（图4）。

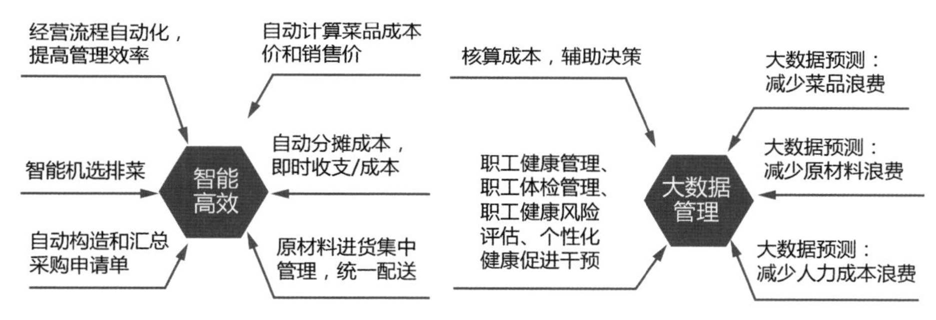

图4　提升管理

（2）通过员工健康关爱，提高医院员工健康管理，提升员工健康服务水平。通过把员工的健康关爱落实到人，采用健康风险评估模型及健康干预模型、营养分析模型，为员工提供定期的、科学的健康服务，从而让员工感受到医院对员工健康的重视和关爱。

（二）智慧餐厅建设的主要任务

智慧健康餐厅作为智慧后勤中的重要应用，要符合智慧后勤的整体规划，应用要覆盖餐厅的餐饮业务、采购业务、库存管理和网上消费等多项功能以及医务室的健康档案维护、健康综合分析、健康评估和制定干预套餐等多项功能，整个系统与企业原有的软件系统有良好的集成，并为医院潜在管理信息系统预留合适的接口。

1. 智慧健康餐厅重点建设内容

（1）数据中心（文件管理服务、统一认证中心、日志异常处理和配置管理）。

(2) 业务支撑平台(视频监控、短信平台、温湿度监测平台及移动端等)。
(3) 运维配置服务。
(4) 认证授权服务。
(5) 系统管理服务。
(6) 报表服务。
(7) 卡系统对接服务。
(8) 员工关爱服务。
(9) 财务对接服务。
(10) 健康互动服务。
(11) 存货对接服务。
(12) 存货核算服务。
(13) 仓库管理服务。
(14) 采购管理服务。
(15) 设备管理服务。
(16) 餐厅管理服务。
(17) 会议留餐服务。
(18) 网上订菜服务。
(19) 网上购物服务。
(20) 网上代销服务。
(21) 网上代购服务。

2. 系统特点

智慧餐厅一体化服务平台根据膳食部门及膳食服务的特点,充分考虑医院膳食服务信息化现状、膳食服务应用及膳食服务参与人员的特点,综合应用最新的信息技术,基于顶层设计原则统筹设计智慧餐厅服务平台的技术架构、智慧应用和人机界面。如图 5 所示。

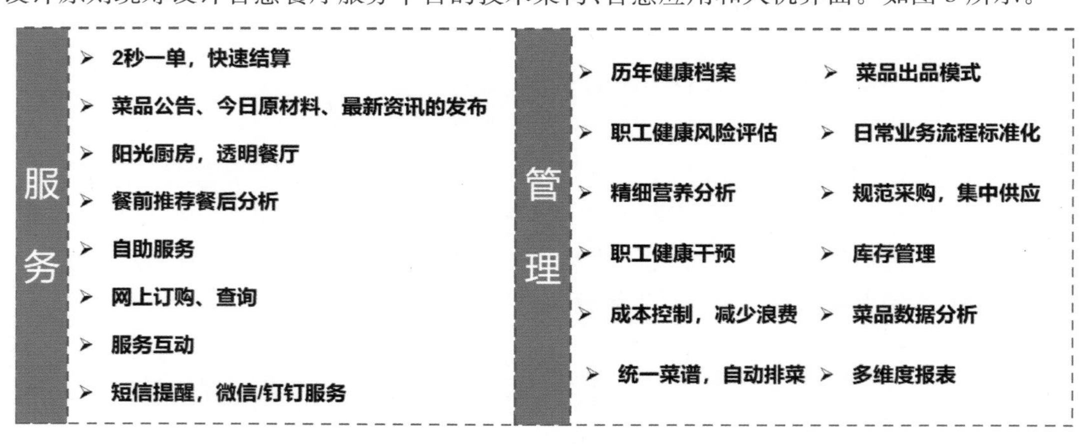

图 5 智慧健康餐厅的特点

(1) 2秒一单，快速结算：从放置餐具至结算完成仅需2秒，极大提升收银结算效率，自主结算，相对减少餐厅就餐区的拥挤程度，改善用餐感受，提高员工就餐满意度。

(2) 菜品公告、今日原材料、最新资讯的发布：员工可以浏览所选餐厅的菜品名称、图片、价格、营养成分、总供应份数及当前可供应份数等最新信息，方便员工及时了解餐厅供应的菜品及其评价信息。

(3) 阳光厨房，透明餐厅：将通过视频监控功能，实现对厨房各个功能区进行视频监控，规范餐厅工作人员行为；通过温湿度监测系统，管理者可以实际了解餐厅的就餐环境，调整空气调节系统。在某段营业时间，系统通过智能结算设备的刷卡数量能计算出当前餐厅的人流量拥挤情况。

(4) 餐前推荐餐后分析：餐前饮食推荐是根据员工的健康数据以及饮食记录的分析，为员工推荐更合理的膳食。餐后营养分析是采集员工的就餐数据，分析员工每天的营养摄入量是否正常，每天摄入的能量与消耗的能量是否达到平衡，及时推送建议；员工可通过Web网站、自助终端、手机端（微信、钉钉）查询。

(5) 精细营养分析：参考《中国居民膳食营养参考摄入量》和中国营养学会《中国居民膳食推荐》，根据每名员工体检及健康风险评估结果、餐厅供应菜单，推荐食谱，使其摄入的蛋白质、脂肪、碳水化合物、维生素和矿物质等营养素比例合理，促进员工的营养与健康状况的改善。

(6) 自助服务：员工可通过Web网站、自助终端、手机端（微信、钉钉）进行充值、查询（账户信息、个人健康、订单详情）、挂失及解挂等自主服务。

(7) 网上订购、查询、充值：员工可以通过Web网站、自助终端、手机端（微信、钉钉）在线客饭预约、在线订菜、网上购物，实时查看网上订购状态及员工本人的消费记录。其中网上订菜、网上购物是员工通过医院内网在线支付的，系统支持一卡通余额支付、支付宝支付等多种支付方式；另外，网上订购可以结合智能快递柜/智能生鲜柜使用。

(8) 服务互动：员工用餐后可登录Web网站、自助终端、手机端（微信、钉钉）对菜品进行满意度投票，还根据自己的喜好对餐厅提供的菜品制作和质量、服务质量、餐厅环境及卫生等进行反馈。员工可报名参加新增菜品发布试吃等活动。员工可以实时关注健康；管理员可通过发布调查问卷来与员工交流互动。

(9) 历年健康档案：把员工每年体检的数据归整到员工健康档案，完成对员工生活习惯调查问卷，并进行健康风险评估，形成完整的风险评估报告，归整到员工健康档案。员工可查看和维护自己的健康档案。

(10) 员工健康风险评估：根据员工体检数据为员工设定疾病风险评估套餐，目前共有15套评估模型，其中有13套疾病风险评估模型以及中医体质辨识和心理评估。根据每次问卷评估的结果可以为员工生成个人健康报告，报告中会针对某种疾病有不同等级（高风险、中风险、低风险、理想状态）的预判，并且每个等级会给出可调因素的意见建议及运动和饮食的干预方案，让员工了解自身健康风险，促进健康（参考《WHO心血管疾病预防和心血管风险评估和管理袖珍指南》《冠心病、脑卒中综合危险度评估及干预方案》《弗莱明汉心脏研究》和《哈佛风险评估系统》，根据每名员工体检及生活习惯调查对常见慢性病进行健康风险评估）。

（11）员工健康干预：员工完成评估问卷的填写，然后查看健康报告，报告中会针对体检异常的数据做分析，也会根据问卷结果做疾病风险分析，最后根据这些数据分析的结果为员工做饮食推荐、饮食禁忌、运动推荐等健康干预方案。

（12）短信提醒，微信/钉钉服务：针对员工，通过短信/微信/钉钉推送功能，实现网上订购的提醒、就餐推荐提醒、营养摄入异常提醒及健康干预提醒等。针对管理，在智慧健康餐厅管理所涉及审批流程节点都将实现短信提醒功能。

（13）成本控制，减少浪费：减少人力成本——减少负责结算的收银人员，减少负责充值的会计人员，减少负责订餐、查询的管理人员；减少浪费——提前录入当日之后的各餐明细，软件自动分解出需要采购的菜品原料明细，并可以测算成本并生成订单。

（14）统一菜谱，自动排菜：对每一个菜品进行标准化设置，确定菜品分类、菜品编号、菜品规格和主要原材料，供全院餐厅使用，并成为单品结算、成本核算的基础。根据销售量、健康因素、评价、时令菜及季度等自动产生排菜计划，提高工作效率；支持多种菜谱共享方式。

（15）精准成本分析：当一天的工作结束后，餐厅管理员将厨房里多余的成品菜、半成品，做续存处理延续到次日，将成品菜作废处理。通过每日续存功能，系统可以精确地算出每天的损耗情况。结合原材料采购、每日销售，可以做到精准的成本分析。

（16）日常业务流程标准化：厨师长编制菜品计划、请购订单、采购员编制采购订单，仓库员按照采购订单验收入库，以上流程均可以设置多级审批流程。通过系统固化流程建立严格的餐厅需求、采购、验收和出入库规范化审批流程管理，达到规范管理、提升效率、封堵漏洞、降低廉政风险的效果。

（17）规范采购，集中供应：膳食中心根据各餐厅的需求及库存情况进行采购，由客户端关联电子秤在入库时自动读取数值进入系统，使得库存管理高效准确，消除人为干扰因素。

（18）库存管理：可全自动化的出入退库、调拨、盘点管理，系统支持扫描枪来完成出入退库、调拨、盘点等日常业务流程，管理员也可以随时查看库存情况。

（19）菜品数据分析：分析菜品销售、菜品营养成分、菜品特性及营利情况，根据情况制订菜品计划。

（20）经营分析：即时统计出餐厅或者超市的商品销售明细、销售汇总、销售毛利表等，供经营分析。

（21）多维度报表：每日采购、出入库、成本、就餐量、营业收入等数据，并根据不同的业务类型（餐厅、外卖、超市）核算不同的成本要素，全面掌握经营管理信息。菜品投票统计可反馈给厨师，有助于提高服务质量。通过健康管理的团检报告，及时掌握员工身心健康的变化趋势，为员工提供科学的健康指导。

3. 智慧餐厅设计指导思想

智慧健康餐厅充分体现一体化设计的指导思想，所有的数据来源于共享数据库，将来各个部门在进行数据维护时，只进行共享数据库数据的维护，所有各应用系统信息来源于共享数据库，应用系统在建设时充分考虑与共享数据中心、一卡通平台、智能结算平台、员工关爱系统以及门户信息系统的集成和统一，从而实现由上到下信息的一致性。

系统结构应考虑无关性原则，即不受所采用的数据库、操作系统、开发语言和通信网络等具体类型限制，可适应各类环境的运行，最大可能地利用现有资源。

智慧健康餐厅项目建设遵循以下基本原则：

(1) 统一规划、分步实施、逐步推广。

(2) 实现高起点、大规模、入主流和跨越式的建设模式。

(3) 统一领导、归口管理、共同建设。

(4) 公司化运作、项目化管理、合作化开发。

(5) 模式规范、持续发展。

我们采用平台式、模块化的建设方法，实现智慧健康餐厅系统应用平台。

4. 智慧餐厅设计遵循原则

智慧健康餐厅系统是一个面向医院所有人员(所有员工、领导)的信息化系统，将对医院餐厅信息化管理产生深远的影响。因此，设计智慧健康餐厅系统将严格贯彻餐厅信息化建设的整体规划，系统在设计时，综合考虑以下几个方面：

(1) 系统设计具有规范性、先进性、安全性、可靠性和开放性，注重实用、科学、经济及合理性。

(2) 智慧健康餐厅系统符合医院智慧健康餐厅的软件集成要求。软件系统能实现与企业其他业务管理信息系统集成，实现各类信息的查询、统计、分析及数据共享和交换。

(3) 硬件系统设置要考虑智慧健康餐厅系统专网与餐厅网络的连接，要保证与指定系统的接口正常工作。

(4) 采用统一规范的数据和接口标准，以利于系统的升级和维护。设计时充分考虑将来功能扩展和与对企事业单位智慧健康餐厅其他系统的支持。

(5) 智慧健康餐厅系统保证系统运行的可靠性和安全性。

(6) 系统让管理人员管理方便和持卡员工使用方便，采用方便安全的自助应用设备，包括自助消费、自助取货、自助挂失、查询和密码修改等。

(7) 确保员工投资的长期效益，避免系统重复建设和浪费。

(8) 系统的设计方案在体现管理实用的基础上，突出软件管理服务特色。系统的设计应选用目前先进、稳定、安全的产品。

(三) 智慧餐厅体系结构

1. 系统部署(图 6)

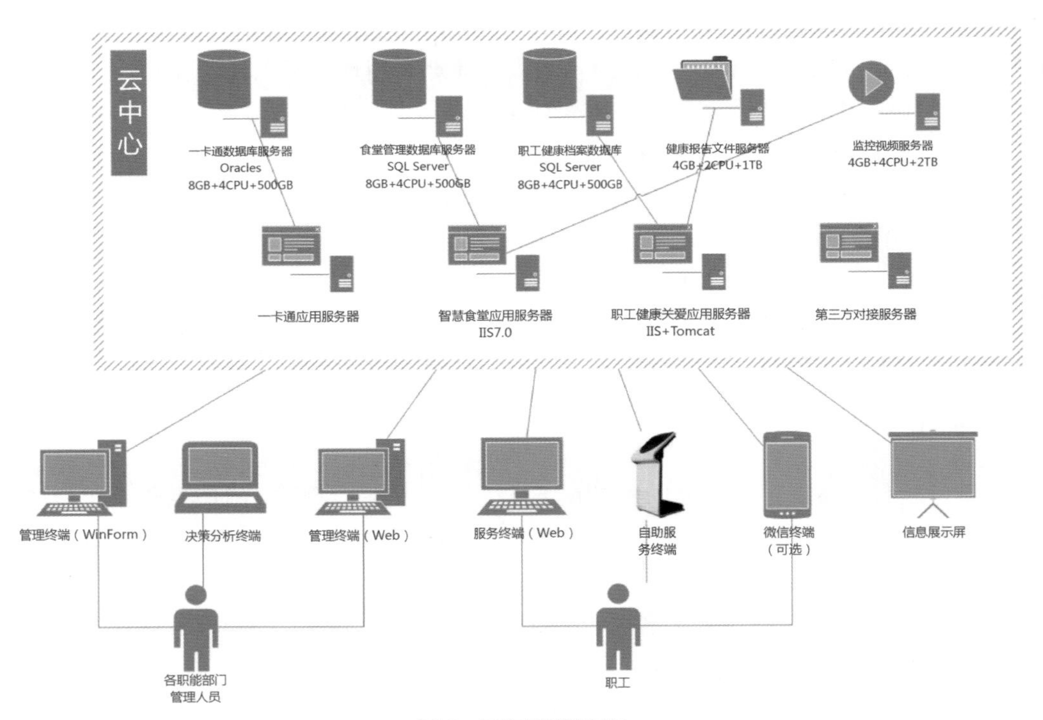

图 6　系统部署逻辑图

2. 分层模型(图 7)

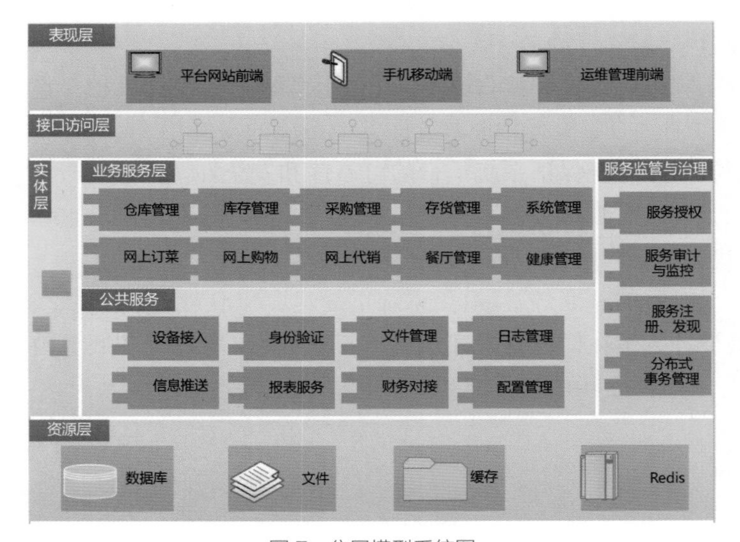

图 7　分层模型系统图

3. 功能总图(图 8)

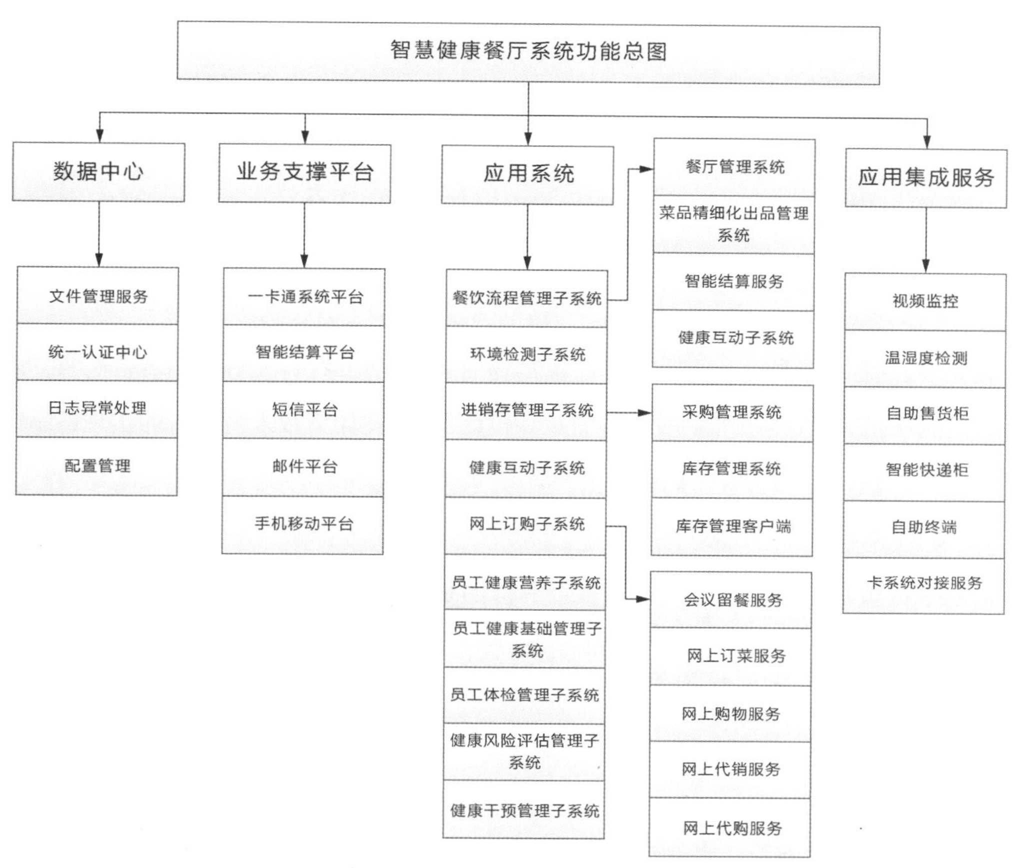

图 8 智慧健康餐厅系统功能总图

(四) 技术支撑

我们采用开放的架构设计思想设计企事业单位智慧餐厅服务平台，如图 9 所示。

图 9 智慧健康餐厅一体化服务平台

1. 平台的服务对象

平台的服务对象是所有员工，系统功能设计和界面设计充分考虑这些员工的特点。

2. 功能模块

平台有服务模块和管理模块，服务主要有服务门户、网上订餐/网上商城、我的健康和服务互动模块，服务平台可扩展在线报修等模块；管理主要有餐厅经营流程管理、餐厅进销存管理、餐厅成本核算和员工健康管理，系统支持扩展其他后勤事务管理。

3. 展示平台

服务平台通过 Web 网站、自主终端、微信端及钉钉端等手段进行展示和设计交互，而管理平台只能通过 Web 网站等手段进行展示和设计交互，并保留接入将来可能出现的新的应用界面的能力。

4. 基础平台

基础平台包括餐厅数据中心、一卡通平台的员工身份管理和认证中心、统一支付中心和智能结算平台，还可以将视频监控中心、短信平台、微信平台、餐厅温湿度监测平台和院区人流量监测集成至智慧餐厅一体化服务平台，为整个平台和餐厅应用提供基础服务。

5. 应用中心

平台通过一系列的餐厅服务系统和餐厅管理系统实现各种餐厅应用，这些餐厅应用涉及餐厅领域的各个方面。智慧餐厅服务平台是一个开放的平台，提供一系列的方法集成各餐厅应用系统，包括第三方的餐厅应用系统。

三 建设成效

2019 年 6 月，浙江省人民医院膳食中心改造完成，智慧餐厅一体化服务平台投入使用。该平台基于以人为本的服务理念，满足以健康关爱、餐厅和人、财、物的智慧管理需求为设计理念，以云平台、大数据、物联网等技术为基础，针对企业餐厅服务的特点，通过对数据的分析挖掘，构建服务于员工健康的立体化、智慧化的服务体系。为广大员工提供全天候、高效率、个性化的新型服务，全面提升企业的餐厅服务管理水平。如图 10 所示。

图 10　智慧健康餐厅实景

（撰稿：张　威　林锡德　张飞云　王　威）

基于BIM和IOT技术的医院运维管理系统建设

——浙江大学附属第四医院

随着经济的快速发展，越来越多的现代化的医院被建成并投入使用。集医疗、教学、科研于一体的现代化医院建筑，由于其功能和流程的复杂性，不同于一般的公共建筑。现代化智能医院包含有大量的机电设备及与之相应的自动管理系统，涉及大量而不同的专业，不可避免地会增加管理者操作的复杂性，同时又缺乏统一管理的功能，使设备运行效率低下，能源及人力资源浪费严重。通过运用当下先进的BIM技术、信息化技术、数据化技术，使之与医院建筑及设备有机结合统一，更好地对整个系统进行可视化、统一化、智能化管理，以达到提升医院管理水平、提高人员工作效率、降低能源消耗、节约运行成本的目的。

一 项目概况

浙江大学医学院附属第四医院按照综合性三级甲等医院标准设计建设，占地189.3亩、一期建筑面积12.3万平方米，其中有10万平方米医疗大楼、8 500平方米感染楼、5 200平方米后勤综合楼，建设床位共920张。包括给排水工程、采暖通风工程、消防工程、医用污水废水处理工程、净化工程、医用物流工程、医用气体工程、EPS工程及弱电工程（如排队叫号系统、病房呼叫系统、视频监控系统、远程教学系统及医疗物联网系统）九大系统的医院设备设施。工程于2009年开工建设，在项目建设后期引入建筑信息模型（BIM）技术，在投入使用后，又运用信息化、数字化技术建立了基于BIM和IOT技术的医院运维管理系统，辅助管理人员对医院建筑及设备进行管理。

二 BIM运维管理系统主要部分

BIM运维管理系统从功能模块分包含三个部分，分别为设备管理模块、BIM及应用模块（图1）。三个部分统一布局于BIM运维管理系统界面中，方便用户直观、高效操作及管理。

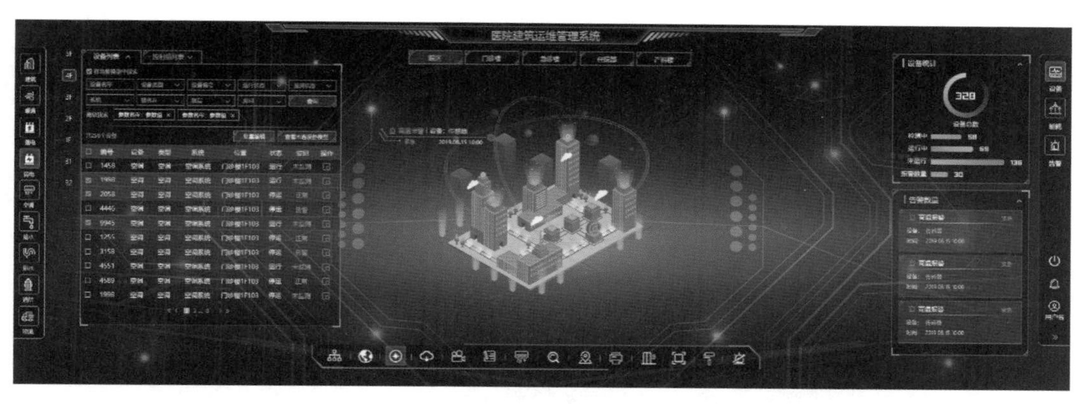

图 1 BIM 运维管理系统界面

设备管理模块主要是对现有对接系统及设备的管理，包括空调系统（新风）、送排风系统、排水泵系统、冷热源系统、智能照明系统、电梯系统、小车物流系统、洁净空调系统、纯水系统及中央空调系统等。

BIM 主要是医院所有建筑及设施的三维可视化展示，按建筑分包括医疗、感染、住院、后勤和宿舍等，按设施分包括暖通、纯水、电气、照明、洁净、医气、排水、排风和小车物流等。

应用模块主要是后勤维护及辅助管理相关功能，包括监控、维保、巡检、资料、资产、空间、能源、告警、用户及 App 等。

三 设备管理模块介绍

设备管理模块按技术架构分为中间对接模块和上层设备管理模块，中间对接模块实现设备与系统间的数据交互、协议转换，实现系统对各种设备的兼容及管理。上层设备管理模块实现设备信息呈现、状态控制、联动配置和数据统计等。

设备管理模块按照管理系统分为空调系统（新风）、送排风系统、排水泵系统、冷热源系统、智能照明系统、电梯系统、小车物流系统、洁净空调系统、纯水系统及中央空调系统等。各系统具体介绍如下。

1. 空调系统（新风）

基于 BIM 运维管理系统开发软件对接模块，与空调系统软件开放的数据接口做数据对接，同时将设备数据信息在系统操作界面及三维模型中体现，实现设备的可视化管理。

通过运维管理系统，可实现空调系统任一设备的基本控制操作及状态管理，如设备控制、故障报警、运行状态、手自动模式切换和新风温度等，同时还能与其他相关设备参数做联动配置，如空气检测传感器、时钟等，根据预设条件实现设备自动控制，以达到自动对室内环境空气做调节的目的，提高系统智能化程度。

同时系统还将设备日常运行数据以日志、表单等形式统计并保存。如图 2 所示。

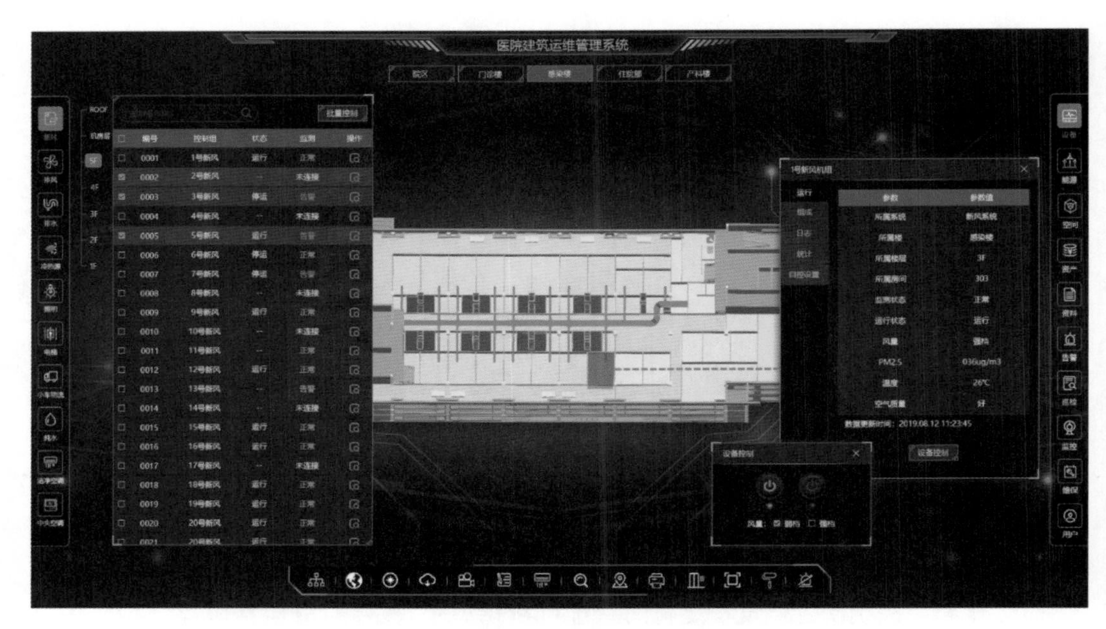

图 2　空调系统界面

2. 送排风系统

基于 BIM 运维管理系统开发软件对接模块，与送排风系统软件开放的数据接口做数据对接，同时将设备数据信息在系统操作界面及三维模型中体现，实现设备的可视化管理。

通过运维管理系统，可实现送排风系统任一设备的基本控制操作及状态管理，如设备控制、故障报警、运行状态和风速切换等，同时还能与其他相关设备参数做联动配置，如空气检测传感器、时钟等，根据预设条件实现设备自动控制，以达到自动对室内环境空气做调节的目的，提高系统智能化程度。

另外，系统还将设备日常运行数据以日志、表单等形式统计并保存。

3. 排水泵系统

基于 BIM 运维管理系统开发软件对接模块，与排水泵系统软件开放的数据接口做数据对接，同时将设备数据信息在系统操作界面及三维模型中体现，实现设备的可视化管理。

通过运维管理系统，可实现排水泵系统任一设备的基本控制操作及状态管理，如设备控制、故障报警、运行状态和风速切换等，同时还能与其他相关设备参数做联动配置，如液位传感器等，根据预设条件实现设备自动控制，以达到自动排水的目的，提高系统智能化程度。

另外，系统还将设备日常运行数据以日志、表单等形式统计并保存。

4. 感染楼系统

基于 BIM 运维管理系统开发软件对接模块，与感染楼系统软件开放的数据接口做数据对接，同时将设备数据信息在系统操作界面及三维模型中体现，实现设备的可视化管理。

通过运维管理系统，可实现感染楼系统任一设备的基本控制操作及状态管理，如空调、照明、新风等，同时各设备还能与其他相关设备参数做联动配置，如空气检测传感器、温湿度传感器、时钟等，根据预设条件实现设备自动控制，以达到楼宇自动控制的目的，提高系统智能化程度。

另外，系统还将设备日常运行数据以日志、表单等形式统计并保存。

5. 冷热源系统

基于 BIM 运维管理系统开发软件对接模块，与冷热源系统软件开放的数据接口做数据对接，同时将设备数据信息在系统操作界面及三维模型中体现，实现设备的可视化管理。

通过运维管理系统，可实现冷热源系统任一设备的基本控制操作及状态管理，如设备控制、故障报警、运行状态等，同时系统还将设备日常运行数据以日志、表单等形式统计并保存。

6. 智能照明系统

基于 BIM 运维管理系统开发软件对接模块，与智能照明系统软件开放的数据接口做数据对接，同时将设备数据信息在系统操作界面及三维模型中体现，实现设备的可视化管理。

通过运维管理系统，可实现智能照明系统任一路设备的基本控制操作及状态管理，如照明开关、定时开关等，同时还能与其他相关设备参数做联动配置，如光照传感器、时钟等，根据预设条件实现设备自动控制，以达到自动对环境光照做调节的目的，提高系统智能化程度。

另外，系统还将设备日常运行数据以日志、表单等形式统计并保存。如图 3 所示。

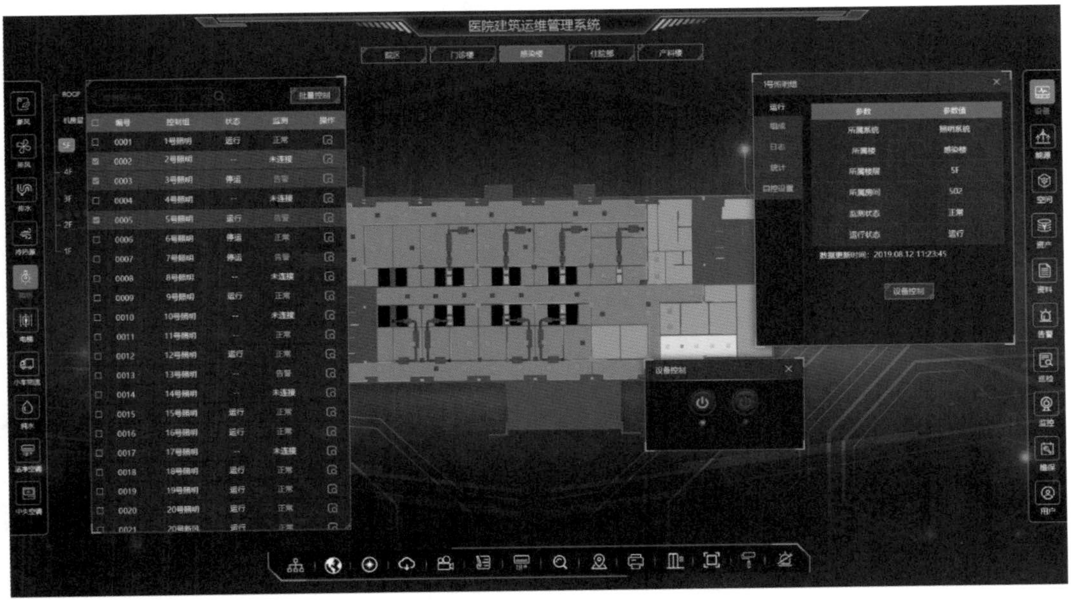

图 3　智能照明系统界面

7. 能源统计系统

基于BIM运维管理系统开发软件对接模块，与能源统计系统软件开放的数据接口做数据对接，同时将设备数据信息在系统操作界面及三维模型中体现，实现设备的可视化管理。

通过运维管理系统，可实现能源统计系统任一路设备的状态查询，如电表计数、供电参数、水表计数和供水参数等，同时系统还将设备日常运行数据以日志、表单等形式统计并保存。如图4所示。

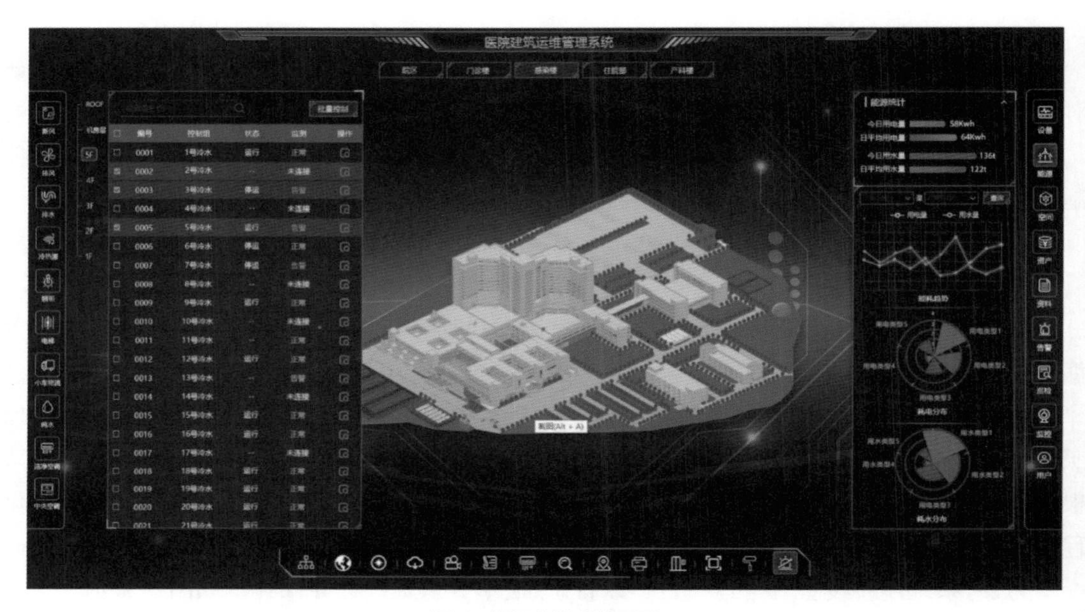

图4　能源统计系统界面

8. 电梯系统

基于BIM运维管理系统开发软件对接模块，与电梯系统软件开放的数据接口做数据对接，同时将设备数据信息在系统操作界面及三维模型中体现，实现设备的可视化管理。

9. 小车物流系统

基于BIM运维管理系统开发软件对接模块，与小车物流系统软件开放的数据接口做数据对接，同时将设备数据信息在系统操作界面及三维模型中体现，实现设备的可视化管理。

通过运维管理系统，可实现小车物流系统任一设备的状态查询，如运行状态、收发信息等，同时系统还将设备日常运行数据以日志、表单等形式统计并保存。

10. 纯水系统

基于BIM运维管理系统开发软件对接模块，与纯水系统软件开放的数据接口做数据对接，同时将设备数据信息在系统操作界面及三维模型中体现，实现设备的可视化管理。

通过运维管理系统，可实现纯水系统的状态查询，如运行状态、水质参数、故障报警等，同时系统还将设备日常运行数据以日志、表单等形式统计并保存。

11. 洁净空调系统

基于 BIM 运维管理系统开发软件对接模块，与洁净空调系统软件开放的数据接口做数据对接，同时将设备数据信息在系统操作界面及三维模型中体现，实现设备的可视化管理。

通过运维管理系统，可实现洁净空调系统的基本控制操作及状态查询，如设备控制、故障报警、运行状态及环境温度等，同时还能与其他相关设备参数做联动配置，如温湿度传感器、时钟等，根据预设条件实现设备自动控制，以达到自动对室内环境温度做调节的目的，提高系统智能化程度。

另外，系统还将设备日常运行数据以日志、表单等形式统计并保存。

12. 中央空调系统

采用智能控制模块替换现有控制模块，通过 485 通讯线连接到各无线采集器，再通过数据采集软件与 BIM 运维管理系统对接，同时将设备数据信息在系统操作界面及三维模型中体现，实现设备的可视化管理。

通过运维管理系统，可实现中央空调系统任一设备的基本控制操作及状态管理，如设备控制、故障报警、运行状态及温度设置等，同时还能与其他相关设备参数做联动配置，如温湿度传感器、时钟等，根据预设条件实现设备自动控制，以达到自动对室内环境空气做调节的目的，提高系统智能化程度。

另外，系统还将设备日常运行数据以日志、表单等形式统计并保存。如图 5 所示。

图 5　中央空调系统界面

四 应用模块介绍

应用模块按照功能分为监控、维保、巡检、资料、资产、空间、能源、告警、用户及 App 等。具体各系统介绍如下。

1. 监控功能

运维管理系统与视频监控系统的对接可以实现在 BIM 下清楚地显示出每个摄像头的位置，单击摄像头图标即可显示视频信息。同时也支持在同一个屏幕上同时显示多个视频信息，并可不断进行切换。如图 6 所示。

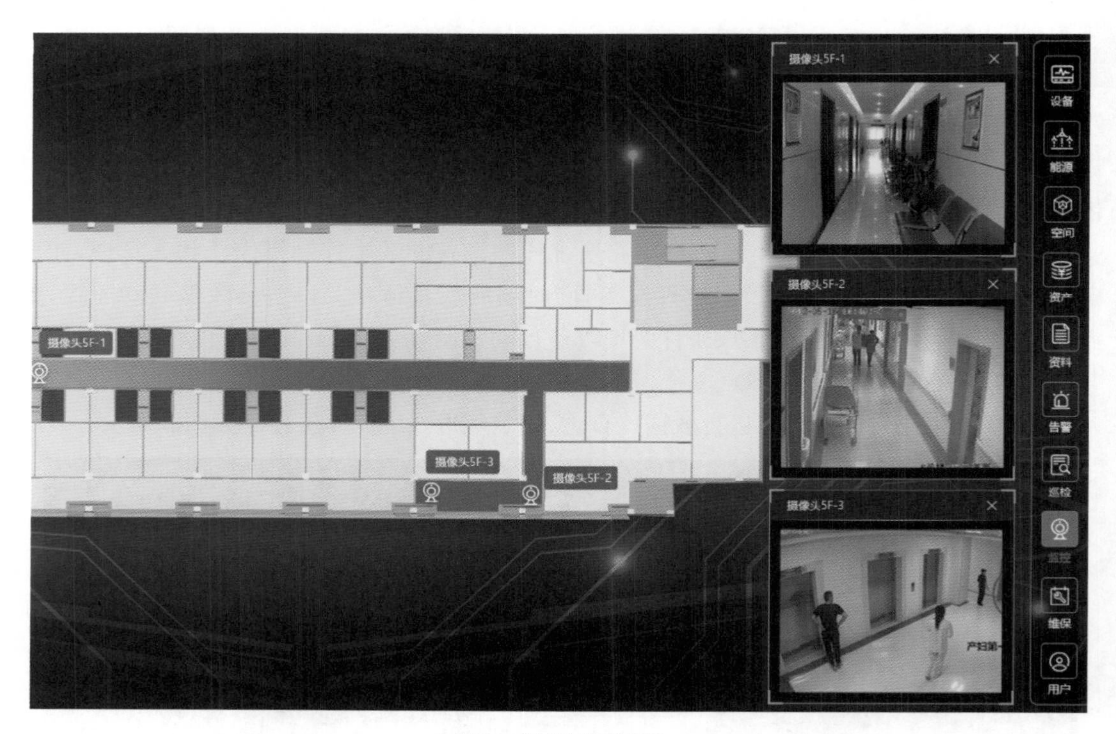

图 6　监控功能子界面

2. 维保功能

运维管理系统以工作单的提交、审批、派工、追踪和反馈为主线，实现全闭环管理。工单管理记录所有工单的详细信息，包括执行人、响应时间、完成时间、处理结果以及满意度情况等。

对工单的走向进行跟踪，随时了解工单的进程。管理者可以及时看到工单的状态，包括已创建、处理中、待审批和已完成的工单，并进行下一步操作。当工单在规定时间内还未

完成，系统将会提醒管理者超时工单信息，管理者可以将该工单进行升级处理，即跳过原既定的流程，将工单转到直接处理部门或转交给其他可完成工单的人员。管理者还可以根据工单的信息进行实地的检验，以确定该工作是否完成，如未完成还需再次升级进行修补。

报警提醒：显示所有的报警提醒信息，即时间、地点、报警类型、报警等级、报警设备、处理人和是否处理等，支持查看报警位置、报警类型。不同级别、类别的报警信息，以不同的对应颜色进行标识。系统通过弹出文字对话框、色声、声音和闪烁等方式进行报警提示，警示值守人员进行警情处理。

维护提醒：根据制订的计划，系统将自动提醒维护人员进行设施设备的维护，维护提醒以警示的形式放置在显要的位置，方便用户查看。如图 7 所示。

图 7　维保功能子界面

3. 巡检功能

运维管理系统巡检功能支持用户自定义巡检类型、巡检内容、巡检周期、巡检人员、巡检提醒和巡检反馈等设定，巡检类别包括常规性巡检及特殊性巡检等；巡检内容包括空间巡检、设备巡检等；巡检周期支持最小以小时为单位；巡检反馈为每个巡检区域或设备都自带二维码，巡检人员检查完每一个点后需扫码并备注检查结果上传至系统，确认该区域已完成。如图 8 所示。

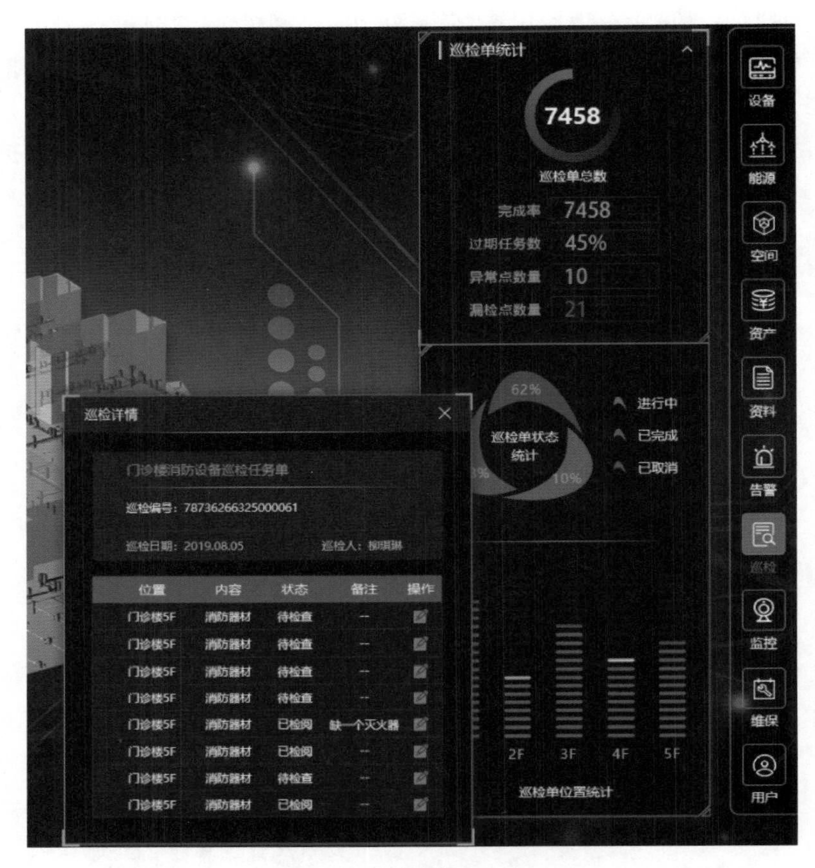

图 8　巡检功能子界面

4. 资料功能

运维管理系统提供资料存储、查询、预览、批注和版本及权限管理功能，支持医院全生命周期的协调工作和数据信息、文档资料的统一管理与有效利用，同时为各部门或人员根据职责进行权限管理。主要包括建筑相关、管线相关、电气相关、设施设备相关、学术报告相关、医疗日志相关等图纸及资料，同时对上述对象日常产生的数据、日志及维护、变动等信息的保存、查询。

5. 资产管理功能

运维管理系统提供各类资产管理功能，通过二维码技术，赋予每个实物资产一张唯一的二维码资产标签，从资产购入企业开始到资产退出的整个生命周期，能针对资产实物进

行全程跟踪管理。解决了资产管理中账、卡、物不符，资产不明设备不清，闲置浪费、虚增资产和资产流失问题。为医院资产管理工作提供全方位、可靠、高效的动态数据与决策依据，实现资产管理工作的信息化、规范化与标准化管理，全面提升医院资产管理工作的工作效率与管理水平。主要功能包括资产信息建立、资产转移、资产报废、资产外调、资产折旧、资产查询、资产盘点及资产统计等。

6. 空间管理功能

运维管理系统空间管理通过 BIM 了解医院空间的布局和组成，分析既存的空间用途，跟踪当前空间和资源的使用信息，为能耗管理和资产管理提供数据决策的依据。

7. 能源管理功能

运维管理系统能源管理是对医院用电、用水等能耗的统计与分析，以控制节能、管理节能和培养节能习惯为理念，以降低能源损耗、提高用能效率、加强用能安全为目的，帮助用户构建一个相辅相成的节能体系，全面、细致地了解能源使用，持续优化节能管理方式，持续为用户节约用能成本、提高用能环境舒适性和安全性。如图 9 所示。

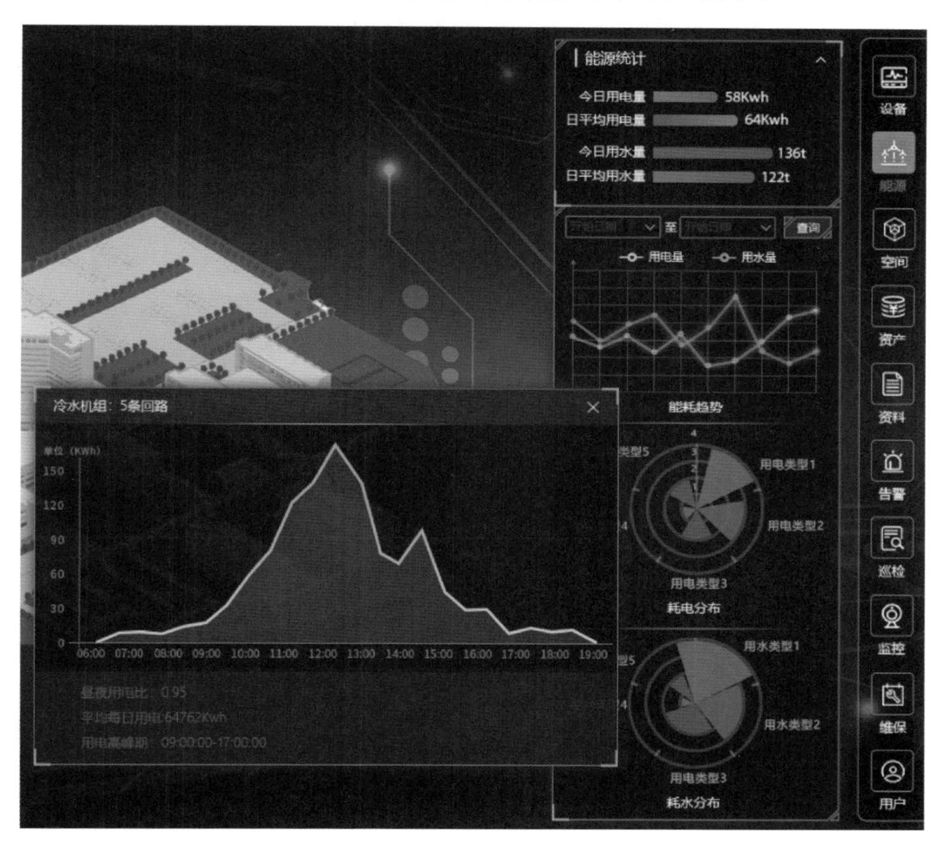

图 9　能源管理子界面

8. 巡检功能

运维管理系统告警功能将各系统告警信息集中整合、处理和发布，对告警信息进行详细描述，包括告警设备、告警位置、告警内容等，同时对告警按等级和类别进行分类，为用户提供了全面的告警信息。系统还提供从告警规则配置、告警事件触发、告警通知发送和告警事件处理跟踪等多方面的辅助功能，提高管理效率。如图 10 所示。

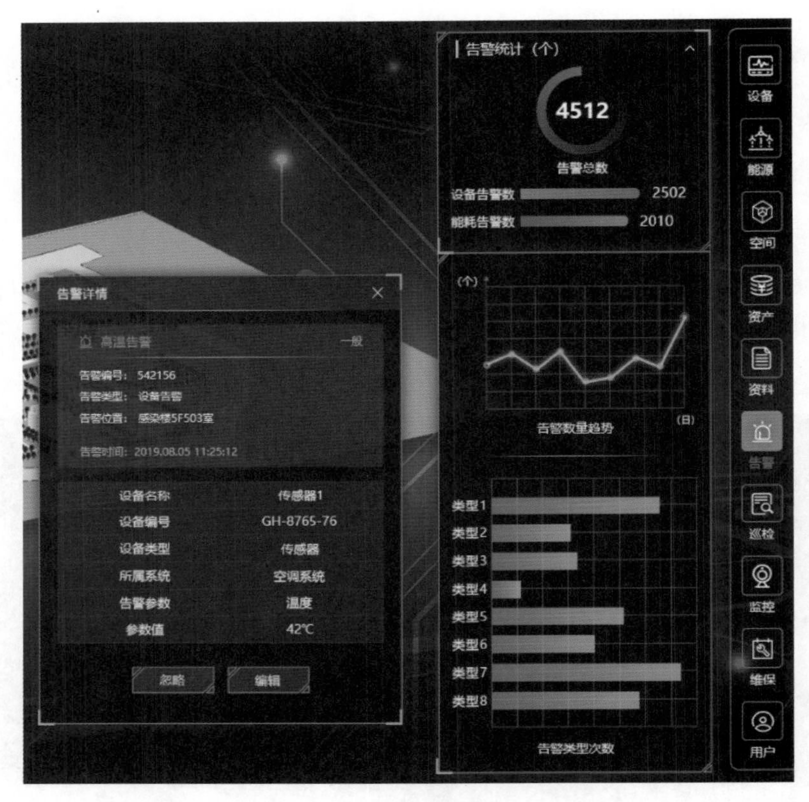

图 10 告警功能子界面

9. 用户管理功能

运维管理系统提供的用户管理功能，包括用户管理、角色管理、权限管理和维保单位管理等功能。

10. App

运维管理系统提供移动端访问功能，用户通过 App 可随时随地查看、处理系统信息和任务，并可对现场问题进行记录、拍照并上传系统进行后续相关处理，提高问题处理的时效性。

五 结语

通过基于 BIM 和 IOT 技术的医院运维管理系统在后勤运维中的应用实践，我们体会到以下五点：①BIM 技术在医院建筑运维管理中的应用是可行的，并且在日常运维管理中可视化的模型能发挥积极的作用；②各系统统一整合管理能极大提高管理效率，降低管理成本；③信息化、数字化技术的运用，能对系统的管理带来更智能化、高效的决策支持；④通过系统整合能将各子系统互联互通，进行自动化、高效的控制；⑤BIM 技术与 IOT 技术的结合能可视化地展现管理系统，方便管理者更直观、高效的管理系统。

通过医院运维管理系统的应用，改变了传统后勤运维管理模式，医院建筑及设备都可以是信息化储存、可视化管理、数字化展示。医院建筑及设备将以可视化、信息化、数字化效果呈现，用电子信息数据代替人脑记忆、图纸管理和现场查看，使得医院后勤运维管理朝着智能化过渡，大大降低了传统管理模式带来的时间和成本的浪费，极大地提高运维管理效率。

（撰稿：周庆利　金炜炜）

非临床信息智慧平台的建设和应用

——杭州市妇产科医院

一 建设背景

随着科学技术水平的不断提高，医院信息化、智能化程度不断加深，建设现代化智慧型医院已成为目前医院发展的重要趋势，也是医院可持续发展的方向。2019年3月21日，国家卫生健康委员会就信息化质控与智慧医院建设工作有关情况举行发布会，会上国家卫健委医政医管局副局长焦雅辉对智慧医院的范围进行了明确，圈定智慧医院包括"智慧医疗""智慧服务""智慧管理"三大领域，其中在智慧服务及智慧管理领域中均提到了非临床的智慧化建设，包括停车便捷、医疗废物处置、被服管理、水电气能耗和物资管理等。从智慧医院内涵中体现出非临床的后勤保障工作也是医疗卫生机构建设及发展举足轻重的部分，医院的医疗、教学和科研越来越离不开后勤保障的支撑，与医院发展相辅相成，我们必须顺应时代所需，与时俱进。

二 建设基础与规划

在医院非临床信息智慧系统建设中，杭州市妇产科医院紧跟时代步伐、勇立潮头，在设计创新、应用推进中勇做排头兵，医院从2014年开始先后建立了智慧运送系统、一站式报修巡检系统、医疗废物信息化管理系统、监控门禁联动系统、婴儿防盗系统、一卡通平台及经济合同管理平台等多个非临床的信息智慧系统。这些系统的应用不仅为医院的医疗临床教学科研提供了有力的后勤保障支撑，同时在安全生产、能耗管理、病人服务等方面均取得了良好的效果。但有一个困惑摆在医院顶层设计决策中，多系统独立部署成本高、操作复杂、不易维护和信息孤岛等问题亟待解决，迫切需要建立一个多维度服务管理一体化的非医疗信息智慧系统，并进行系统化、标准化和规范化地有序管理，使医院管理部门可以全面清晰地了解整个非临床工作的设备运维、能耗分析、安全监控等运行状态，进而为医院发展决策提供更丰富的数据资源。2018年10月，医院"三重一大"讨论决策通过2019年医

院预算项目，其中包括"医院非临床信息系统建设"。预算细则提交上级行政主管部门及财政部门审批，2019 年 3 月相关部门批复同意医院预算项目。之后，院领导多次召集院办、总务、设备、财务和质管等职能科室共同商讨非临床信息智慧系统建设的构想，并邀请国内医院后勤信息化建设领域的专家共同探讨系统建设方案，以及借鉴北京、上海等地知名医院的建设案例。2019 年 8 月成功确定了系统建设的各项关键内容，包括建设目标、总体设计、功能定位和预期效应等。

三 建设目标

1. 功能目标

系统总体目标实现三个一，即"1 个智慧平台 + 1 个应用中心 + 1 个管家团队"，系统建设基于物联网、微服务、大数据和人工智能等先进 IT 技术，给医院非临床工作带来全新的智慧运维生态，颠覆性地提高医院非临床工作的服务体验。智慧平台的功能目标如图 1 所示。

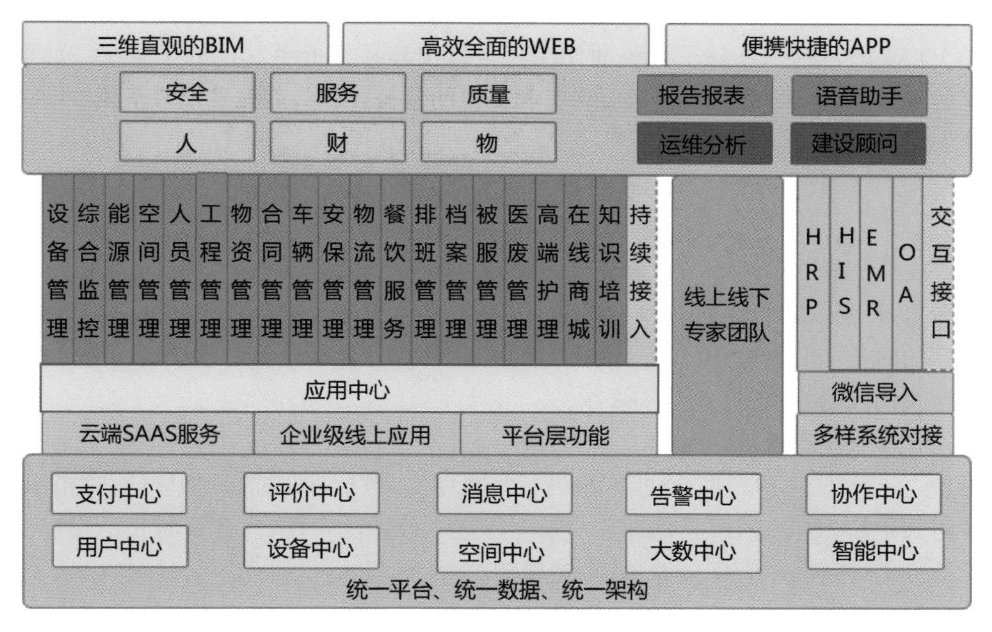

图 1　智慧平台功能示意

（1）1 个标准化的智慧平台

智慧平台基于统一的平台、统一的数据和统一的架构，向医院非临床各种类型的专业子系统提供快速接入、运行和运维所需要的基础能力，具体包括用户中心、设备中心、空间中心、支付中心、消息中心、协作中心和数据分析中心等。智慧平台通过统一接口标准和流程，实现第三方专业子系统的快速接入、即插即用，解决多业务子系统的快速上线需求。智慧平台对外提供 Web 门户网站、App 手机客户端、BIM 三维立体共三种方式与用户进行交互。

(2) 1 个个性化的应用中心

智慧平台聚合医院动力设施、设备管理、医废管理、安防管理、餐饮服务、物资管理及能耗管理等，收集各个子系统的传感器、设备、终端、人机交互、业务运行和用户行为等大量实时和历史数据，通过云计算技术和大数据分析技术，进行数据的采集、存储、处理、分析和挖掘，为设备安全高效可靠运行、服务体验的持续提升以及医院的管理决策提供了客观依据，更好地服务医院各项工作。

(3) 1 个专业化的管家团队

调整优化后勤各科室人员，在不增加人力成本的基础上重新组建一支专业队伍作为智慧平台的管家团队，以保障平台 24 小时全天候正常运行，以及服务质量的持续提升。

2. 技术目标

技术层面上采用迭代式线性开发框架，各子系统、各功能组件可以以任何顺序先后或独立部署于本地或云端，既能做到有机的统一，又能做到无依赖的线性开发，还能做到无依赖的部署和删除。子系统信息互通，业务模型统一，业务数据联动，做到设备、人员、空间所使用的 ID 都全局统一，任何子系统的使用者可以很容易地上手其他的子系统。如用能设备产生告警，能联动触发 BIM 中对应房间和设备的告警、闪烁，能触发报修系统中对应的设备故障工单。

3. 性能目标

(1) 数据处理指标

平台每日可采集处理数据>1 000 万条记录，文本大小>100 G；每日对接入数据进行处理入库的时长<1 小时；可保存 3 + 1 年的医院后勤历史明细和汇总数据，支持对各类数据的快速查询。

(2) 数据计算指标

平台可支持不少于 1 000 个指标的并行计算能力，包括月指标、日指标、小时指标；月指标计算时长不超 10 分钟，日指标计算时长不超过 2 分钟，小时指标计算时长不超过 10 秒。平台支持分类、聚类、时间序列等 AI 算法模型。

(3) 系统响应指标

平台支持最大 1 万名用户同时在线使用，最大支持 200 路并发请求，接口响应时长不超过 200 毫秒，页面打开时间不超过 2 秒。

(4) 系统可靠性指标

平台支持 7×24 小时不间断使用，年度可靠性应>99.98%，支持不停机前提下对服务器的伸缩性部署。

四 总体设计

1. 功能架构

平台的功能自下而上由四个层次组成，包括底层基础支撑层、中层技术应用层、上层决策支撑层和交互展示层。平台的功能架构如图 2 所示。

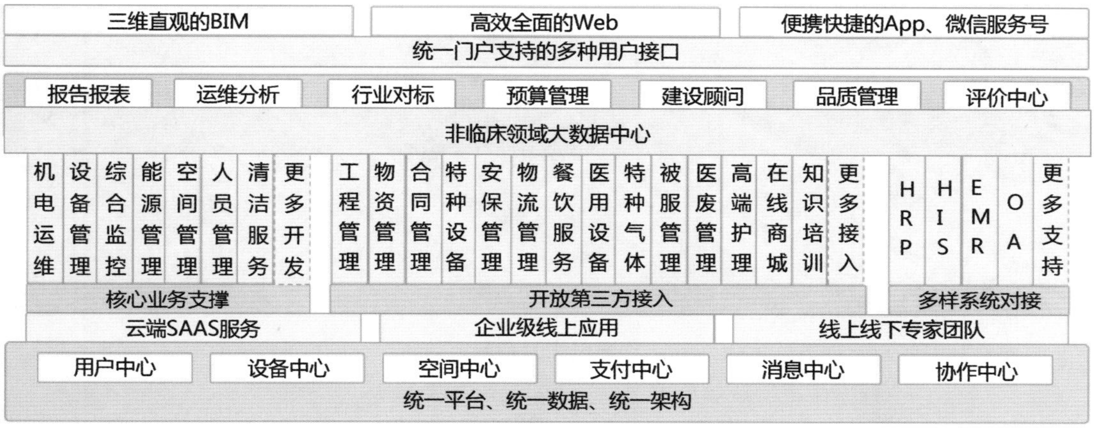

三维直观的BIM | 高效全面的Web | 便携快捷的App、微信服务号

统一门户支持的多种用户接口

报告报表 | 运维分析 | 行业对标 | 预算管理 | 建设顾问 | 品质管理 | 评价中心

非临床领域大数据中心

机电运维 | 设备管理 | 综合监控 | 能源管理 | 空间管理 | 人员管理 | 清洁服务 | 更多开发

核心业务支撑

工程管理 | 物资管理 | 合同管理 | 特种设备 | 安保管理 | 物流管理 | 餐饮服务 | 医用设备 | 特种气体 | 被服管理 | 医废管理 | 高端护理 | 在线商城 | 知识培训 | 更多接入

开放第三方接入

HRP | HIS | EMR | OA | 更多支持

多样系统对接

云端SAAS服务 | 企业级线上应用 | 线上线下专家团队

用户中心 | 设备中心 | 空间中心 | 支付中心 | 消息中心 | 协作中心

统一平台、统一数据、统一架构

图 2 智慧平台功能架构

1）基础支撑层

通过统一的平台、统一的数据交互标准、统一的架构，实现用户中心、设备中心、空间中心、支付中心、消息中心、协作中心和数据中心等服务，支撑应用业务的接入和即插即用，以及数据在全系统中的流转。

2）技术应用层

依赖于基础支撑层提供的基础能力，完成业务子系统的接入、运行和监控，并为上层运维决策层提供必要的数据；同时各子系统之间，通过服务支撑层完成互通和联动。

3）决策支撑层

根据平台和各个业务子系统采集的数据和信息，按照医院运维管理要求，进行抽样、分析和汇总，从不同的维度提供到各科室或院级层面进行决策支撑。包括报告报表、行业对标、运维分析、预算管理、品质管理和评价机制。

4）交互展示层

根据不同的应用场景，提供 BIM、Web 和 App 等方式，以实现对平台直观、高效和便捷的管理。应用模拟场景如图 3～图 5 所示。

图 3　BIM 门户

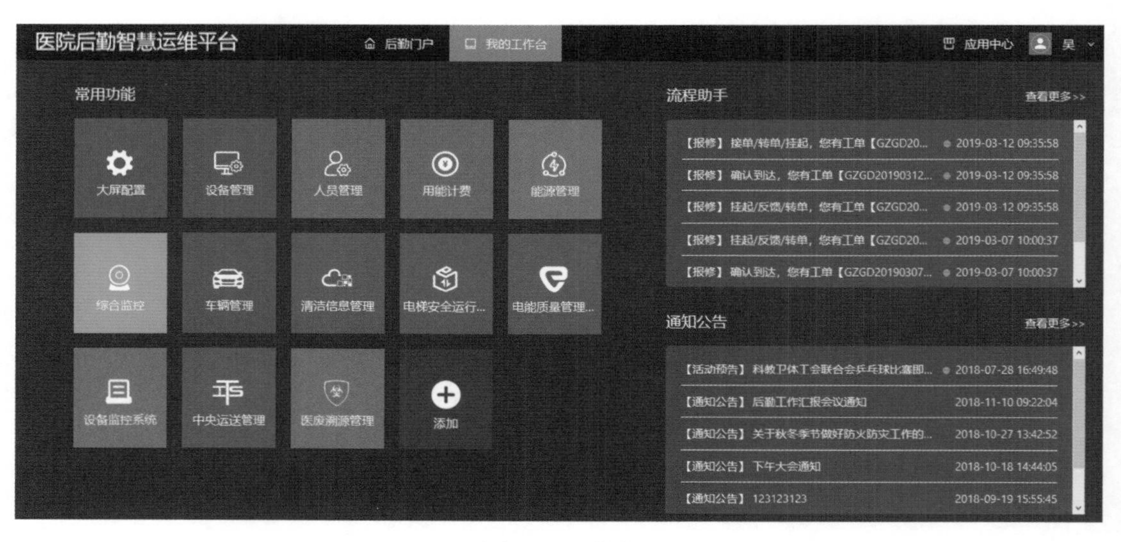

图 4　Web 门户

2. 技术架构

平台采用面向互联网的软件技术架构进行设计，具有支持高并发、高可靠、高可伸缩、高可扩展及高安全等技术特点，广泛采用微服务、大数据、AI 等先进的互联网软件技术，提供高效、可靠的业务流程、功能使用、数据分析等服务，具备先进的自动化运维能力。平台技术架构如图 6 所示。

3. 组网架构

组网部署配备 2 台服务器，一台作为堡垒网关服务器部署在医院的 DMZ 区与互联网联通，另一台作为平台应用 + 数据库服务器部署在医院的核心区，如图 7 所示。

图 5 管家 App

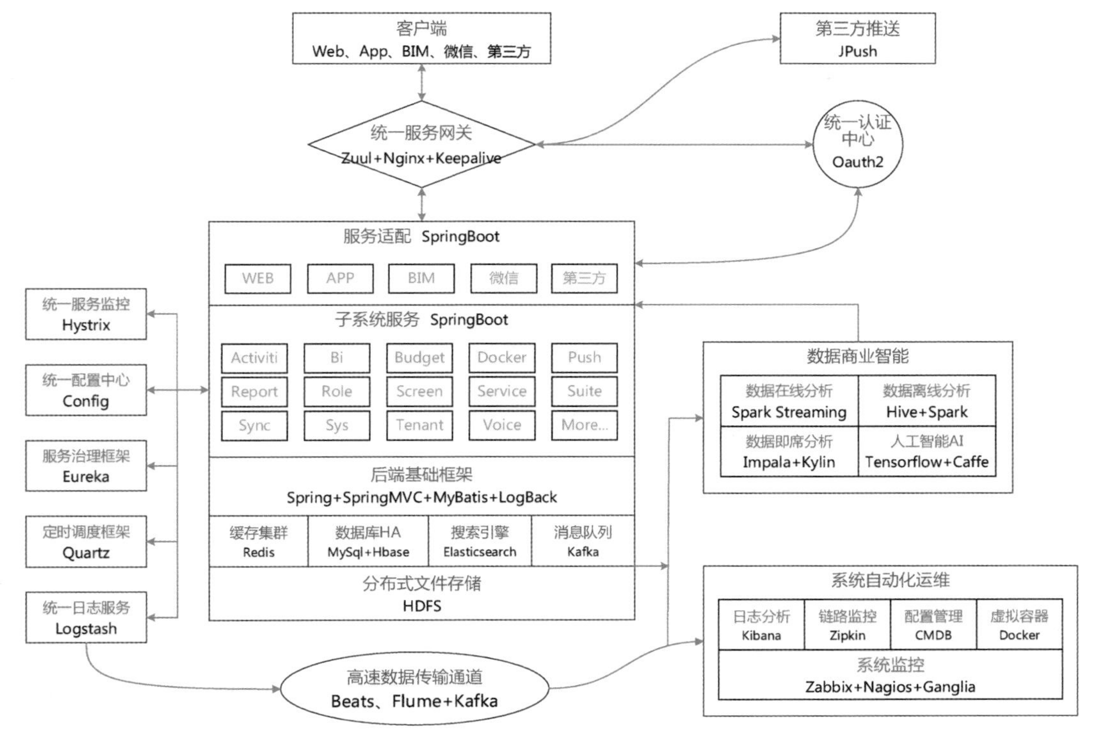

图 6 平台技术架构

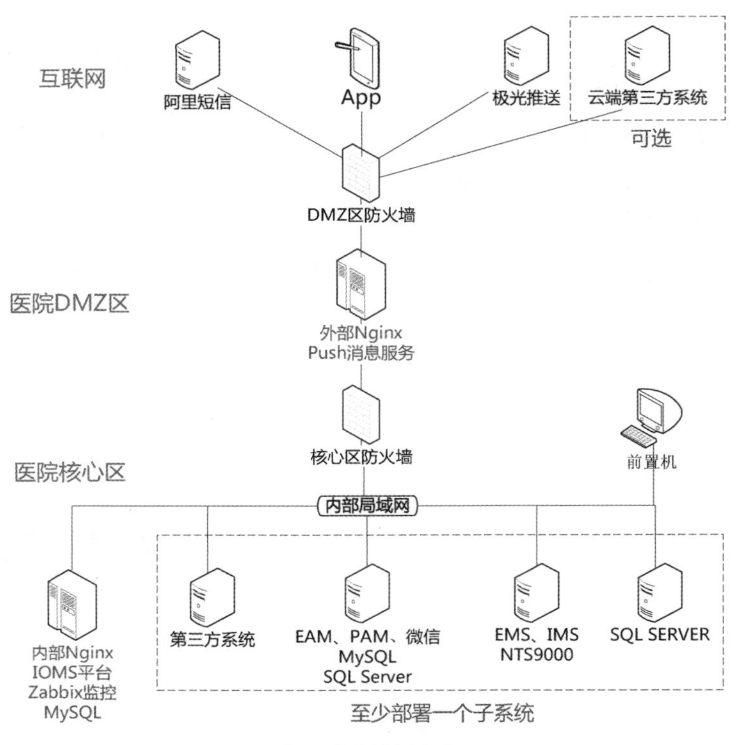

图 7　组网部署架构

五　建设成效

1. 非临床领域运行指挥中心建立

应用大数据分析与物联网技术，打通非临床各系统运行的孤岛，建成非临床信息智慧平台。通过各类物联网的传感器实时自动采集设备、动力、服务等的运行状态，功能覆盖医院非临床全部领域，业务流程无缝衔接，实现一站式管理。医院的决策、管理、执行人员只需登录平台，即可处理非临床运维相关的各类事项，完成非临床管理工作。

2. 非临床领域数据模型建立

平台对医院非临床领域中的人员、空间、设备、费用和事件等各类数据进行梳理，按照统一编码的原则进行归纳、排列和组合，建立医院非临床领域数据模型，通过模型将各类数据汇聚融通形成合力，充分挖掘数据潜在价值。包括基础维度数据（设备数据、空间数据、用户数据）、状态事实数据（工单数据、运行数据、告警数据）、分析指标数据（种类统计汇总数据、分析指标数据）等。医院非临床领域数据模型如图 8 所示。

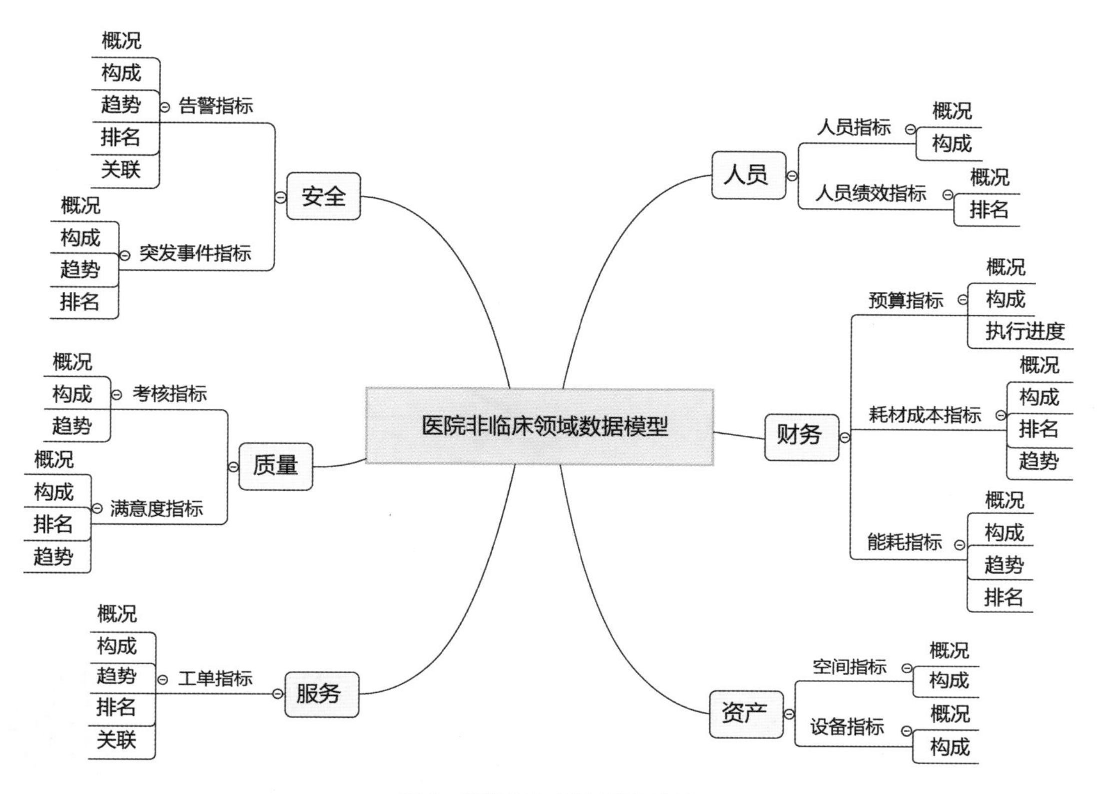

图 8　医院非临床领域数据模型

3. 物联网实时设备监控

医院非临床领域存在着大量的机电设备、高能耗设备和专业的医用设备，这些设备的正常运行是医院业务正常开展的基础。这些设备产生或者通过各类传感器(温度、湿度、运动)、数据采集器(语音、图像、文字)产生了大量的运行数据和状态数据。因为之前单终端系统的处理能力有限，并且系统之间信息孤岛的存在，导致这些数据并没有充分被利用。这些跨系统、运算密集型的监控在之前的独立子系统上是很难完成的，通过物联网技术采集数据，传送到云端平台，借助生态平台超强的计算能力对数据进行整合和处理，全方位保障了设备运维的高效和安全。例如，在空调和暖通设备上加装传感器，获得设备运行指标，然后通过能耗优化算法，调整各用能设备的参数，最终使整体的用能最优，据测算节能效果能够达到 20%～30%；在电梯上加装传感器，监控电梯运行状态，并结合设备管理子系统的记录，对电梯的故障进行预警，防止安全事件的发生。如图 9 所示。

4. 大数据分析优化运维

通过大数据的采集、存储、处理和分析技术，收集大量的医院运维数据，经过不同维度和业态的数据分析，实现医院非临床领域各专业子系统的行业标准。可以将本院的数据和行业标准进行对标，发现其优势和存在的差距。进一步对数据进行获取，找到关键改进点，

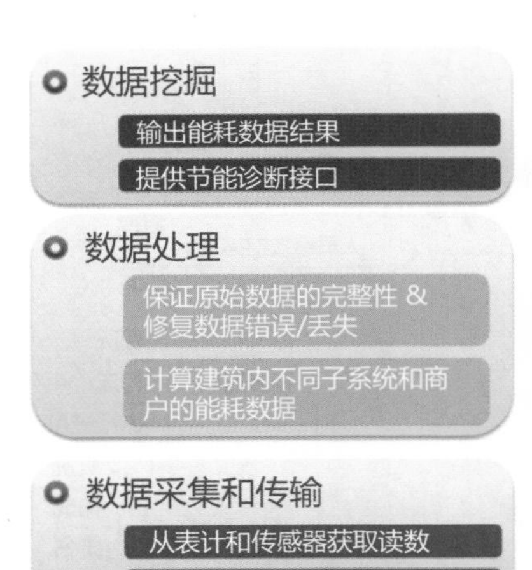

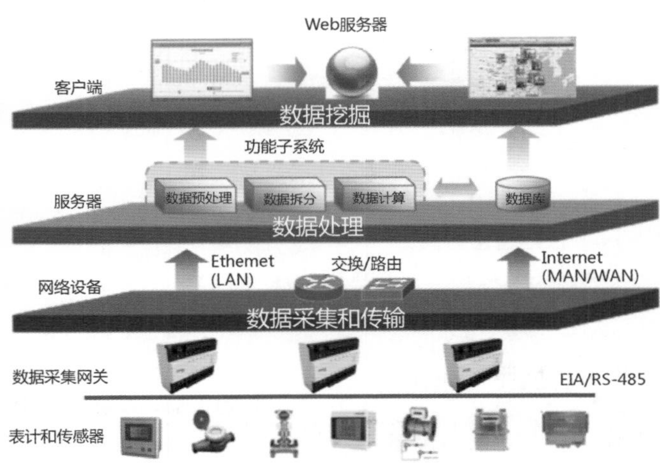

图 9　实时设备监控

帮助医院逐步提高运维的效率和水平。目前智慧平台通过对工单系统的数据分析，已经能够对医院的运维给予指导，具体如图 10 所示。

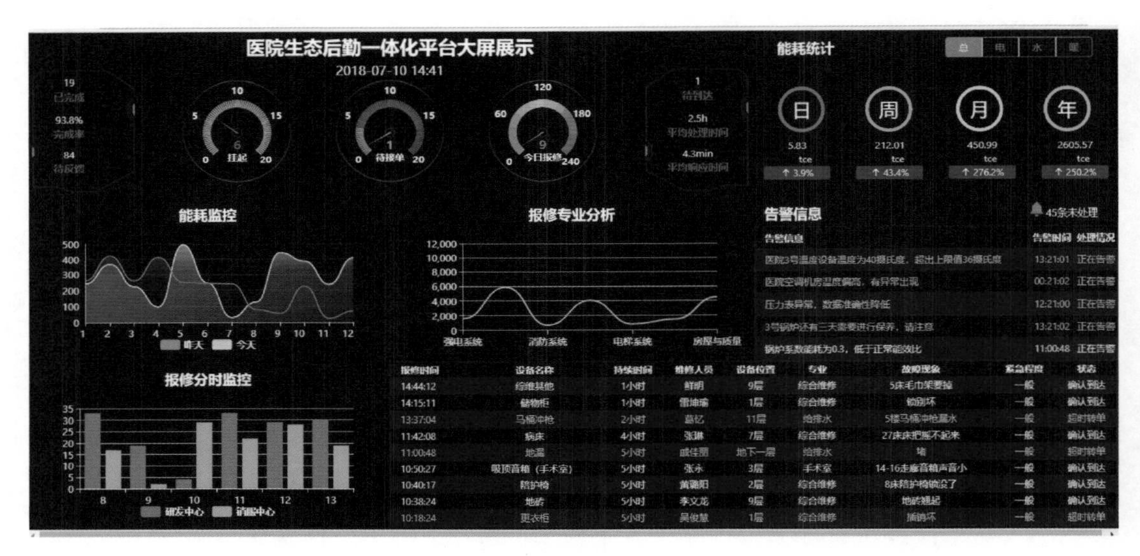

图 10　大数据分析

5. 人工智能提升工作效率

相对于医务人员，非临床领域员工的平均年龄偏高，文化素质偏低，人员的构成导致了信息化工具推广和使用的困难。智慧平台提供了“语音助手”功能，通过智能语音识别技术和语义分析技术，在手机 App 端将原来通过文字输入进行的操作，转变成直接通过语音和系统进行交互，大大降低了系统的使用门槛，提高了使用频率。此外，在医院各关键区域安装监控摄像头，结合智慧平台建立的高危人员或者重点人员信息库，对采集的实时图像进行识别匹配，有效对号贩子、医闹或者人员异常聚集等情况进行 24 小时监控，一旦发现，系统将自动产生告警信息，推送到安保和相关人员，实现安全预警功能，大大提升对于突发事件的处理速度。

6. 智慧平台优化人力管理

重新调整组织架构与岗位，建立统一调度指挥的现场运维保障团队，后勤动力配电、锅炉、暖通和水电等班组实行一体化值班管理，承担设备设施维修、动力运行保障、服务调度等资产调度等应急处置职能。团队综合应急能力得到提升，一体化值班方式可显著降低后勤运营人力成本。

7. 前期学术研究成果

在非临床各部门团队（包括院办、总务、保卫、设备、质管和财务等）的共同合作努力下，医院持续进行理论及运行模式的创新探索，多次组织召开学术交流分享会，紧跟时代改革与发展步伐，引领全省医院非临床领域管理者理念更新和思想转变，提高了浙江省后勤整体管理能力和服务水平。学术成果上论文发表、课题立项、管理书籍出版均取得优良成绩。近两年来，出版医院后勤管理书籍 2 本，省局级课题立项 4 项，发表中华级论文 4 篇，其他中文核心期刊 10 篇，全国专业年会交流论文 80 篇。2018 年在“中国医院协会后勤管理专业委员会专业学术研讨会”上投稿论文 30 篇，被评为“单位优秀组织奖”，其中 4 篇论文获得优秀论文奖。

（撰稿：陈昌贵）

一 建设背景

1. 集团化医院运营管理的挑战

如今，集团化医院已经成为聚合医院的存量资源、促进集团医院内的资源优化配置、推进区域内医院改革的重要方式。在集团化医院的建设与发展中，运营管理已经成为影响其发展效益的重要因素。

由于传统医院运营管理模式基于单体医院而设计，已经无法适应集团化医院的发展需求。在运营管理过程中，集团化医院很容易因为运营管理能力的缺失，暴露出内部管理弱化或是流于形式等问题，不同层级医院之间资源与管理无法真正打通，这不仅影响集团医院业务效率的进一步提升，也难以发挥集团医院在促进资源整合、降低运营成本等方面的优势。

作为一家区域综合性医疗集团，浙江省台州恩泽医疗中心(集团)面对外部政策环境的变化，整合内部资源，切实推动医院各项事业的发展推进。在医院运营管理方面，恩泽医疗中心发现，既有基于单体医院的运营管理模式存在着以下问题，严重制约着医院管理目标的实现。

(1) 业务协同差：成员单位间协同困难，业务开展效率低下。

(2) 风险控制难：院区各自为政，成员单位风险难控制。

(3) 精细管理低：管理方法缺失，精细化管理程度低。

(4) 机制不健全：集团医院机制尚处于完善期，需要不断健全。

(5) 管理不规范：人财物管理不到位，跑冒滴漏现象普遍。

(6) 反馈机制慢：集团无法实时掌握整体经营状况，无法有效监控。

(7) 控制不健全：完整的成本管控体系不健全。

(8) 决策分析慢：集团决策层级增加，决策分析慢。

(9) 战略执行差：集团战略下达、执行、落地困难。

(10) 成本消耗高：医疗成本居高不下，业务增长带来负效益。

2. 医院运营管理建设的方向与原则

基于对于医院运营管理存在挑战的洞察，并结合当前医院发展的整体目标与可配置的资源，医院制订了运营管理的以下建设原则：

(1) 以精益医疗、质量优先为核心。

(2) 以全面预算、目标成本控制、全过程闭环管理为主要内容。

(3) 以信息化创新为实现手段。

医院运营管理的原则则包括以下四个方面。

(1) 高效：实现集团化管理的高效运营。

(2) 共享：通过互联和融入，完成医院内外部数据的互联互通。

(3) 融入：HRP 系统内部五大领域进行深度融合。

(4) 互联：HRP 系统需与医院其他信息系统进行对接。

3. HRP 项目建设目标

引入企业资源计划(ERP)的成功管理思想和技术，融合现代化管理理念和流程，整合医院已有信息资源，创建一套支持医院整体运行管理的统一高效、互联互通、信息共享的系统化医院资源管理平台。建立面向合理流程的扁平化管理模式，最大限度发挥医院资源效能，可有效提升传统 HIS 的管理功能，从而使医院全面实现管理的可视化，使预算管理、成本管理、绩效管理科学化，使得三级分科管理、零库存管理、顺价作价、多方融资、多方支付以及物流管理等先进管理方法在医院管理中应用成为可能。

实现综合运营一体化、平台化的管理。以数据驱动医院、技术推动管理，实现跨部门的流程应用，全面整合基础信息和业务信息，为经营管理决策、战略决策提供科学依据。

1) 一体化

实现财务、成本、预算、资产、物流、人力、绩效等一体化应用。全面梳理与相关部门的管理关系，促进工作协同。

实现 HRP 与 HIS 数据共享和一体化应用。医院综合运营管理起着重要的指导、支撑、保障、监控和评价作用。

2) 全程化

按照事前的全面预算、事中的财务核算、事后的全成本核算和分析，实现医院全面的财务闭环管理过程。

实现物资资产从需求、采购、入库、使用、核算，再到需求计划的全程闭环管理过程。实现物资材料全程使用跟踪过程，实现资产的全档案集中管理。

3) 智能化

融合商业智能相关的技术手段，建立知识库。以知识库为依托，逐步提升医院智能化的程度。智能分析，全过程的信息追溯，为医院管理提供决策依据。

实现任务驱动管理，及时提示待办任务。问题预警、问题报告，协助管理部门及时解决或避免相关问题。

4）平台化

运用平台技术，完成应用系统设计开发、实现信息系统数据集成、嵌入式的业务集成以及界面集成。

通过灵活的流程配置，实现系统间业务和流程的整合。

运用大数据技术以及智能商业分析技术，实现实时的业务分析。

5）集团化

发挥集团综合管理的资金及管理优势，实现对下属医院的综合管控，提高整体运营能力和水平。

平衡集团内各医疗机构资源配置，增强资金使用效率，调动人员的工作积极性，落实医院精细化管理策略，方便患者就医。

二 建设内容

1. 集团管控

基于集团医院的特点及管理要求，恩泽医疗集团搭建集团财务、资产人力、决策支撑等各个维度的集团应用管理，运营信息化管理系统整体框架如图 1 所示。

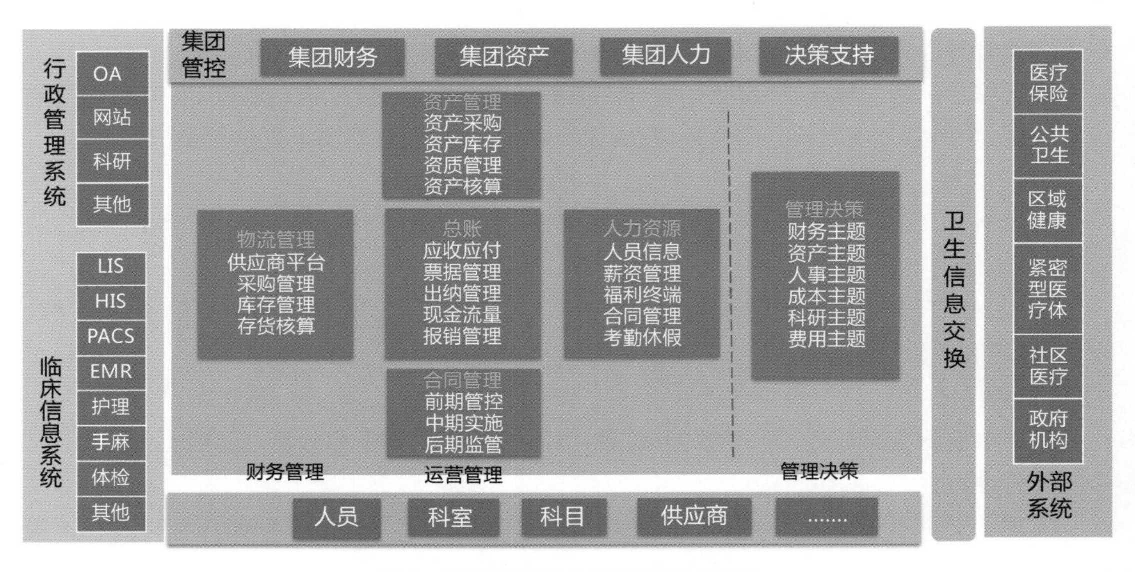

图 1　集团运营信息化管理系统整体框架

1）集团财务管理

构建集中统一的会计核算平台，统一制度，统一标准，统一方法，统一工具，实现医疗集团总体管控。规范医疗集团财务管理的组织结构和岗位管理体系，明确财务部门管理岗位职责。

规范基础标准信息，并且实现统一编码管理。包括下属医院组织结构编码、会计科目、账务期间、往来单位及多级辅助核算体系等。

2）集团预算管理

根据集团的战略目标和资源组织状况，以医院的事业计划、工作计划、资金计划和筹资投资计划等为主要内容，建立集团的预算管控模型，实现医院集团预算指标与经营战略目标一致。

依据医院集团预算管理范围，引入组织参与部门，构建预算组织体系，建立多维度预算信息模型。根据集团、医院、科室的维度搭建集团型的预算管理体系和预算表样，下发预算任务，进行预算编制管理。预算的审批、调整、执行控制等依据集团及相应下属机构的要求灵活设置，满足集团管理及医院应用的不同要求。

医院集团可以随时查看分院的预算及其执行情况，可以根据需要进行钻取到不同时期、不同部门的信息。对预算的执行情况目标实现追踪，未来事件预警，对各种异常、重要情况报警。

3）集团采购供应管理

发挥医疗集团集中采购的规模效应，降低药品、医疗耗材、办公用品等采购成本。

强化物资采购的集中管理控制，协助医疗集团建立集团级供应商管理平台，统一对供应商进行资质审核、评估，使得供应商管理更加科学、合理。

规范、协同、优化医院采购业务处理流程，提高采购工作效率。

支持采购业务从物资需求申请、请购、订单、收货质检、入库、收票和结算全过程的管理，并且能够根据医院实际情况，灵活配置适于医院的各种不同业务流程的采购业务流程和审批工作流，支持医院采购业务流程的变化。

帮助医院掌握全面的库存信息，全面压缩库存。

通过集中掌控主要物资的库存，使得物资调配更加合理，库存水平明显下降，资金占用更趋合理。

4）集团资产管理

建立集团资产集中管理池，搭建资产全生命周期管理。集团全面掌握医院固定资产的分布及使用状况。进行优化资产配置。通过单机核算，协助集团掌握医院关键设备的使用及效益状况。

通过构建的集团、院区、部门三级资产台账及资产分布状况可以优化资产配置，提高资产的使用效率；实现使用部门、医院、医疗集团等多级辅助决策分析，为制订相关资产管理制度提供科学依据。

集团可对资产存量、分布及变化实时查询，随时掌握各单位的资产存量、分布及变化。

5）集团人力资源管理

通过搭建统一的人员信息平台、业务系统平台，建立统一规范的人才选拔体系、绩效考核体系和有竞争力的薪酬体系，来规范集团各单位的人才选拔、个人能力的培训与开发、集团内的人员异动和日常的绩效考核等业务的开展。通过对人员信息、业务数据进行跟踪和分析，为集团制订人员战略规划、能力素质模型提供数据支撑，进而优化管理流程以及对重点人才选拔、任用、考核，适时调整体系规范，提升义务人员的积极性，并提供更加优质的医疗服务，从而促使集团内部建立一个高效、准确、职能的人力资源管理体系。

2. 业务建设

1）一体化财务管理

建立以预算为主线，以成本精细化核算为核心，人财物全面打通的业财一体化、财务一体化的高效财务管理体系，实现财务管理从核算会计向管理会计的精进。

在集团财务管控的要求下，围绕财务核心的三大职能，构建财务、成本、预算统一平台，规范财务管理基础和标准。并通过系统的协同联动，打通业务财务环节，实现业务财务一体化，会计凭证自动生成。

根据 2019 年政府会计制度核算要求，建立政府会计制度核算体系，自动进行双系统会计核算，出具差异分析表、结转表和相关账表等。

建立财务管理指标体系，通过资产负债率、流动比率、成本收益率等财物指标宏观反应医院总体经济状态，以及运营状况。通过收支平衡分析、因素分析等多种模型，挖掘医院运行成果更多的深层次原因。采用回收期法、净限值法等投资分析方法，为投资决策提供依据。

2）全流程物资管理

通过建立业务、数据一体化的应用平台，打通物流系统和财务、预算、成本核算等业务的中间壁垒，做到业务信息的共享，将供应商管理、资质信息的审核、汇总及效期的监管纳入统一的管理平台，从而真正实现一体化的管理。通过配置模板，分配权限，入库单、出库单、盘盈单、盘亏单和付款单等票据能够在指定的时间按照指定的方式自动生成财务系统的相关凭证。每个月由系统能够查询到本月应付款，并标识每张入库单的发票号，根据入库金额和发票金额进行核对，自动生成对账报告。

（1）支持集团采购模式

通过流程梳理，规范采购业务流程，形成标准化的采购流程。利用信息化的手段，确保采购流程的严格执行，规范了采购的业务流程，控制采购环节。支持多种采购模式，医院根据管理需求、物资类别、供应商状况等多种条件灵活选择采购模式。采购流程包括："集中采购，集中收货，集中结算，内部调拨""集中采购，分散收货，分别结算，各自使用""集中采购，分散收货，分别结算"等多种模式。

恩泽医疗集团采用的是集中采购、分散收货、集中结算、内部调拨的采购模式，并针对不同性质的物资建立不同的供应链流程，实现不同的管理粒度和深度，实现全程闭环管理（图 2）。获得合理采购价格，有效控制采购成本。实现集中采购并对供应商价格进行比较，有效控制材料的采购成本。

（2）供应商管理平台

通过对供应商和物资的资质信息理，借助资质有效期预警，避免了资质不合格的物料

进入采购环节。在采购、收货、发票和结算环节，做到供应商协同作业，提高物流效率和信息准确度。如图 3、图 4 所示。

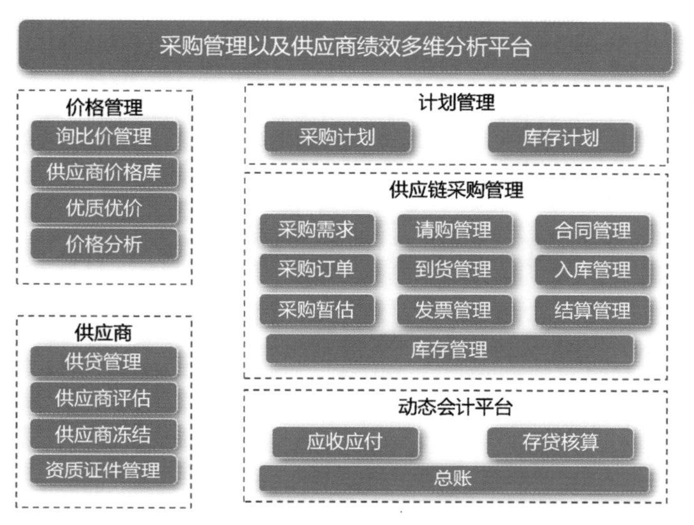

图 2　集团采购系统架构

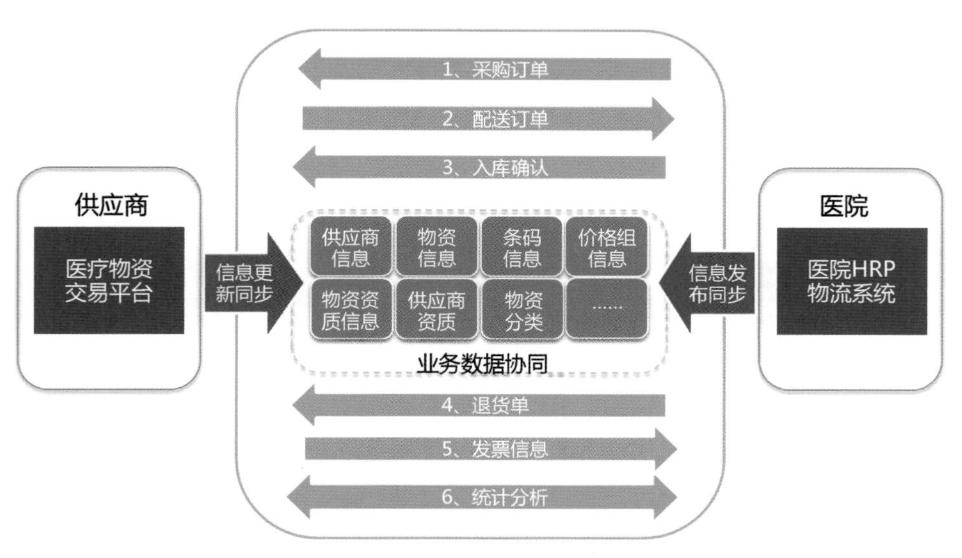

图 3　供应商管理平台

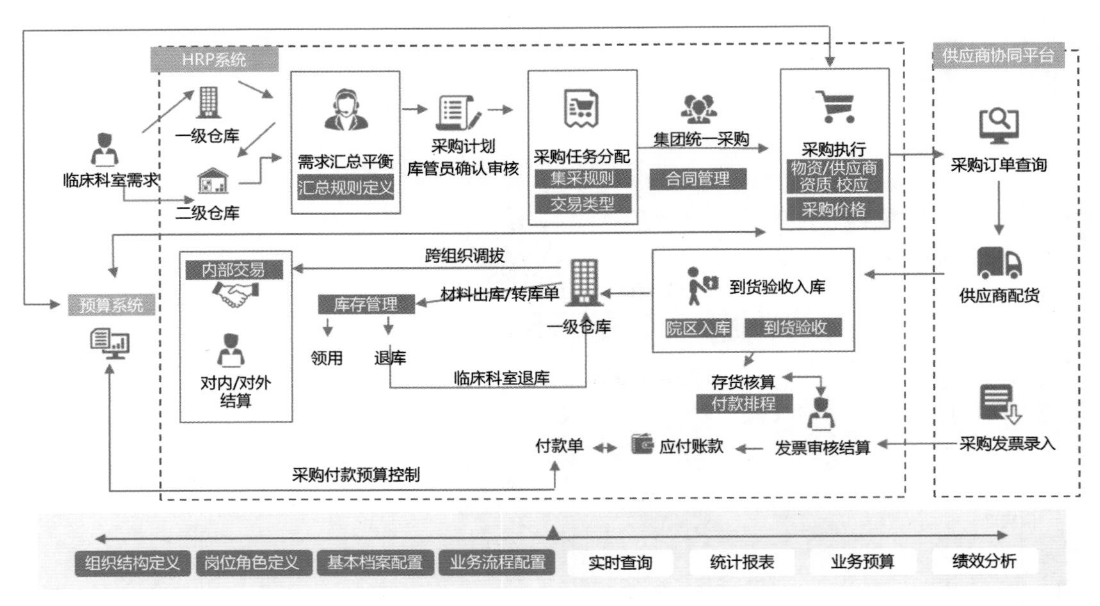

图 4　供应商管理流程

（3）全面的库存管理

将当前的一级库房管理，扩展到二级库房，有的延伸至业务科室、临床科室，建设全院的整体的物资库存信息化管理系统，全面掌握院内物资分布，减少物资的损耗，为合理采购做数据支撑（图 5）。针对医用耗材，实现批号效期管理。针对高值耗材，实现唯一条码管理。

图 5　库存管理系统

（4）高值耗材全过程跟踪管理

通过与 HIS 计费系统的连通及供应商平台的协作，实现高值耗材从院外到院内再到病人的物流追溯（图 6）。利用条码、RFID 技术等先进的物联网技术，提高高值耗材管理效率和准确度。

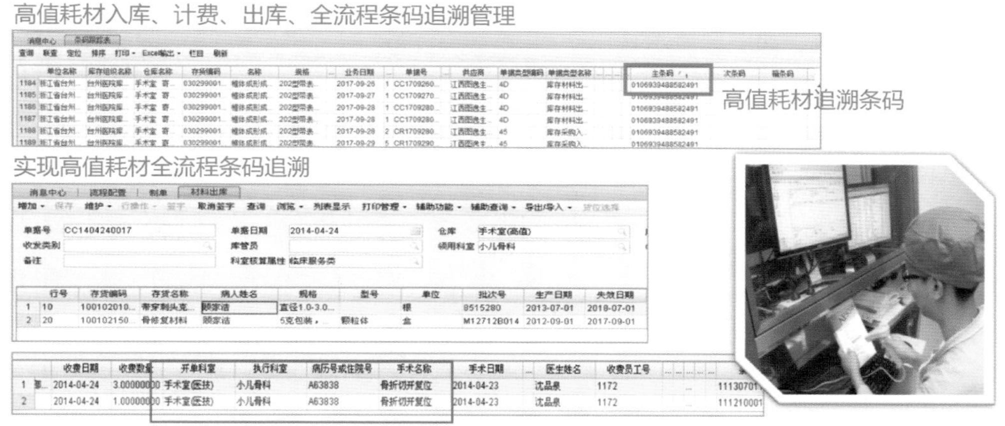

医用耗材临床应用信息完善，使医用耗材信息、患者信息以及诊疗相关信息相互关联，保证使用的医用耗材向前可溯源、向后可追踪。

图 6　高值耗材管理系统

（5）业务财务一体化

通过建立业务、数据一体化的应用平台打通物资系统和财务、预算、成本核算等业务的中间壁垒，做到业务信息的共享，通过配置模板，分配权限，入库单、出库单、盘盈单、盘亏单、付款单等票据能够在指定的时间按照指定的方式自动生成财务系统的相关凭证。每个月由系统能够查询到本月应付款，并标识每张入库单的发票号，根据入库金额和发票金额进行核对，自动生成对账报告。如图 7 所示。

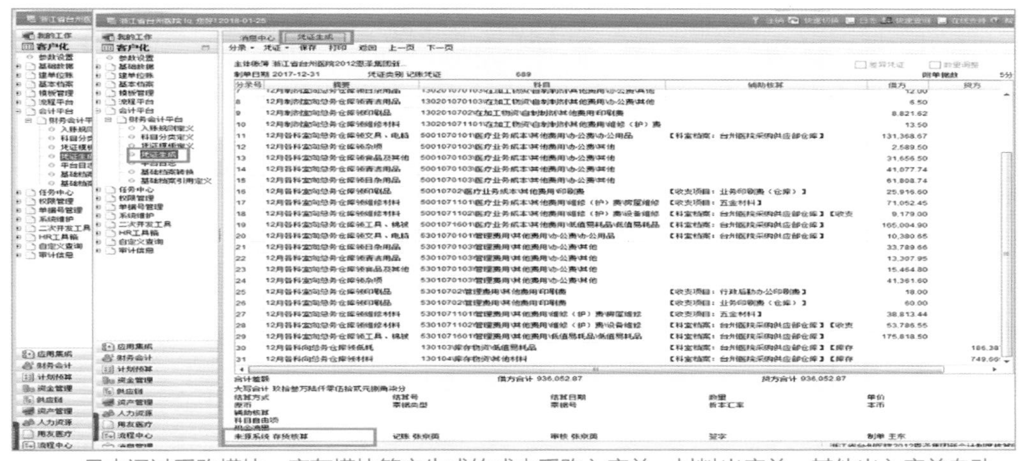

月末通过采购模块、库存模块签字生成的成本采购入库单、材料出库单、其他出入库单自动生成存货的出入库凭证，核算科室出入库成本，自动生成财务凭证。

图 7　财务系统凭证生成模块

(6) 物资需求汇总平衡,精准汇总

汇总物资需求申请进行库存平衡,库存不能满足的数量可以提交上级仓库或者对外采购或者将未满足需求提交上级采购集团进行汇总或平衡。

医院组织自采物资,在本组织对物资需求申请进行需求汇总和库存平衡(一级库、二级库等多级汇总平衡)。如图 8 所示。

对不符合预算、业务收入不匹配的物资需求自动剔除

根据平衡供给规则,系统自动库存平衡,计算精确的需求量,自动生成请购单

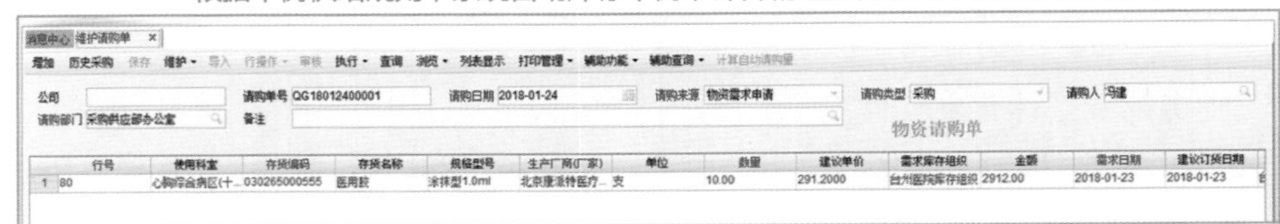

图 8　维护物资申请需求

(7) 集团统一调价

对采购价格控制,确保全集团价格统一。如图 9 所示。

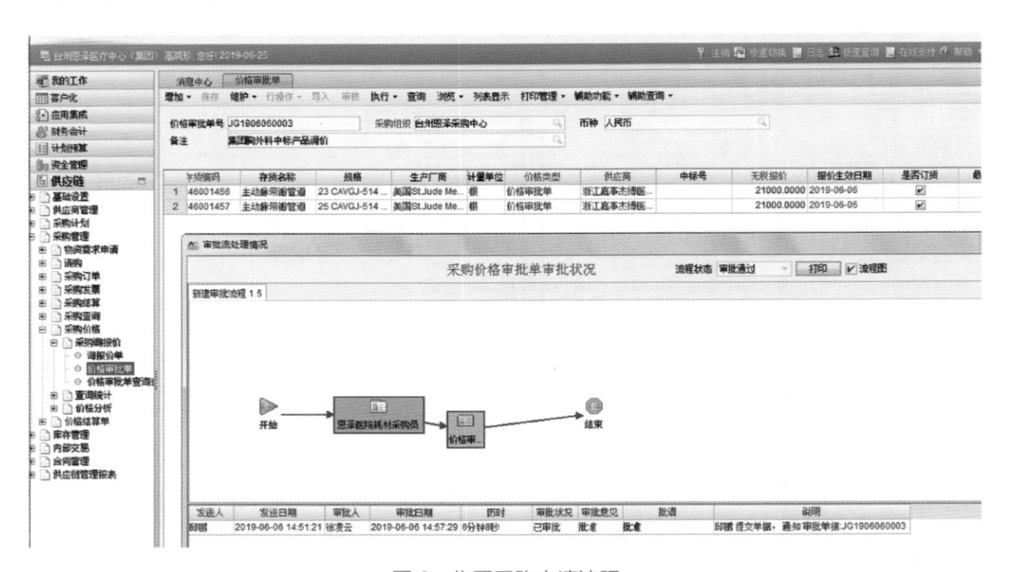

图 9　集团采购申请流程

（8）条码管理（图 10）

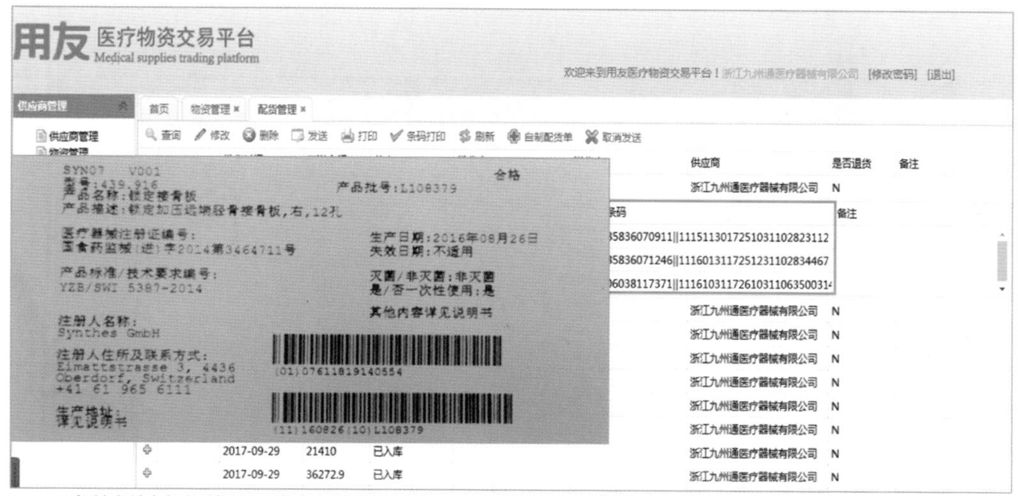

高值耗材必须使用厂家条码扫码配货，主条码带出物资编码、名称、规格、生产厂家等基础信息。次条码带出物资失效日期和批次号。

图 10　条码管理模块

（9）采购自动结算

货票同行的物资，入库单与发票自动结算，传递应付进行付款业务；货票不同行的物资根据暂估方式进行结算。如图 11 所示。

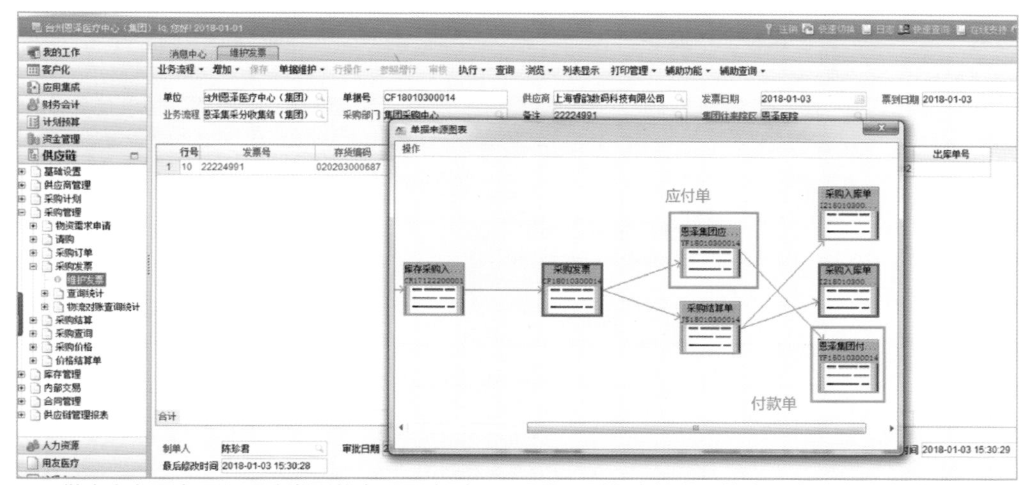

供应商在平台录入采购发票信息后同步到HRP系统，财务审核发票信息，自动生成应付单和采购结算单，再根据应付单做付款单。

图 11　维护发票模块

（10）数据分析

各类报表及图形化信息，为医院物资管理人员提供不同管理要求和维度的报表，便于管理者进行数据分析和决策支撑。如图 12 所示。

通过对以往数据整合分析,为领导决策提供理论依据

台州医院医用耗材使用情况 单位:元

	骨科材料	护理材料	介入材料	专科材料	手术麻醉	医技材料
2017年	57,023,152	21,799,962	92,571,485	76,259,200	73,531,313	31,007,119
2018年	74,898,401	23,156,272	112,972,816	81,039,091	77,695,030	25,682,043
占比	18.94%	5.86%	28.57%	20.49%	19.65%	6.49%
增比	31.35%	6.22%	22.04%	6.27%	5.66%	-17.17%

	业务收入同比	CMI同比	手术量同比	四特类手术量同比	耗材增长率	专科材料		介入材料		麻醉材料		手术材料	
						增长率	占比	增长率	占比	增长率	占比	增长率	占比
骨科分部	23.0%	/	26.1%	37.7%	24.7%	31.4%	84.4%	/	/	-7.5%	6.2%	0.2%	5.1%
泌尿外科	7.2%	3.5%	14.7%	16.9%	25.5%	12.4%	30.6%	80.7%	36.3%	10.0%	5.1%	9.1%	10.6%
乳甲科	1.7%	16.4%	3.6%	4.4%	-3.2%	11.6%	72.2%	/	/	-4.7%	7.4%	-3.3%	13.2%
烧伤科	-7.0%	16.8%	-35.2%	21.7%	0.4%	97.5%	0.4%	/	/	/	/	3.1%	1.6%
神经外科	18.0%	6.3%	12.5%	17.1%	45.9%	4.3%	23.0%	84.3%	67.2%	25.2%	1.4%	11.8%	3.5%
胃肠外科	-2.1%	4.6%	-6.2%	-6.3%	-5.6%	-12.9%	46.7%	/	/	-7.6%	7.7%	7.2%	25.9%
消化内科	14.1%	1.0%			3.1%	4.1%	90.7%	/	/	/	/	/	/
心内科	17.4%	-0.4%			18.0%	-1.4%	34.5%	32.6%	63.0%	/	/	/	/
心胸外科	19.6%	-0.7%	10.6%	18.0%	12.8%	18.5%	20.8%	/	/	-0.6%	9.7%	14.1%	14.2%
血管腺瘤癌	4.8%	/			-0.1%	-33.4%	6.5%	85.9%	8.0%	-12.9%	3.0%	-19.0%	2.7%
眼科	7.7%	3.1%	7.8%	-2.4%	-4.2%	-13.9%	74.6%	/	/	/	/	-6.5%	1.2%

图 12 数据分析实例

(11)闭环合同管理

采购招标过程中即可引用合同模板,通过电子招采的过程生成关键信息,确保合同的真实有效。如图 13 所示。

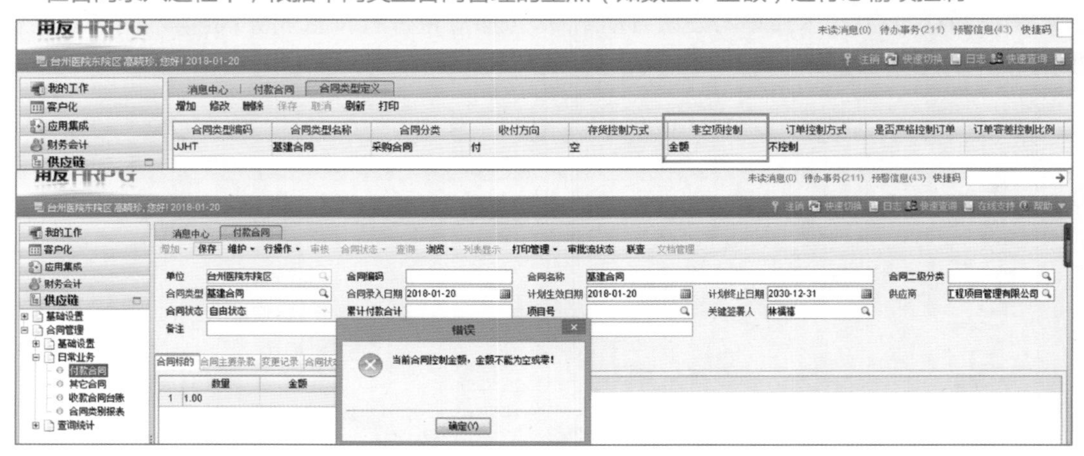

图 13 合同管理模块

3. 管控成效

1)理顺系统间关系,消灭信息孤岛

理顺医院各个部门之间业务协同、管理、服务等多种业务关系。明确部门间提交交换的表单、数据的内容和处理权限。借助信息平台,实现各个部门在不同的业务系统之间的工作协同,使医院信息系统间等子信息系统脉络清晰,易管控、易维护。保证信息的完整性、一致性,实现其价值的充分利用。

2）全面掌控整体经济及业务运行状态

财务信息整体反映了医院总体的经济状况。实现财务一体化的过程管理，使医院的宏观经济状况，到微观的每个业务细节发生的状况，都在管理者的掌控之中，为管理者的经营预测、投资决策提供了重要依据。

宏观总体经济状态及运行状况，可以通过关键指标资产负债率、流动比率、成本收益率等标准财务指标了解并评价。通过标准报表，随时了解医院总体的资产负债、固定资产等资产总体状态，随时了解某一时间阶段的收入支出、现金流量等运营的总体状况。通过总账、明细账、财务科目反映资金的流转过程。

通过账务联查追踪到医院的固定资产的台账，在库物资明细，在院病人医药费明细，应收及应付账款的明细信息。可以追查到每笔收入的实现，以及每笔支出当时的业务场景。

3）从以核算走向管理

医院财务部门、资产管理部门在录入各类财务凭证，建立各种财务账表，收集成本信息等工作上花费了相对较大的人力。医院精细化管理的过程中，对于核算的内容也随之更加精细化，按照传统的工作方式，工作量大大增加。部门的工作协同，也要求相应的管理部门的职责范围逐步扩大。为领导提供更真实可靠的数据分析，为经营决策提供依据，也成为各个职能部门的一项工作任务。

将职能部门从日常的数据录入工作、数据采集和计算整理工作中解放出来。自动生成财务凭证，如入库单、请领单等，不但减轻了工作量，而且数据的准确度和精细化程度都大大提高。

职能部门有了更多的精力来进行数据分析。精准的数据为医院各级管理者的运营分析和管理控制，提供重要的依据和保障。各级领导者的科学管理水平也会随之大大提高。

4）实现精细化过程管理

一体化的信息建设，奠定了医院的精细化管理的基础，实现了精细化的操作。加强管理工作的正规化、规范化和标准化。

通过全面的绩效管理，实现事后的针对部分级和个人级的科学绩效考核，增强医院部门间团队的整体合作能力，增强相关人员的责任感和控制力。物资供应过程的全过程闭环管理，实现各个环节的过程监控，避免使用过程中的跑冒滴漏问题，实现资金、物品使用流向和使用效果的追踪。医疗设备的全生命周期管理，从设备的投资的可行性分析，到采购过程，再到安装后投入使用，包括资产价值管理、资产质量管理、计量检测及维修等全方位的内容。

实现精细化的核算与分析。财和物一体化管理过程实现精细化管理，也为精细化核算与分析奠定了坚实的数据基础。通过精细化的财务核算、成本核算，发现管理环节的漏洞和弱点，有效地杜绝各种跑冒滴漏现象。通过精细化的综合分析评价，及时掌握医院运营状况的优劣，便于及时调整战略，有利于长期发展。

5）提高效率避免差错

门诊收费、住院结算、科室请领、入库、出库、工资，按照不同的管理频率要求，及时传递到下一处理环节，实时传递到相关业务处理部门。以信息的最初发生点作为原始记录，通过业务系统的流程将必要的信息传递，工作效率高，也能避免二次录入可能带来的问题。

6）提升医院整体竞争能力

预算管理、综合经营分析评价、绩效管理，成为医院战略管控的工具和手段。通过预算管控体系，落实相关部门预算管理责任，有效控制成本支出。加强医院对目标执行的过程控制和实现目标过程的追踪，以便及时调整策略。

通过综合经营分析评价，完善医院战略管控的全过程体系。帮助医院有效地规避、控制经营风险。

建立科学的指标体系和激励机制，通过绩效考评，提升人力资源的管理和开发水平，提升医院的运行效率和质量。

三 规划展望

未来，恩泽医院集团将依托于现有的集团化医院发展成果，推动恩泽医疗共同体的发展建设。基于医疗共同体在双向转诊等方面的特点与能力，恩泽医院集团将重点从以下三个方面入手，推动运营管理体系的健全。

（1）建设紧密型医联体，实现内部检验结果互认、内部网络互联、医院资源互通。

（2）利用医联体的优势实现规模采购效应。

（3）实现管理经验共享，根据需要调配医院的物资、人力以及资金等。

（撰稿：林福禧）

一　中国科学技术大学附属第一医院（安徽省立医院）概述

前身为合肥基督教医院（图 1），建于 1898 年。现医院由总院（院本部）（图 2）、南区（安徽省脑科医院和安徽省心血管病医院）（图 3）、西区（安徽省肿瘤医院）（图 4）、感染病院（合肥市传染病医院）（图 5）和微创医学中心组成，还有正在建设中的老年医学康复中心和北城医院。在职职工 6 000 余人，其中卫生专业技术人员 5 000 余人，包括高级职称 788 人。有国家级高层次人才 11 人次；国家疑难病症诊治能力提升工程项目 2 项、国家临床重点专科建设项目 6 个，省“十二五”临床重点专科 17 个及培育专科 9 个；安徽省“115”产业创新团队5 支；中国科大临床学院技能培训与教学中心、国家脑卒中诊疗中心、胸痛诊疗中心、心血管疾病诊疗中心、神经系统疾病诊疗中心、临床实验中心；目前有 5 个院士工作站。

图 1　合肥基督教医院

总占地面积：1 158 亩。

总建成面积：68.65 万平方米。

总在建面积（不含规划建筑面积）：51.43 万平方米。

在职职工总数：6 347 人。

卫生专业技术人员总数：5 690 人。

编制床位数：2 200 张。

开放床位总数：5 450 张。

图 2　总院（院本部）

图 3　南区（安徽省脑科医院和安徽省心血管病医院）

图 4　西区（安徽省肿瘤医院）

图 5　感染病院（合肥市传染病医院）

二　医院医疗智慧化实践探索及应用

1. 智慧建设之路

2017 年 8 月，全国首家智慧医院——“安徽省立智慧医院（人工智能辅助诊疗中心）”（图 6）正式揭牌，2017 年 12 月成为中国科学技术大学附属第一医院（图 7），揭开了医院发展的新纪元。深入贯彻中国科学技术大学“红专并进、理实交融”理念，践行科大新医学，“以提升服务水平，改善患者就医感受”为目标，全方位推动医院智慧化建设。

图 6　安徽省立智慧医院正式揭牌（人工智能辅助诊疗中心）

图7　中国科学技术大学附属第一医院正式挂牌

图8　导诊机器人“晓医”

2. 导诊机器人

在医院各个院区门诊上线投入导诊机器人“晓医”(图8),配合现场导医人员为患者提供指引,为了进一步提升服务效率,“晓医”机器人经换代升级,目前可提供挂号提示、位置导航、地图指引等功能(以南区为例:投入4台“晓医”机器人,已实现全院618个地点位置导航,607个功能地点导航,每台机器人的日咨询量达到1 400人次,并可移动服务)。“晓医”机器人支持2种交互方式:第一种语音交互可和就诊人群实现简单的对话,告知患者就诊科室位置和就诊须知及简要流程;第二种触屏交互主要针对不便于说话或方言较重的患者,根据患者的主诉身体不适,进行相应的提示到门诊科室就诊。

3. 多功能自助机设备及智能化预约挂号

为了解决大医院门诊“三长一短”问题,中科大附属第一医院在安徽省率先自主研发了多功能自助服务系统,目前有100多台自助机分布在门诊各个区域,可以实现共计9大类30余项服务功能,包括发卡、充值、预约挂号、取号、缴费及打印等。多功能自助设备的使用,有效减少了患者的排队等待时间,同时也节约了医院的人力成本,目前已经有70%的患者在自助机上完成各项操作。同时医院在逐步减少人工窗口,利用信息化智能化手段,在传统的人工窗口、自助机挂号之外,还可通过微信、支付宝、健康云、健康之路、114和12580等多种方式进行就诊预约,目前预约挂号人次已占总门诊量的75%以上。

4. 自动化药房建设,智能取药等候

自动化门诊药房智能取药等候系统,就诊患者在诊室就诊经医师开具医嘱划价缴费后,现在看到的是,他的取药信息就会被系统自动分配到门诊药房的取药窗口提示屏上,并显示取药窗口信息,智能化取药等候系统会根据窗口等候人数的多少进行智能分流,避免出现一条队排队过长的现象。与此同时,药房的自动化设备已经开始在后台摆药,极大缩短患者的取药排队等候时间。

门诊药房智能自动发药设备:门诊药房通过自动化建设,优化了药品的调剂流程,转变了传统的药学服务模式,提升了患者的就医感受。从德国进口的门诊自动发药设备,由高速发药、快速发药、智能调配及麻醉药品管理机等部分组成,系统与医院的 HIS 系统数据实现完全地融合衔接。并具有下列三大优势:

(1) 预配发药系统:使以往的“人等药,排长龙”的现象转变为“药等人,随时取”的模式。药房收到患者的扣费信息后,发药机会自动进行调配,待患者到达窗口,药已配好放在药架上,药师刷卡后药架提示灯亮的则是该患者的药品。此举有效地缓解了窗口的排队现象。

(2) 调配效率:使调配一张处方的时间由原先人工调配 30 秒缩短到了 8 秒,每小时可调配 600 张处方,每天可以完成 7 000 张以上的调配量,这样患者候药时间大大减少。在提高效率的同时,也避免了调剂差错的发生。

(3) 发药效率:弥补了传统的固定式货架药品存储分散和空间利用率低的缺点,极大地节约药房的库存空间,提高单位面积存储药品数量。自动发药设备在接收到信息后,药槽上的药品会自动掉落下来,通过传送带和物流通道直接到达药师的窗口,缩短药师的取药途径,发药效率得到极大提高。

5. 中科大附属第一医院智能化静配中心(PIVAS)建设

静配中心始建于 2010 年,安徽省第二家静配中心采用智能设备进行药品养护(图 9),已运行 9 年时间,2016 年成为安徽省首家通过质控中心验收的 PIVAS(图 10)。由于南区二期扩建,服务床位由 800 张增加至 2 000 张,原 PIVAS 已不能满足工作需要,在原有基础上进行了扩建。静配中心扩建后建筑面积 1 000 平方米,分为洁净区和辅助工作区。配备有配液机器人、成品输液分拣机、贴签机和摆药机等自动化设备,10 台生物安全柜和 10 台水平层流台,可供 40 名专业技术人员在局部百级洁净环境下进行加药混合调配。扩建完成后,服务病区 50 个,达到病区全覆盖,预计每日配水量 6 000~8 000 袋(瓶)。

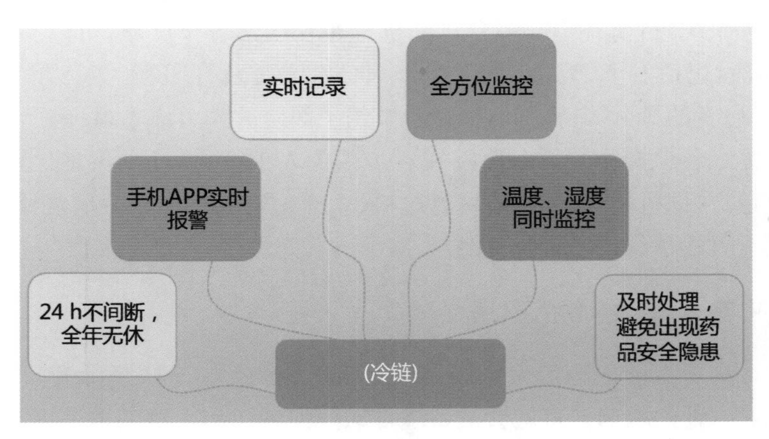

图 9　智能设备药品养护

智能设备 1——自动分拣机(图 11):利用扫描技术识别成品输液标签二维码,使用机械臂/传送履带把输液分拣至病区下送箱中并计数,可分拣 48 个病区,每小时分拣成品输液 2 000袋,节省人工 3~4 名,避免由于成品输液放错病区引起的用药错误,使药师从这种简

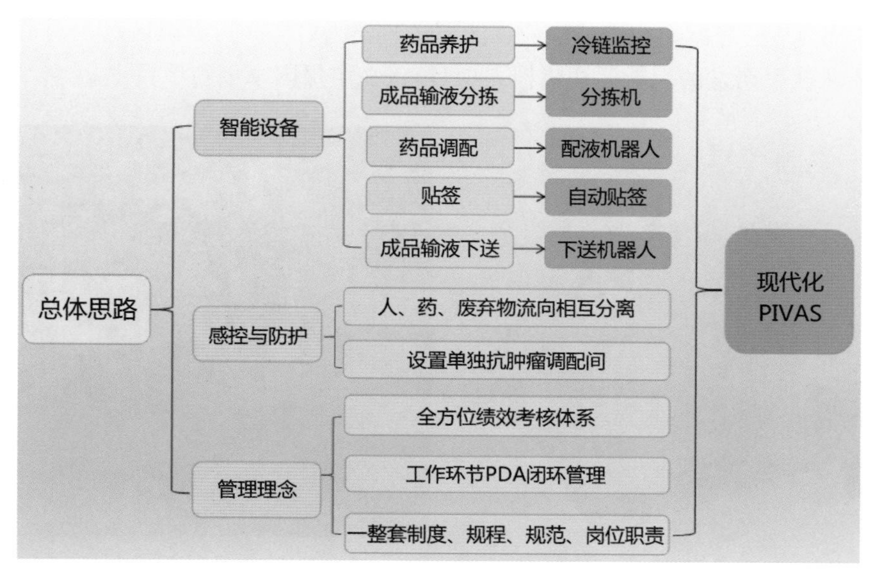

图 10 静配中心创新理念实施(PIVAS)

单重复的工作中解放出来,有更多时间关注患者合理用药。经济效益:每年节省 3～5 名人工,一名员工按 5 万元/年,一年节省人工费用 15 万～25 万元。

智能设备 2——自动贴签机(图 12):按照医嘱的信息,自动完成输液袋识别、标签处理、打印和贴覆工序,实现即打即贴,可有效避免人为操作造成的条码贴错、贴歪和条码玷污等问题,提高了输液袋贴标效率,安全可靠,智能便捷。

图 11 自动分拣机

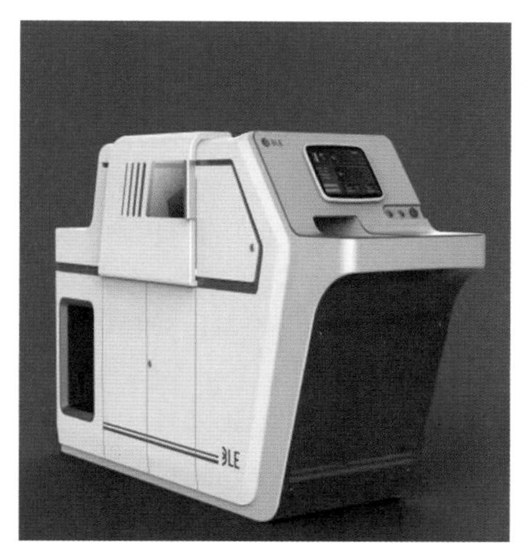

图 12 自动贴签机

智能设备 3——配液机器人(图 13):按照药品说明书配制要求设定程序,由药师/护师把药物和输液放置进去自动进行调配的设备。工作效率为 200 袋/时,而且 1 名药师可同时操作 2 台仪器,可节省 4～6 名人工。机器配液精准度达 95%以上,提高配制输液的质量,确保患者使用安全。实现人与药物完全隔离,避免调配人员接触危害药品,做到职业防护。

智能设备 4——静配中心成品输液智能下送机器人(图 14):由南区药剂科和中科大陈小平教授团队携手研发的智能运送机器人项目,正在申报国家创新项目中。

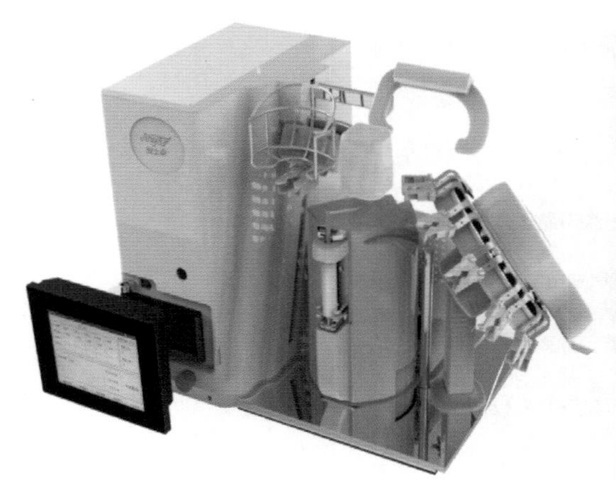

图 13 配液机器人

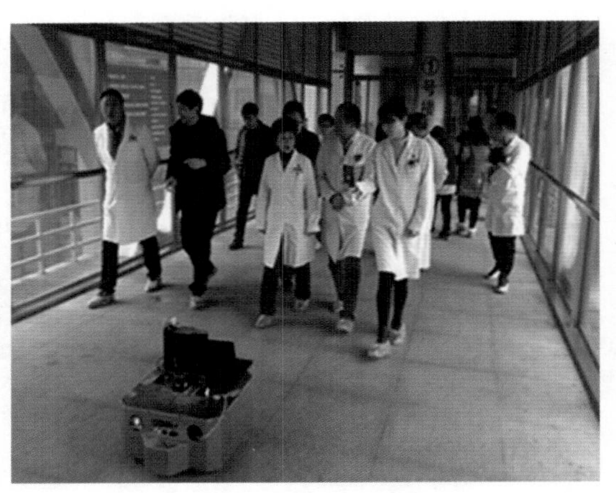

图 14 静配中心成品输液智能下送机器人

5. 人工智能辅助诊疗中心

中科大附属第一医院人工智能辅助诊疗中心,是在中国科学技术大学和安徽省卫生健康委员会指导下创建成立的,自 2017 年 8 月正式揭牌成立以来,该中心围绕着人工智能技术应用了一系列产品,其中医学影像辅助诊断系统、医学影像云平台和云医声三个系统最早由科研成果转化投入实际运用。

医学影像辅助诊断系统:医生可以对早期对肺癌和乳腺癌进行筛查诊断,减少漏诊和误诊情况的发生。

基于安徽影像云建设了医学影像云平台:该平台的成果研发落地,进一步落实安徽省医改和分级诊疗政策,推进优质医疗资源的共享。这个平台实现了"三个第一":

(1) 在安徽省卫生健康委员会主导下,建设了全国第一家省级医学影像云平台。

(2) 安徽省成立了全国第一个省级影像医联体,为平台提供优质影像诊断服务。

(3) 在全国第一次将影像云和科大讯飞人工智能辅助诊疗技术整合在一起,成立了人工智能辅助诊疗中心。

云医声工作站:该工作站是针对医生移动环境开发的,通过手机客户端医生随时随地查看病历,完成查房工作,并且通过语音写病历、下医嘱。语音电子病历系统,除了在移动端使用以外,在口腔等门诊科室,在超声、病理等医技科室,都已经实现了常态化使用。

三 医院后勤智慧化实践探索及应用

1. 医院后勤智慧化建设运维规划(图 15)

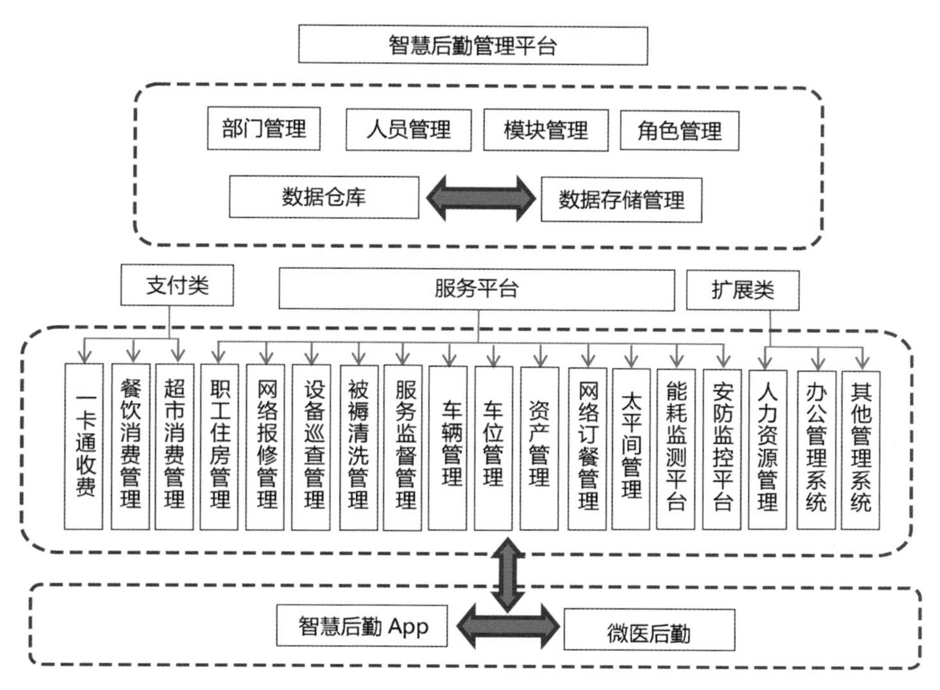

图 15　医院后勤智慧化建设运维规划

2. 医院后勤智慧化建设运维的管理构架(图 16)

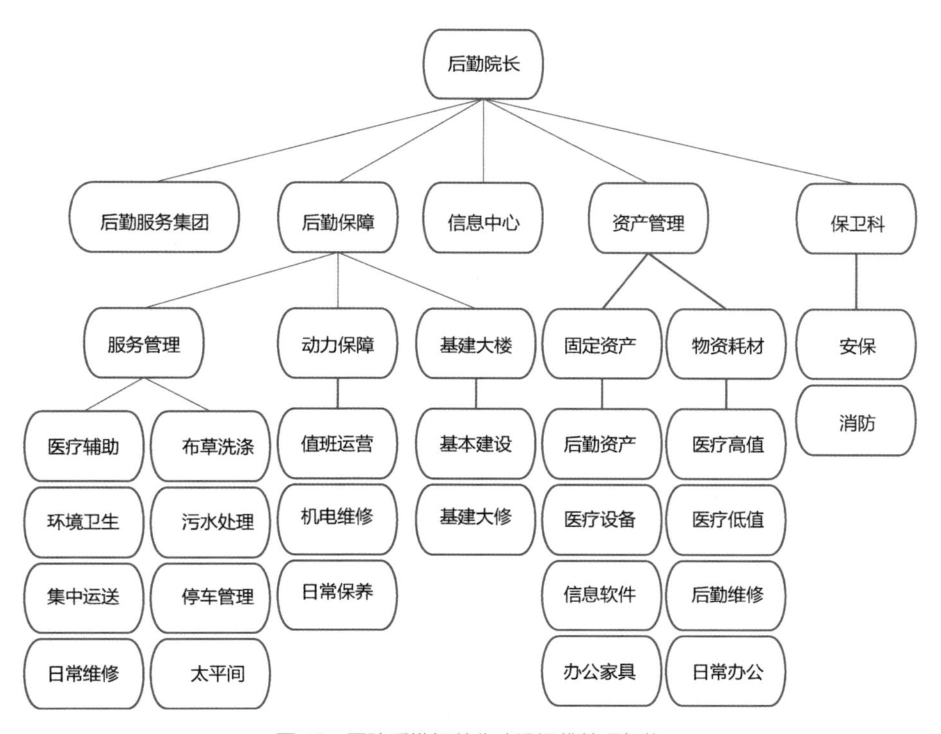

图 16　医院后勤智慧化建设运维管理架构

3. 医院后勤智慧化建设运维的相关规范和依据(图 17)

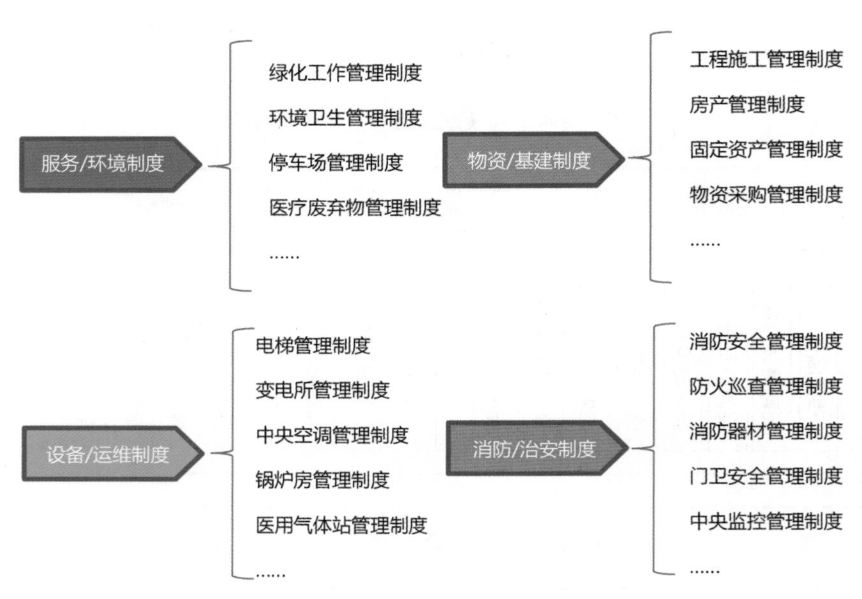

图 17　医院后勤智慧化建设运维的相关规范和依据

4. 医院后勤智慧化建设运维应用的范畴、实现目标、目的意义

1) 应用范畴

物(生命全周期):建设、采购、安装、巡检、保养、维修、报废。

人(服务全流程):工单、分配、接单、处理、完成、评价、回访。

2) 实现目标

服务管理——流程化。

质量管理——标准化。

人员管理——绩效化。

能源消耗——节约化。

安全管理——常态化。

物资管理——集约化。

3) 目的意义

合理利用资源,提高经济效益。

优化工作流程,提高工作效率。

深化细节管理,提高工作质量。

提供决策依据,提升管理水平。

了解运营情况,实施节能手段。

为决策层提供数据分析和决策支持,为业务层实现日常操作和运营管理,以智能化建设为抓手形成管理扁平化、工作标准化、运维精细化的格局。

5. 医院后勤智慧化建设运维，助力精细化管理，提升管理效率

精细化操作：基础操作的规范化和标准化。
精细化控制：作业流程的全过程管理和闭环控制。
精细化核算：运营的经济指标和管理的数据指标。
精细化分析：多角度和多层次的数据分析，实现效能最大化。
精细化规划：制定目标和计划的数据依据，可操作，可检查。

6. 医院后勤智慧化建设运维的具体实践

1）一站式后勤智慧化服务中心及管理平台系统建设

打造医院智慧后勤服务管理平台，携手专业智能科技公司，结合医院后勤运行管理的实际运行状况，在行业范围内率先开发可采用“公众号 + 智能 App + 微信小程序”三合一的智能化软件。并利用微信小程序 + NFC + 动态二维码技术完美解决了多卡证合一（图 18）的手机端应用，真正做到“一卡通”。

图 18 “多卡证合一”

按照 10086 模式开通后勤保障服务热线（4111）（图 19），采用语音接入人工服务电脑派单模式 24 小时进行服务，以培养后勤管理物业储备干部的标准要求，经过科学系统的专业培训，组建专业后勤报事报修派单服务队伍。“后勤一站式服务中心”将后勤保障的水、电、气暖、空调各类维修、应急及临床其他后勤需求进行资源整合，建立并完善了一套关于医院后勤服务报事平台运营管理的方案及医院后勤报事报修业务受理的流程（图 20），由平台进行统一调度。临床只需要拨打一个号码或从微信小程序、App 端下达任务指令，服务中心人员将做好相关来电记录、派工、监督、回访、统计及反馈工作，减少职工及患者对后勤保障需求的判断难度，以提供更优质高效的服务。

图 19 10086 模式开通后勤保障服务热线

图 20　平台运营管理方案及服务受理流程

智慧化医院后勤管理平台的打造，有助于监督提升标准化的执行，有助于实时展示安全化的成果，从而构建完善的外包服务评价体系，服务质量监督体系，质量控制考核体系，风险管理预防体系。

2019 年初“微医后勤”医院后勤安全服务管理平台正式上线运行，同时打造 24 小时后勤一站式受理服务中心（4111）。平台上半年累计服务报事报修次数 11 910 次，运送接单 52 198 次。

开展基于“一站式”后勤智慧化平台开展后勤绩效改革及标准化流程建设的管理探索研究工作。

以机电部为模版将原各岗位固定的工资改为职级工资 + 职务工资 + 岗位工资 + 工时工资 + 服务对象评价。职级工资分高中低三级，每级分 ABC 三档，职级工资以半年为周期进行考核评定，如有突出贡献，如技能比赛获奖、重要技术流程改进创新等可破格提升；职务工资为班组长，内分 ABC 三档；岗位工资按百分制依照 KPI 指标进行日常考核，从岗位纪律、专项技能培训、仪容仪表、现场维修、维修评定五个维度进行考量。推行工分制考核制度，根据医院实际机电维修工作条目制订电器、暖通给排水三大类共计 196 小项标准化工时，并通过后勤智能化平台录入，通过智能平台派单，实现院内工单闭环管理，智能化标准化工时建设，更科学合理地考量机电维修人员的工作量，充分调动机动员工的积极性，对医院后勤保障绩效改革进行初步探索与尝试。

2）工单服务系统建设

医院智慧后勤的工单服务系统（图 21）提供了医院各个科室的就医患者对医院后勤的综合事务处理系统，包括报事服务（清洁、呼梯、咨询、投诉等）、报修服务（水、电、家具、空调等）、事务服务（任务下达、信息上报）等，工单任务服务系统通过呼叫中心客服人员或“微医后勤”办事大厅、公众号（小程序）获得工单信息，将信息存入工单中心数据库，分配给项目部主管进行任务分配，一线员工通过手机 App 进行任务接单、完成、签字等流程，客服人员对任务工单整个流程进行实时监督，对异常事件上报至上级部门。

3）医废收处系统建设

医院智慧后勤医废收处系统是对医院产生的医疗废弃物的收集处理的过程，系统对每一类医疗废弃物有不同的收集、处理规范流程，结合电子标签的使用，通过手机 App 实时将

图 21　医院智慧后勤的工单服务系统

（工单任务→工单反馈→工单处理→工单评价→消息推送）

医疗废弃物收集、处理的工作流程节点上送至服务器后台，对医疗废弃物工作的全流程进行电子化记录，达到可溯源管理的目的。

携手专业的智能公司联合研发并上线“医疗废物电子追溯信息系统”，实现院内医疗废物可追溯智能化闭环管理，医废收集人员手持智能 Pad，点选“医废”分项，显示医废编号、产生部门、医废类型和医废重量等。扫描医疗垃圾分类箱上二维码（图 22），打包封口医疗废物并称重，随后输入重量，自动生成打印条码纸（图 23），将其贴在医废袋上。收送人员和收集点科室人员在手持 Pad 上双签名，医疗废物送达暂存点，同时相关数据实时上传至后台信息系统。相比传统的手动操作，更加便于通过该系统对医疗废物收集的全过程进行统计分析及跟踪，强化医疗废物收送的各环节管理，使其更加标准化，对防止医疗废弃物流失、泄露、扩散等意外事故的发生具有积极意义。

图 22　医疗垃圾分类二维码

4）品质巡查系统建设

品质核查系统（图 24）是为医院后勤主管部门和承接后勤服务的公司使用，对日常的后勤各类服务进行品质考核。通过手机 App 实时将考核的数据上传至监控平台，使后勤主管部门人员一目了然地监控后勤服务工作。品质管理是后勤服务质量管理体系的具体落实，检查标准清晰，检查人及被检查人均可清晰了解质量标准并按照执行，整个过程是一个完

图 23　医废信息打印条码纸

图 24　品质核查系统

整的闭环并可溯源。通过品质管理系统可以将日常检查和整改工作得到系统化的管理，通过手机 App 完成现场检查，自动统计相关数据，为后勤主管部门决策提供数据支持。

5）设备运维系统建设

智慧医院设备运维管理系统（图 25）对医院的所有设备（医疗、供电、给排水、消防、电梯、空调、BA、安防、网络、办公和家具等）进行分类、设备设施台账登记、日常维保计划的制订并执行，大幅延长设备设施的使用寿命，通过手机 App 的应用，自动列出保养项目，通过 NFC 设备卡杜绝敷衍，从其采购到更换，能够对其位置、数量、系统运行参数、维保单位等信息进行全面的管理。

图 25　设备运维管理系统

6）仓库物料系统建设

智慧医院后勤仓库物料管理系统（图 26）是医院的仓库物料管理系统和耗材管理系统，包括高/低值医疗耗材、办公耗材、后勤耗材、维修材料吧资产、仓库、耗材台账，通过后台进行统计记录，按流程申请、采购、使用，记录设备、耗材的使用人、使用时间、维修费用等，杜绝冒领、浪费，同时可为财务提供来年的预算管理。医院后勤物资建立二级仓库，由专人负

图 26　后勤仓库物料管理系统

责进出库管理，每月进行盘点。科室通过微医小程序报修后进入“一站式”服务系统平台，维修人员所使用的耗材直接计入相关科室成本，仓库运维系统可直接查询使用的明细数量。通过建立在大数据分析基础上的智慧化信息化仓库物料系统的建设，推进科室成本精细化管理。

7）中央运送系统建设

医院智慧后勤中央运送系统（图 27）可对医院后勤服务运送任务进行管理，包括运送类型及流程管理驻守（运送标本、病人护送、运送药品等）、循环/计划运送模式管理（医疗文书/标本定期收集等）、预约管理（到时提醒、超时提醒等），通过智能手机 App，结合院内 GIS 电子地图，可实时上报运送人员的位置和工作状态，通过数据收集、分析，优化电子地图的连接线路，逐步建成智能导航系统和智能分单系统，从而督促运送效率、合理派工分工，达到提高工作效率，优化工作流程。在电梯轿厢内安装电子大屏幕，用于实时监控电梯运行经过各楼层电梯厅，使电梯内驾驶人员了解到各楼层人员乘梯的具体情况及需求，使其高效不间断地运行。中转层设调度长协调电梯合理运行，对乘梯人员指引分流。

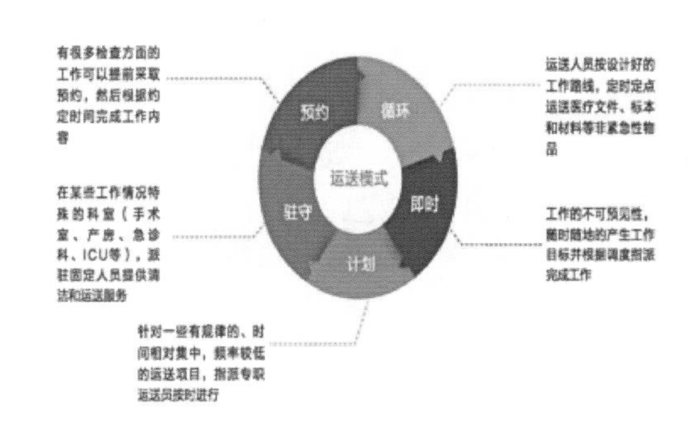

图 27　智慧后勤中央运送系统

按照国家最新要求对医疗辅助部、保洁部架构进行重新优化调整，设置独立的运送服务中心，实施统一的调度派单模式，通过服务流程的改进，提升管理效率，更好更快地为临床一线、为来院就诊人群服务。根据患者需求在原有“一对一”生活照护（图 28）的基础上，新增一人多陪项目类型，降低收费标准，减轻患者负担，为病症较轻的同房间病人服务。

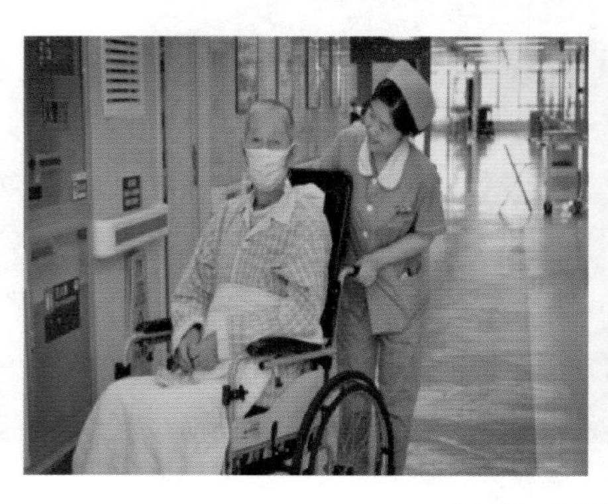

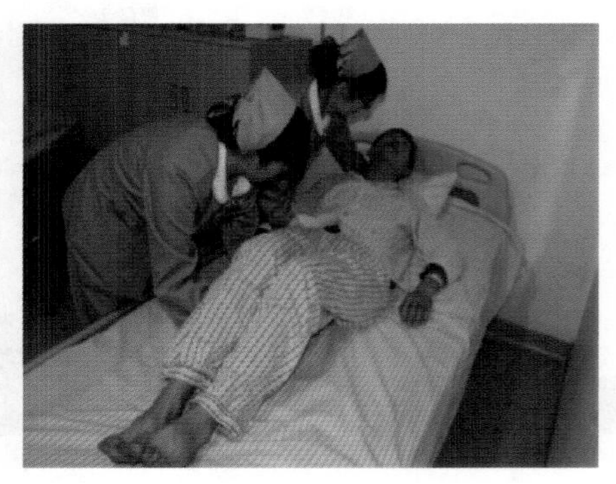

图 28　生活照护项目开展

8）后勤物资的 SPD 管理模式建设的部分实践和探索

建设范围：后勤物资。

服务模式：成立 SPD 物流服务中心，一元化管理，中心外包专业第三方。

采购模式：达到补货点，自动生成补货计划，在线订单接受、相应采购需求。

供应模式：维持医院现有供应模式，归集散、乱、小，供应商到战略供应商。

配送模式：自动获取消耗数据，拣货加工，自动推送、保障供应。

使用模式：扫码消耗。

物权模式：确认消耗、物权转移。

结算模式：自动获取消耗数据进行结算。

建设效果：实施物资全供应链管理（图 29），智能化自动化提升效率，探索建立耗材科学管理方案，建立供应商和产品资质证照系统，通过条形码实现耗材使用可追溯，规范耗材申领流程，实现供应商物、票、款的全程可视化，建立服务质量评价体系供应商服务排行自动考评，主动推送保障供给，库存零资金占用，解放医护人员回归临床、剔除医院物流管理人员人工成本，降低跑、冒、滴、漏现象，通过智能柜实现耗材智能化管理，提升医院服务水平管理形象。

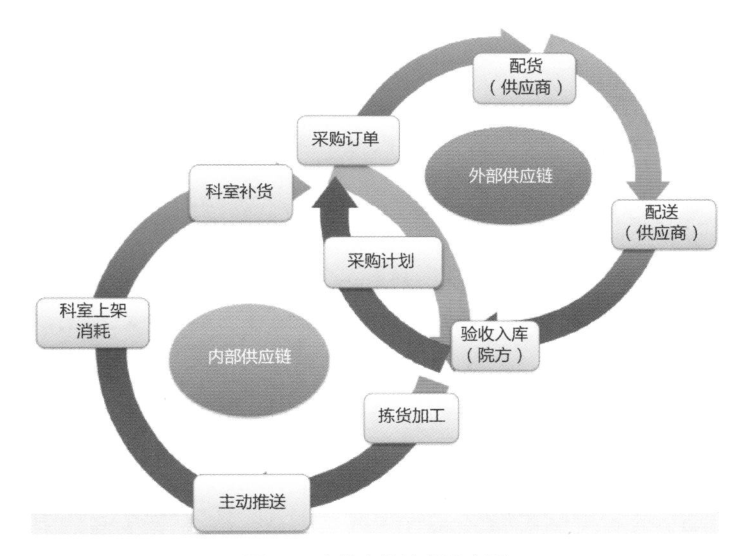

图 29　全供应链管理示意图

图 30　SPD 高值耗材智能存储柜

SPD 高值耗材智能存储柜（图 30）的应用：

实现功能。

自动识别产品。

自动识别库存。

自动盘点。

自动记录出入库信息。

自动订货。

通过智能化设备的应用，高值耗材的可追溯及管理。

进一步规范了后勤物资的院内配送保障。

9）能耗管理系统及节能降耗措施

智慧医院动环能耗监测管理系统（图 31）对医院的能耗设备进行分类（空调、照明、插座、设备等），同时又把能耗区域进行细分（公区、办公、病房、设备区域、手术区域、特殊区域等），自动统计各个区域各种类型的设备能耗情况，结合了天气和外界环境对能耗的影响，对医院的能耗进行分析，有效地指导院区的节能减排计划、应对每年非常规天气的能耗保障以及能耗设备的检修保养，确保能耗设备安全运行。积极探索推进并引入合同能源管理、降低能耗总支出。依靠专业的能源管理公司对制冷机房设备运行进行节能改造和智能化管控，实现从传统的以值班人员个人经验人为调控向变频自控系统升级，系统随着气温变化及负荷大小自动调整制冷机组、循环水泵、冷却塔、空调机组等设备运行状态，提高控制精度，达到控制运行费用节约能源费用的目的。同时对门诊公共区域灯光进行升级改造，加装智能化控制感应系统，使其可根据室内外照度和人流量情况和使用时间进行及时有效的管控。建设科室二级能耗管控平台，精细化考核科室能源支出情况。通过能源合同外包的方式将能源合同能源管理涉及的相关日常运行值班、节能改造、设备维修保养等工作统筹考虑，将行为节能、技术节能、管理节能进行有效结合，全面降低能源费用总支出。

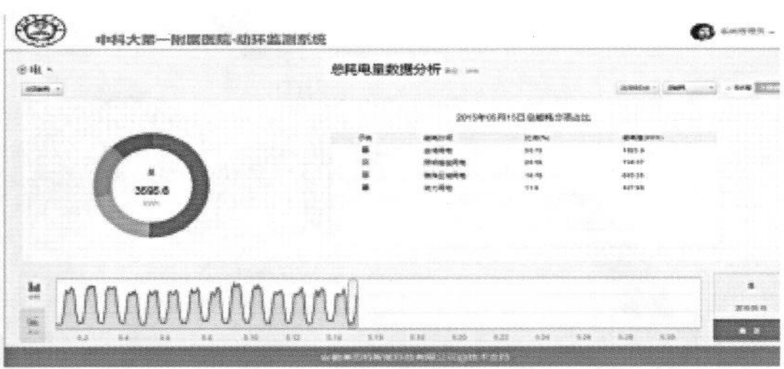

图 31　动环能耗监测管理系统

10）可视化数据系统

数据决策支持系统（图 32）是建立各个系统的数据之上将数据统一汇总，根据医院后勤管理部门的要求进行数据精简，提取可以提供管理者决策的数据支持，并以图形化的方式进行展现，使管理者用一张图就可以读懂医院后勤管理的基本现状问题所在，且可通过详细的数据进行层层下钻，找出解决问题最好的方法，从而指导后勤工作有序开展。手机 App 决策端的应用可使管理随时化、随地化，为后勤现代化管理提供有力支撑。

11）智慧化停车系统建设

对医院一二期停车场共计 1 462 个车位实行全面智能升级改造（图 33）。积极探索以六大系统的升级达到停车场智能化管理的目的。停车场收费管理系统——视频免取卡停车场收费管理系统实现快速进出；智能车位引导系统——视频车位检测、场内车位引导系统、反向寻车机等；城市交通诱导系统——周边城市交通二、三级诱导系统，可显示空闲车位数；停车场视频监控系统——停车场内各区域及主要车辆通道监控；停车场智能照明系

图 32 数据决策支持系统

统——停车场内各区域照明智能化管理控制；停车场监控与调度中心——统一监控、调度管理，停车信息系统集成管理对车辆、人员、车位、停车场环境进行实时监控管理专人监管，对车辆和人员进行实时安全保障专业数字化存储，充分保证场内监控的调查取证管理人员通过监控大屏可及时调度相关人员处置应急事件，实现停车场管理统一监控、实时调度、应急指挥、信息服务。

图 33 智慧化停车系统建设

12）智慧化公共卫生间建设

探索推进智慧厕所建设，投入“洗手间智能环境监测控制系统平台”（图 34），加装臭氧离子发生器，依托物联网技术，智能传感、实时监控，实现对厕所服务所涉及的人、物、事进行全过程实时远程监控管理。通过氨气、硫化氢传感器，实时监测卫生间异味浓度值，自动

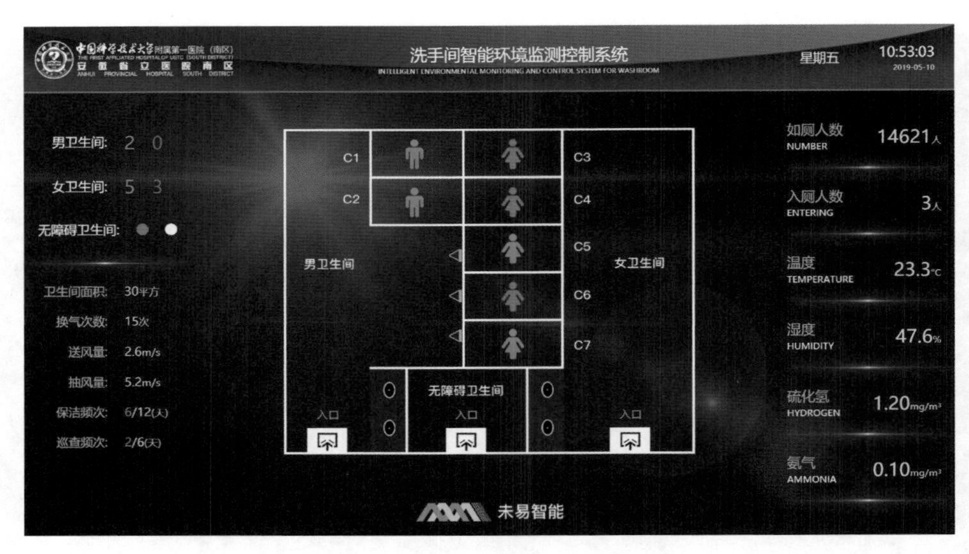

图 34 洗手间智能环境监测控制系统平台

调节通风效率，无线温湿度传感器提醒保洁员进行地面清洁，自动开闭通风设备；人流量监测系统显示当天如厕人数及累计如厕人数，为卫生间保洁人员岗位规划、合理安排清扫时间提供数据支持。

13）智慧化便民服务配套设施建设

在医院设置 24 小时自助超市，采用智能刷脸技术实现收银，并在公共区域投放无人自助售卖设备，共享洗衣机、共享微波炉等，满足来院就诊及住院人群的日常生活用品需求（图 35）。在门诊选取合适位置建造集阅读、休闲、文娱为一体的公共文化项目服务综合体，

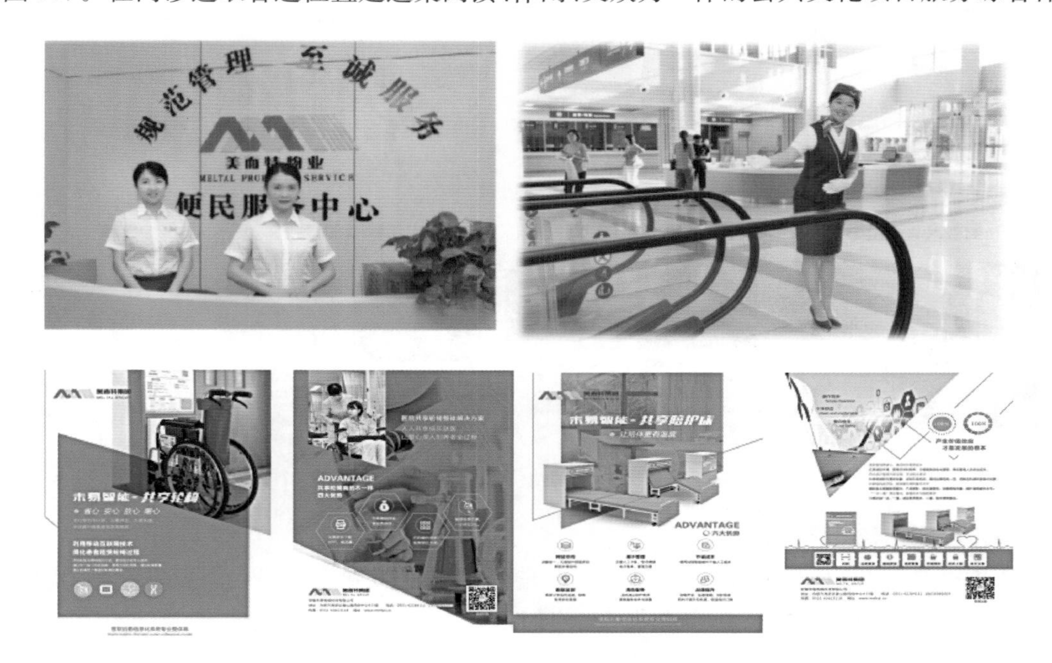

图 35 智慧化便民服务配套设施建设

创新地以医院与书店合作的形式，以更好地满足医护人员及就医者的文化生活需求，服务医院文化建设和陪客管理工作需要。在便民服务中心设置共享轮椅、共享雨伞、平床服务，并提供导医导诊服务、问询服务、指引服务和打复印服务等一系列便民服务项目。在室外区域投入共享充电桩，消除室内电瓶车充电给消防安全带来的隐患；院内公共诊疗区域投入共享充电设备，满足手机充电需求的同时减少和消除其在插座违规接电所带来的用电安全隐患。建设陪客休息中心，投入共享陪护床解决无法在病区逗留的陪客夜间休息问题，投入共享纸巾机，落实厕所革命要求。

14）智慧化布草洗涤RFID智能清点系统

RFID智能清点系统能有效地跟踪管理每一件布草的洗涤过程、洗涤次数、库存状态和布草有效归类。通过在每一件布草上缝制一颗条形状的电子标签，电子标签中拥有唯一标识码，即拥有唯一管理标识，直至布草被报废(标签可重复使用，但不超过标签本身使用寿命)。在整个布草使用、洗涤管理中，将通过RFID阅读器自动记录布草的使用状态、洗涤次数。支持洗涤交接时的标签批量读取，使得洗涤任务交接变得简单、透明，减少纠纷。同时，通过跟踪洗涤次数，能为预估当前布草的使用寿命、为采购计划提供预测数据。

该系统应用后的效果评价：人工降低40%～50%；99%以上的布草产品的可视化，降低布草缺失的风险，改良的供应链管理将降低20%～25%的工作服务时间，提高储存信息的准确性与可靠性，高效、准确的数据采集，提供作业效率，分发、回收交接数据自动采集，降低人为失误，降低布草洗涤管理的综合成本。

《健康中国2030规划纲要》中，从国家层面战略角度要求加快智慧化医院建设推进步伐。伴随互联网、大数据、人工智能技术革新发展，智慧医院建设不仅体现在医疗智慧领域，同样作为重要组成的医院智慧后勤建设亦大有可为。提升保障服务品质是智慧后勤建设的关键，通过技术提升、流程改进，更好地提高服务质量和患者就医体验。通过医院智慧化建设和运维的实践探索，中科大附属第一医院正逐渐根据自身特色形成医院智慧后勤一体化管理模式。

展望后勤服务和管理未来：“管理更加精细、手段更加多元、措施更加智慧、服务更加满意。”

(撰稿：盛文翔　董宇欣)

一 项目论述

（一）建设背景

近年来，随着医疗服务需求和医院管理要求的不断提高，医院信息化建设正处于一个加速发展的时期，全国各大医院对信息化建设的不断重视和加强，纷纷结合自身的特点分别完成了覆盖医疗管理业务的医院信息管理系统（HIS）、电子病历系统（EMR）、手术麻醉管理系统、影像存档和通信系统（PACS）、检验系统（LIS）和覆盖行政管理工作的办公自动化系统（OA）等，从而提高了医疗工作质量和医院管理水平。

然而对于医院的后勤管理，包括医院物资、总务、设备、财务、医患服务、后勤保障等诸多方面的信息化却较少涉及，信息技术较少在医院后勤管理中发挥重要的作用。

作为医院重要支持环节的医院后勤业务始终处于医院信息化建设的边缘，成为医院管理的一块“短板”，制约着医院后勤业务的发展与管理水平的提升。

随着医院面临来自政府、患者、自身的挑战越来越大，医院对后勤管理科学化、规范化、精细化的要求越来越高，医院迫切需要利用信息化手段来进行后勤管理的创新，提升医院后勤服务的效率与水平。

没有现代信息技术支撑的现代医院后勤管理将面临许多难以逾越的困难。

因此，如何建立一个完善的智慧后勤管理系统，建设集约型后勤管理平台，以提高医院后勤管理的规范化和科学化，是医院后勤管理和信息管理者共同思考的问题。

用信息化手段对医院后勤进行科学合理的管理将是今后发展的必然趋势。

（二）医院后勤发展趋势及面临的问题

医疗行业作为有别于其他行业的民用公共建筑，有其自身独有的

特点，与其他行业相比，医院建筑布局逐渐趋于提高就诊效率，同时作为人员密集型场所，安全必须得到保障，这样对于后勤管理者来说，多样性能源的供应保障及能源供应、传输及消耗设备的保养维护更是逐步得到重视。原有的后勤管理模式、方法及工具已逐渐满足不了逐年增加的医疗、医技的保障需求。同时，随着前端对后勤保障能力要求的逐步增加，原有的后勤管理方法已经显露出瓶颈。

1. 安全品质方面

（1）保障医院设备安全运行，提升医院服务品质。

（2）系统化实时监控设备运行状况，降低能源供应中断造成的风险。

（3）设备全生命周期管理，延长设备使用寿命，降低设备故障产生影响。

（4）积极响应国家卫计委政策和绿色医院建设要求，彰显医院社会责任感，提升医院品牌形象。

2. 成本管控方面

（1）节约医院用能，降低医院运维成本。

（2）通过平台降低用能管理专业知识门槛，提高医院后勤节能管理水平。

（3）通过节电、节水、节气等技术，最大限度降低能耗。

（4）通过信息化管理，构建可持续的能将管理和成本核算体系。

3. 管理效率方面

（1）量化后勤考核体系，全面提升管理绩效。

（2）将设备管理、能源消耗与人员绩效考核有机结合，优化管理流程，提升管理效率。

（3）结合业务经营，借助平台，将分散式的后勤服务整合成全面统一的服务与管理体系。

（4）提供可量化的管理数据支持决策，根据管理结果数据，提供更有说服力的管理绩效。

（三）建设必要性

1. 深化医疗体制改革的需要

医院数字化后勤管理系统的建设是为了满足深化卫生体制改革，进一步加强医院信息化建设广度和深度，实现数据更广泛的共享和交换，充分利用数据实现医院管理和服务的需求，同时加强系统的运营维护管理。

2. 构建规范统一平台的需要

搭建医院数字化后勤管理系统，将医院为各种庞杂的后勤业务建立的制度和标准化流程固化到这个统一的后勤信息系统平台中，从而使后勤管理工作做到有制度可依，有数据可查，为医院实现全方位的信息化管理打下坚实的基础。

3. 淘汰既有经验管理的需要

当前，大多数医院的后勤管理依赖于传统的人工管理。通过后勤信息化的建设，可以准确地管理并提高后勤管理工作的各个方面。通过在电子化的信息系统上进行这些后勤工作的操作，确保后勤工作按制度流程来进行。

4. 提高后勤运维效率的需要

通过后勤流程的梳理及信息化平台的使用，可以将原本费时费力的手工作业转移到系统作业，从而提升后勤服务的精细程度，减少后勤服务出错几率。同时有助于提升后勤服务中的沟通效率，便于后勤管理者及时发现当前后勤服务流程的待改善点，从而快速准确地采取提升运营效率的管理举措。

5. 加强后勤管理决策的需要

后勤管理发展需要有效的管理与正确的决策，而管理和决策需要大量的信息支持，需要参考和把握既往与现行的状态和信息。通过系统对采集到的数据进行分析呈现，医院管理者可以更加精准地掌握医院后勤资源信息和后勤设备状态，做出最优决策，制订最佳措施，确保医院后勤保障工作的顺畅运行。

6. 合理配置医院资源的需要

医院数字化后勤管理系统建成后，医院后勤部门和相关领导可以获得宏观管理和精细化管理所需的数据支持，以辅助其决策，高效开展电子政务、资源调度、应急联动和在线管控。借助互联互通的院内网络体系，将使管理部门对各后勤场所的监督和控制更加的及时和准确，提升对整体后勤资源的调配力度，提高应急指挥处理能力，强化对各组织机构的管理和约束。

（四）建设目标

1. 构建信息渠道，缓解内外矛盾

通过系统的建立，提供了一个临床与后勤的有效沟通平台。临床可通过系统实时地对后勤服务进度、质量和水平进行评价；后勤管理者可通过系统了解后勤动态信息，在第一时间掌握临床意见和需求，在第一时间解决问题。

2. 规范管理制度，提高工作效率

制度化是科学管理的基本特征，数字化建设使后勤管理制度软件化，把制度转化为管

理软件，成为一种强制的，必须执行的程序化规则。它将纸上的制度流程化、软件化，通过监督考核用数据说话，真正做到了制度面前人人平等。

3. 提高员工素质，改变服务形象

通过信息化武器武装后勤团队，以解决突出问题为出发点，创新服务机制，提高服务效率，使大型医疗机构的后勤支持保障团队能脱颖而出，成为标准化、专业化、现代化的服务团队，改变后勤人只会干粗活、只会出蛮力的落伍形象。

4. 明确岗位职权，强化服务意识

通过系统的规范管理明确后勤各服务岗位的责权关系，同时与考核挂钩又与个人利益结合，形成岗位责、权、利一一对应的关系，不仅规范了操作流程管理，同时也使责任人有了主动意识。主动意识的提高，使得工作的响应速度和工作效果也明显提高，服务的质量得到明显的改善。

5. 共享信息资源，规避决策风险

各个部门数据汇总统计由计算机自动完成，大大提高上报时间和准确率，也避免了由于人工误差导致的几头数据对不上的老大难问题，既省时、省力又省人员，不仅提高了工作效率还节约了管理成本。通过系统实现数据共享，管理人员可以根据各自权限方便地分析经营数据，与基层直接沟通交流，避免了决策的盲目性和风险性，提高了后勤的整体管理效益和竞争能力。

6. 辅助决策支持，降低管理成本

由原来的模糊式管理到现在的数字化管理，信息化能自动进行医院各项事务的统计和计算，大幅度提高管理数据的准确性和实时性，数据高度共享，无纸化信息传递，缩短决策周期，节约了日常办公消耗。从根本上改变管理者决策的方式和手段，让决策者能及时调整各种人员和物资的安排。

二 系统设计

1. 系统设计思想

通过医院后勤信息化系统建立“一个中心、一个平台、一站式”服务模式，将后勤保障被动式的服务转变为主动式服务，构建规范化、科学化、专业化、标准化的统一后勤服务体系。

提高后勤组织之间的协调和协作能力，提高后勤服务运营的效率，确保已经建立的后勤管理制度及标准化流程能够落实，及时有效地对后勤工作的完成状况进行监管，加强对外包物业公司进行有效管理，同时在物资使用、突发情况的处理、降低医院运营成本和减少浪费等方面发挥作用。

1）保证整体协调和可持续发展

医院后勤信息化建设是医院整体建设与发展的一部分，必须适应医院的整体建设和长远发展。后勤信息化建设本身又是一个庞大复杂的系统工程，因此各个项目方案的制订和具体实施必须充分考虑其整体适应性和是否便于长远发展，避免重复投资。

2）突出重点，分步实施

医院后勤信息化建设是一项长期艰巨的任务，很多内容不能一步到位，因此必须坚持分步实施原则，确定医院后勤信息化建设发展的顺序，抓住突出各段时间内系统建设的重点，促使医院后勤信息化建设有序地、高质量高水平地向前发展。

3）坚持标准化先行

在医院后勤信息化每个环节的系统实施前，必须先完成管理流程的标准化、信息编码的标准化、基础数据的标准化。

4）高度重视软件的地位和作用

融先进的管理思想于软件中，后勤信息化建设要提高医院的管理水平，关键在于软件的好坏，在于软件蕴含的管理方式、管理思想是否先进合理。因此，一定要高度重视软件的地位和作用，高度重视软件的资金投入、软件的考察挑选，要从工作流程、管理思想的角度去分析考察软件。

2. 系统设计原则

1）先进性与实用性

系统应考虑先进性与实用性相结合，系统选用的技术支撑平台和软件产品，必须是业界先进、成熟的软件开发技术和系统结构；系统同时具有较好的互操作性，要体现出易于理解掌握、操作简单、提示清晰、逻辑性强，直观简洁、帮助信息丰富，而且要针对医院输入项目的特点对输入顺序专门定制，保证操作人员以最快速度和最少的击键次数完成工作。

2）灵活性与维护性

系统可根据医院的具体工作流程定制、重组和改造，并为医院提供定制和改造的客户化工具。为适应将来的发展，系统应具有良好的可裁减性、可扩充性和可移植性；系统的安装卸载简单方便，可管理性、可维护性强；软件设计模块化、组件化，并提供配置模块和客户化工具。系统需求及流程变化、操作方式变化、机构人员变化、空间地点变化（移动用户、分布式）、操作系统环境变化无影响。

3）安全性与扩展性

在系统设计及实现中，应采用优秀的安全机制，在操作系统上，采用系统较常见的安全保障机制；在系统架构上，应选用多层结构技术。将用户分级管理，设置不同的访问权限，建立良好的安全保障机制，确保系统安全。安全性保证满足国家信息系统安全等级三级评审要求，服务端和客户端的信息通过 https 协议加密传输，不带有任何形式的加密狗或跟服务器配置关联的注册码。

同时采用开放式的系统软件平台、模块化的应用软件结构，确保系统可灵活地扩充其业务功能，并可与其他业务系统进行无缝互连。实现与医院现有能耗管理系统进行数据对接，获取每日能耗数据并在后勤管理平台进行综合显示。

4）可管理性

系统的设计必须考虑到工程实施完成后系统的操作与维护，因此，该系统必须具备较强的可管理性和易操作性，便于系统管理人员能够尽快熟练地掌握该系统的操作和管理技术，以保证系统能安全可靠地运行。系统从业务需求、设计、实施到维护都需提供易用的管理平台，可查看、可统计、可追踪、可分析，提供流行的可视化工具。

3. 网络架构设计

近年来，随着医疗服务需求和医院管理要求的不断提高，医院信息化建设正处于一个加速发展的时期，在使用的过程当中对基础环境的要求已经越来越高，然目前多数医院无线 Wi-Fi 的覆盖范围仍是有限的，无法覆盖医院的每一个角落，这便会造成在使用相关移动应用时，数据无法通过 Wi-Fi 网络即时、准确地回传，从而影响使用体验。为了实现高效、高性能的系统服务，降低系统宕机时间，提升系统服务质量，贯彻系统网络架构采用层次化的结构设计，支持医院内网、内网 Wi-Fi 访问，同时支持互联网访问，即使用 5G 运营商网络也可访问系统。如图 1 所示。

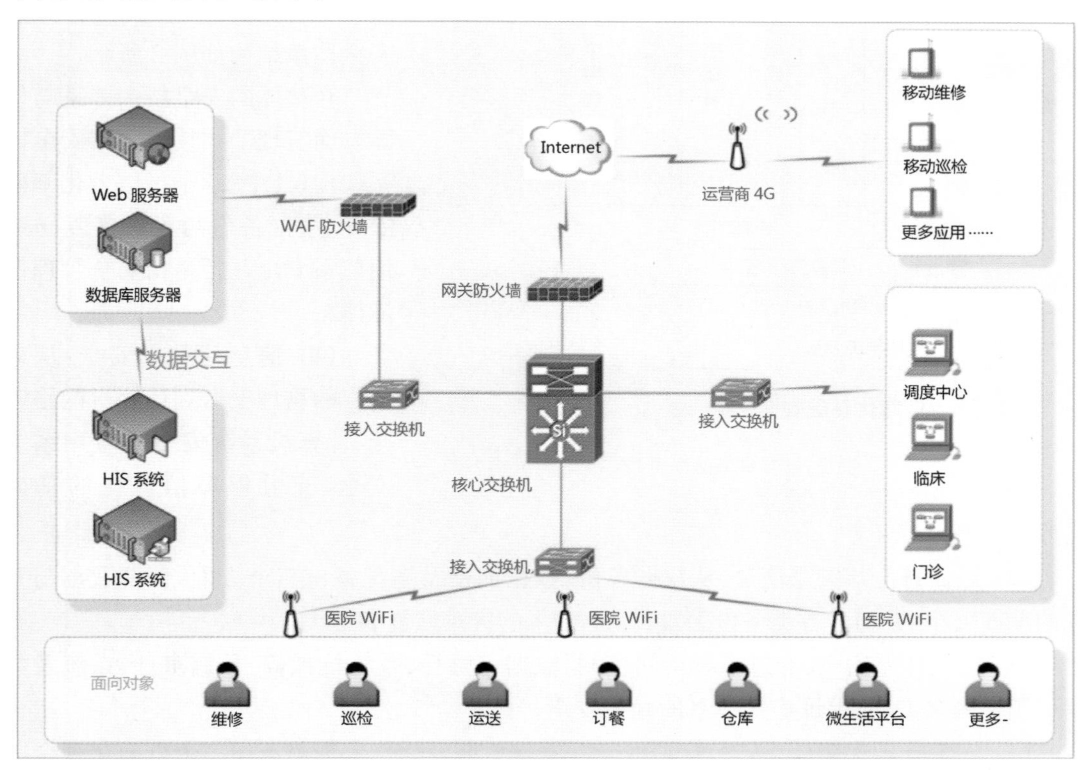

图 1　系统网络架构图

在医院内外网分别部署服务器，内外网服务器通过网闸相互访问，读取数据资源。以网闸为分界线，运送管理系统基于PC端的应用模块部署在医院内网的服务器中，用户通过内网访问使用；移动端的应用模块部署在外网服务器中，用户通过互联网访问使用，同时在网络出口做响应安全策略，保证数据的安全；移动端应用模块也可部署在医院内网无线Wi-Fi中，用户通过院内Wi-Fi访问使用。

内外网服务器建议采用双服务器模式实现硬件级别的冗余及备份。当一台服务器由于硬件故障、硬件升级等原因停用时，另外一台服务器可以实现业务不停机切换，保障业务使用的持续性。

4. 数据安全设计

计算机安全问题与计算机应用建设一直是同步的。一方面，对安全机构、人事管理、安全管理以及一些安全技术制订相应的制度和规范；另一方面，在技术措施上，也要针对网络的各个成分提出安全设计和执行指南。

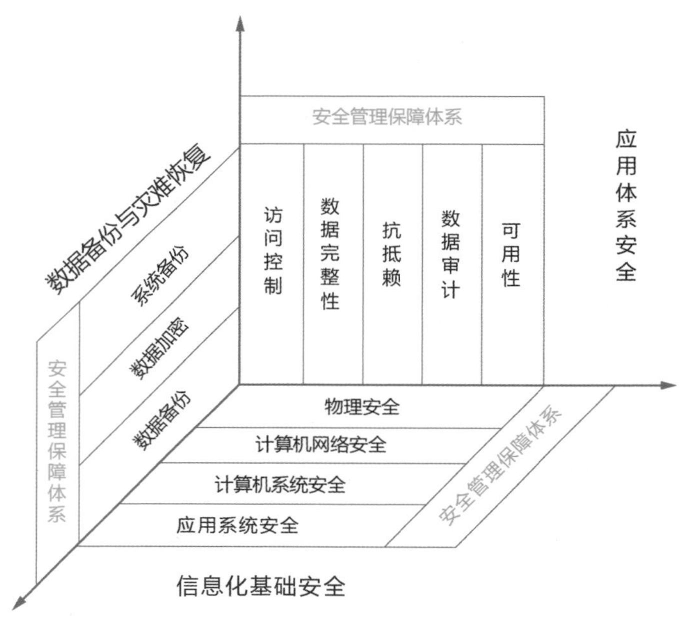

图2 安全体系结构图

安全体系结构主要考虑安全对象和安全机制，安全对象主要有网络安全、系统安全、数据库安全、信息安全、设备安全、信息介质安全和计算机病毒防治等，其安全体系结构如图2所示。

在整体的安全技术体系与保障方面实现“3+1”的三维安全体系架构，其中“3”是指信息化基础安全、数据备份与灾难恢复与应用体系安全，“1”是指安全管理保障体系。

(1) 信息化基础安全：从最基本的物理安全到计算机网络安全、计算机系统安全及应用系统安全，充分保障信息化的基础支撑。

(2) 数据备份与灾难恢复：从数据备份、数据加密及系统备份三个方面，保证数据与系统的全面安全，并通过各类备份手段，保证99%的灾难恢复能力。

(3) 应用体系安全：通过系统访问控制、数据完整性、系统抗抵赖、数据审计、系统及数据可用性等多方面，保证应用体系的稳定安全。

(4) 安全管理保障体系：通过管理组织、管理机制及运作实现对上述三个方面实现全面保障。

5. 数据交互设计

数据交换通常称为数据接口，是多方平台整合必须面对的问题也是最常用的技术手段，数据交换必须在保证各系统平台数据安全的前提下能高效稳定地运行。后勤管理业务系统与医疗业务系统虽然有数据交互，但是在底层数据架构上又是相对独立的，主要体现在以下两个方面：

（1）数字化后勤管理系统的主要数据源于维修班组、巡检班组、医废班组的现场反馈，通过数字化后勤管理系统的手持终端 App 实时回传至后台，调度中心再进行工作的安排调度。

（2）数字化后勤管理系统的部分数据源于医院信息管理系统的接口数据，如预约中心的运送信息、订餐信息。

6. 数据交换流程

数据交换由基础数据和业务数据组成，两部分的数据交换流程基本类似，差异在于实现的目的不同。基础数据主要用于建立平台间数据翻译字典，业务数据将根据翻译字典对业务进行平台间翻译并审核业务数据确保其可使用度。如图 3 所示。

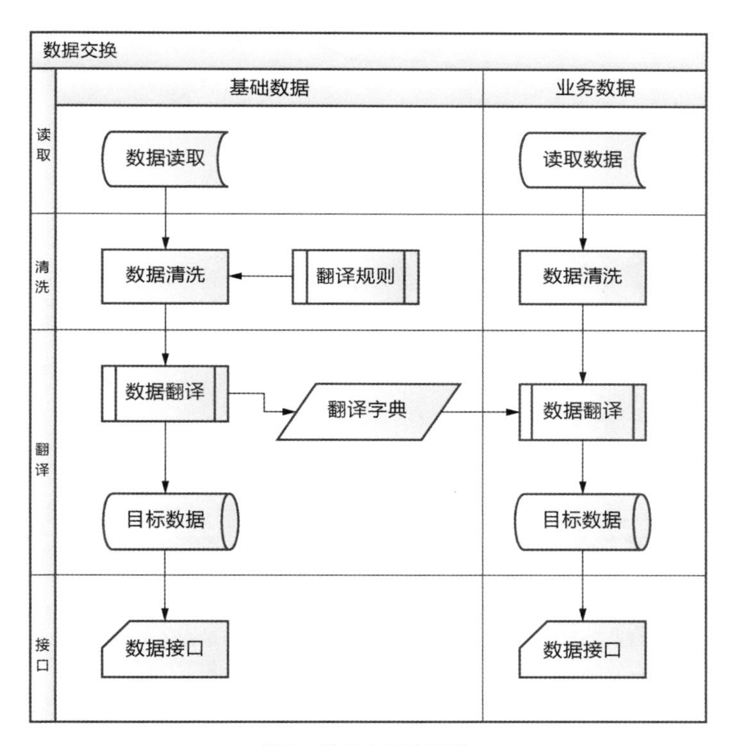

图 3 数据交互流程图

7. 数据交互的服务对象

数字化后勤管理系统服务于医院信息管理系统，主要的服务对象有以下两类。

（1）直接服务对象：医院后勤部门对应的班组，如维修、巡检、运送等班组以及调度中心。当数据交互实现后，医院信息管理系统的运送信息、被服信息、订餐信息均可实时同步至后勤管理系统，可减少相应班组的重复劳动，提升工作效率。

（2）间接服务对象：临床、门诊。近年医院的信息化水平提升非常显著，同时也造成一个现象，有太多的管理系统都需要临床及门诊医护员工操作，并且彼此之间没有实现数据交互，造成信息孤岛，为完成一件工作，需要在不同系统之间来回切换，影响办公时间的有效性。而数字化后勤管理系统和医院信息管理系统打通后，如运送、订餐、被服、医废等信息通过数据交互接口实时同步至后勤管理系统，减少中间沟通环节，有效提升了工作效率。

8. 系统体系结构(图 4)

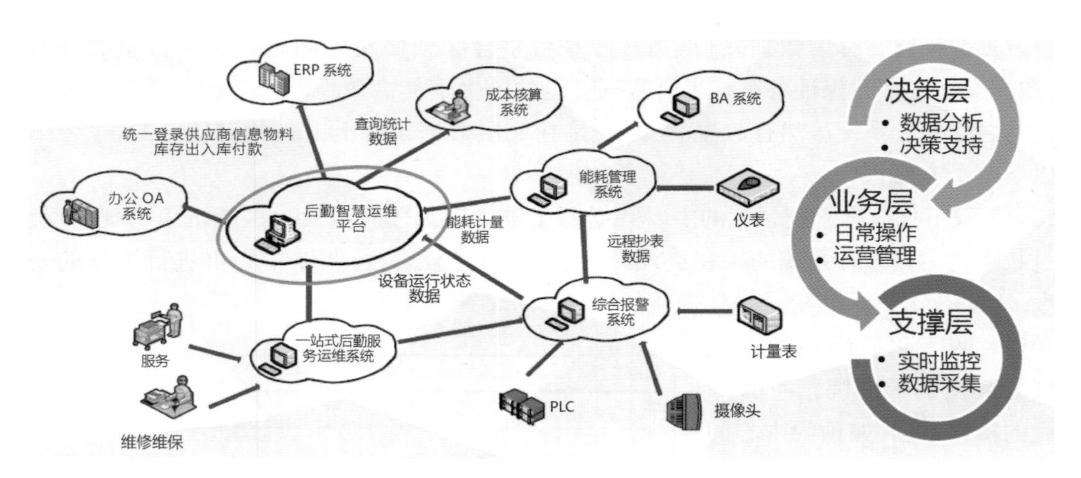

图 4　系统结构图

三　建设内容

(一) 后勤服务模块(图 5)

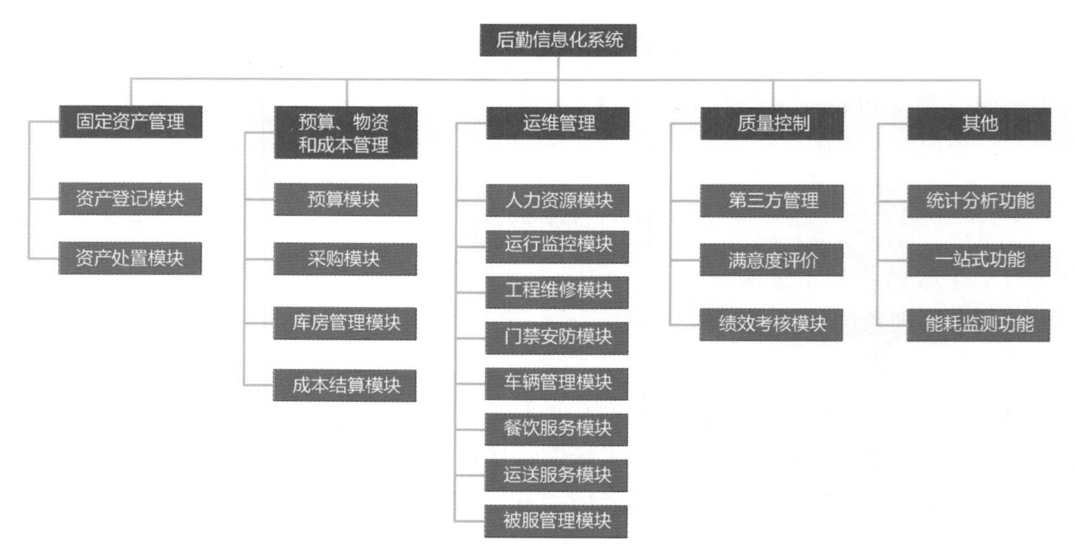

图 5　后勤服务模块示意图

1. 一站式服务管理

后勤一站式服务中心是将医院内各后勤部门所提供的服务集中到一个统一的对外联

系“窗口”，最终实现一个中心解决所有后勤相关问题的目标。系统支持电话——网络双通道服务申请。如图 6 所示。

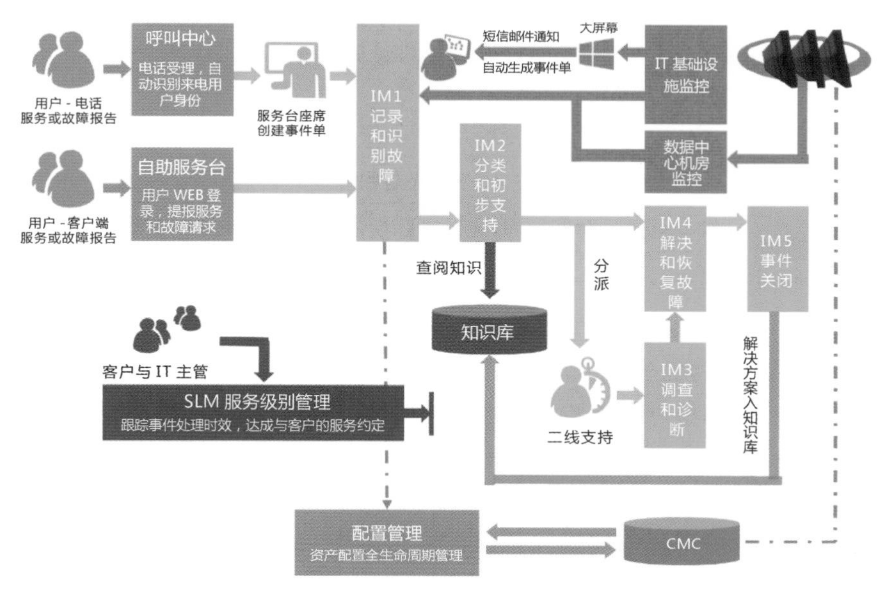

图 6　一站式服务架构图

2. 工程维修系统

1）报修管理

通过平台实现故障处理的统一报修申请的统一入口、集中改进、集中调度、集中评估、集中管控，实现报修受理的高效、报修完成的及时、报修监督的到位、报修满意的提高；报修管理同时支持 PC 端、移动端、电话端报修。如图 7、表 1 所示。

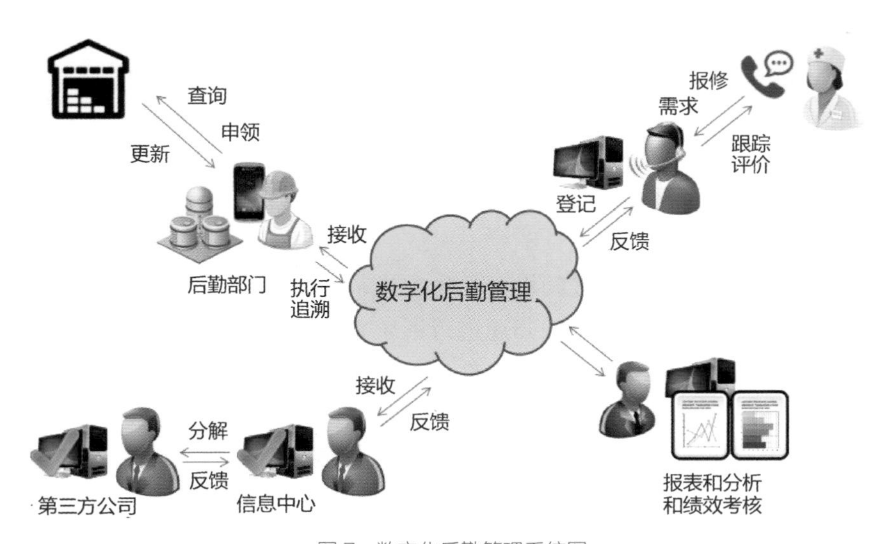

图 7　数字化后勤管理系统图

表1　报修管理任务分析表

序号	层级	说明
1	故障处理	故障申请,故障分解,工单修改,维修录入,维修派工,维修跟进,维修完工,材料登记,工时登记,统计查询
2	需求处理	需求申请,需求分解,需求解决与跟踪
3	任务处理	任务申请,任务分解,任务解决与跟踪
4	知识库管理	建立标准资料信息库,并针对往期故障、需求、任务中遇到的问题及解决方案进行记录,以便后面出现同样问题进行维修及学习,大大加快工作效率

2）巡检管理

后勤人员在现场巡检的过程中,借助移动App,将现场采集的信息进行现场登记,实现巡检内容的及时反馈,巡检过程的监督改善,巡检目标的考核量化。使后勤工作更规范、更便捷、更及时、更有效。

巡检管理系统可将医疗行业对各类保障设备、各类智能系统的巡检内容、标准规范、特殊要求、巡检周期通过可视化的建模固化沉淀到系统中,一方面为巡检计划的规范执行提供保障,另一方面也可将管理经验和管理标准固化,为经验的转移和传承提供基础。

3）设施设备管理

设备管理系统是一个以设备为中心,对设备从选型、招标、采购、安装、使用直到报废的一个完整周期中所发生的各种事件进行跟踪的一个管理信息系统。系统可以为医院提供一个简便实用的管理平台,将设备全生命周期的管理工作信息化,并通过手机App的方式进行设备巡检,有效地进行设备管理,提高设备生命周期的利用率,直接为医院创造价值。

(1) 设备类别管理:主要包括设备类别的名称、设备折旧率进行管理,可进行设备的添加、修改、删除及查询功能;

(2) 设备基本信息:对设备名称、类型、型号、重量、购入价格、日期、投产日期、验收日期、管理人员、保养次数、巡检次数、设备状况、安装地点等基本信息进行维护,以使设备管理更加直观,方便;

(3) 设备保养计划:对设备的保养提前制订计划及指定计划执行人;

(4) 设备保养执行:对设备保养计划进行闭环管理,确保保养计划的顺利执行,从而确保设备的生命周期;

(5) 设备借用管理:对各部门之间设备的借出进行系统登记、审核;

(6) 设备归还管理:对借出设备的归还进行系统登记、审核;

(7) 标准文件管理:对标准作业指导文件进行维护,从而更好地进行设备管理及查询。

(8) 设备巡检App:主要包括软件数据自动下载、软件自动升级、巡检数据自动上传、设备信息查看、巡检过程中根据当前状况确定是否拍照或者报修、设备定时巡检、巡检报修、当前设备巡检历史和设备是否过保等;

(9) 历史查询:可对历史保养次数、巡检次数进行查询。

3. 消防管理系统

安全防范的采用英飞拓 IP 数字监控系统，集多元化信息采集、传输、监控、记录、管理以及一体化集成等多个方面。包括：视频监控子系统、入侵报警子系统电子巡更子系统。如图 8 所示。

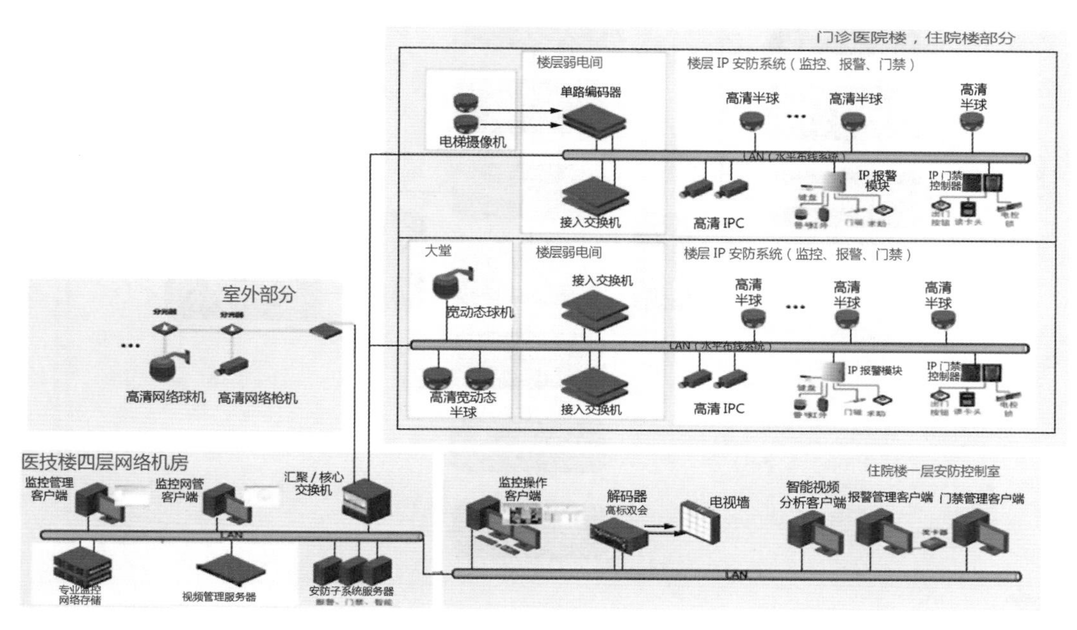

图 8 视频监控拓扑图

4. 一卡通管理系统

一卡通系统以数字化医院数据库和非接触式 IC 卡为核心，将医院内各项基本管理连接成一个有机的整体，主要面向医护员工，包括：门禁管理子系统、消费管理子系统、停车场管理子系统、签到考勤子系统、一卡通水控子系统（节水建设）。如图 9 所示。

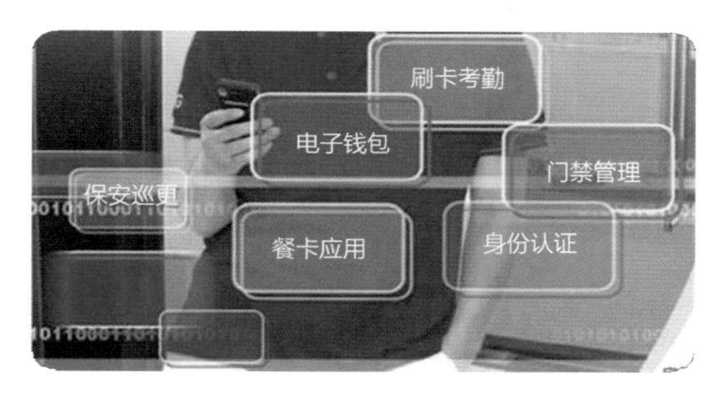

图 9 电子卡片内部功能示意图

5. 车辆管理系统

车辆管理系统主要分为基础信息、车辆调度、查询统计三大模块，具体细分功能有驾驶员档案管理、车辆档案管理、车辆实时定位、视频监控、用车申请管理（可短信通知）、用车审核、车辆出车管理、车辆历史出车记录查询、车辆历史轨迹查询、出车计划管理、车辆维修保养管理、车辆派单管理、车内外视频监控、车辆用车流程、车辆加油记录、语音对话功能等，是高效的车辆管理软件。如图 10 所示。

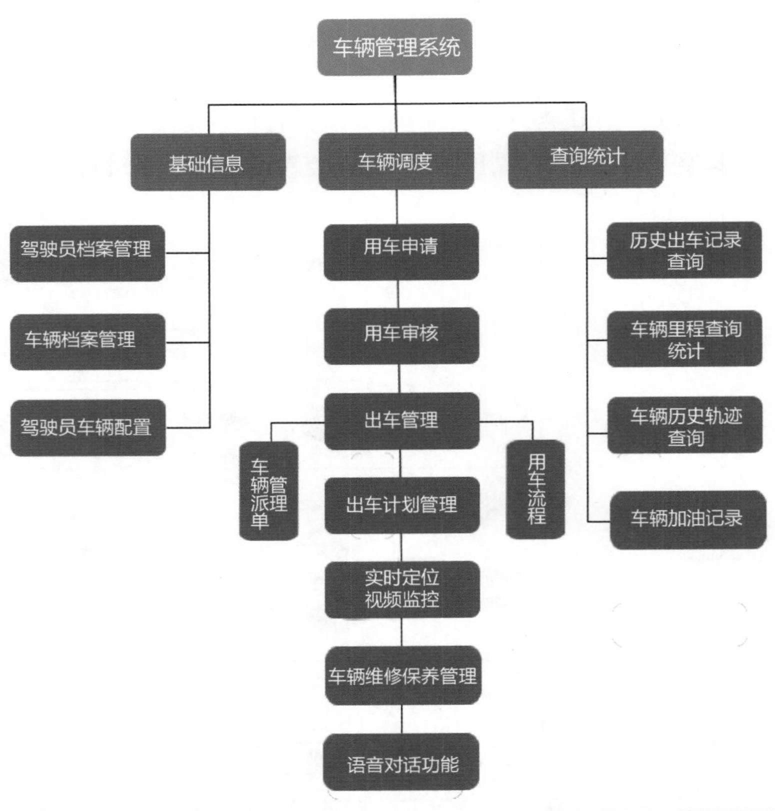

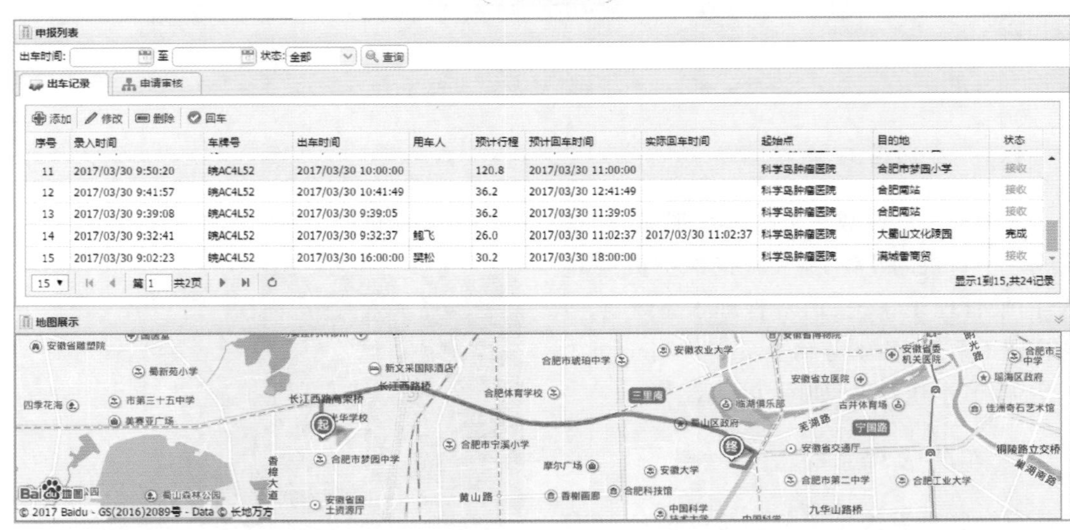

图 10 车辆管理系统分支图

6. 医废管理系统

基于医疗垃圾处理的特殊性，结合物联网应用对医疗垃圾处理进行全流程管理，规范医疗垃圾处理的过程，提高医院对医疗垃圾处理过程的管理。如图 11、图 12 所示。

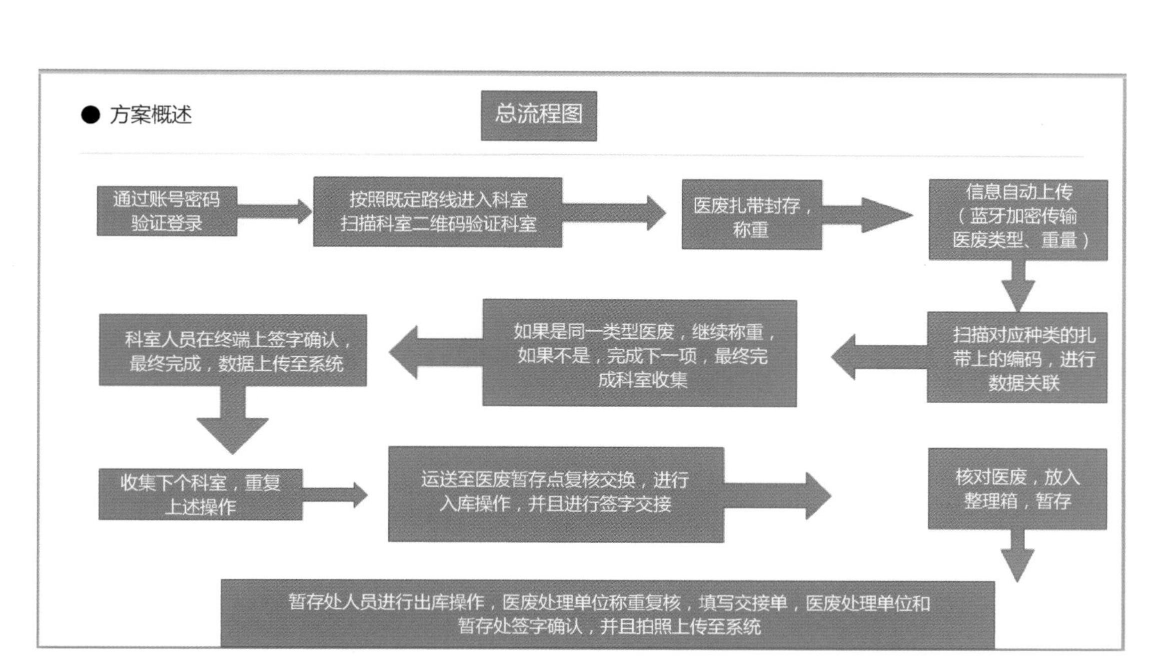

图 11　医废管理流程图

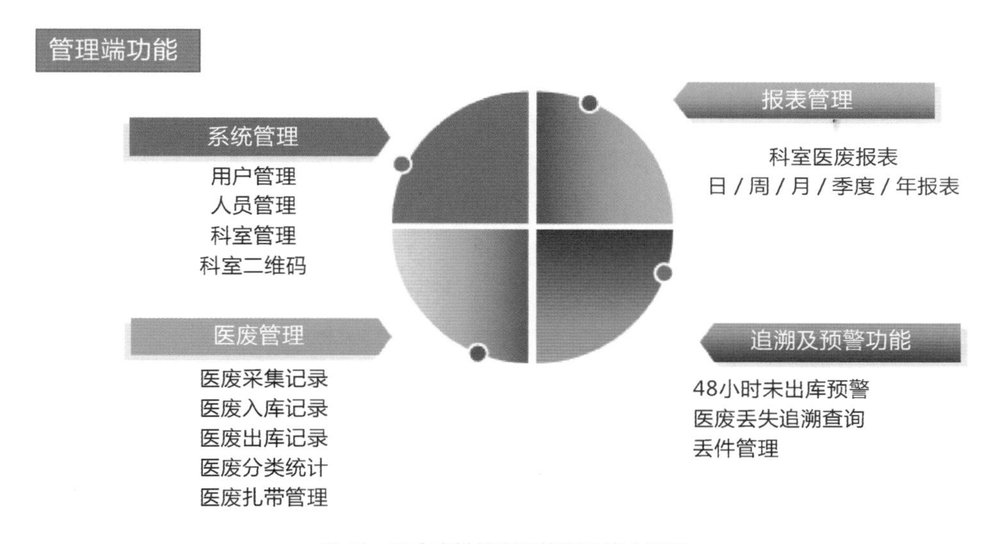

图 12　医疗废料管理系统管理端功能图

7. 被服管理

系统建立统一被服管理档案库，规范化管理被服使用流程，使被服的洗涤和报废工作纳入系统管理，其使用情况一目了然。采购工作做到有的放矢，被服库存可以保持满而不溢状态，从而减少资金、空间的占用。如图 13 所示。

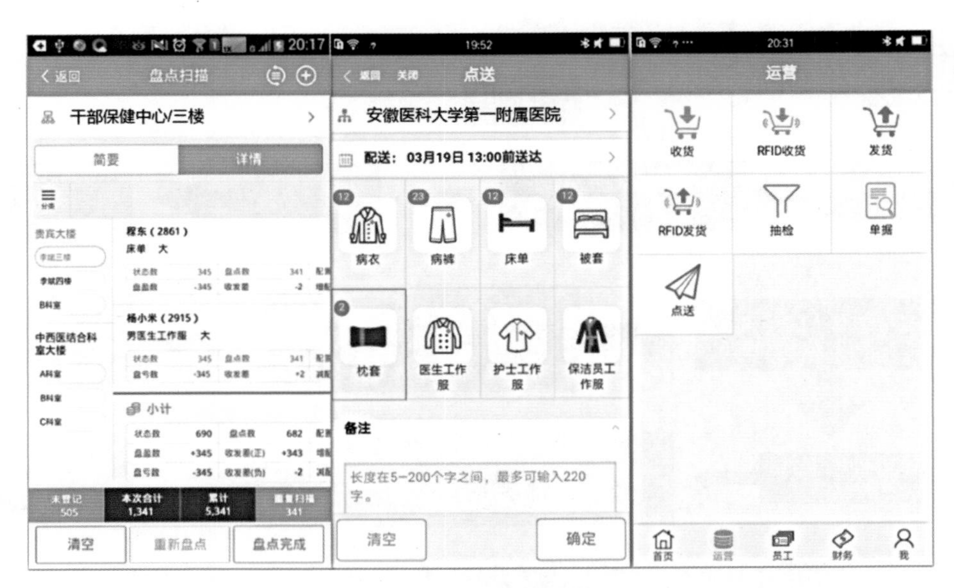

图 13 被服管理系统界面

8. 运行监管系统

1）实时监控

平台实时监控模块可实现对配电、给排水、医用气体、智能照明、暖通空调、视频监控及环境监测等系统的统一监控及实时告警，结合 BIM 强大的可视化功能在快速定位告警位置及类型后，提供标准解决方案，为高效的运维提供保障。同时通过实时监控系统全面地采集医院设备运行数据，挖掘潜在问题，解决能耗异常，节省能耗费用。

另外，通过将实时监控模块中采集到的设备运行数据与设备管理模块相关联，实现设备运行维护全流程跟踪，形成闭环管理。如图 14 所示。

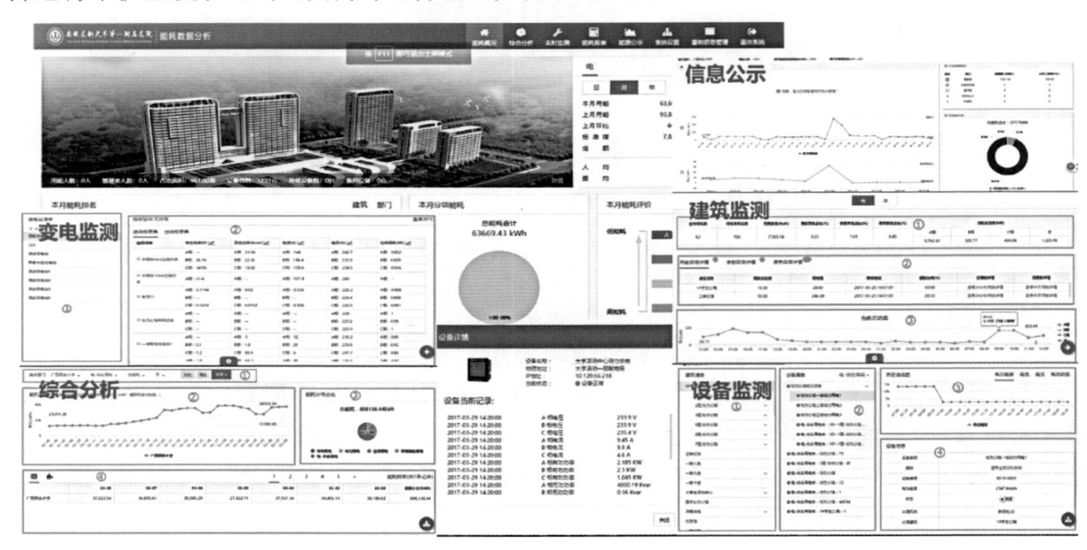

图 14 运行监控平台网络页面

2）运维管理

机电运维服务分线上、线下，即驻场服务和远程服务相结合的形式。线下即现在物业公司或者客户自有人员做的常规驻守巡检与维修工作，线上为专业人员及外部专家共同完成。建立运行、维护体系，通过标准、规范及相应的诊断分析报告指导线下运维，提高运维效果；为院方管理层提供管理数据支撑及需求解决方案。如图 15、图 16 所示。

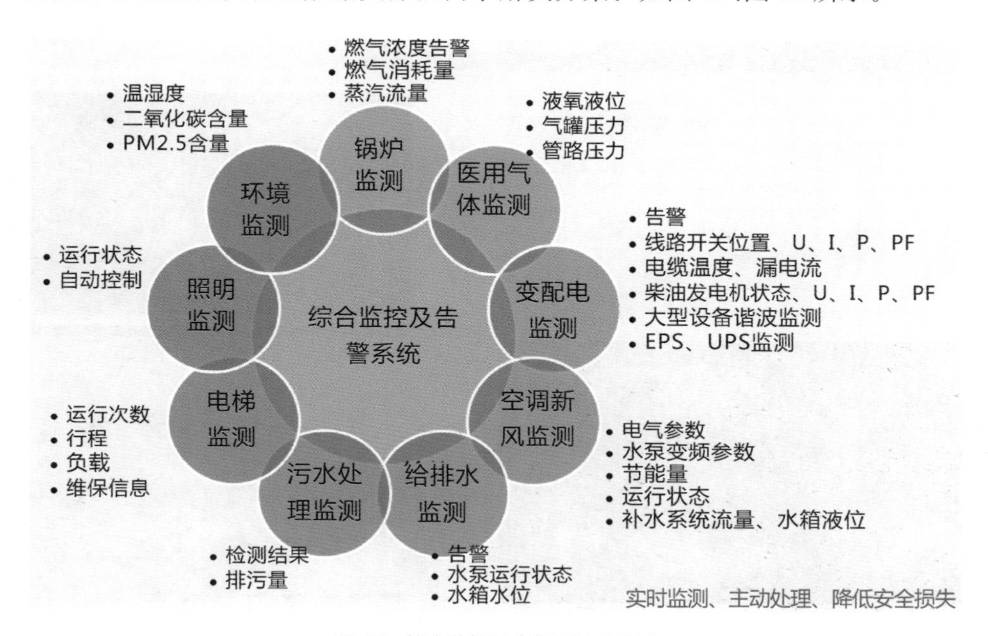

图 15　综合监控及告警系统功能图

9. 第三方反馈系统

（1）满意度调查问卷：医院根据实际情况在微信公众号推送满意度调查问卷，用户可以在微信公众号里面对相关问卷在线评分投票；服务端在收集到调查问卷后，可进行统计，有利于提高医院整体水平（调查问卷可以自行设置，选择项后台可自动设置单选或多选，满足各种需求）。

（2）投诉登记：登记投诉相关信息，包括投诉人、投诉方式、投诉内容、投诉时间、联系方式等。

（3）投诉处理：根据投诉事件进行取证后给出处理意见。

（4）投诉回访：根据投诉处理意见及措施给予投诉人回访，告知处理意见，记录回访沟通情况。

（二）智能化集成管理

采用开放的 TCP/IP 协议，提高医院智能化系统的管理效率，优化资源配置。如图 17 所示，功能体现如下。

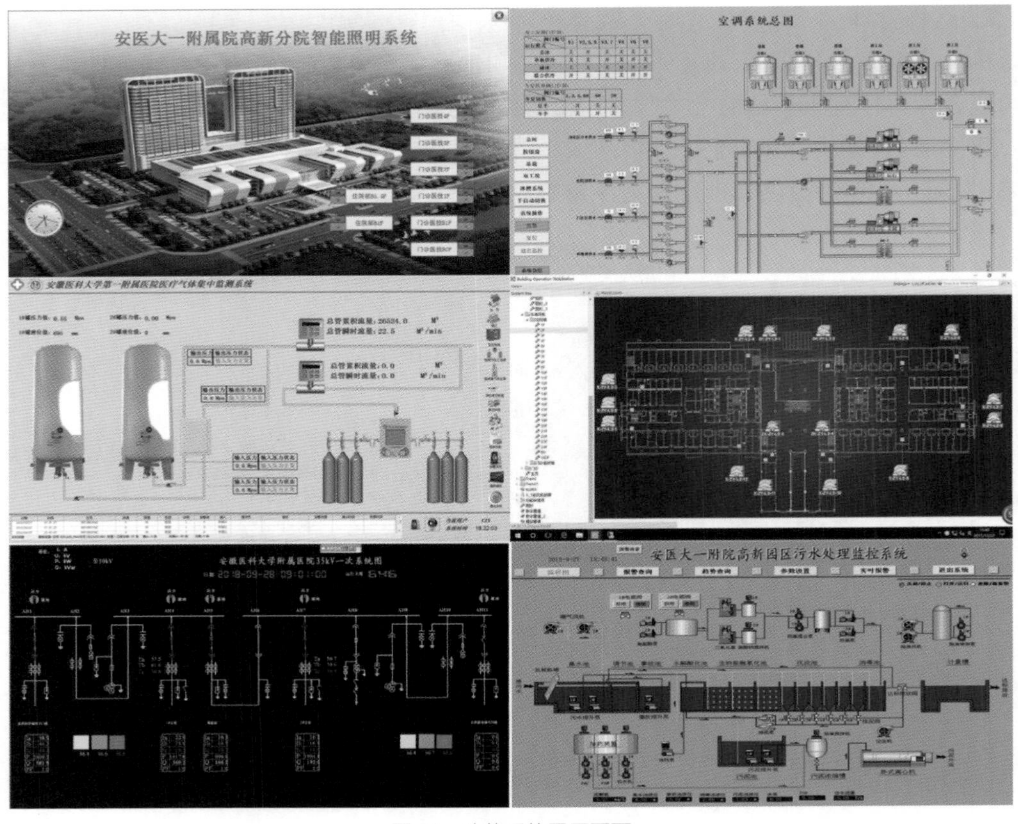

图 16　功能系统展示页面

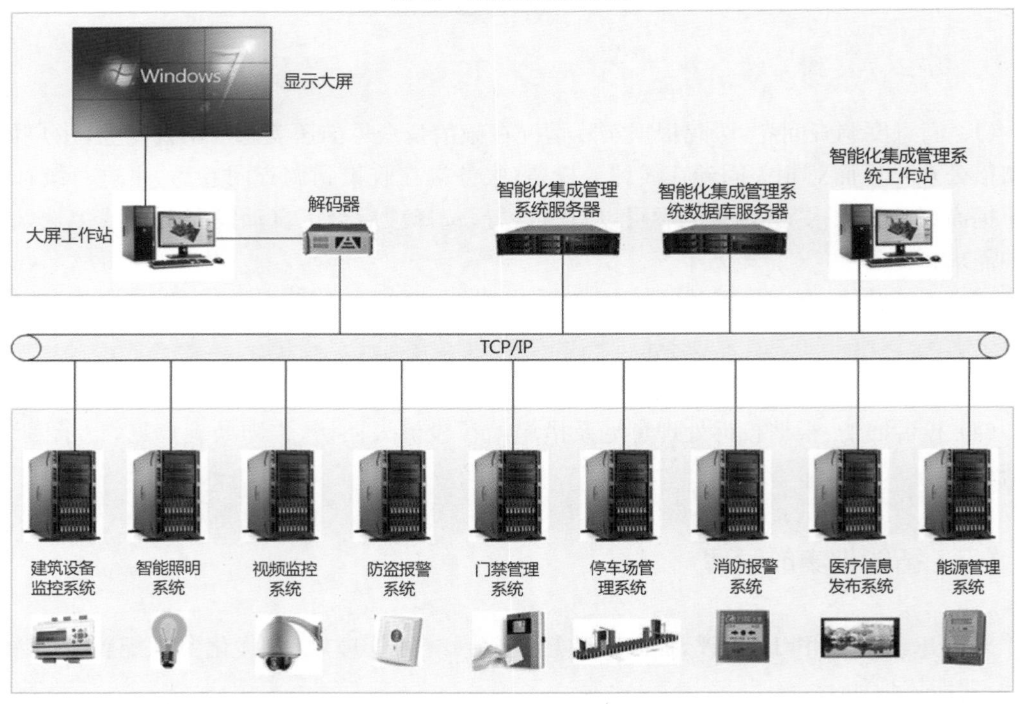

图 17　智能化集成管理系统架构

（1）集中监测与管理：对各系统的运行状态进行监测，让管理者及时了解医院内部各系统的运行情况；

（2）联动控制：各系统实现联动控制，如，消防系统、楼宇自控、公共广播、安防（监控、报警）、一卡通（门禁、停车场）、信息发布系统、智能照明控制系统等系统间的联动控制体系；

（3）通过优化系统运行模式辅助实现节能目标；

（4）可以预先为紧急事件制订应急预案。

（撰稿：李　峰　王　灿）

一 改造背景

1. 医院简介

华佗故里，新安江畔。安徽中医药大学第一附属医院（安徽省中医院、安徽中医药大学第一临床医学院）是安徽省规模最大的综合性"三级甲等"中医医院，承担着全省中医药医疗、教学、科研、预防和保健的重要任务，是培养中医药临床人才的摇篮，是国家中医临床研究基地、国家中医药传承创新项目建设单位、国家区域中医（专科）诊疗中心，是省干部保健定点医疗机构。医院创建于1959年，占地面积6.6万平方米，建筑面积16万平方米，开放床位2 100张，固定资产8.25亿元；拥有高级专业技术职称人员438人，博士、硕士研究生导师115人，博士、硕士研究生575余人，享受国务院及省政府特殊津贴20人，国医大师2人、首届全国名中医2人，国家中医药领军人才支持计划——岐黄学者1人，全国老中医药专家学术经验继承工作指导老师19人，全国优秀中医临床人才研修项目培养对象14人，全国中药特色技术传承人才培训项目培养对象6人；拥有临床科室49个，医技科室12个，临床教研室18个。医院新建的制剂中心，建筑面积约2 200平方米，其中净化面积约660平方米，是按照国家GMP标准建设的专业化制剂中心。

2. 医院节能工作遇到的问题

医院建筑设计重点考虑诊室、病房、药房、实验室、手术室等空间的需求和使用方便，追求宽敞、明亮、舒适、美观，但对节能方面的考虑较少，大部分建筑建于20世纪，设计之初缺乏节能理念，节能技术落后，使用高耗能产品，空调系统技术落后，后期节能改造成本过高，导致能耗居高不下。医院采购安装设备要充分考虑投资与节能型产品长期使用过程中带来的效益，先进的技术不但有良好的使用体验，还可以减少能耗，比如常用的直流变频技术、中央空调能耗管理系统等，但存在一些医院老旧设备的更换和新技术改造受到经费、空间、技术和人力资源的限制，更换和改造的成本过高，导致节能改造难以实施的情况。

3. 节能改造的必要性

医院节能降耗是响应国家节能号召，降低医院运行成本，增强医院竞争力和社会责任感的重要举措。医院是能源消耗大户，据不完全统计，大型公立医院能源支出占总支出的3%～4%。从能源消耗量来看，大型医院年能源消耗普遍在2 000吨标准煤以上，节能潜力巨大，医院节能工作大有可为。从近两年上级主管部门对公立医院考核细则来看，医院节能工作已经成为对医院考核的重要依据。节能技术改造和管理是节能工作的重要手段。

4. 医院基地大楼中央空调机房设备明细及功率情况

表1 大楼中央空调机房设备情况明细

序号	设备名称	设备功率	数量	备注
1	离心式冷水机组	575.3千瓦	2台	制冷量:516千瓦;并联
2	螺杆式冷水机组	238.8千瓦	1台	制冷量:1 443.8千瓦;并联
3	冷冻泵	90千瓦	2台	并联流量:600立方米/小时;扬程:38米
4	冷冻泵	45千瓦	2台	流量:260立方米/小时;扬程:35米
5	冷却泵	90千瓦	2台	并联流量:600立方米/小时;扬程:38米
6	冷却泵	45千瓦	2台	并联流量:260立方米/小时;扬程:35米
7	冷却塔风机	7.5千瓦	6台	/
8	市政蒸汽	/	/	11吨/小时
9	螺纹管换热器	/	3台	/
10	热水泵	30千瓦	3台	并联流量:200立方米/小时;扬程:32米

由表1可见，医院中央空调是医院电力的主要消耗者，对中央空调系统的节能改造很有必要，节能效果也将非常可观。

二 医院中央空调的特点及对系统节能改造的要求

(1) 时间性强。医院的病房及相关医疗科室空调每天均24小时工作，因此，中央空调系统需24小时监测控制。在节能技术改造过程中，还需减少停机时间，保证减少医院空调的使用中断时间。

(2) 技术性强。医院中央空调设备一般比较先进，技术性要求比较高，技术改造安装前，要充分了解设备的工作原理、性能及操作、维修、维护方法，指定完善的中央空调系统节能改造方案，并应充分论证方案的可行性，确保节能改造达到节能指标。

(3) 可靠性要求高。医院中央空调设备改造后必须性能可靠，质量优良，使用维修方便，一旦出现故障，维修要非常方便及时，并对医院空调维保人员进行详细的培训，确保节能改造后维保能力的更新。

(4) 服务水平要高。医院空调系统是为病人、为医疗工作服务的，要定期组织对系统进行全面检查，服务意识和责任心要增强，服务水平要高。

(5) 需完善能耗监测。目前中央空调系统水泵、主机、冷却塔等设备无单独计量，所以中央空调设备的具体能耗无精确数据，完善能耗计量以更加方便进行成本管控和能耗数据分析，同时也实现节能改造有直接数据进行效果对比、分析。

(6) 需实现多功能区域能量动态平衡分配。医院空调系统分别供应科研、洁净、门诊、病房等空调负荷区域，无冷热量均衡控制，造成其区域和区域之间的冷量不平衡以及每个区域冷量供需不平衡。为了提高不同区域空调效果，只有加大冷源的供给，此必然会造成有些区域空调冷量的增大，造成更大的能源浪费，还会影响空调的体验效果。

(7) 需要冷冻(热)泵实现区域能量平衡下变流量控制。中央空调系统是一个变负荷的系统，空调负荷随外界环境变化以及空调使用量的变化而变化。而医院空调系统冷冻(热)泵目前为工频定流量运行，这必然会导致冷冻水流量不能根据空调负荷的实际情况进行自适应变流量调节，未能达到最佳的流量供需匹配。故要对现场的工频柜进行自适应节流改造，实现根据末端实际负荷需求流量实现自适应变流量控制，达到动态节能的效果。

(8) 需要冷却水实现最佳温度调节控制。空调系统冷却泵目前为工频定流量运行，而冷却水流量的变化会影响主机能效。所以冷却水的变流量控制必须考虑系统的综合能效，建议对现场的工频柜进行自适应节流改造，并利用最佳冷却水温度及变流量节能控制技术实现基于效率优化的冷却水自适应变流量控制，只有系统整体能效最优化，才能实现最佳的节能效果。

(9) 需要机组实现效率最优化。负荷率在55%～85%之间效率为高效区间，在实际的操作过程当中，必然会存在主机负荷率较低、满负荷甚至于超负荷运行，使主机运行在低效区，造成主机能耗的浪费。改造后采用基于效率优化的主机群控及小温差控制技术，可以自动调整主机的台数，使主机尽可能多的时间保持在高效率运行。

(10) 需要冷却塔实现梯级节能控制。冷却塔的冷却能力受外界环境影响，不同的室外环境，冷却塔的冷却能力不同(冬季冷却能力强，夏季高温期冷却能力差)。同样的冷却塔数量，同样的冷却水流量，不同的室外环境，最终的冷却水回水温度不一样。因此，冷却塔不加以合理控制，其一造成冷却塔风机自身的能耗浪费；其二造成冷却水回水温度过低、过高，从而降低机组效率，增加机组能耗，造成中央空调系统较大能源浪费。

三 节能改造的方案

1. 传统节能改造方法

空调系统是医院能耗使用最主要的系统之一。目前较大的医院都采用中央空调系统搭配部分分体机空调系统，对于大型中央空调系统，优先采用低能耗机组，合理搭配机组功率，防止大马拉小车的现象，对空调泵采用直流变频技术，是目前中央空调系统的节能主要和主流的技术措施。此外，冷凝水和回风的冷热量回收，既可以减少能耗，还可以减少空调的补水量。螺杆式冷水机组热回收改造对于夏季没有市政供热的医院具有重要意义，机组制冷剂在蒸发器吸收热量，在冷凝器压缩放出热量，加装水热交换装置，设置进水口，出水口连接包括水温控制、热水储存的生活热水系统，理论上热回收效率高达 70%，制冷量为 120×10^4 千卡/小时的机组可获得废热回收的有效热量 96.6×10^4 千卡/小时，夏季可以加热 60℃的生活热水量约为每小时 24 立方米，这部分热水可供病区洗漱使用，减少使用热水耗电量，节电效果非常可观。冰蓄冷技术是利用电网谷时电价低的时候利用制冷机组在水池蓄冷，在电网峰时电价高的时候放出冷量以达到节省开支的目的。冰蓄冷技术可以达到削峰填谷的作用，对电网可以起到稳定的作用，对用电单位具有节省开支的作用，但冰蓄冷系统需要占用较大面积较高的改造成本等。

2. 本项目改造方案

（1）在中央空调控制值班室设置一个能源管理控制中心 DC-PC，分别与设置在机房现场的冷热源模糊能效柜 DCU SACADA800 进行远程通信，实现空调冷热源系统的所有设备的远程智能管理和节能优化控制。同时可以通过网络实现 Web 发布。

（2）中央空调末端通过分水器分出 5 个主支管供应冷冻（热）水，由于流体的管路特性及空调的负荷特性造成区域间的冷（热）量分配不均，不利区域因得不到足够的流量而需要把总流量加大，造成总流量的浪费。利用 DCU SCADA800 中央空调能源管理控制系统的多区域冷热量均衡分配节能控制技术及中央空调冷热量模糊预判断节能控制技术进行冷热量平衡分配控制，从而实现中央空调的节能控制。

（3）出、回总管路及环路间的负荷随时变化，通过旁通阀节能效果不明显，存在着冷量的浪费，利用 DCU SCADA800 中央空调能源管理控制系统旁通阀控制策略技术，实现节能控制。

（4）在冷热机房现场分别设置模糊能效柜 DCU SCADA800，实现冷热源部分温度、压力及流量、冷热量等参数的监测，利用专用数据库及相关智能数学模型、专用节能控制软件实现空调主机、冷热泵、冷却泵以及冷热量平衡调节阀的智能管理及节能优化控制。

（5）在冷却、冷冻、热水系统相应位置设置温度传感器、压力传感器。结合 DCU SCADA800 中央空调能源管理控制系统专利技术，对冷热水泵进行变流量控制改造，从而实现冷热水的变流量调节和冷却水的最佳温度调控，达到整体节能的目的。

（6）增加能耗监测装置，对冷源主机、水泵、冷却塔耗电、热源水泵耗电、市政蒸汽的计量。

3. 采用 DCU SCADA800 中央空调控制系统的技术优势

（1）负荷动态预判断控制技术。中央空调的负荷随着气候及外界温湿度变化波动明显，在中央空调冷冻(热)水系统的节能控制中采用先进的冷冻(热)水负荷模糊预判断控制技术能有效地解决中央空调冷冻(热)水系统的时滞性和大惰性问题，使控制系统节能控制更加灵敏、超前、准确，节能效果更好。

(2) 区域冷(热)量均衡控制技术。DCU SCADA800 系统以满足各区域的冷/热量需求平衡为控制目标，通过监测各区域的实际冷/热量需求动态调整相应的调节装置，使各区域获得所需求的冷/热量，达到一种动态的能量平衡，极大地提高了节能效果。

(3) 泵组的优选组合控制技术。在多台水泵并联运行中，DCU SCADA800 系统的泵组优化组合控制技术是以控制系统实时监测计算的负荷所需的水流量为控制目标，并建立智能数学模型，推算出满足该流量及压力等条件下所需运行的水泵台数及输出流量，使泵组消耗的功率达到最低，达到最佳的节能效果。

(4) 主机小温差补偿节能优化控制技术。空调系统在运行过程中，冷水机组可能会随着负荷的变化而偏离其最佳运行工况，此时主机的运行效率值会大幅度降低，DCU SCADA800 控制系统的主机小温差补偿节能优化控制技术可以确保主机在任何负荷条件下，都有一个优化的运行环境，始终处于最佳运行工况，从而保持效率最高、能耗最低，实现主机和水系统的节能优化。

(5) 基于效率值优化的主机群控技术。在多台冷水机组运行中，通过建立智能数学模型，监测实际负荷值、冷冻水温度、设定的约束时间以及主机的效率特性等参数，自动的选择最佳的主机运行台数，在控制主机所供冷量和空调实际负荷相平衡的同时保证主机的高效率运行，达到最佳的节能效果。

(6) 冷却水最佳温度控制技术。以提高空调整体效率值为目的，利用冷却水最佳回水温度模糊控制技术，自动寻找某一负荷、某一环境下最佳空调工况时所对应的冷却水回水温度作为控制目标，通过变流量控制达到冷却水系统节能的效果。

(7) 远程监控管理技术。实现冷水机组、循环水泵、冷却塔、阀门等所有受控设备的远程启停控制、运行状态及运行参数的集中监视。

(8) 一键启停，连锁控制管理技术。实现主机、循环水泵、冷却塔、阀门等所有受控设备的软连锁开、关控制。

(9) 多层级安全管制管理控制技术。系统采用多层级控制，设置普通级、操作员级、管理员级和工程师级，分别设置不同密码，保护控制系统的运行安全。

(10) 控制模式管理技术。系统可以实现多种控制模式，智能模式、单机联动模式、管理员模式切换；

(11) 空调系统的能耗管理技术。整体空调设备能效值的在线监测及历史数据监测，据此判定空调系统的节能效果；冷水主机、循环水泵、冷却塔风机等设备实时耗电量及累积耗电量的历史曲线以及棒状图分析，系统专用软件可以对空调设备能耗历史趋势进行专家分析和诊断自动调配各设备的运行参数输出，达到最优的能耗控制；能源管理控制系统能源管理中心自动诊断空调设备故障分析。

(12) 对空调系统设备的安全运行措施管理。连锁安全保护管制系统对设备开机和关机进行连锁顺序管制，避免人为控制造成的安全隐患。

（13）空调冷冻水流量的低限保护及流量调节速率保护技术。在控制系统中设置了冷冻水流量的低限保护，避免蒸发器因冷冻水流量过低而出现的喘震或结冰现象，同时在冷冻水的流量调节过程中对冷冻水流量的调节速率进行控制，防止调节速率过快造成蒸发器制冷剂流量过高而造成的铜管破裂。

（14）冷却水系统流量调节保护技术。在控制系统中设置了冷却水流量的低限保护，避免因流量过低引起冷凝压力过高而造成制冷量下降和压缩机故障；冷冻水出水、冷却水回水低温保护防止蒸发器内冷冻水温度过低造成结冰现象，对于机组冷却水的出水和进水进行高温和低温保护，防止因温度过高而发生机组喘震和低效率运行，同时又防止冷却水温度过低而使机组不能正常工作；对于冷冻水供、回水之间采用压差保护防止因压差过低而出现空调系统最不利点的冷冻水流量不够的现象，也防止冷冻水管路中因负荷急剧下降或者是阻塞而造成的爆管现象。

四 节能效果测算方法

（1）检测的内容：中央空调改造前后的节能效果。

（2）节能率测试对象：中央空调系统的整体节能率。

（3）节能率测试方法：采用国标《节能量测量与验证技术要求中央空调系统》（GB/T 31349—2014），即在中央空调使用的历年制冷期与采暖期加权平均外界环境温度条件下，将空调系统采用与不采用 DCUSCADA800 能源管理控制系统交替运行相同的时间，通过能耗监测装置分别对其能耗进行测试、记录和对比，通过对比计算得出节能率，然后根据其节能率，算出中央空调系统在采用 DCUSCADA800 控制系统后的节能量。

（4）计算节能用费公式。

年平均节能率（F）：$F=(M_2-M_1)/M_2\times100\%$；

未使用 DCU SCADA800 系统空调能耗（$M_{2总}$）：$M_{2总}=M_{1总}/(1-F)$；

年节能量（$M_{节}$）：$M_{节}=M_{2总}-M_{1总}=M_{1总}\times(F/1-F)$；

年节省的费用（W）：$W=M_{节}\times D$。

公式说明：

M_1 为测试时间内采用 DCU SCADA800 系统后空调运行总能耗。

$M_{1总}$ 为采用 DCU SCADA800 系统后空调运行全年总能耗。

M_2 为测试时间内未采用 DCU SCADA800 系统后空调运行总能耗。

$M_{2总}$ 为未采用 DCU SCADA800 系统后空调运行全年总能耗。

F 为节能率。

$M_{节}$ 为采用能源管理控制系统后运行空调节能量。

W 为采用能源管理控制系统后运行空调年节省的费用。

D 为能耗单价。

举例说明：例如，某医院在外界温度、负荷基本一致连续两天，第一天 24 小时采用 DCU SCADA800 能源管理控制系统运行空调总能耗(M_1)为 8 500 度，第二天 24 小时未采用 DCU SCADA800 能源管理控制系统运行空调总能耗(M_2)为 11 000 度，测试后当年制冷季空调累计能耗($M_{1总}$)为 250 万度。节能率(F)：$F=(M_2-M_1)/M_2\times100\%$，即(11 000−8 500)/11 000×100%=22.7%，未使用 DCU SCADA800 系统空调年能耗($M_{2总}$)：$M_{2总}=M_{1总}/(1-F)$，即 250 万度/(1−22.7%)=323.4 万度，年节电量($M_{节}$)：$M_{节}=M_{2总}-M_{1总}=M_{1总}\times(F/1-F)$，即 250 万度×(22.7%/1−22.7%)=73.4 万度，年节省的费用(W)：$W=M_{节}\times D$，即 73.4 万度×0.8 元/度=58.7 万元，所以，采用 DCU SCADA800 能源管理控制系统后运行空调年节省的费用为 58.7 万元。

(5) 测算条件。

a. 运行的空调设备要一致；

b. 运行的(开机、停机)时间应一致，且每天测试过程中，不能只在部分时间段运行，应覆盖空调系统正常运行的全部时间；

c. 负荷工况应基本一致，即室外气候条件和空调负荷使用情况基本相同；

d. 气候、气象条件基本一致，即被检测日温度、相对湿度基本相同；

e. 运行工况应一致，即空调出水温度应一致，误差在正负 1 ℃；

f. 测量仪表应一致，空调系统的电能表应为同一只表(以 800 系统自带的电能表为准)。当测试条件差异较大时，为减小测试误差，视运行工况的差异情况在测试节能率上，加一个“调整量”，调整量有正负，调整量的正负和大小可由参与测试的各方代表商定。

(6) 测试时间的确定。根据合肥市历年制冷季每天的最高温度、采暖季每天的最低温度计算加权平均值，以此作为空调运行期的外界典型温度，利用合肥市地区未来 15 天的气象预报情况，选取温度接近该典型温度相邻的两天或四天(星期二到星期五)作为检测时间。

五 对空调系统能耗改造的效益分析

医院中央空调采用两管制一次泵系统，通过对本方案进行能源管理改造分析，对机房设备采取高效冷冻机房节能控制系统，代替原冷冻机房控制方式，实现如下效果：

(1) 经济效益。预测医院中央空调全年节能率在 15%以上，并且随着门急诊量和能源价格的增加，节能量和节能费用每年还会增加。

(2) 社会环境效益。每年可以节省 130 吨标准煤(火电煤耗按 404 克/千瓦小时计算)，减少 705 吨二氧化碳(CO_2)、192 吨碳粉尘、212 吨二氧化硫(SO_2)，11 吨氮氧化物(NO_X)的排放等。

(3) 控制功能提升。自动优化控制，实现了全自动控制，实现无人值守，控制设备故障自控报警，大大降低了现场人员的操作强度，降低了故障率，提高了设备的运行寿命，无人看管后，极大地降低了医院人工成本。

(4) 安全等级提升。水泵低频启停和运转，电机的寿命延长，减少了对电网的冲击，设备的故障率降低，维修成本降低。

(5) 能耗数据管理升级。实现了冷水机组、循环泵等设备实时耗电量及累积耗电量的数据统计；采暖实时用量及累积用量的数据统计。方便用户对能耗的管理与分析，及时发现问题，减少损失。

(6) 该系统的成功改造实施，除能大幅降低能耗外，为以后申请“绿色建筑”“建筑节能示范单位”等多方荣誉提供强有力支持。

六 中央空调系统的管理和维护

(1) 制定设备的使用管理计划。为使空调设备安全、可靠、高效地运行，首先要熟练掌握设备技术资料，结合实际制定使用管理计划。

(2) 建立空调设备维修保养制度。根据不同季节按有关技术规范制订中央空调设备的维修保养制度。定期对机组进行检修，更换零部件。对冷水机组每年须更换制冷剂和冷冻机油、干燥剂等，必要时还要对机组和系统进行气密性检查和防腐处理。对热水机组要做好换热器的除垢、缓蚀处理。要备有一定的配件及专用工具，以便运行中设备出现故障时，能够及时检修，尽快使设备投入运行。同时，对每一次的检修、保养都要认真做好记录。

(3) 建立完整的设备技术档案和设备运行记录。在中央空调设备安装调试完毕正常运转后，空调管理人员要将空调设备的说明书、合格证、技术文件、备用件等全部保存，并建立设备技术档案，要把设备的调试使用时间、使用后的运行情况，维修保养时间及内容、零部件更换等详细情况填入设备技术档案中，以便全面掌握设备情况。

(4) 加强运行管理。在设备运行过程中，运行管理人员要增强责任心，不断提高业务水平，把机组实际的运行状况与规定的标准值加以比较，若有偏差，应立即进行调整，一旦出现故障征兆时，要立即采取适当措施加以处理。如冷水机组运行中出现冷凝压力过高时，要检查冷却水的供应情况和冷却塔的运行情况，及时调整，使其尽快恢复正常状态。

(5) 室内环境的管理。医院中央空调的目标是为病人提供舒适的就医环境，为医护人员提供舒适的工作环境。为了提高医疗质量，控制感染率，需要对室内空气温度、空气湿度、气流组织方式、气流速度、洁净度、噪声等进行控制。

(6) 加强病房环境的管理。温度不仅影响住院病人的康复，还影响医务人员的工作情绪和工作效率，对医疗设备的性能也有很大影响。医院病房出入人员较多，每个人对温度的要求也不尽相同，这就需要空调管理人员与病房医护人员对病人、陪护人员做好宣传工作，加强管理，以保持病房所需温度。

(7) 保证净化空调的洁净度。医院手术室、监护室、血液净化室、精密医疗设备室大多采用净化空调系统，对室内空气进行除尘、灭菌来保证室内空气的洁净度，对这些部门的净化空调系统要引起足够的重视，经常进行检查和检测，发现情况及时进行处理，回风过滤器要及时进行清洗，定期更换过滤器，同时对新风、排风机组都要加装初中效过滤装置并定期进行清洗。

(8) 加强新风管理。入室新风对改善室内空气品质起着重要的作用。要保证室外新风的新鲜度，合理采集新风，同时对新风采取过滤、加热或冷却处理，按人员分布及空间大小合理确定新风量，在过渡季节要加大新风量的供给。

(9) 防止细菌滋生。要对空调系统的所有部件定期进行清洗消毒，净化机组要密切注意紫外线或臭氧机的工作情况，一旦损坏，及时更换或维修。与感染控制部门紧密配合、监测空气污染状况，以防止细菌滋生。

(10) 冷却水水质管理。由于冷却塔是开式结构，灰尘、脏物、雨水等不可避免地进入其中，使水质变差，系统容易产生污垢、腐蚀等问题。所以，要尽量减少冷却塔污染。水过滤器要定期清洗，以防杂物进入冷凝器造成管路堵塞；冷却水最好使用软化水，并对水质定期进行检测，若发现水质超标，须更换系统的冷却水，并按要求添加适量的除垢剂、缓蚀剂和除藻剂等。

(11) 冷(热)媒水水质管理。冷(热)媒水系统大多是闭式循环系统，循环水水质较好，平时只需在系统内加入适当的防腐、除垢剂即可。但是，为了防止冷(热)媒水长期循环发生水质变化，要在每年的换季检修期间放掉全部循环水，对系统进行清洗保养，更换软化水，并采取适当的水质稳定措施。同时，还要放尽系统中的空气，以免产生腐蚀。

(12) 适当调整冷(热)媒水、冷却水的温度。在满足病房、手术室内空调舒适度的情况下，夏天适当提高冷媒水的温度、降低冷却水的温度，冬天适当降低热媒水的温度，都会使冷(热)水机组的能耗大幅度减少。

(13) 在满足病人需求的情况下，适当调整病房的温度。夏季尽可能提高，冬季尽可能降低，都可以减少空调系统的能耗。据统计，夏季病房温度控制在 26 ℃要比 24 ℃减少冷负荷 18%左右，冬季病房温度控制在 20 ℃，要比 22 ℃减少热负荷 31%左右。

(14) 合理利用室外新风。在机组运行期间，要尽量减少新风带来的能量损耗，可以把新风量保持在所需新风量范围的较低值。而在过渡季节，由于手术室和一些大型仪器设备发热量较大，也需要供冷，这时就可以考虑全部引入室外新风，利用室外新风所具有的冷量，对其降温，以减少冷水机组的能耗；而对过渡季节需要供暖的个别房间，可考虑采用电暖器、暖风机之类的加热设备，要比整个系统运行节约很多的能耗。对既有新风有又有排风的房间，安装置换通风设备，能回收排风 70%左右的能量。

(15) 合理调整水泵的运行。在空调系统中，水泵是耗电大户，因此要十分重视水泵的节能情况。在选用水泵时不要留有较大的裕量，尽量使水泵运行在最佳工作点附近。最好选用大、中、小三台相同扬程，不同流量的水泵，根据负荷大小及时开停相应的水泵，或安装变频调速装置，控制泵的转速。冷却水系统也要根据水温高低及负荷大小及时调节运行台数。

(撰稿：李兴光　钱调整)

一 建设背景

随着近年来医院后勤改革的不断深入，后勤管理朝着精细化、社会化、专业化和信息化的方向快速发展，阜阳市人民医院南区在后勤建设中充分运用智能化技术，建立覆盖全院的楼宇自控系统，本系统通过对门诊、急诊医技和病房楼的机电设备进行信号采集和控制，实现全院设备管理系统自动化，旨在对楼内空调、通风、给排水以及动力系统进行集中管理和监控，以满足医患对楼内温度、湿度、照明、通风等环境条件的严格要求，减少患者因空气不洁而引起感染的几率。缩短治疗周期，提高治愈率。此举将打造一个全新的智能化诊疗空间，全面提升医院的服务水准，并且在提高医院服务水平的基础上尽量节约能源，达到服务和能源双优的效果。

二 建设内容

（一）建设范围

阜阳市人民医院南区占地139 305平方米，一期建设面积182 000平方米，分为门诊、急诊医技和病房楼。作为新建三甲综合性医院，从建设成本和后期运行的经济性分析，结合医院后勤管理实际需求，南区楼宇自控管理系统建设范围为：

（1）冷热源系统。

（2）空调新风系统。

（3）给排水系统。

（4）送排风系统。

（5）变配电系统。

（6）照明系统。

（7）电梯系统。

（8）能耗计量。

（二）系统及功能需求

通过市场调研和外出考察，最终选择了性能优越的美国 Honeywell 公司楼宇自动化系统——WEBs 系统，确保整个工程提供的设备为先进的、节能的、便于维护、操作方便，自动控制、技术经济性能符合医院要求，既满足高度智能化和系统集成化的技术要求，又能满足系统今后升级换代及系统扩展的需要。

本系统主要功能需求：

（1）实现设备的全自动运行。

（2）实现系统的智能化管理。

（3）维持设备正常的工作状况。

（4）维持建筑物内部良好的照明条件。

（5）维持建筑物内部舒适的温度环境。

（6）维持建筑物内部良好的空气质量。

（7）发挥系统的控制优势，实现设备的节能。

（8）对设备的故障情况，实现实时报警和必要的保护。

（9）运行数据、报警数据、操作数据的存储和归档。

系统接口：

本项目中智能照明系统和供配电系统运行参数，通过 Modbusm 方式连接至中央管理系统，并通过配置相应的接口开发与相应系统的集成。

医院设备众多，如中央空调、锅炉、高低压配电设备等都是单独招标采购，因此在设备招标时，都明确要求供货商承诺提供通用的接口协议，以免后期不必要的投资。

本系统能耗主要集中于动力设施、暖通空调等方面，其中暖通空调占了相当大的一部分，也是较易直接控制、实现节能的能耗负荷。因此系统应在满足建筑使用功能、舒适度要求的情况下对空调进行有效的节能管理。

建立智能化专网，与医疗内网和外网隔离开，采用先进的、集散型网络结构实现楼宇自控管理系统的实时集中监控管理功能。既符合国际标准，又符合医院的建筑特点，其设备较分散，作为集散性控制分站的控制器通信网络，应能实现各分站间、分站与中央站之间的数据通信，分站的运行可以独立于中央站，内部网络的通信不会因中央站的停止工作而受到影响。

由于采用 WEBs 楼宇设备集成系统，该系统具有灵活的开放性，提供多种符合行业标准的接口标准和协议（如 BACnet、LonWorks 和 OPC 等），并具备系统网络数据库，可以满足本系统的特点需求。WEBs 系统还可基于内部 Intranet 之上，通过 WEBs 服务器实现本大楼内的信息交互、综合和共享，实现建筑内信息、资源和任务的综合共享，以及全局事件的处理和一体化的科学管理。

现场控制器选用 Honeywell 公司的 Spyder 控制器。WEBs 系统完全满足本系统关于

集成及开放性、成熟及可靠性、可扩展性等要求。Honeywell 的 Spyder 控制器,集合 WEBs 系统将完全实现集散型的监控系统。整个方案设计将基于以上的需求分析,为医院提供一套先进、可靠、设计功能完善的楼宇自控管理系统。

(三) 设计依据

(1) 设计院提供的图纸及业主要求。

(2)《智能建筑设计标准》(GB/T 50314—2006)。

(3)《公共建筑节能设计标准》(GB 50189—2005)。

(4)《采暖通风与空气调节设计规范》(GB 50019—2003)。

(5)《民用建筑电气设计规范》(JGJ 16—2008)。

(6)《电气装置安装工程施工及验收规范》(GBJ 232—92)。

(7)《建筑设计防火规范》(GBJ 16—87)95 修订。

(8)《火灾自动报警系统设计规范》(GBJl 16—92)。

(9)《商用建筑线缆标准》(EIA/TIA—568A)。

(10)《信息技术互连国际标准》(ISO/IECl 1801—95)。

(11)《高层民用建筑设计防火规范》(GB 50045—95)。

(四) 设计原则

楼宇自控管理系统在满足现实需要基础上,应有适当的超前性,以满足后勤专业化、智能化不断发展的潮流。为此,系统方案应遵循下列原则。

1. 先进性

楼宇自控管理系统建设于信息时代,因此系统方案设计力求与当前后勤管理模式和科学技术高速发展的潮流相吻合。系统总体结构定位于高起点、开放式、模块化,从而建设一个可扩展的平台,确保前期工程与后续技术的衔接。

2. 实用性

系统设计以实用为第一原则。在符合当前实际需要的前提下,合理平衡系统的经济性和先进性,避免片面追求先进性而脱离实际或片面追求经济性而损害智能化建设的初衷。

3. 可靠性

系统设计为每天 24 小时连续工作,局部设备故障不会影响整个系统的正常运行,也不会影响其他智能化子系统的正常运行。关键的系统部件对故障容错和数据备份应提供相应的解决措施。

4. 安全性

系统选用的所有设备、配件及其系统，在保证其安全、可靠运行的同时，符合国际和国家的有关安全标准和规范要求，并在非理想环境下能有效工作。

5. 经济性

系统选用的设备及其系统，是以现有成熟的设备和系统为基础，以总体目标为方向，局部服从全局，力求系统在初次投入和整个运行生命周期内获得最佳的性能价格比。

6. 易维护性

系统中需要监视和监控的设备品种繁多，而且位置分散，要保证日常系统正常工作、可靠运行，系统必须具有高度可靠的可维护性和易维护性。尽量做到所需人员少，维护工作量小，维护强度弱，维护费用低。

7. 开放性和可扩展性

系统设计采用国家和国际标准及规范，兼容不同厂家、不同协议的设备和系统。采用符合工业标准的操作系统、网络技术、相关数据和图形系统。各子系统可方便进出总系统，同时具有开放接口，以便用户二次开发。

(五) 系统目标

1. 实现建筑中各种机电设备的自动控制和管理

如空调机组、送排风机的程序启停自动控制，设备故障报警的自动接收，备用设备自动切换运行等。按管理者的需求，自动形成各种设备运行参数报表，或随时变更设备运行参数(如启停时间、控制参数等)。

2. 降低建筑的营运成本

楼宇自控管理系统只需在管理中心安排一至两名操作管理人员，即可承担对建筑内所有监控设备管理任务，从而可大大减少有关的管理人员及其日常开支。另外，由于楼宇自控管理系统其所具有的多种有效的能源管理方案，使得建筑在满足舒适性条件下，能耗可大大降低，从而进一步降低了建筑的日常营运支出，提高了建筑的使用效益。

3. 延长机电设备的使用寿命以及提高建筑安全性

楼宇自控管理系统可以通过编程实现有关机电设备的平均使用时间，从而提高大型机电设备(如空调机组、各种水泵等)的使用寿命。由于本系统具有极强的系统联网功能，在特定的触发条件下，可以和消防报警系统、安保系统等其他智能化子系统实现跨系统的联

动功能，使建筑的安全性管理更可靠。

（六）系统设计

1. 系统总体设计

BAS系统设有一个中央监控中心，中心设在门诊一楼，配置46寸液晶拼接屏，可显示设备的实时运行状态，配备24小时值班人员，保证了对设备的实时监控。系统配置网络控制，由多条总线将各种功能的BACnet控制器通过以太网与中央工作站相连，完成对冷热源、空调、通风、给排水、变配电系统等的监控及集成。现场接有各种探测器、执行器、操作器、电气开关等设备。

本项目楼宇自控管理系统架构如图1所示，由管理层、监控层、现场设备管理层的三层结构组成。管理层提供管理应用模块，包括数据采集、设备管理、数据分析评估、系统优化策略、信息发布等功能。

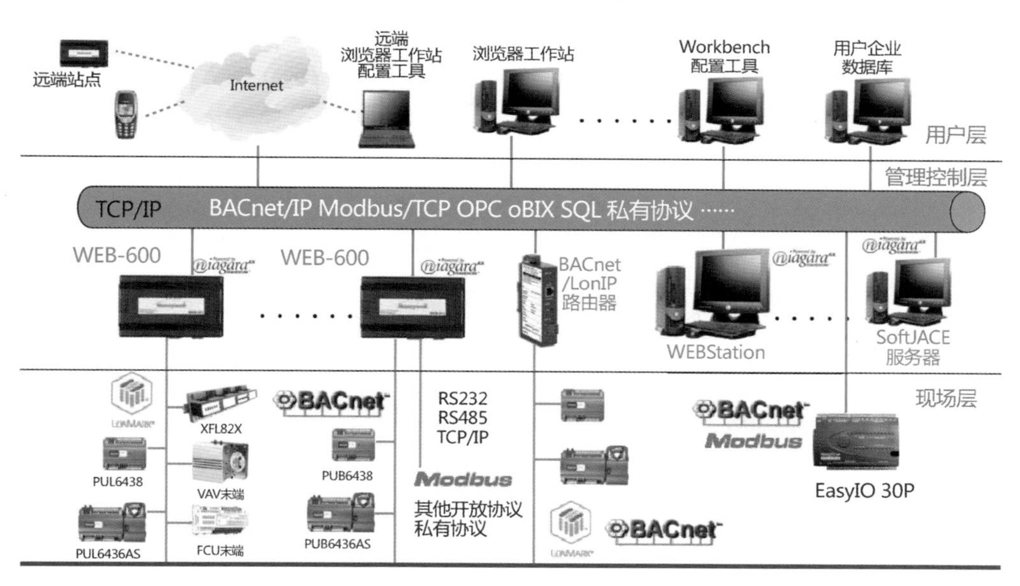

图1 楼宇管理系统架构

监控层采用专业的数据库管理和网络集成化技术，将各用能系统在运行过程中所采集的数据信息进行分类分析、处理、汇聚，并按照规则进行记录，创建相应的数据存储，实现对基础数据的管理。

监控层网络采用总线技术BACnet实现建筑内DDC控制器之间的通讯，既可满足传送监控中心下达指令的任务，又可及时向监控中心反馈建筑各设备的信息。

现场设备管理层将各系统的不同类型和格式的监测数据统一采集到数据库，同时可将管理信息传送到各子系统。系统将把各设备系统接口协议制作为驱动，进行统一管理，并通过驱动模块将各系统的数据以规定的形式传递给上层，并将上层的管理信息传递到相应的被控设备，从而实现信息的双向流动。通过如 RS485、Modbus、BACnet、Lonworks、OPC、ODBC、TCP/IP 等现场总线和网络数据共享技术实现开放性系统集成。系统遵循分散采集、集中监视，资源和信息共享的原则，是一个工业标准化的集散型管理系统。

为了保证系统日后的开放性，我们将采用最新的、也是目前最为先进的通讯方式即 BACnet 通信方式为本项目进行系统设计。

现场控制器 PUB6438S，PUB4024S 通过 BACnet 总线连接至 WEB600、WEB201 型网络控制器，从而实现与中央的通信。

2. 冷热源系统

本项目冷源设备主要有冷水机组、冷却水泵、冷冻水泵、冷却塔等设备(图 2)。

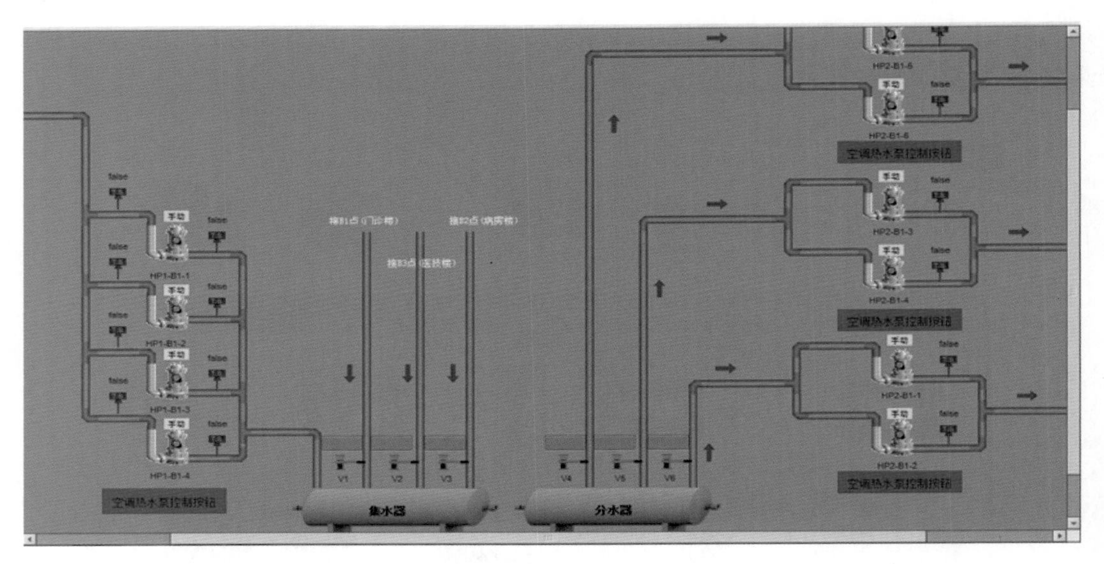

图 2　冷热源系统

1）监测点

（1）冷水机组运行状态。

（2）冷水机组故障报警。

（3）冷水机组手自动状态。

（4）冷水机组启停控制。

（5）冷却、冷冻水泵运行状态。

（6）冷却、冷冻水泵报警。

（7）冷却、冷冻水泵手自动状态。

（8）冷却、冷冻水泵启停控制。

（9）冷却、冷冻水泵水流状态指示。

（10）冷却塔风机运行状态。

(11) 冷却塔风机故障报警。

(12) 冷却塔风机手自动状态。

(13) 冷却塔风机启停控制。

(14) 冷却塔蝶阀控制控制与反馈。

(15) 集分水器供回水总管温度、压力、流量监测。

(16) 旁通阀调节与反馈。

2) 冷热源系统的自控实现以下功能

(1) 冷水机组运行状态监控和切换。

(2) 供回水压力、供回水温度的监测。

(3) 系统检测到冷热水流开关报警后,将自动停止该冷水机组的运行。

(4) 系统自动计算用户端实际负荷 $Q=F\times(T_{回水}-T_{出水})$,自动选择投入运行的机组及水泵数量。

图 3 为冷热源系统的控制原理图。

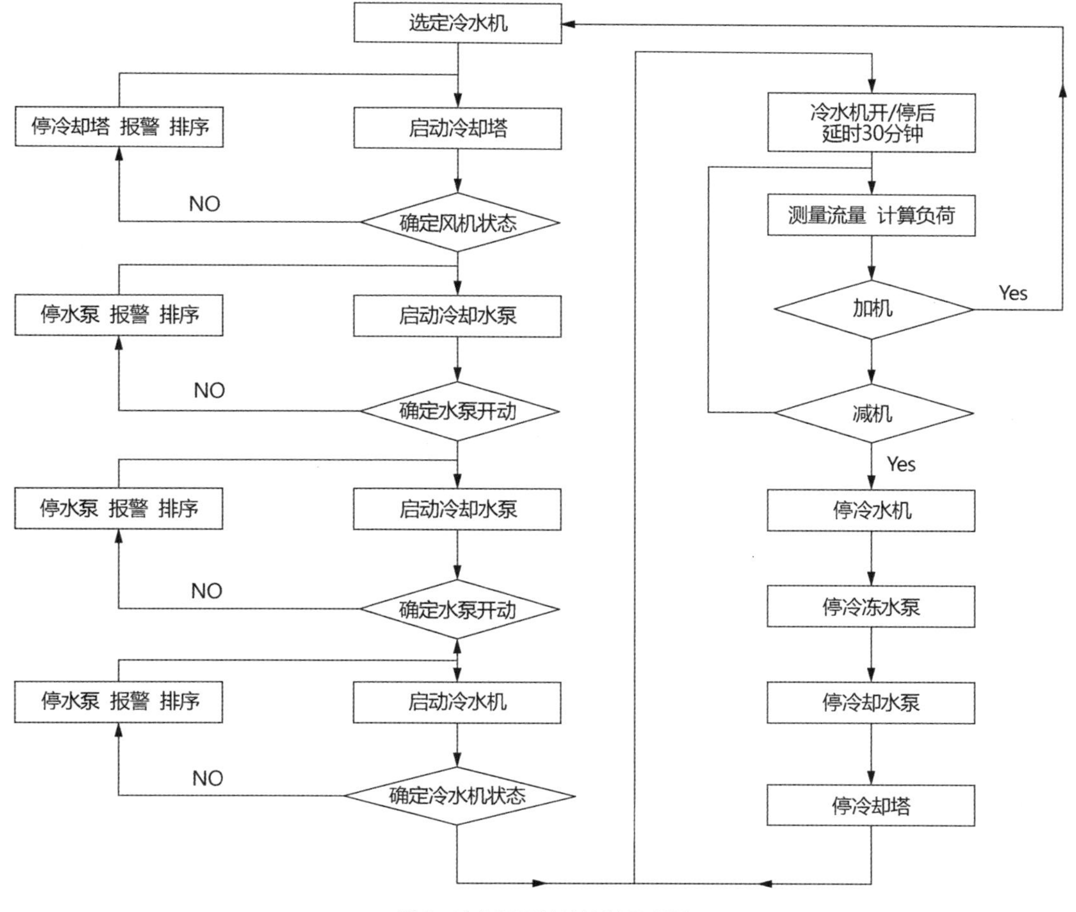

图 3 冷热源系统的控制原理图

3）监控内容

（1）机组的台数控制

控制系统监测机组集水器和分水器的出水和回水温度。控制系统通过分析温度变化与时间变化的趋势来判断当前满足系统负荷所需的机组开启数量，从而进行冷源系统的自适应调节。

（2）系统负荷的计算

常规方式计算负荷是根据冷源系统总负荷量（一次供回水温差×总流量）直接进行风冷热泵机组台数控制。运行台数需与负荷相匹配，实现机组最优启停时间控制，使设备交替运行，平均分配各设备运行时间。也可对各季节的优先使用设备进行指定，发生故障时自动切换，根据送水分水器温度进行减少，回水集水器进行增加的冷冻机运行台数补充控制。

负荷计算：$$Q=k\times F\times c\times \mathrm{d}T$$
其中，Q 为负荷（千瓦）；k 为常数；F 为流量（升/秒）；$\mathrm{d}T$ 为供回水温差。

（3）冷冻系统的连锁控制

机组的投入或退出运行的过程是按预先编制的控制程序进行的。当机组需要投入时，控制程序首先打开该机组对应的冷冻水蝶阀、冷却水蝶阀、冷却塔进出水蝶阀。在得到各蝶阀打开状态信号后，延时30秒启动相应的冷却水泵，延时30秒启动相应的冷冻水泵，在得到相应的水流状态信号后，延时5分钟启动冷冻机组。

（4）设备的自动切换及故障设备的自动锁定

为了保护冷源设备，延长设备的使用寿命，因此需要累计每台设备的运行时间，使同类设备进行交替运行，并在发生故障时自动切换。在冷水系统中有某一设备发生故障时，系统立即发出报警到终端，同时锁定该设备以防再次启动。在这同时自动启动另一个可得到的备用设备或一组可得到的设备。

当故障排除后，设备需要重新加入自控行列时，必须在BAS终端手动复位相应的锁定点，这样才能使锁定的设备再次进入自控行列，以防止设备未经确认的突然动作。

4）系统软件可自动满足如下控制要求

监测冷水机组冷冻水供/回水总水管的供/回水温度、总供水量、回水管的流量和压力，计算冷负荷，根据冷负荷的变化决定开启制冷机组及对应的水泵的台数，在保证冷冻水系统最不利环路供水末端回水压差不小于设定值的情况下，自动调节水泵的流量或台数，使冷冻机组运行在最佳工作状态，而达到节能的目的。此外，每次应起动累计运行时间最少的制冷机组，以达到运行时间的平衡，并根据冷负荷变化，自动控制组的投入台数，选择主机的投入时间和顺序，保证冷水机组的定流量运行。

按程序编制的时间和顺序控制制冷机组、冷冻/冷却水泵、电动调节阀、冷却塔风机的起/停，并实现各设备间的联锁、联动和程序控制。

故障监测及恢复：当冷水机组群中出现故障时，控制程序自动将故障的主机负荷切换到无故障主机，故障排除后该主机再自动恢复到直觉排序中。

应能监测制冷机组、冷冻/冷却水泵、冷冻/冷却水路的工作状态、运行参数和故障状态，并能以动态图形或数据表格的形式显示所列参数。

可提供中央制冷系统的运行报告，生成日、月报表，并随时或定时打印包括冷冻水、冷却水供/回水温度、流量、机组运行时间、运行状态及最大负荷等的动态曲线。

3. 空调、新风系统

医院空调不仅要求舒适性，更关系到病人的治疗与康复，医护人员的健康。良好的空气品质已经成为治疗疾病、减少感染、降低死亡率的重要技术保障，对于医院空调的要求是比较特殊的。

需要强调的是，尽管机组不同、应用的场合不同，但是，对它们的控制均有一个共同的目标和控制重点就是在保证舒适、健康的前提下，保证机组可靠运行，提供节能措施。对每一台机组的控制原理和控制方式，均建立在这个基础上。

楼宇自控管理系统，设置室外温湿度的监测，作为系统联动、新风量优化控制运行参数。

本系统通过 DDC 及预先编制的程序对各楼层空调设备进行监视和控制，设备的工作状况以图形方式在管理机上显示，并打印记录所有故障。

以下将对本工程空调机组、新风机组的控制原理加以介绍。

（1）空调机组监控，如图 4 所示。

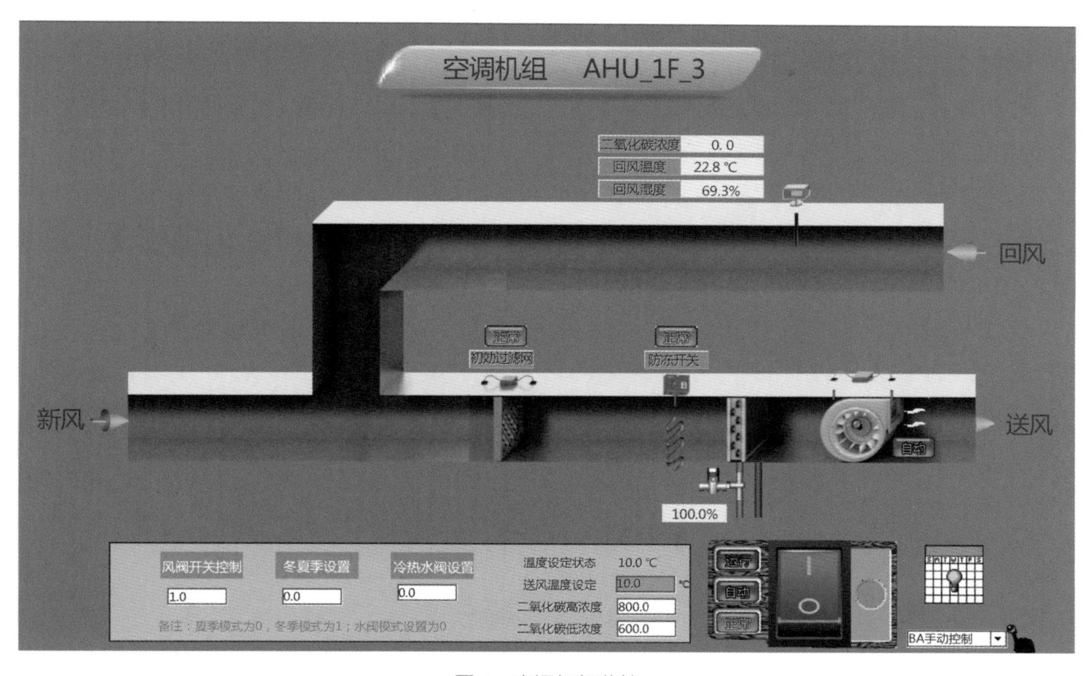

图 4　空调机组监控

该机组的监控功能主要有：

a. 风机状态监测。

b. 风机手自动状态监测。

c. 风机故障报警。

d. 风机启停控制。

e. 水阀调节控制。

f. 过滤网压差监测。

g. 防冻开关报警。

h. 新回风温度监测。

i. 二氧化碳浓度监测。

j. 新回风阀调节控制。

该部分空调是大楼空调的主要形式，空气源来自新风和回风的混合。

送风温度的最佳控制：冬季自动调节热水阀开度，保证回风温度为设定值；夏季自动调节冷水阀开度，保证回风温度为设定值。根据新风的温湿度计算焓值，在保证舒适度的前提下，自动调节混风比可达到节能的目的。

联锁控制：风机、风阀、水阀联锁控制，停风机时自动关闭水阀和风阀，风机启动时，自动打开风阀，并延时打开水阀。

为了防止风机频繁启/停，在停机后二十分钟（可调整）后，才能投入再次运行，以延长风机和电路寿命。

过滤网的压差报警，提醒清洗过滤网。

风机运行状态、手自动状态及故障状态监测，启停控制。

防冻保护：在冬季，当防冻开关报警时，水阀则保持10%（可调）的开度，以保护热水盘管，防止冻裂。

空气质量控制：部分区域，如人流量较大的区域，增加了空气质量控制，即监测空气中CO_2浓度，控制新风量，全院公共区域共设置122个CO_2浓度监测点，当空气中CO_2含量超标，增加新风量，减少回风量，直到空气质量达标。

ASHRAE 62-2001中阐述："如果通风能使室内CO_2浓度高出室外700×10^{-6}内，人体生物散发方面的舒适性标准是可以满足的。"工程中室内CO_2浓度通常控制在$1\,000\times10^{-6}$ m内。在人员较少时，可以减少新风量，从而起到节能的目的。

温度梯度控制：办公楼室内区域的温度控制如图5所示，应遵循梯度控制原则。

a. 冬季温度——办公区域>走道/电梯厅>办公楼大堂。

b. 夏季温度——办公区域<走道/电梯厅<办公楼大堂。

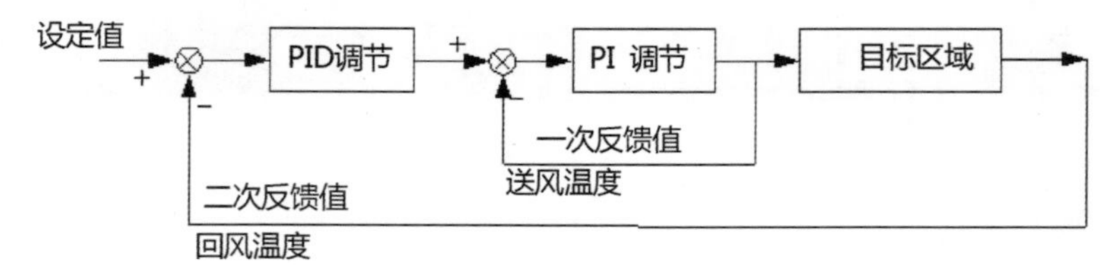

图5 温度控制

过渡季节的焓值控制，如图 6 所示：定风量全空气调节系统中，过渡工况下，分别计算室外新风和室内回风的焓值进行比较决策，自动控制新风阀、回风阀开度，以达到自动调节混风比的作用，最大限度利用新风来节能。不同的气象条件，采用不同的新回风比和运行方式，以减少空调能耗，达到节能目的。过渡工况，不仅包括春秋过渡季节，还包括夏冬季的过渡时段（图 6）。

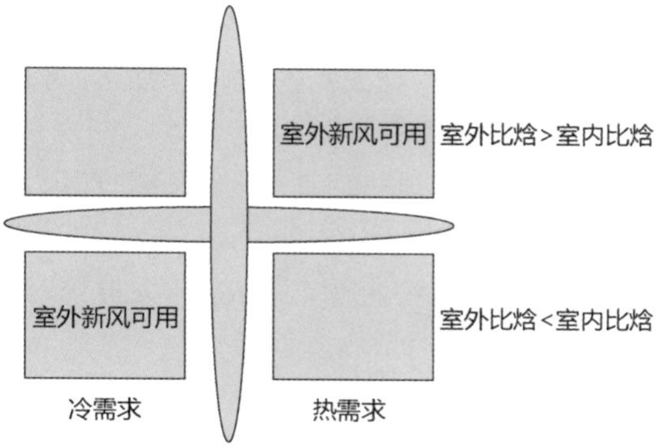

图 6　过渡季节焓值控制

报警功能：如机组风机未能对启停命令做出响应，发出风机系统故障警报；风机系统故障、风机故障均能在手操器和中央监控中心上显示，以提醒操作员及时处理。待故障排除，将系统报警复位后，风机才能投入正常运行。

启停时间控制从节能目的出发，编制软件，控制风机启停时间；同时累计机组工作时间，为定时维修提供依据；例如，正常日程启停程序：按正常上、下班时间编制；节、假日启停程序；制订法定节日、假日及夜间启停时间表；间歇运行程序：在满足舒适性要求的前提下，按允许的最大与最小间歇时间，根据实测温度与负荷确定循环周期，实现周期性间歇运行。编制时间程序自动控制风机启停，并累计运行时间。

中央站用彩色图形显示上述各参数，记录各参数、状态、报警、启停时间（手动时）、累计时间和其历史参数，且可通过打印机输出。

（2）新风机组监控。

该机组的监控功能主要有：

a. 风机状态监测。

b. 风机手自动状态监测。

c. 风机故障报警。

d. 风机启停控制。

e. 水阀调节控制。

f. 过滤网压差监测。

g. 防冻开关报警。

h. 送风温度监测。

i. 新风阀开关控制。

该机组带有水阀调节控制、新风风阀开关控制以及过滤网压差传感器、送风温度监测功能。

机组定时启停控制：根据事先排定的工作及节假日作息时间表，定时启停机组。自动统计机组运行时间，提示定时维修。

监测机组的运行状态、手自动状态、风机故障报警、送风温度。

过滤网堵塞报警：当过滤网两端压差过大时报警，提示清扫。

送风温度自动控制：冬季自动正向调节热水阀开度，夏季自动反向调节冷水阀开度，保证送风温度维持在设定值。

连锁控制，风机启动：新风风阀打开、水阀执行自动控制；风机停止：新风风阀关闭、水阀关闭。

防冻保护：在冬季，当防冻开关报警时，水阀则保持10%（可调）的开度，以保护热水盘管，防止冻裂。

据预先设定好的时间表开启或停止新机组，保证对房间进行预冷（夏季）或预热（冬季），具体作息时间根据业主今后实际使用情况随时编程调整。

监测新风温度作为控制的参考依据。新风机组的参数设定值由中央站进行设定，但主要控制功能在现场控制器中实现，现场控制器能够脱离控制网络独立运行。

中央站用彩色图形显示上述各参数，记录各参数、状态、报警、启停时间（手动时）、累计时间和其历史参数，且可通过打印机输出。

4. 通排风系统

通排风系统，共有送、排风机设备。其他送排风机如消防排烟机、正压风机等，楼宇自控管理系统实施只监不控，如图7所示。

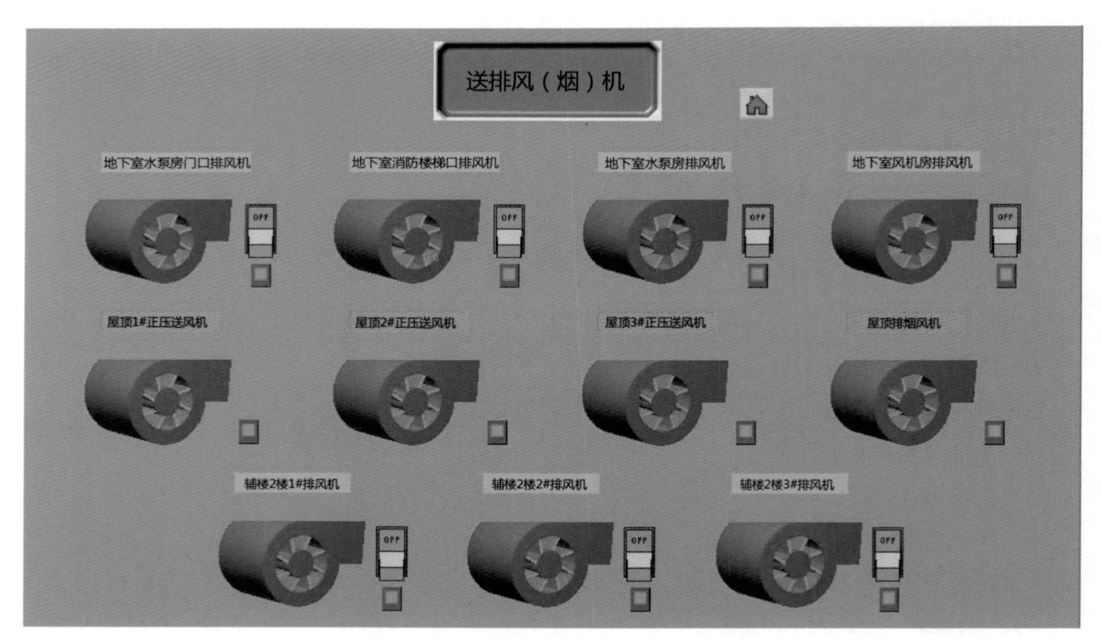

图7 通排风系统

对于CO的监测，作为车库空气质量控制的依据。

监控功能主要有：

（1）送排风机状态监测。

(2) 送排风机手自动状态监测。

(3) 送排风机故障报警。

(4) 送排风机启停控制。

(5) 排烟风机、正压风机状态监测。

(6) 排烟风机、正压风机故障报警。

(7) 车库 CO 浓度监测等。

地下车库内,CO 浓度较高,实施车库空气质量控制,地下车库共设置 14 个 CO 监测点对汽车排放的 CO 进行监控。我国《公共建筑节能设计标准》GB 50189—2005 规定,地下停车库的通风系统,宜根据使用情况对通风机设置定时启停(台数)控制或根据车库内的 CO 浓度进行自动运行控制。停车库中 CO 容许浓度规定为$(3\sim5)\times10^{-6}$立方米/立方米。

我们采用的指标为停车库中 CO 容许浓度规定为$(3\sim5)\times10^{-6}$立方米/立方米。

启停时间控制从节能目的出发,编制软件,控制风机启停时间;同时累计机组工作时间,为定时维修提供依据;例如,正常日程启停程序:按正常上、下班时间编制;节、假日启停程序;制定法定节日、假日及夜间启停时间表;间歇运行程序:编制时间程序自动控制风机启停,并累计运行时间。

中央站用彩色图形显示上述各参数,记录各参数、状态、报警、启停时间(手动时)、累计时间和其历史参数,且可通过打印机输出。

5. 给排水系统

给排水系统,共有污水坑、污水泵等设备。全院地下室共计 54 个集水井。

给排水系统监控功能主要有:

(1) 污水泵运行状态监测。

(2) 污水泵故障状态监测。

(3) 集水井超高液位监测。

运行程序有:

(1) 系统监测集水井的超高液位。当集水井在超高液位时,提醒工作人员马上至现场排除故障。同时,系统监测潜水泵的电气运行状态、故障状态;当设备发生故障时,系统会以声光报警的形式反馈至上位部分,便于工作人员随时观察和分析。

(2) 系统可以累计各个设备的运行时间。中央站用彩色图形显示上述各参数,记录各参数、状态、报警、启停时间、累计时间和其历史参数,且可通过打印机输出。

6. 照明系统

本项目照明系统采用智能照明系统,BA 系统将通过第三方通信接口的方式读取相关运行参数。

主要针对门诊、医技和病房公共区域部位照明进行集中控制,在装饰阶段对照明线路的合理规划设计，通过照度传感器，依据环境照度控制亮度，采用自动和手动相结合的方式，实现全局和局部达到最优的照明状态，既满足了照明需求，又节约了能源。

中央站用彩色图形显示上述各参数，记录各参数、状态、启停时间、累计时间和其历史参数，且可通过打印机输出。

7. 电梯系统

电梯系统监测功能主要有：

(1) 电梯运行状态。

(2) 电梯故障报警。

(3) 电梯上下行状态。

(4) 统计电梯的工作情况，并打印成报表，以供后勤管理部门进行数据的二次分析。

全院共计有50部电梯，为了安全考虑和特种设备部门的管理要求，对电梯系统的运行状态由楼宇自控系统实施监视而不做任何控制，一切控制操作均留给现场操作人员和电梯维保人员执行。

中央站用彩色图形显示上述各参数，记录各参数、状态、报警、启停时间、累计时间和其历史参数，且可通过打印机输出。

8. 变配电系统

变配电系统，通过通信接口方式，采集配电柜部分所需监测的三相电流、三相电压、功率因数、频率等电力参数，其他通过直接数字控制器的方式实施。

变配电系统监测功能主要有：

(1) 高压进线三相电流。

(2) 高压进线三相电压。

(3) 高压进线功率因素。

(4) 高压进线功率。

(5) 高压进线有功功率。

(6) 低压柜三相电流。

(7) 低压柜三相电压。

(8) 低压柜功率因素。

(9) 低压柜功率。

(10) 低压柜有功功率。

(11) 变压器过热报警。

(12) 进线柜开关状态。

(13) 出线柜开关状态。

为了安全考虑，对变配电系统的运行状态和工作参数，由楼宇自控系统实施监视而不做任何控制，一切控制操作均留给现场有关控制器或操作人员执行。

中央站用彩色图形显示上述各参数，记录各参数、状态、报警、启停时间、累计时间和其历史参数，且可通过打印机输出。

9. 能耗计量系统

1）空调系统信息采集

（1）总冷/热水回路流量，总供回水温度，需独立计量区域的流量及供回水温度。

（2）对集中式空调冷热源系统的冷/热水主管上设置能量计量装置以及相关用电设备设置电量信息采集装置。

（3）对独立计量区域的送、排风机及空调末端设备设置电量信息采集装置。

（4）对冷冻水补水及冷却水补水进行流量计量。

2）给排水系统信息采集

（1）给排水系统的水位、压力等装置信息。

（2）热水系统的供回水温度、流量等信息。

（3）需独立计量区域的供水流量、压力等信息。

（4）相关用电设备的用电电量信息。

3）变配电系统及用电设备信息采集

（1）建筑总用电、主要配电回路用电电量信息。

（2）冷水机组、电扶梯、水泵等大型用电设备的用电电量信息。

（3）建筑总用电、主要配电回路的电力参数信息。

二 建设成效

楼宇自控系统自2016年10月投入使用，运行三年来，达到了设计目标，为医院南区提供了一个高效节能、绿色环保、舒适安全的诊疗环境，使得我院南区在皖北地区医疗行业成为示范。

1. 智能

楼宇自控系统实现了医院机电设备的自动化稳定运行和机电设备的集中可视化管理，提升了医院后勤智能化水平，节省了宝贵的人力资源，降低了管理成本，提升了后勤管理质量和效率。

2. 安全

系统可以监控各种机电设备的运行和故障情况，对设备故障进行实时报警和必要保护，提高了设备运行的可靠性，方便了设备的维修、维护和管理，延长了设备使用寿命。

3. 节能

楼宇自控系统发挥控制系统的优势，通过科学的设置，减少了不必要的能源浪费；另外，能耗计量的数据可以被二次分析利用，用来作为能耗管理、节能改造和科室绩效考核的依据，提高了医院后勤运行的经济效益。

（撰稿：马 杰 牛中山）

后勤数字化管理平台建设

——蚌埠医学院第二附属医院

一 建设背景

为全面深化公立医院综合改革，进一步完善现代医院管理制度，国务院办公厅于2017年印发了《关于建立现代医院管理制度指导意见》，其中第十条在健全后勤管理制度方面，对医院后勤工作提出了指导性的意见：强化医院发展建设规划编制和项目前期论证，落实基本建设项目法人责任制、招标投标制、合同管理制、工程监理制、质量责任终身制等。合理配置适宜医学装备，建立采购、使用、维护、保养、处置全生命周期管理制度。探索医院"后勤一站式"服务模式，推进医院后勤服务社会化。

蚌埠医学院第二附属医院可上溯至1915年，距今已逾百年，是一所集医疗、教学、科研、预防、康复、保健和急诊急救为一体的省财政保障的省属大型综合性教学医院、国家三级甲等医院。《安徽省"十三五"卫生与健康规划》进一步加快结构布局优化，促进医疗资源向皖北地区倾斜，积极发展优质医疗资源，建设三大区域医疗中心。在此背景下，原安徽省卫生厅、安徽省教育厅、蚌埠市政府三方签约，以蚌埠医学院第二附属医院为依托共建皖北医疗中心。新院区总占地324亩，总建筑面积33万平方米，总建设床位3 200张，是目前安徽省一次性规划建设占地面积最大、床位数最多的卫生事业项目。作为安徽省委、省政府861重点工程、蚌埠市政府重点推进项目，项目总投资15亿元，主病房楼高21层，其中地下一层，拥有停车位3 200个。

随着医疗卫生体制改革的不断深入和新院区的即将开诊，以往传统的管理模式已经不能满足医院发展的需求，如何利用有效的运营管理手段及技术工具确保医疗保障的可持续性及医院的高效品质发展，提高医院的综合运营管理水平，已经成为医院面临的新的挑战。后勤管理作为医院管理的重要组成部分，"一站式服务中心"以集中式服务窗口为基础，创新服务理念，提高服务效率为目标，导入JCI标准，打造一支标准化、专业化、现代化的服务团队。建设安全、高效、规范的医院后勤支持系统，为医院的各项工作提供保障性的服务，改善后勤管理模式具有举足轻重的作用。

通过信息化系统结合一站式服务中心，用创新的管理理念，以医院安全保障为根本、患者医务人员为中心，更加高效、全方位地提供人性化的优质、高效的后勤服务安全保障。建设信息化系统在后勤管理中起到举足轻重的作用，医院信息化系统建设迫在眉睫，通过该系统建立规范化、科学化、专业化、标准化的统一后勤服务体系，系统软件具备长期、快速的升级能力，满足医院面向未来的管理和业务发展的需要。这套体系围绕着“保障”和“服务”两条后勤业务主线，由业务保障体系、安全保障体系、总务运营体系、优质服务体系、服务监管体系以及运行绩效体系等六大子系统构成。“六位一体”的后勤运行体系和数字化平台，这两者应相辅相成，有机统一，螺旋递进的。

本次后勤数字化管理平台建设将搭建整体后勤数字化管理平台，同时本着“顶层设计、分步实施”的思路，逐步建设到位，最终达成以信息化为抓手，整合医院资源，优化业务流程，通过业务再造和管理提升，实现标准化、规范化、信息化和数字化，为医院下一步快速发展奠定坚实基础。

二 建设目标

以信息化手段规范医院后勤服务流程，以技术性工具提升医院后勤服务内涵，进一步整合资源，构建一体化后勤管理体系。如图 1 所示。

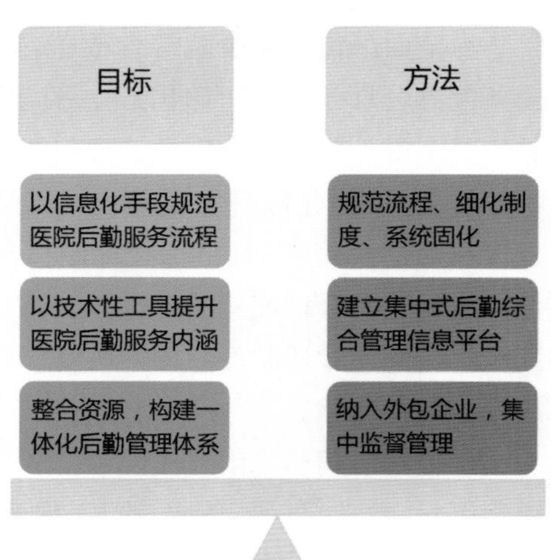

图 1　建设目标

三 建设意义

有利于实现新医改目标任务。信息化是实现新医改目标的基础与手段之一。新医改文件中明确要求:“加快信息标准化和公共服务信息平台建设，逐步建立统一高效、资源整合、互联互通、信息共享、透明公开、使用便捷、实时监管的医药卫生信息系统。”

有利于后勤标准化体系建设。信息的标准化、规范化是医院后勤标准化体系建设的主要内容，是现代化发展的基础。

有利于提高工作效率，如后勤建设的信息化管理平台体系中可运用网络进行标准化审批流程，通过网络进行审批流程管理，避免了申请人逐级约见、等待领导，领导在任何时间包括晚上的家中或任何地点包括出差在外，都可以随时审批、转发；另外，领导检查各部门工作也可通过网络一目了然，不必在不同部门间花去大量时间；而且，各个部门数据汇总统计由计算机自动完成，大大提高上报时间和准确率，也避免了由于人工误差导致的多方数据对不上的老大难问题，既省时、省力又省人员。不仅提高了工作效率，还节约了管理成本。

资产管理清晰明确，随着医院不断发展，后勤的资产也在迅速地增加。那么，各科室部门到目前为止在原有资产的基础上增加了多少，又有多少该纳入报废指标，有多少进行了维修或增值，恐怕是后勤领导最关心的问题。更重要的是通过系统盘清后，要将剩余部分盘活，以达到创造其最大价值的目的。同时我们也应该有本清楚的“家底账”，各单位也可以清楚地了解本单位的资产情况和使用分布情况，对资产的重组、盘活及创收提供着重要的决策信息。

充分利用数据分析，利用信息化管理，通过对数据的比对，找到我们工作中的问题和不足，由原来的模糊式管理到现在的数字化管理，将问题点用量化法去找到，为下一步工作提供科学的指标和决策依据，从而解决了以前盲目甚至是不计成本的管理。同时，也堵塞和制约了管理制度上的漏洞。最终使管理简单化，一切用数字说话。

各级岗位责、权、利明确，操作规范标准，通过系统的规范管理明确岗位的责权关系，同时与考核挂钩、与个人利益结合，形成了岗位的责、权、利一一对应的关系，不仅规范了操作流程管理，同时也使责任人有了主动意识。

服务意识和质量得到明显提高。通过管理系统在各个部门的业务和流程设定的规范要求，人员责、权、利的明确，主动意识的提高，使得工作的响应速度和工作效果明显提高，服务的质量得到明显的改善，从制度上完善并创造出一个干多、干好不一样的奖励机制。

核算更加科学规范(成本收益)。核算考核的标准统一规范，统计方法明确一致，使各个部门的统计、考核和监督有比较，更加科学合理。

实现后勤管理信息化有助于先进管理模式的引入和后勤队伍专业素质的培养以及医院形象的提升。

管理信息化的推进有助于反腐倡廉，建设节约型后勤。随着医院的后勤社会化的推进，后勤工作实施信息化管理是必然的选择，在后勤工作中如何更科学地实施信息化管理，以优化医院的后勤工作，成为一项长期研究课题。

信息技术的应用有助于强化医院后勤服务安全管理，构建医院设备安全预警体系。后勤智能监控平台以构建医院设备安全预警体系为目标，以集中监控为手段，将医院运维管理中的各类系统(包括供水及空调、电梯、医用气体、锅炉、供配电等系统)整合纳入统一的平台进行管理；通过实时监控各个系统的设备运行状况，实现数据监测、故障报警、短信报警等功能；变响应被动式服务为计划主动式服务，及时发现和解决安全隐患，提高故障处理效率和提升后勤综合管理水平，确保医疗一线的设备安全，为医院工作正常进行提供重要支撑和保障。

四 建设内容

(一) 平台技术架构

本项目平台应用层采用云端部署的方式，便于用户在移动端访问平台数据。如图 2 所示。

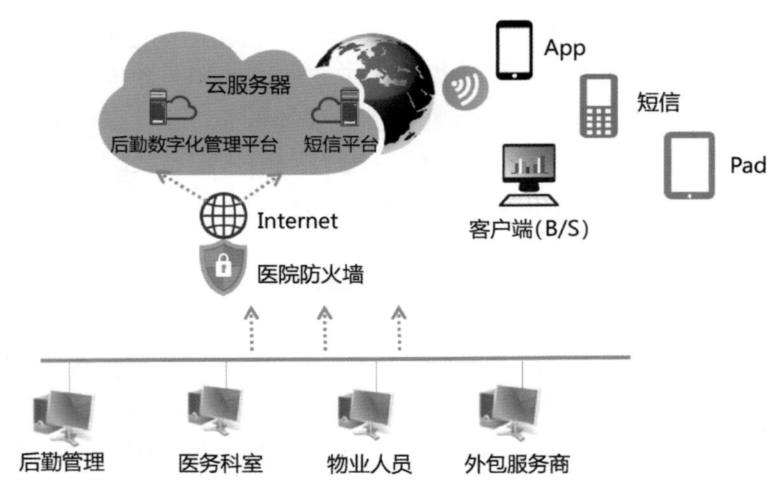

图 2　应用层架构

平台具备足够的开放性和兼容性，在未来系统需要进一步扩展时，向上可以对接其他第三方信息化管理系统，输出特定格式参数文件；向下可以通过中转服务器对接其他新建的各类机电子系统，采集其关键性参数，纳入后勤数字化管理平台的统一管理。

（二）平台层级架构

平台围绕“保障”和“服务”两条业务主线，由基础保障、总务运营、安全运行、物业服务、生活服务、服务监管等六大板块组成，六位一体，有机组合，构建形成医院后勤数字化管理平台，助力医院现代后勤体系的建立。如图 3 所示。

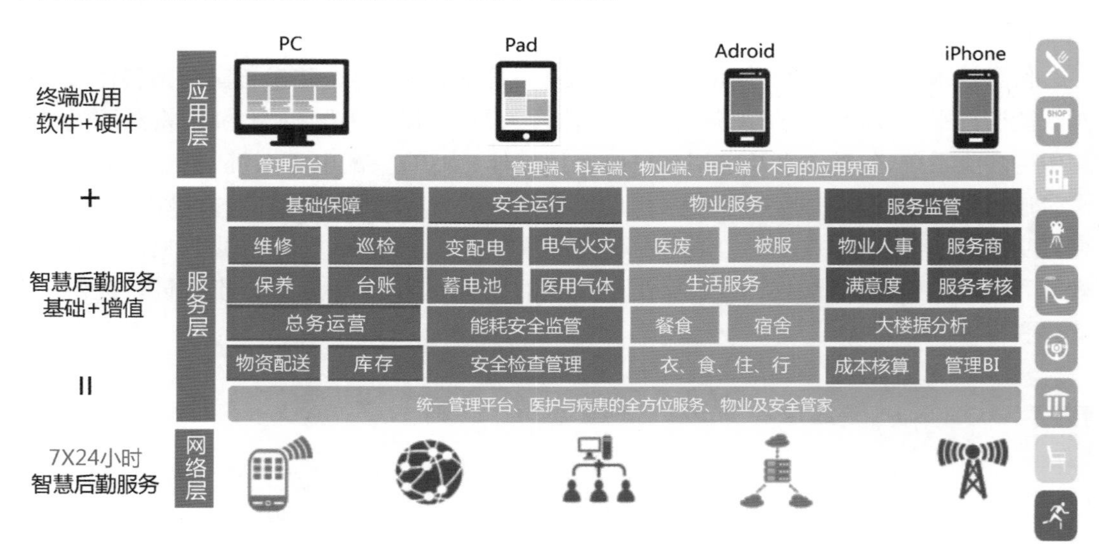

图 3　平台层级架构

（三）平台设计原则

1. 可行性和适应性

本项目要保证技术上的可行性，适合医院的实际，满足主要业务需求，并要有对于医院环境变化的适应性。

2. 前瞻性和实用性

项目的实施，要充分考虑系统今后的延伸。与此同时，系统实施过程应始终贯彻面向应用，注重实效的方针。

3. 先进性和成熟性

项目既要采用先进的管理理念、计算机技术和方法，又要注意软件系统、硬件设备、开发工具的相对成熟。不但能反映当今的先进水平，而且具有发展潜力，能保证在未来若干年内占主导地位，并能顺利地过渡到下一代技术。符合医疗行业信息化发展趋势，可以适应未来较长时间的发展。

4. 开放性和标准性

系统必须充分考虑其开放性和标准性。也就是要考虑到各系统间数据传递和接口开发的可实现性。满足统一平台、分步实施的原则。

5. 可靠性和稳定性

在考虑技术先进性和开放性的同时，还应从系统结构、技术措施、设备性能、系统管理、厂商技术支持及维修能力等方面着手，确保系统运行的可靠性和稳定性，达到最大的平均无故障时间。

6. 安全性和保密性

既考虑信息资源的充分共享，更要注意信息的保护和隔离，因此系统应分别针对不同的应用和不同的网络通信环境，采取不同的措施，包括系统安全机制、数据存取的权限控制等。

（四）平台价值亮点

（1）通过 PDCA 闭环的工作管理、后勤标准知识库的设计，构建业务保障体系，让后勤业务运行更高效。

（2）通过有效的设备安全预防体系，让基础运行设备更加安全、稳定地运行，确保一线

的医疗工作环境

（3）通过标准化的流程、规范化的操作和精细化的管控，构建高效的总务运营体系，让后勤内部工作更加标准、规范、精细和高效。

（4）通过移动互联网的技术手段，构建优质服务体系，提供更多样化、更便捷、更有品质的医护和医患服务

（5）对各类服务业务进行更加有效的监管，构建有效的服务监管体系，确保服务业务的可管可控、成本的可追溯。

（6）后勤业务运行过程中，同步输出各类成本核算报表，围绕人、财、物三个维度，帮助构建高效的成本核算体系。

（五）平台功能

1. 综述

医院后勤数字化管理平台融合了“后勤信息化”等后勤相关系统信息的集成，能够为医院提高后勤系统安全性，提升后勤管理效率。集成界面如图 4 所示。

图 4 信息集成界面

2. 知识库

1）功能概述

知识库，顾名思义，是对前人经验和知识的吸收、消化，是对业务现状和情况的归纳、总结。标准、规范、完备的知识库是医院后勤综合管理平台流畅、稳定、高效运行的基石。

平台深入结合医院行业特点，通过组织机构、医院员工、办公电话、服务地点等信息的科学化和可视化建模，实现系统平台和医院实体的对应映射，为平台操作上的准确、便捷、易用奠定了坚实基础。

平台内嵌贴合医院后勤运行的维修、巡检、保养和其他类后勤作业内容和作业标准，形成内容翔实、标准规范、自由扩展的作业知识库，可以有效规范和指导现场作业。同时医院具备自己增加和修改其内容的功能。

2）功能说明

（1）组织机构信息管理

维护医院各个科室及上下级科室间归属关系等组织机构类信息；外包单位作为虚拟团队维护为各个服务部门下属的科室或小组，外包单位信息从供应商信息里选取。其管理界面如图 5 所示。

服务台
组织机构信息管理
目录结构
科室名称
人民医院
医疗科室
医技科室
行政部门
医辅科室
下属科室
下属科室名称:
是否停用: ==请选择==
查询
录入 编辑 删除 停用 启用 查看 批量处理科室名称简拼

科室编码	科室名称	上级科室	财务代码	ERP代码	核算区域	服务组织	服务类型	业务类型	供应商
KS101	体检中心	医疗科室			本部	否		门诊	否
KS102	内科	医疗科室			本部	否			否
KS103	外科	医疗科室			本部	否			否
KS104	妇产科	医疗科室			本部	否			否
KS105	儿院内科	医疗科室			本部	否			否
KS106	儿院外科	医疗科室			本部	否			否
KS107	儿童保健科	医疗科室			本部	否			否
KS108	眼科	医疗科室			本部	否			否
KS109	耳鼻咽喉科	医疗科室			本部	否			否
KS110	口腔科	医疗科室			本部	否			否

图 5　组织机构信息管理界面

（2）医院员工信息管理

维护医院员工信息，具体包括：员工工号、员工姓名、所属科室、联系电话等。其管理界面如图 6 所示。

（3）医院办公电话管理

维护医院内部所有办公电话信息，以便报修时快速定位报修所在区域或位置。其管理界面如图 7 所示。

（4）医院服务地点管理

维护医院各个需提供运维服务的地点信息，具体内容包括：地点编码、地点名称、所属科室等。其管理界面如图 8 所示。

员工信息

工号: 姓名: 所属科室: 查询 重置

录入 编辑 删除 查看 批量处理员工姓名简拼 批量生成系统用户

工号	姓名	性别	所属科室	岗位	联系电话	服务人员	负责人	员工类型
2455	张燕	男	[illegible]			否	否	本院职工
1396	朱倩琦	男	药房			否	否	本院职工
2564	赵子文	男	手术室			否	否	本院职工
2561	饶梦君	男	手术室			否	否	本院职工
2484	徐玉菊	男	手术室			否	否	本院职工
2419	姜慧	男	手术室			否	否	本院职工
1661	汪迎春	男	手术室			否	否	本院职工
1519	卢志燕	男	手术室			否	否	本院职工
2113	邱佳佳	男	产后康			否	否	本院职工
2530	徐晨红	男	[illegible]			否	否	本院职工

图 6 医院员工信息管理界面

电话信息

电话号码: 科室: 查询 重置

录入 编辑 删除 查看

电话号码	科室	楼	层	备注
8560180	医学检验中心			检验科
8560181	医学检验中心			检验科
8560109	体检中心			健康管理中心
8263851	体检中心			内镜室
8560115	体检中心			体检中心
3860107	体检中心			体检中心
3021160	体检中心			B超一
3030192	体检中心			B超二
8560600	体检中心			磁共振
3032385	妇科			产妇

图 7 电话管理界面

地点信息

楼: 全部 层: 全部 地点名称: 科室: 查询 重置

录入 编辑 删除 导出二维码 批量处理地点简拼 查看

地点编码	地点名称	科室	备注
DD001182	眼口腔科（十二号楼）三层北强弱电机房	体检中心	
DD001181	眼口腔科（十二号楼）三层北资料室（322）	体检中心	
DD001180	眼口腔科（十二号楼）三层北医用电梯	体检中心	
DD001179	眼口腔科（十二号楼）三层北办公室（321）	体检中心	
DD001178	眼口腔科（十二号楼）三层北办公室（319）	体检中心	
DD001177	眼口腔科（十二号楼）三层北四号楼梯	体检中心	
DD001176	眼口腔科（十二号楼）三层北男卫生间	体检中心	
DD001175	眼口腔科（十二号楼）三层北女卫生间	体检中心	
DD001174	眼口腔科（十二号楼）三层北缓冲区（318）	体检中心	
DD001173	眼口腔科（十二号楼）三层北男更衣室（317）	体检中心	

图 8 服务地点管理界面

（5）服务项目分类信息管理

维护服务项目分类信息，用于归属管理各类服务项目，具体内容包括：分类编码、分类名称、维修事件标识、巡检任务标识、项目类别等。其管理界面如图 9 所示。

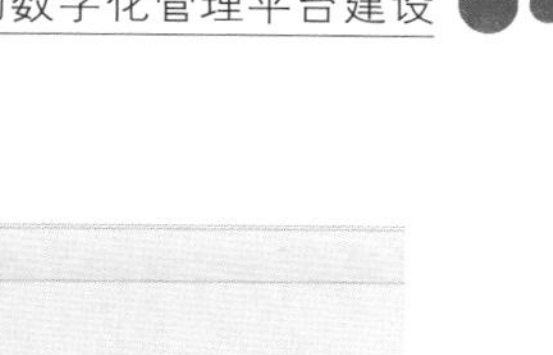

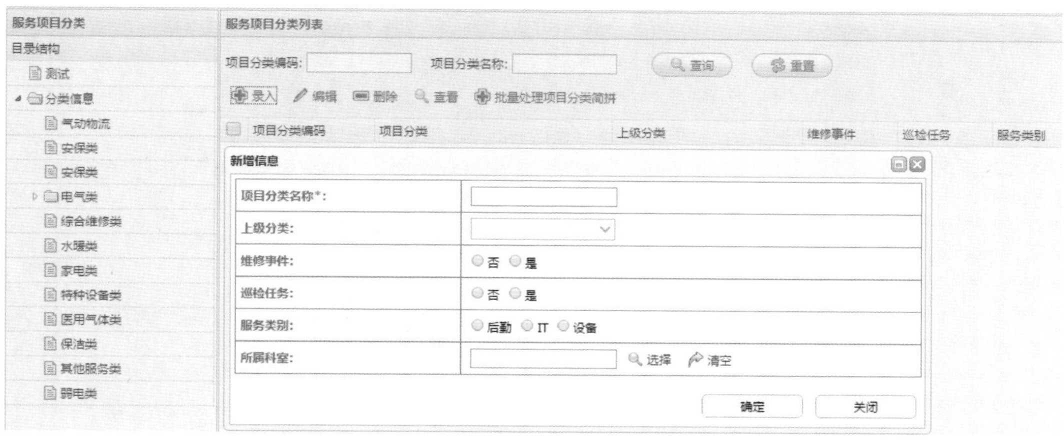

图 9 服务项目分类界面

（6）服务项目信息管理

维护分类下具体项目信息，用以明确项目属性，具体内容包括：项目编码、项目名称、分类编码、工时、单价、维修事件标识、巡检任务标识、项目类别等。其管理界面如图 10 所示。

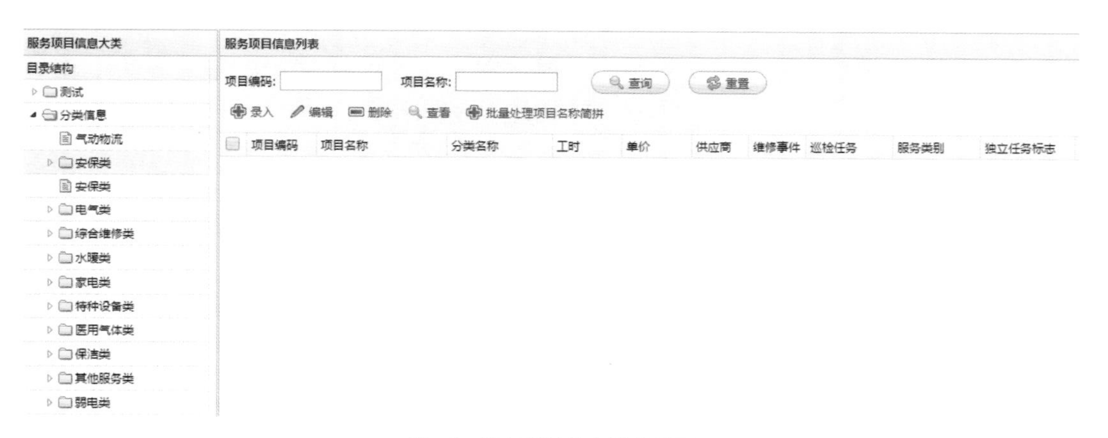

图 10 服务项目信息列表界面

（7）物资分类信息管理

维护维修材料分类信息，用于归属管理各类维修材料，具体内容包括：分类编码、分类名称等。其管理界面如图 11 所示。

（8）物资信息管理

维护分类下具体物资信息，用以明确物资属性，具体内容包括：物资编码、物资名称、型号、规格、所属分类、物资类型、供应商、单位、单价等。物资详情界面如图 12 所示。

（9）供应商信息管理

维护各类供应商信息，外包服务单位、物业公司也作为供应商予以维护。供应商信息维护如图 13 所示。

物资分类
目录结构
物资分类
电气类
空调类
水暖类
综合维修类
测试分类
物资分类列表
物资分类编码:
物资分类名称:
查询
重置
录入 编辑 删除 查看 批量处理物资分类简拼
物资分类编码 物资分类名称 上级物资分类名称 物资大类名称
新增信息
物资分类名称*:
上级分类:
物资大类: 备件 材料 设备 仪表
确定 关闭

图 11　物资分类列表界面

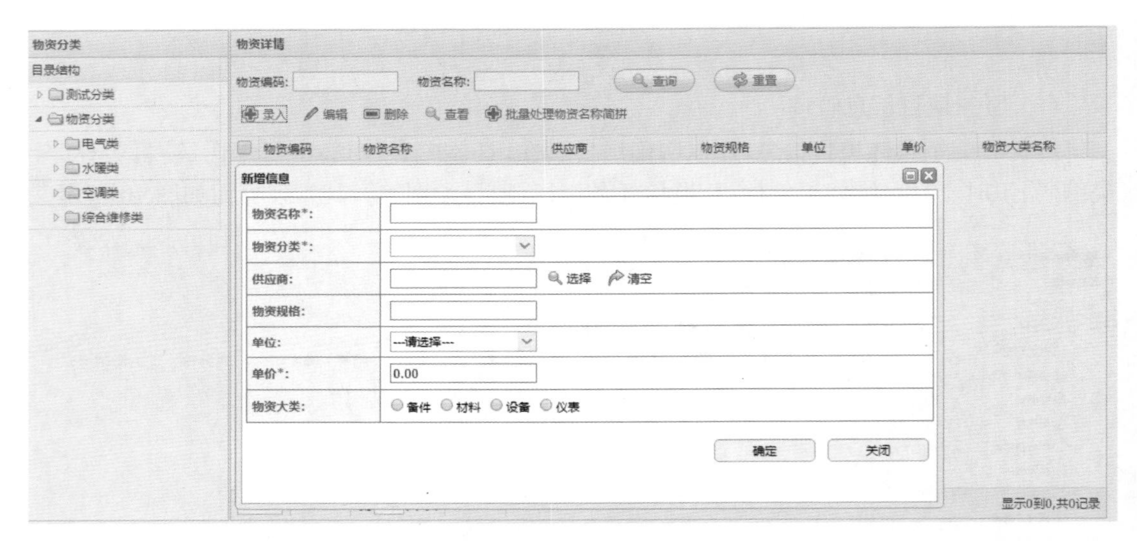

图 12　物资详情管理界面

供应商信息

供应商名称: 联系人: 联系电话: 查询 重置

录入 编辑 删除 查看 批量处理供应商名称简拼

供应商编码	供应商名称	联系人	联系号码	联系邮箱	联系地址	邮政编码	供应商类型	法人代表	工商注册号	经营范围
GY000020	江苏科技技术发展有效公司	郭国	13423475554							
GY000019	江苏电大科技股份有效公司	李荣	21312421423							
GY000016	保卫处									
GY000014	昌平区殡仪馆									
GY000001	北京市北宇物业服务公司									
GY000002	北京隆基电力安装工程有限									
GY000003	北京百林物业管理有限责任									
GY000004	北京市华远永康设备安装有									
GY000005	北京百林伟业电梯工程有限									
GY000006	北京季生洗涤有限责任公司									

图 13　供应商信息维护界面

3. 基础保障

基础保障工作是医院后勤工作的基础，犹如房屋建设中的地基，是后勤工作重中之重，也是医院临床科室与后勤部门接触最频繁的事务。所以，基础保障工作做得好，事关“百年大计”，也是临床形成对后勤良好满意度的第一关。

平台依据“一站式、集中化、高效率”这一先进管理理念，通过信息化手段，结合业务模式的梳理和优化，帮助后勤部门建设一站式服务调度中心，为临床提供一站式、集中化、高效率的基础保障服务，同时将基础保障服务从“例外被动救火”拉回到“例行常规工作”的正常运行轨道上。

1）维修管理

（1）功能概述

系统支持电话报修、网上报修（含手机移动应用端）两种模式。

集中报修模式：维修管理员负责受理并处理随机发生的属于维护和修理范畴的运维服务事件，对其进行统一登记、统一派工和集中监控。各业务科室根据出现的问题进行电话报修，系统通过外围设备技术手段自动采集电话号码，并对电话号码进行解析，自动取出科室名称、报修地点等信息，同时系统具备自动弹屏登记、语音实时录音存储功能。

网络报修模式：由各业务科室根据出现的问题，由医护人员在网上进行报修登记，由维修管理员受理，并进行派工和集中监控。

维修管理需与短信平台或短信猫等外围设备进行对接，按维修工和医护人员的功能权限、按报修人和维修承接人事件任务的权限分别进行短信发送，为业务人员之间的有效沟通、为作业任务的及时传达提供支撑。

手机报修操作过程，需要具备手机 App 功能，并同时支持安卓和 iOS 两种操作系统。用户可以通过手机报修，并拍照上传图片，维修人员可以通过手机接收报修信息，并在手机上登记维修过程信息。科室人员可以通过手机查询科室报修信息，并对维修情况进行评价。

（2）业务流程

流程概述：各科室可通过电话（可录音），电脑端，手机 App 报修，调度中心受理工单进行派工，可直接派工或者将工单发送到对应班组。维修人员接收到工单后进行维修。在完成工单后，需交回派工单。如果发生耗材，需要在系统中登记耗材，完成工单。报修人员根据维修的情况对维修人员进行评价。管理人员通过系统查看具体的信息。其流程如图 14 所示。

2）设备台账管理

（1）功能概述

以后勤口径各类设备为管理对象，以设备有效生命周期中动态信息为管理重点，实现设备管理工作的开放式信息化管理，将设备管理的各个方面集成为一个规范、透明化的体系，建立各类动静态全过程数据的共享平台。设备管理者可以通过各种维度检索设备管理

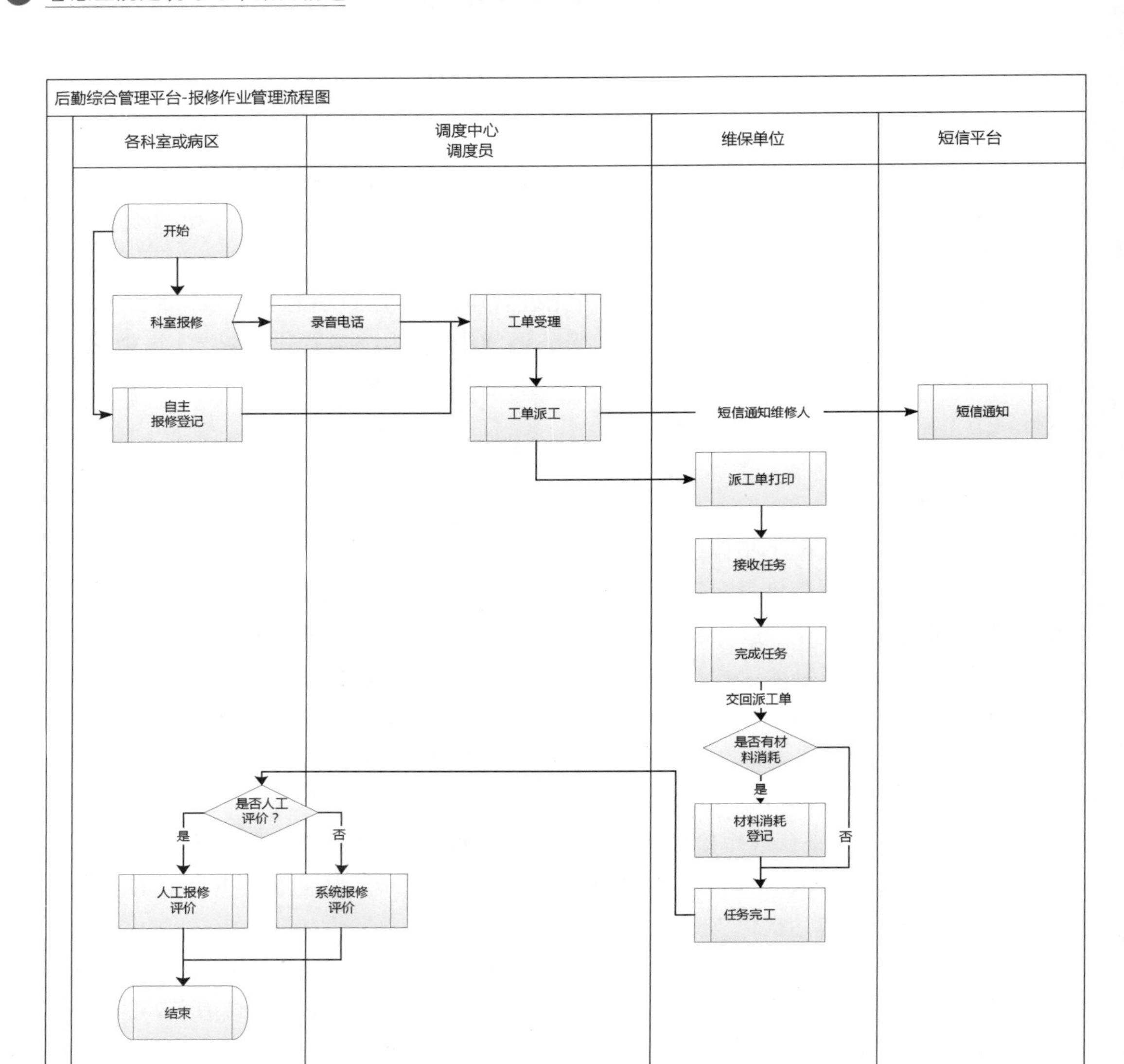

图 14　报修作业管理流程图

业务的所有动态、静态信息。

（2）业务流程

建立设备档案信息，管理员根据各科室的使用情况登记报废设备以及到期设备；同时上传设备的技术参数、合同、图纸等信息；引入后勤设备监控相关数据，对设备运行异常、设备运行故障等设备运行状态信息进行分析评估，为管理层掌控设备运行状态、处理设备运行问题，为构建设备运行状态保障体系提供数据支撑。根据登记的情况建立设备台账。通过系统可查询设备台账的具体信息。其流程图如图 15 所示。

3）设备巡检管理

（1）功能概述

巡检管理在巡检基准完备的基础上可帮助建立周期性的巡视计划，通过计划的合理安

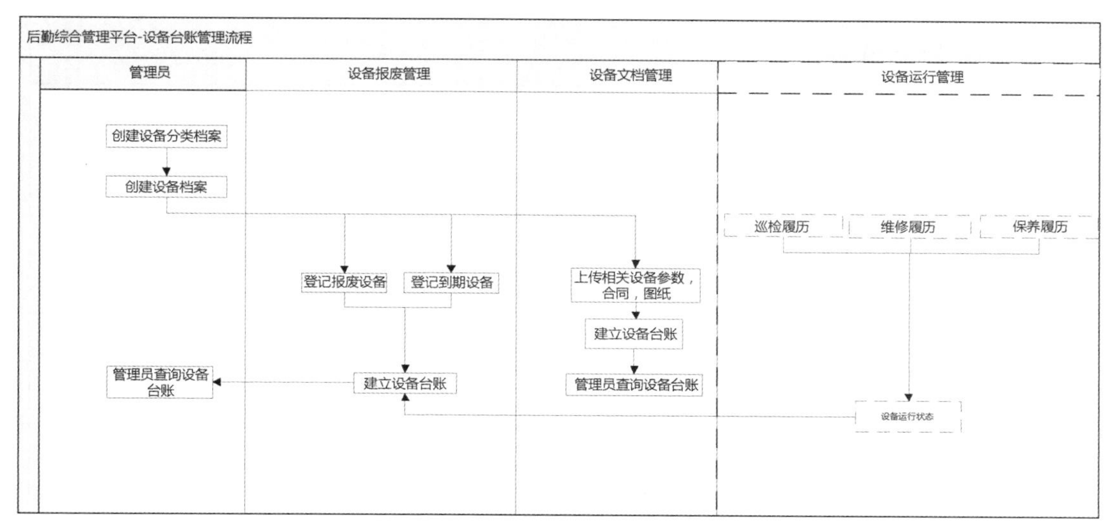

图 15　设备台账管理流程图

排和有效执行，可通过移动应用实现巡检的移动化和实时化，协助工作人员提高工作效率，改善工作质量，变被动等待报修为主动巡检维护，变无序报修工作为有序计划工作，从而使服务档次得以提高、人力成本得以降低；有效减少设备因人为因素而带来的错检或漏检问题，同时为管理部门提供有效的监督管理手段和方法，实现巡视工作电子化、信息化、标准化、智能化，从而最大程度提高工作效率，最终保证医院后勤设备的高效率、低故障率安全运行。

本模块是移动设备扫码巡检设备二维码模式，针对每个需要巡检的设备 ID 生成唯一的一个二维码并打印后张贴到设备现场，供巡检时移动设备扫描。

（2）业务流程

流程概述：管理人员建立巡检作业基准定义，统一设立巡检周期。巡检人员收到系统推送的巡检任务开始巡检。巡检人员扫描设备的二维码调出巡检任务，再根据巡检的情况录入巡检的结果、设备情况等信息而完成巡检。管理人员通过系统可直接查看巡检的具体执行信息。其流程如图 16 所示。

4. 安全运行

安全无小事，尤其在医院这一事关国计民生的重要特殊行业，安全工作尤显重要。对于后勤管理者来说，没有不重视安全工作的，常抓不懈，防微杜渐，却往往有“漏网之鱼”，防不胜防。

老虎总有打盹，人防总有失误；平台的作用，就是改人防为“智能安全监控＋人防”，通过构建安全监控网，让智能智慧不打盹的智能安全监控系统全天候不间断地对设备运行状态进行监控，确保设备运行有保障、安全隐患早预防。

1）设备安全监控

（1）功能概述

结合医院的 BA 系统和能源监控系统，实现为供配电系统、供氧系统、负压系统、电梯系

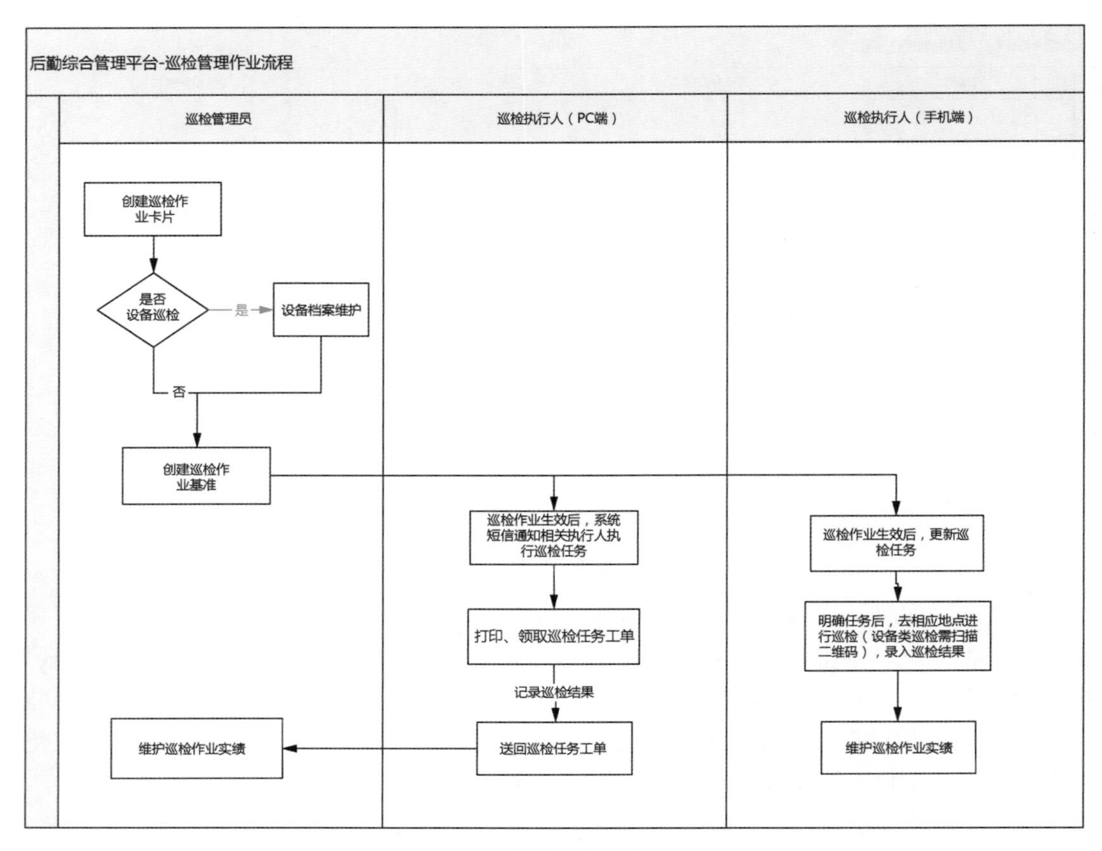

图 16　巡检管理作业流程图

统、中央空调系统等各类设备提供实时监控、运行记录传输（包括水位压力、管道流量、阀门状态、电机水泵、污水处理等重要数据显示），对维保有提醒功能，分析数据并设置安全值范围，超出安全范围能即时报警，最终形成资源上各专业能集中监控、集中调度。其设置界面如图 17 所示。

图 17　预警系统数值设置界面

（2）功能说明

a. 供配电系统监测

医院供配电设备由高压变压器、低压变压器、各配电设备组成。其监测界面如图 18 所示。

■ 供配电系统可实现自动检测医院各路低压变压器、配电线路的闸刀分合状态、电能使用情况，并实时显示；当实际指标超过设定值时，通过短信的方式提醒有关人员采取相应措施。

■ 该系统可集中向能源管理系统提供电计量数据。

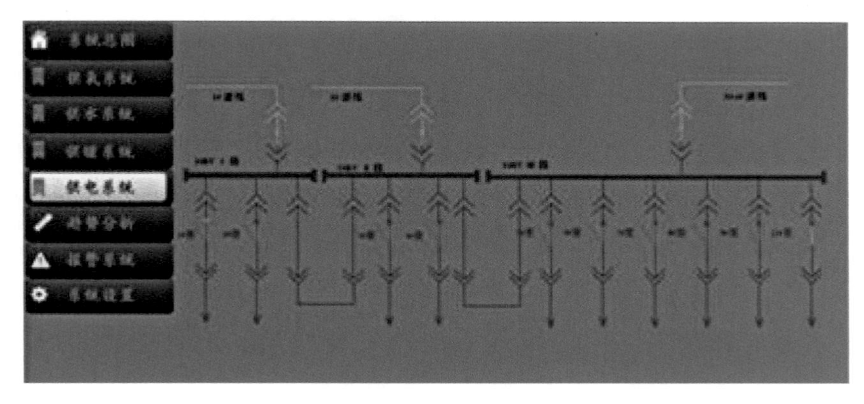

图 18　供电系统监测

b. 供暖系统监测

医院供暖设备一般由医院锅炉房、供暖管道、城市集中供暖等部分组成。其监测界面如图 19 所示。

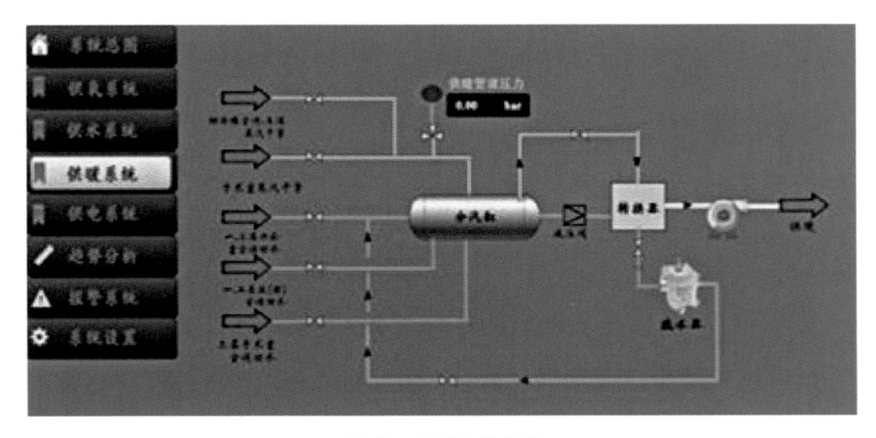

图 19　供暖系统监测

■ 供暖系统可通过采取安装各类传感器的方式对其实时检测，当检测温度、压力等超过上下限值时，通过短信的方式提醒有关人员采取相应措施。

c. 供水系统监测

医院供水设备包括各类水泵、水箱、蓄水池、用水终端等。其监测界面如图 20 所示。

■ 供水系统可通过安装各类传感器、智能水表的方式，集中对压力、液位、用水量进行检测。当实际指标超过设定上下限值时，通过短信的方式提醒有关人员采取相应措施。

■ 该系统可集中向能源管理系统提供水计量数据。

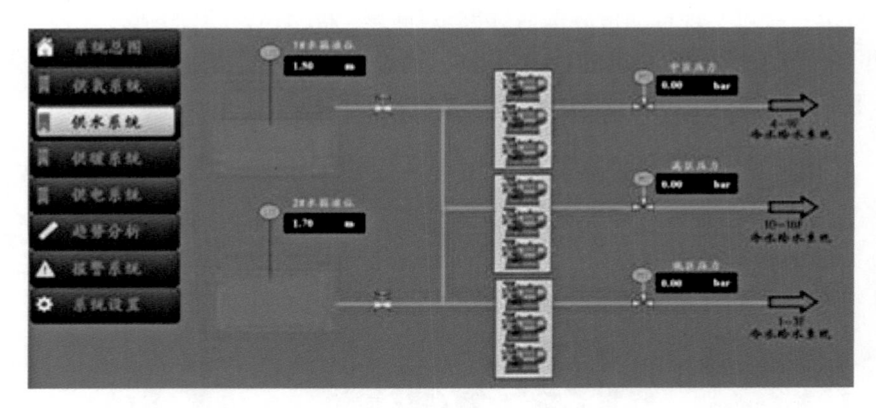

图 20　供水系统监测

d. 医用气体系统

医院各类医用气体设备主要包括：供氧设备、负压设备、二氧化碳设备、空压设备等，主要用于医院病房、急救室、观察室和手术室等处的气体供给，其设备的构成一般包括气源、控制装置、供气管道、用气终端等部分。其监测界面如图 21 所示。

■ 医用气体系统可实时检测各设备中的总罐液位（主要为氧气）、总管压力、各节点的供气压力、气体流量（主要为氧气），当实际检测指标超出设定指标的上下限时，可通过短信的方式提醒有关人员采取相应措施。

■ 该系统可集中向能源管理系统提供氧气计量数据。

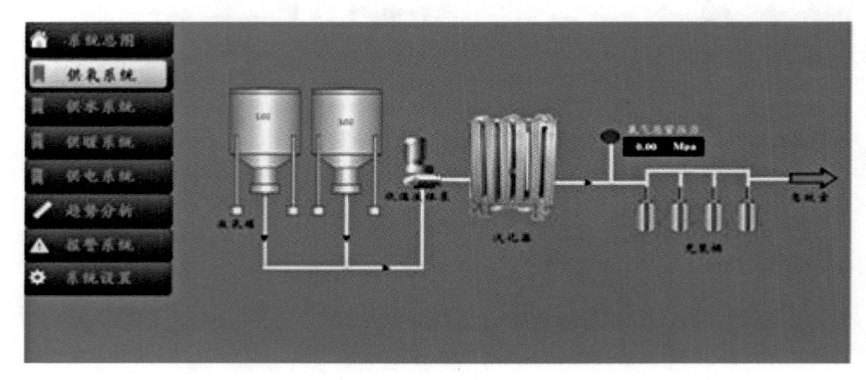

图 21　医用气体监测

e. BA 系统监测

医院的楼宇自控系统一般包括冷热源的自控、新风的自控、照明的控制、电梯的监控，但因建设年代的差异一般会由各独立子系统单独监控。其监测界面如图 22 所示。

■ 此处可通过数据接口的方式实现与各楼宇自控系统的信息对接，在实现整体监控的基础上达到资源的整合调度。

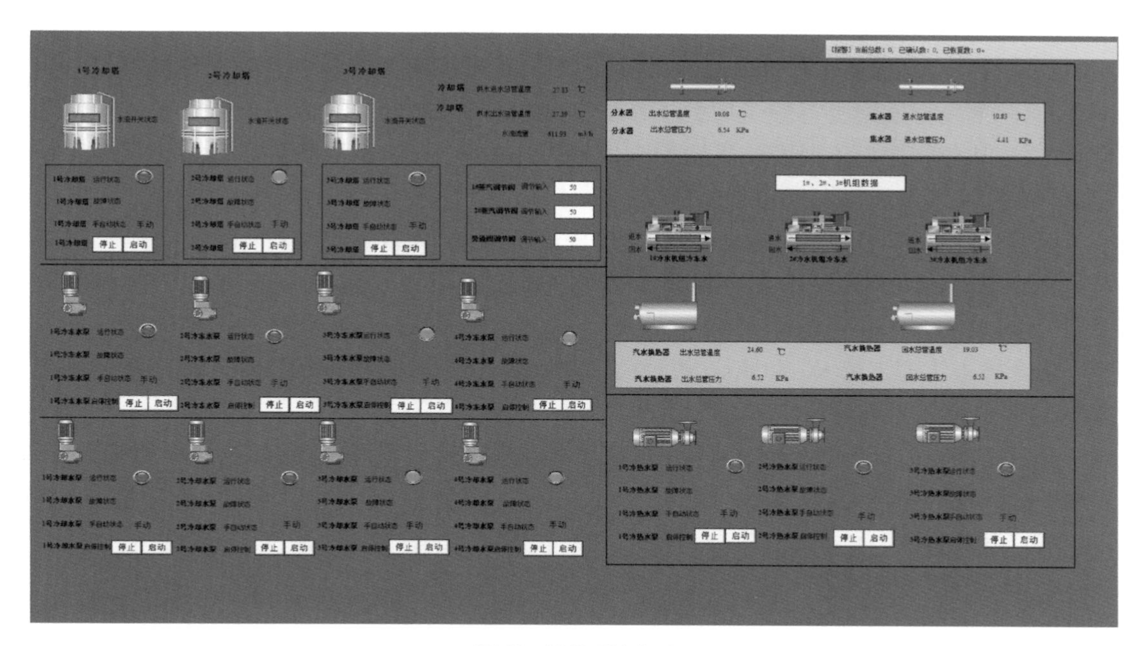

图 22　楼控系统监测

f. 报警系统管理

当设备非正常运行时，由系统根据设定值和实际值的差异，给出报警提示。报警管理界面如图 23 所示。

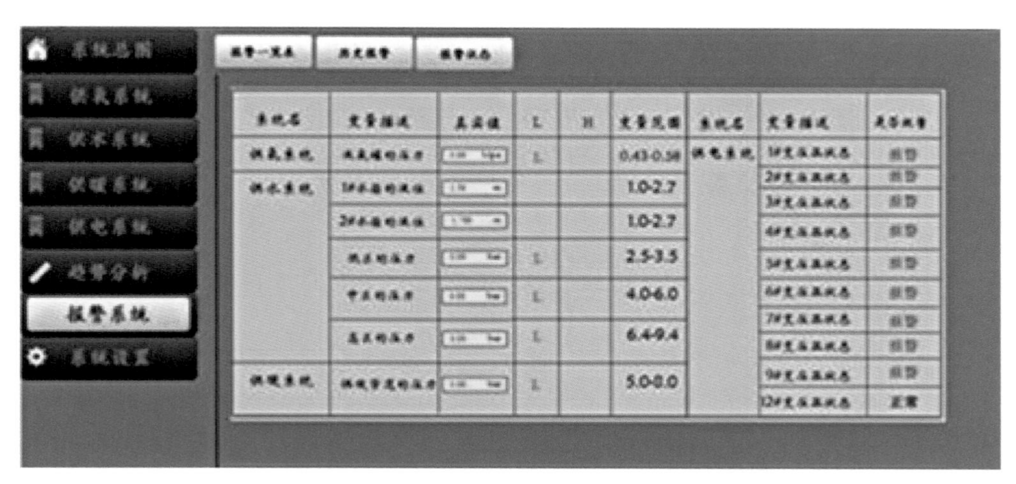

图 23　报警系统 PC 端

■ 当设备非正常运行时，由系统根据设定值和实际值的差异、手机短信权限校检、逻辑处理等，通过发送短信的方式给出报警短信提示。

2）安全检查管理

（1）功能概述

医院的后勤保障工作是整个医院发展的基础，失去后勤保障工作的支持，医院工作无法顺利运行。后勤保障工作涉及面广，医院的现代化发展速度有赖于后勤工作的质量与水平，而医院的安全发展更有赖于后勤工作的安全生产保障。因此，为了确保医院安全问题可防可控，从监管层面正视医院后勤安全保障工作的重要性，引导医院后勤安全保障工作稳定、可靠、持续发展，是必须探讨的课题。

医院安全管理平台信息化建设是实现医院安全发展的重要基础，也是创新医院安全生产监管模式、提升后勤安全保障工作水平、提高预警预防能力的重要途径和有效手段。

安全检查管理支持 PC 和 App 两种模式，PC 端查看和统计更直观，而 App 登记问题更方便。

对医院检查的问题登记到系统，并对整改情况进行持续跟踪，直到问题已经处理完成，实现安全问题的闭环处理。

（2）功能说明

a. 数据字典管理

配置医院的检查问题分类和问题标签，基础数据的完善，能使使医院安全检查工作的开展更加的标准化、明确化。其管理界面如图 24 所示。

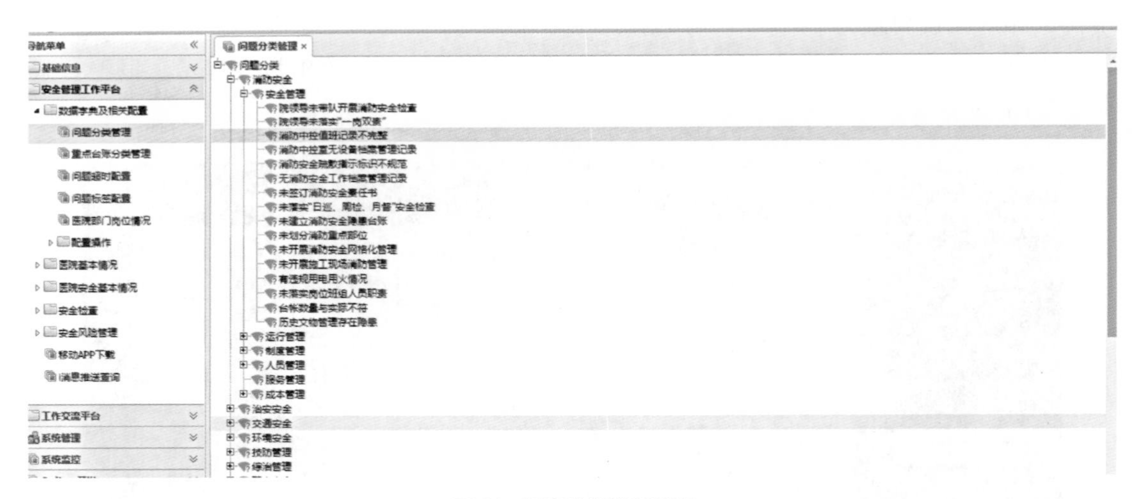

图 24　问题分类管理界面

b. 医院安全台账

医院管理员根据医院实际情况将医院的真实信息进行添加维护，这样便于医院领导层对医院的基本情况一目了然。

维护医院地点台账信息，便于后期安全检查时选择相应地点。对于需要重点检查的部位，可对其进行标记，便于快捷选择录入。其管理界面如图 25 所示。

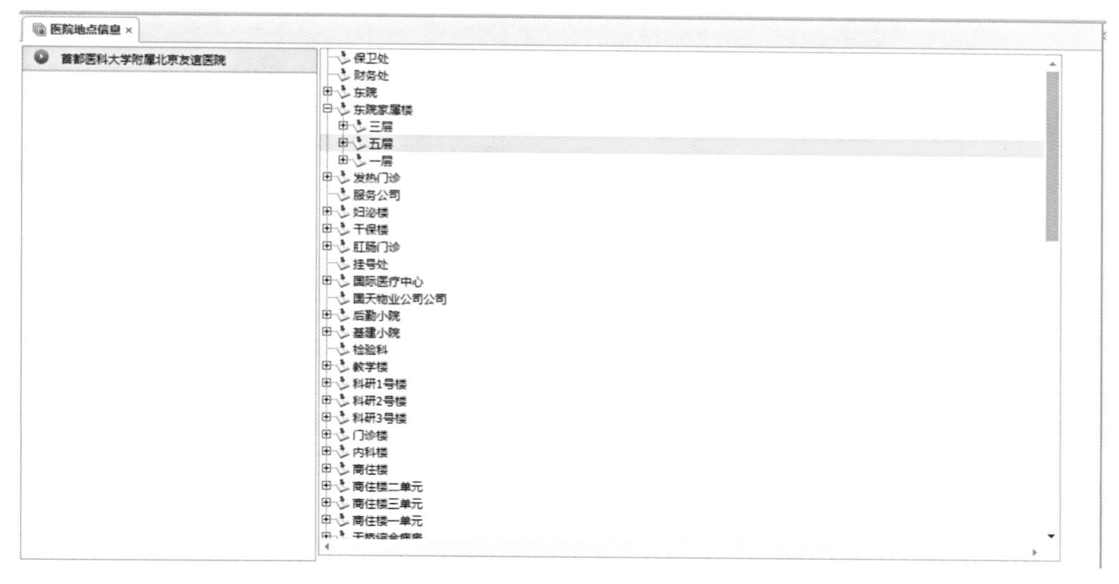

图 25 地点信息管理界面

c. 问题登记管理

电脑端发现问题进行登记处理，登记内容包括问题地点、问题类型、、发现问题时间、责任部门等相关要求，并且针对现场具体情况，可以进行拍照上传，方便整改部门根据系统上的照片进行问题的处理。其管理界面如图 26、图 27 所示。

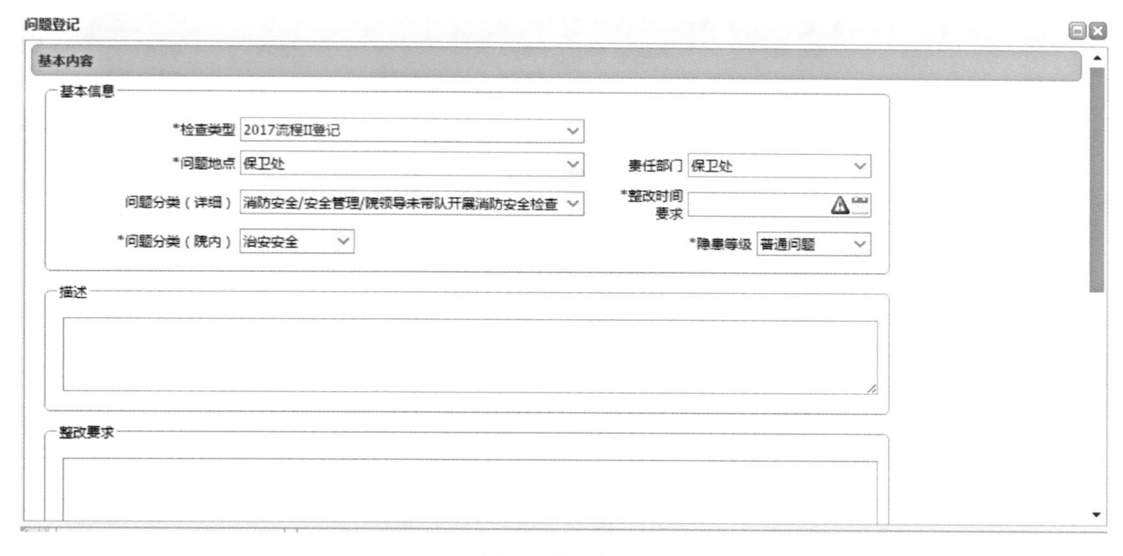

图 26 问题登记界面

d. 问题列表清单

所有发现的问题，都可以在问题列表中进行查看，点击问题的问题号，对问题的具体详情进行查看，并且可在电脑端对相关问题进行整改。医院安全管理员通过电脑将问题的反

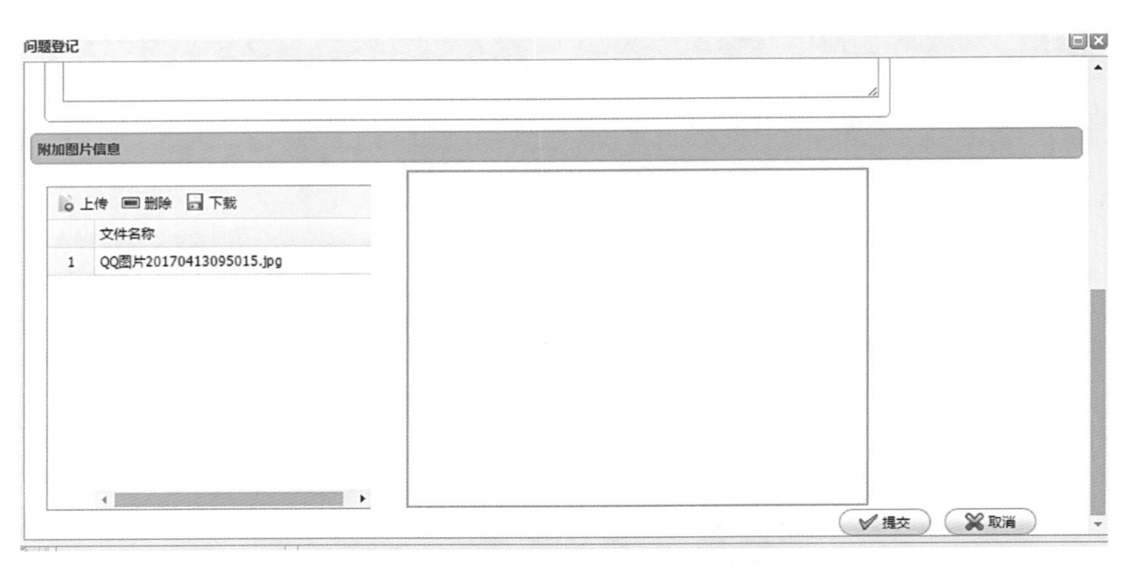

图 27　问题登记附加图片

馈表导出并打印递交给整改部门进行整改，整改完成后安全管理员可在此界面将整改结果录入系统中去。其管理界面如图 28、图 29 所示。

查询条件

登记时间(>=)　　登记时间(<=)　　问题分类(详细)

问题地点　　查询

问题认领　增加整改实绩　修改整改实绩　挂账处理　问题新增　查看详情　检查反馈表

	流程状态	编号	当前处理人	问题分类(详细)	问题分类(院内)	问题地点	问题描述	问题登记人	登记日
1	新建	170418001	350-097,350-096,350H00		交通安全	消防泵房		苏伟	201
2	已认领	170415002	OA0001,admin,101-021,10	医疗废物/安全管理/昱	未知	污水站			201
3	已认领	170415003	000-001,245-043,572-020	物资供应/安全管理/无	消防安全	消防泵房	不存在		201
4	新建	170415001	127H025,350-097,tebw2,5	医疗废物/安全管理/消	未知	污水站			201
5	已认领	170414008	000-001,245-043,572-020	消防安全/安全管理/院	环境杂物	消防泵房	刚回家去	管理员	201
6	已认领	170412004	000-001,245-043,572-020	消防安全/安全管理/院	消防安全	消防泵房		管理员	201
7	已认领	170414007	000-001,245-043,572-020	技防管理/服务管理/改	治安安全	急诊	在郑州紧急集合	管理员	201
8	已认领	170414006	000-001,245-043,572-020	拆除情况/拆除中/退好	科室问题	房屋安全	给还不好好八号公馆	管理员	201
9	已认领	170414004	000-001,245-043,572-020	通讯管理/服务管理/测	水电气暖	海狮	风格的_u三个2如果	管理员	201
10	已认领	170414005	350-092,101-021,tebw2,3	物资供应/人员管理/无	未知	维修班	发挥好很丰富一样一	管理员	201
11	新建	170411026	350-095,350H007,tebw3,3	环境安全/制度管理/环	未知	氧气站			201
12	已认领	170413003	tebw1,350H002,350-092,C		消防安全	财务处	1	苏伟	201

20　第 1 共3页　显示1到20,共54记录

图 28　问题查询界面

e. 问题整改确认

总务部相关领导或者系统管理员可以对问题的整改情况做审核，如果整改通过，那么同意问题整改完成，如果问题整改不通过，那么可以对该问题进行驳回，由责任部门对该问题进行重新整改。其管理界面如图 30 所示。

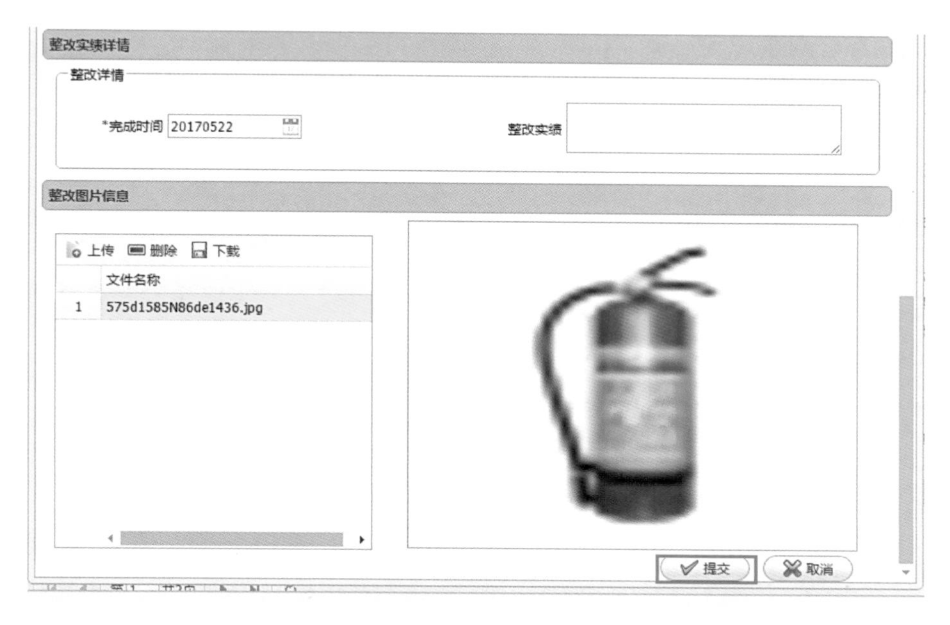

整改实绩详情
整改详情
*完成时间 20170522
整改实绩
整改图片信息
上传 删除 下载
文件名称
1 575d1585N86de1436.jpg
提交
取消

图 29　整改界面

查询条件
登记时间(>=)
登记时间(<=)
问题地点
审核
查看详情
流程状态 编号 当前处理人 问题分类（详细） 问题分类（院内） 问题地点
1 已整改 170411027 101-023,tebw3,350H007,1 配电安全/安全管理/消 危化安全 财务处

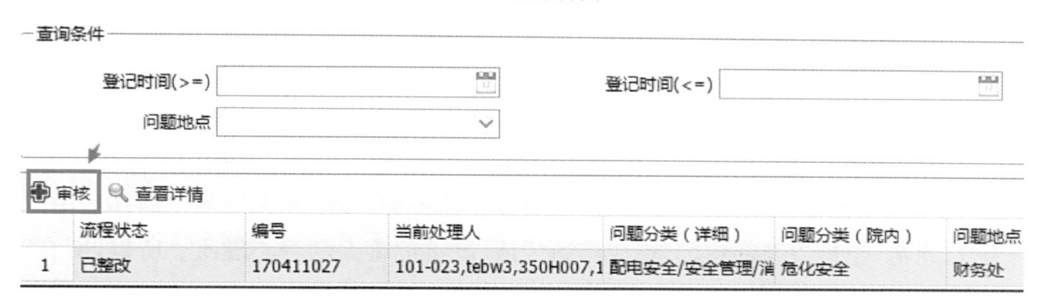

图 30　问题整改审核查询界面

f. 问题挂账管理

当责任部门当前无法对该问题进行立即处理时，需对问题进行挂账处理，挂账时要录入问题挂账原因以及后续问题处理办法。其管理界面如图 31 所示。

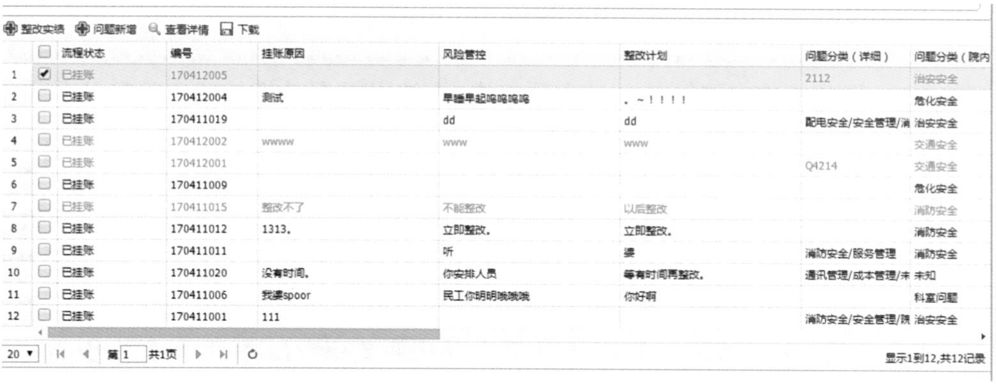

整改实绩 问题新增 查看详情 下载
流程状态 编号 挂账原因 风险管控 整改计划 问题分类（详细） 问题分类（院内
1 已挂账 170412005 2112 治安安全
2 已挂账 170412004 测试 早睡早起呜呜呜呜 。~!!!! 危化安全
3 已挂账 170411019 dd dd 配电安全/安全管理/消 治安安全
4 已挂账 170412002 wwww www www 交通安全
5 已挂账 170412001 Q4214 交通安全
6 已挂账 170411009 危化安全
7 已挂账 170411015 整改不了 不能整改 以后整改 消防安全
8 已挂账 170411012 1313。 立即整改。 立即整改。 消防安全
9 已挂账 170411011 听 婆 消防安全/服务管理 消防安全
10 已挂账 170411020 没有时间。 你安排人员 等有时间再整改。 通讯管理/成本管理/未 未知
11 已挂账 170411006 我婆spoor 民工你明明哦哦哦 你好啊 科室问题
12 已挂账 170411001 111 消防安全/安全管理/院 治安安全
20 第1 共1页
显示1到12,共12记录

图 31　问题挂账管理界面

g. 问题综合台账

医院管理人员可以通过多条件来查询统计院内安全检查登记的问题台账信息及整改情况信息，便于管理者对医院安全问题的统计分析及监管。其管理界面如图 32 所示。

图 32　问题综合台账管理界面

5. 物业服务

医废管理

（1）功能概述

医疗废物是指医疗机构在医疗、预防、保健以及其他相关活动中产生的具有直接或间接感染性、毒性以及其他危害性的废物，具体包括感染性、病理性、损伤性、药物性、化学性废物。这些废物含有大量的细菌性病毒，而且有一定的空间污染、急性病毒传染和潜伏性传染的特征，如不加强管理、随意丢弃，任其混入生活垃圾、流散到人们的生活环境中，就会污染大气、水源、土地以及动植物，造成疾病传播，严重危害人的身心健康。所以，所有医疗废物与生活垃圾绝对不可以混放。

对医疗废物的产生、收集、运输、储存、处理至最终处置进行全过程管理，建立相应的数据库管理信息系统，这是医疗废物无害化管理的必然手段。因而根据医院目前关于医疗废物运送处理的运作模式，进行医疗废物运送系统的设计，对医疗废物运送进行有效管理。

（2）业务流程

流程概述：保洁人员领取带有科室信息的条码扎带，使用扎带封装科室的医疗废物；保洁员将医疗废物运送到 7 楼层暂存处，收运人员通过手持设备扫描科室扎带并选择医疗废物类型将科室、医疗废物类型等信息录入系统中；系统可根据扎带的流水号确认是否发生丢件，如果扎带流水号出现断号的情况，收运人员可在报警页面中查询丢失的扎带信息，并可进行信息处理。科室人员可通过手机 App 查看医疗废物数量。收运人员将楼层暂存处的医疗废物运送到全院暂存处。暂存处人员将医疗废物入库并称重，手持机蓝牙获取重量数据或录入重量数据并计入系统中，科室人员通过手机 App 可以查看重量。扫描过程中如发现丢失情况，系统发出报警并通过系统追查源头，找到丢失的医疗废物入库并称重。系统可以根据需要是否打印医废标签，在无害化公司来收集医疗废物时，可根据需要打印医废明细清单，双方签字确认，完成医疗废物收集。其流程如图 33 所示。

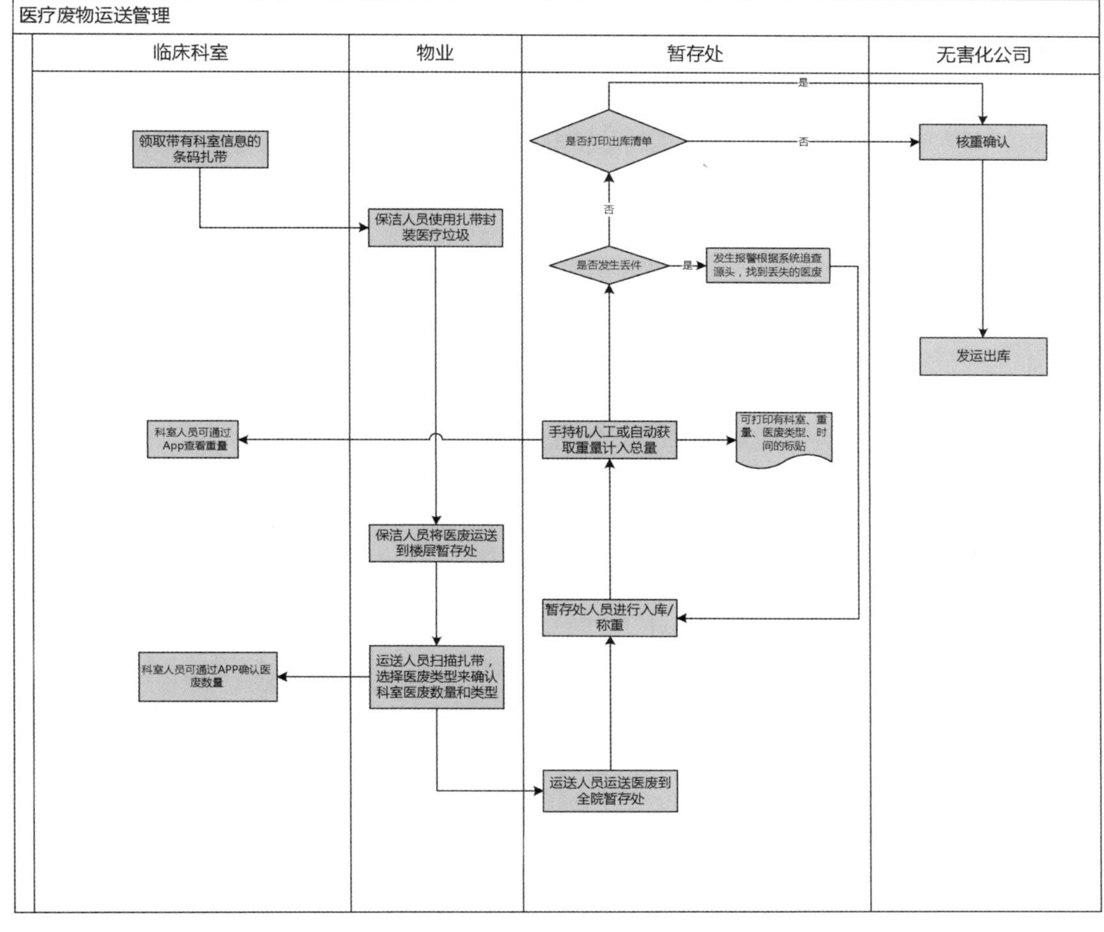

图 33　医疗废物运送管理流程

6. 生活服务

患者陪护管理

（1）功能概述

结合手机 App 技术，为患者或患者家属提供陪护咨询，通过手机来自助选择护工，能更清晰地了解相应的护工信息来进行对比选择，无需再经过各种复杂的流程来满足陪护需求。

通过陪护管理模块对医院患者需求陪护进行全流程跟踪，通过陪护管理模块进行操作，为患者提供便捷的陪护方式，为院方陪护服务提供高效的信息管理平台，为医院后勤管理者提供陪护全过程分析数据。

（2）功能说明

a. 陪护公司管理

在系统中添加该单位所有的相关信息，如编号、公司名称、性质、状态、联系人、联系电话等信息。陪护单位申请准入，院方进行审批，若审核通过则系统中给其分配管理账号。

b. 护工档案管理

在系统中添加该单位所含有的所有护工的相关信息，如照片、姓名、陪护编号、性别、年龄、陪护工龄、学历、资质证书、籍贯所属陪护单位名称、所在医院、联系电话、提供陪护的时间段、陪护价格、奖惩信息。

c. 陪护派工管理

对患者或患者家属手机发起的陪护申请进行受理派工，指派具体的护工并给该护工推送手机短信，打印单据让护工去进行陪护。

d. 陪护完工管理

维护陪护单据上登记的相关信息。

e. 陪护综合查询

根据病人住院号、科室、床号、陪护时间范围、护工姓名、状态等条件进行相关数据查询。

f. 移动病员陪护（App）

通过手机 App 技术可实现患者 App 端注册、登录、选择陪护、我的、发布陪护需求、结算管理等功能。护工 App 端可实现登录、任务、抢单、我的等功能。手机 App 同时支持安卓和 iOS 两种操作系统。

7. 后勤全成本核算

1）功能概述

随着医院后勤使用的信息化系统越来越多，各科室的全口径成本核算成为可能，科室成本核算能够计算出各科室为医院真正创造的价值，也能让科室明明白白知道钱花在什么地方。

2）功能说明

（1）成本分摊规则

维护维修、巡检、医废等各业务模块成本分摊的规则，选择直接按照登记科室，或者按照地点对应科室分摊。其管理界面如图 34 所示。

科室地点分摊比率管理

查询条件

部门名称　　地点名称　　查询

科室地点比率

新增　修改　删除　下载

	科室	地点	分摊比率
1	神经外科门诊	12号楼（新门急诊病房综合楼）裙楼6楼诊室6	50%
2	神经外科门诊	12号楼（新门急诊病房综合楼）裙楼6楼诊室9	50%
3	神经外科门诊	12号楼（新门急诊病房综合楼）裙楼6楼诊室17	50%
4	心理科门诊	12号楼（新门急诊病房综合楼）主楼2楼开水间	37%
5	神经内科门诊	12号楼（新门急诊病房综合楼）裙楼6楼东侧办公室	50%
6	中医科门诊	12号楼（新门急诊病房综合楼）主楼3楼西侧过道	61%
7	老年医学科门诊	12号楼（新门急诊病房综合楼）主楼2楼开水间	63%
8	神经外科门诊	12号楼（新门急诊病房综合楼）裙楼6楼诊室8	50%
9	神经内科门诊	12号楼（新门急诊病房综合楼）裙楼6楼西侧C区护	50%
10	神经内科门诊	12号楼（新门急诊病房综合楼）裙楼6楼诊室8	50%
11	神经外科门诊	12号楼（新门急诊病房综合楼）裙楼6楼诊室10	50%
12	骨科门诊	12号楼（新门急诊病房综合楼）裙楼3楼A区护士站	24%

图 34　科室地点分摊比率管理界面

（2）成本分摊

系统根据各业务模块的数据和成本分摊规则每天自动计算成本，让科室每天都能看到各类业务发生的成本，并在月底一次性重算成本，保证成本的准确性。

（3）成本核算报表

医院各科室的成本可以按业务大类打印报表，也可以按照业务细类打印报表，报表可作为财务核算依据。其报表界面如表1所示。

表1　××××年×月成本核算报表

净化空调类							
财务代码	科室名称	数量	总价	财务代码	科室名称	数量	总价
A1290211	放疗科病区	2.000	10.00				
					合计：	2.000	10.00
分体空调类							
财务代码	科室名称	数量	总价	财务代码	科室名称	数量	总价
D307	资产管理办公室	10.000	1 586.00	A11913	肿瘤科病区Ⅲ	14.000	1 068.00
A11931	肿瘤科治疗室	4.000	580.00	C103	组织库及公共平台	8.000	596.00
D21101	本部保卫	10.000	862.00	A1030712	内分泌科病区Ⅱ	12.000	901.00
D2130403	综合维修组	4.000	500.00	D20302	病案统计科	2.000	150.000
A30401	本部病理科	2.000	150.00	A1290131	放射介入导管室	2.000	230.00
A1290212	放疗科病区Ⅱ	6.000	660.00	A302	医学检验科	2.000	350.00
A11912	肿瘤科病区Ⅱ	6.000	276.00	A1030512	血液科病区Ⅱ	8.000	750.00
A1030732	内分泌科实验室	4.000	960.00	A1030711	内分泌科病区Ⅰ	2.000	210.00
A1030511	血液科病区Ⅰ	4.000	465.00	A1040133	活体肝脏实验室	2.000	110.00
D2130409	调度中心	2.000	1 780.00	D21304	维修保障科	5.000	340.00
A3030103	MRI	2.000	480.00	A30701	药学部办公室	2.000	100.00
					合计：	115.000	13 314.00
医用气体类							
财务代码	科室名称	数量	总价	财务代码	科室名称	数量	总价
A10409	内镜中心	10.868	978.12	A30102	门诊手术室	10.868	978.12

8. 报表管理

系统支持多维度统计各个业务模块的相关报表

以上系统模块为本院后勤数字化管理平台部分内容，诸如：一卡通管理、职工订餐、病患订餐、病患陪护管理、运送管理、二级库存管理、服务考核管理、能耗管理等内容，这些本文就不做一一介绍了。

（六）系统框架管理

系统平台架构采用业界流行、符合技术发展趋势的多层次架构技术 Browser/Server（浏览器/服务器）三层架构（B/S），电脑、平板、手机等电子设备可以通过浏览器访问后勤综合管理系统。由后台的数据库服务器和中间应用服务器及其相对应的数据库软件和中间件软件组成完整、成熟的系统平台，以确保各应用系统满足现场连续高效信息访问的需求。

系统管理主要包括基础框架管理、应用功能的管理和应用功能的授权管理。

（1）基础框架管理：基础框架管理是整个信息系统应用集成平台的前台运作核心，承载系统的各种前台控件，同时为系统间信息交换的中枢。记录维护系统的整个运行信息，更新运行目录，客户机的机器名、IP 地址，登录系统的用户名和 ID 等一系列全局信息。提供应用系统公用代码的维护管理，为应用系统提供代码的正确性校验功能，对应用系统出错履历进行管理。

（2）应用程序管理：对应用程序信息进行登记管理，也能维护管理前台登记的图片等信息。提供为应用程序编译的程序。对程序从测试环境提交到运行环境进行管理，记录提交的信息，并对提交的程序进行备份。

（3）应用权限管理：提供用户信息的维护管理，对用户的基本信息、用户密码进行管理，提供用户分组管理功能，按照分组信息将功能画面按钮、报表进行逐级的授权管理操作。

（七）接口集成方案

在总体解决方案中，除了要考虑每个系统本身的功能实现之外，还要考虑系统间的信息交互，只有在信息交互通畅的情况下，每一个系统才不至于成为信息孤岛，各个“分散”的信息系统才能集成为一个“综合性”系统。通过接口信息的交换，减少了不必要的重复录入，避免不同系统间信息的不一致性，使信息采集、传递、加工一气呵成，真正实现系统管理的高效、便捷。

五 建设效益分析

（1）经济效益：后勤信息化将会提高医院的整体效率，且各个节点都有监督机制，杜绝了资源的浪费，如：维修材料监督，杜绝浪费与贪墨；运送与陪检人员的时刻监督，将提高他们工作效率，控制人力成本，与运送公司的结算更有据可寻；医废监督机制将会更完善，重量将更精确，垃圾处理成本将得到控制。设备的安全监控，可以防患于未然，在故障发生前处理可以节省因设备故障造成的隐形的医院前端科室效益，维修成本等费用和减少不良影响。

（2）社会效益：后勤信息化的上线将带来工人效率的提高，各病区产生的问题将得到更加及时的解决，提高我们医院的服务满意度，病人也能更好地体会到医院完善的服务与优秀的就诊环境，增加病人的满意度。对医院的软实力是个较大的提升。

（撰稿：李传辉　王　磊）

智慧医院空调系统专用设备及其应用

——上海市口腔病防治院　克莱门特捷联制冷设备(上海)有限公司

节约能源问题是当今全球亟需解决的问题之一,是国家经济可持续发展的长远战略方针。建筑作为空调耗能大户,建筑空调节能成为重要的课题之一。医院的空调系统是一个需求多样、空气品质要求高的系统。智慧医院、绿色医院的建设,离不开专业节能的中央空调设备,如何合理布置和使用专业节能的空调设备是各方都关心的问题。克莱门特捷联制冷设备(上海)有限公司(以下简称克莱门特)拥有众多符合智慧医院系统要求的产品。

一　六管制多功能冷热水机组

六管制多功能冷热水机组的设计理念就是同时利用制冷循环的冷热端,既进行热回收,又进行冷回收,一年四季均可同时提供空调冷水、空调热水和高温卫生热水,使能源利用效率达到最大化。

六管制多功能冷热水机组,是基于四管制冷热水机组的一次全新升级,在保留原有的机组功能的基础上,增强卫生热水加热能力,解决四管制机组不能提供不同温度梯度热水需求的问题。

1. 六管制机组运行原理

如图 1 所示为六管制机组运行原理图。

在这种情况下,两个压缩机均满负荷运行,冷凝器将蒸发器侧吸收的全部废热进行回收,即无须从环境中吸热,也无需向环境中放热,平衡换热器处于关闭状态。此时,冷凝器侧的一部分热水可通过 + 2P 模块进一步加热,最高可加热至 78 ℃。

六管制多功能冷热水机组还可单独提供 78 ℃的高温热水(图 2),此时机组只有一个环路在运行,平衡换热器作为蒸发器从环境当中吸热。

不仅如此,六管制多功能冷热水机组还可以单独制冷(12/7 ℃)、单独制热(40/45 ℃),满足多功能建筑中的不同负荷需求,充分体现了机组使用的灵活性和多样性。

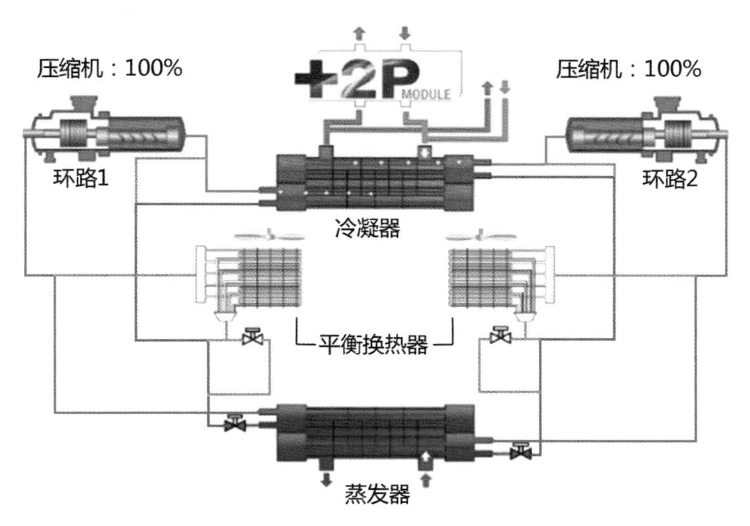

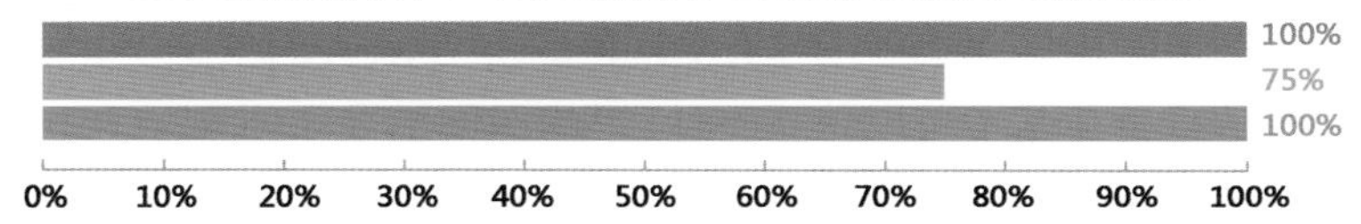

图 1　六管制机组运行原理

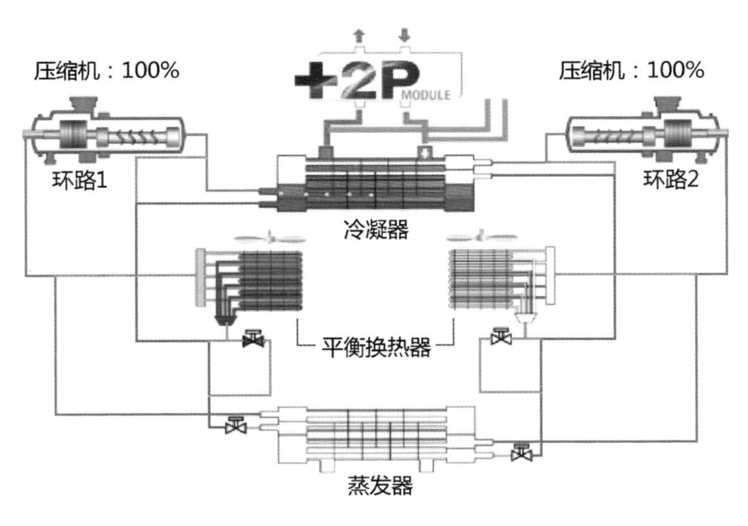

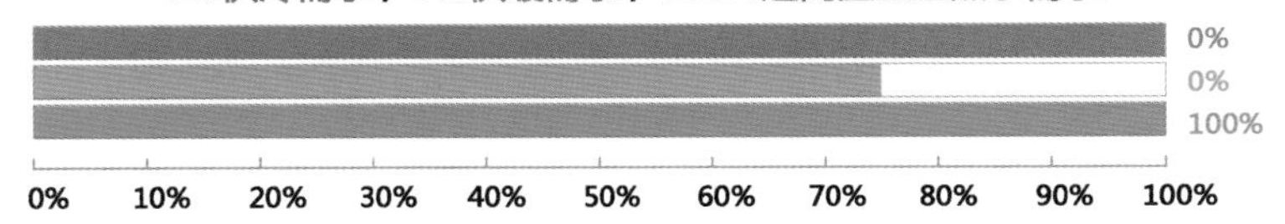

图 2　可提供 78 ℃的高温热水

2. 六管制多功能冷热水机组在医院应用优势

医院洁净手术部是当前新医院建设以及旧医院改造中必不可少的部门，手术室的净化空调系统要求控制室内温度、湿度、细菌、尘埃、有害气体浓度以及气流分布，保证室内人员所需要的新风量，维持室内外合理的压力梯度以创造理想的无菌手术环境。医院洁净手术部空调系统有如下特点：

（1）送风量大。

（2）送风阻力高、输送能耗大。

（3）空调水系统为四管制，同时需要冷量和热量，并且有卫生热水的需求。

（4）洁净手术部作为整个医院系统的一个组成部分，对空调系统的可靠性要求更高，其工作时间具有随时性和不确定性，通常需要单独设置一套冷热源以确保在医院大系统关闭的情况下手术室的空调系统依然可以独立运行。

（5）洁净手术部空调系统的冷负荷约为一般舒适性空调系统冷负荷的 2～3 倍，由于洁净手术部大都设置在医院内区，因此不同于常规的民用建筑，围护结构传热和透过外窗进入的太阳辐射形成的冷负荷基本可以忽略不计，影响医院洁净手术部空调机组及冷热源选型的主要因素来自新风以及被抵消的再热负荷，如图 3 所示。

（6）由于洁净手术部对空气恒温恒湿的要求，在采用一次回风处理的空调系统中（即新风和回风混合后经盘管冷却到露点温度后再加热到送风状态点），并且在设计工况下的再热量占总负荷的 25％～65％，手术室的级别越高，再热量就越大。

在一次回风系统中，需要把新风和回风均处理到机器露点进行冷却除湿，然后进行再加热处理后送到送风状态点，一次回风空气处理过程如图 4 所示。

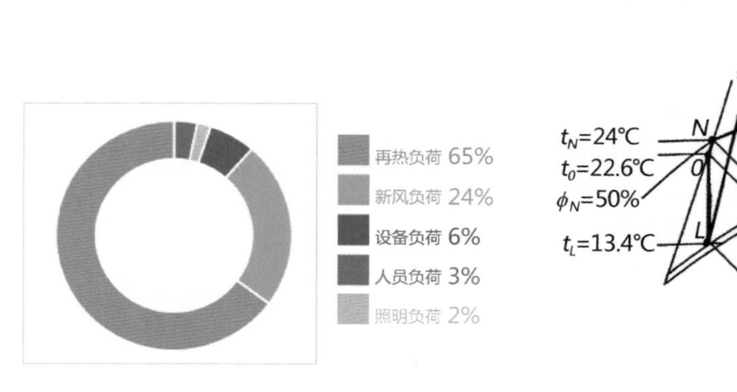

图 3　北京某 I 级洁净手术室负荷构成及占比情况

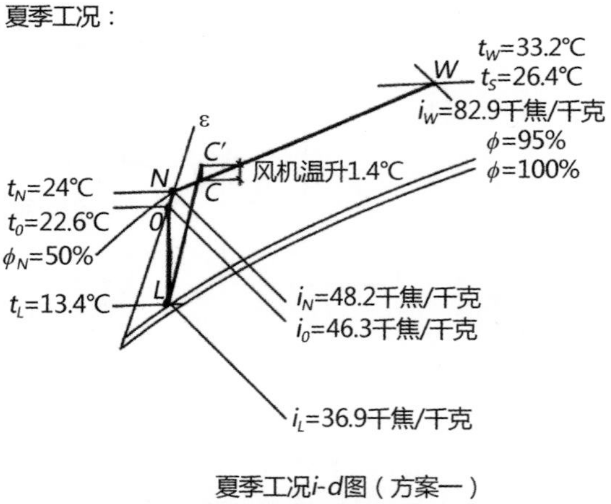

图 4　独立新风一次回风系统空气处理过程

在这个过程中，存在冷热抵消造成能源的浪费，在《医院洁净手术部建筑技术规范》（GB 50333—2013）中明确指出“传统方式的制冷、制热需分别消耗能源，若制热采用电加热方式时能源利用率极低，而多功能热泵机组能够在蒸发器获得冷水的同时，在热回收器获得冷凝热加热热水，不平衡部分通过辅助换热器排放，从而实现同时制冷和制热，而只需输入一份能源便同时获取冷量和热量，大大降低了能耗”。规范中所描述的多功能热泵机组即为四管制多功能冷热水机组。

对于卫生热水来说：医院卫生热水必须高于 60 ℃，这样才能满足卫生杀毒的要求；对于洗衣房热水要求，一般需要配备专用生活热水贮水式加热器，向洗衣机房区域提供 75 ℃以上的高温热水。如果只能提供 60 ℃的热水，需要采用蒸汽或电加热的方式增加辅助加热设备。

克莱门特进一步的产品优化，将四管制多功能冷热水机组升级为六管制，不仅可满足手术部空调系统冷热水的需要，也可同时满足对高温卫生热水的需求。

二 “医用”系列恒压变新风净化空调机组

恒压差可变新风量空调机组的新风阀、回风阀与排风阀采用了与压力无关的文丘里控制阀，PLC 控制系统利用文丘里调节阀可以用数值精确控制的特性，在调节新风量 QF 的过程中，由静压传感器保证了送、回风量不变。

其产品特点有：

(1) 恒压变新风净化空调机组可实现恒正压控制、恒负压控制。

(2) 可选配快速自动在线消毒功能。

(3) 集中式全空气空调机组，系统中热湿处理部件及其控制与机组整体出厂。机组自带 PLC 的控制器，内置克莱门特专门开发的空调系统全年运行控制逻辑。

(4) 文丘里阀精准控制：新风量、排风量、回风量。

机组取得欧标 EN-1886 认证，满足我国《医院洁净手术部建筑技术规范》(GB 50333—2013)要求(图 5)。

图 5　现场机组照片

其过滤段可根据实际设计要求调整过滤效率等级，标准配置如下。

初效：G3/G4。

中效：F5/F6/F7/F8/F9。

高效：H10/H11/H13/H14。

其在线消毒杀菌功能可选配。

其 VHP 消毒技术有如下特点：

(1) 低温灭菌过程，可以在 4～80 ℃的温度范围内进行消毒灭菌。

(2) 消毒过程中残留物少（消毒后不需要清洗），消毒完成后自行分解为水蒸气和氧气（无有毒的副产品）。

(3) 快速的灭菌循环管路，节省成本，也很容易验证消毒效果。

(4) 具有较好的物料兼容性（对装置、电子元件和建筑材料都没有损坏）。

(5) 性能稳定，具有广谱杀菌作用，适用于真菌、细菌、病毒和芽孢的消毒。

表 1 为恒压变新风净化空调系统和常规净化空调系统的比较。

表 1　恒压变新风净化空调系统和常规净化空调系统比较

项目	常规净化空调系统	恒压变新风量净化空调系统
室内净化区域压力	不可调	可设定正、负压
快速自动在线消毒功能	没	可选配 U 形气流机组无须增加独立消毒风管
系统形式	半集中式空调系统	集中式全空气空调系统
系统涉及的机组与管线	新风机组、循环机组，相应的风、水、电管线复杂	1 台空调机组，只需连接手术室实体的送风管和回风管及水管路
工程质量	取决于工程施工与监理	可由生产厂全过程控制
新风量供给	全年固定新风量供给	随气候状态变化新风量供给
空调热湿处理	空气处理方式较为复杂，新风处理的机器露点低，再加热很小	空气处理方式简单，处理的机器露点高，再加热很大
排风	独立排风	系统排风
关键控制点	新风机组的机器露点控制	空调机组的机器露点控制
系统控制	施工时安装设置后再系统调试	机组自带 PLC 控制器

三　磁悬浮冷水机组

磁悬浮冷水机组由于具有众多优点，逐渐被用户和市场接受（图 6）。

其技术特点有：

(1) 磁悬浮轴承-转子与轴承无接触。

(2) 二级压缩。

(3) 高效永磁同步电机。

(4) 内置变频器。

(5) IPLV 值高。

(6) 无油，维护费用低。

图6　磁悬浮压缩机图片

四　智慧售后服务平台

用户可以使用 App 在任何地方监测机组运行状态，省心省力(图7)。

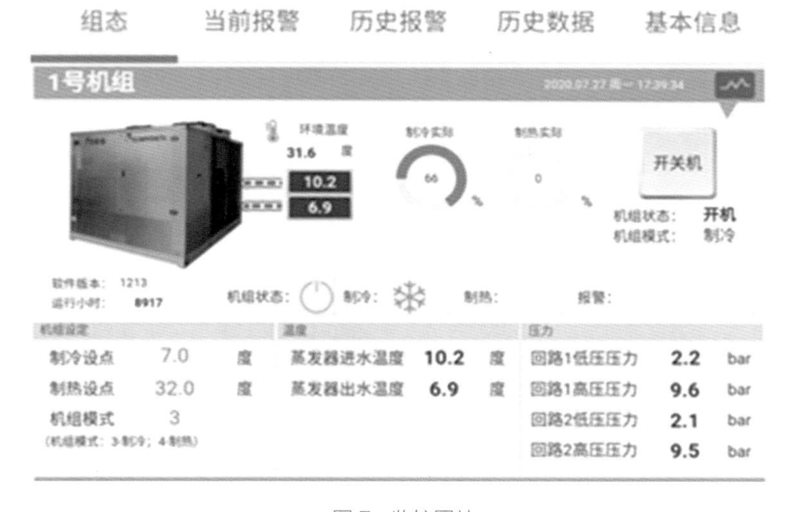

图7　监控图片

五　应用案例

1. 上海某三甲医院节能改造

本项目位于上海市中心繁华地带，空调已使用多年，已经不能满足实际使用要求。

1) 改造前概况

医院建筑概况：本项目是上海某三甲医院空调、给排水冷热源系统改造工程，涉及单体为 1#、2#、3# 楼。其中 1# 楼为门急诊医技楼，地上 7 层，地下 1 层，建筑面积约 10 000 平方米；2#楼为住院楼，地上 15 层，地下 1 层，建筑面积约 26 000 平方米；3#楼为临床医学中心病房楼，地上 13 层，地下 2 层，建筑面积约 25 000 平方米。投入使用年限 15 年左右。

空调冷热源情况：在 1#楼机房内设有两台制冷量为 98 万大卡/小时的水冷式电制冷螺杆机组，以及二期建设时增设的一台 160 万大卡/小时水冷式电制冷螺杆机组，总装机容量 356 万大卡/小时，负担 1#楼和 2#楼空调冷负荷，约折合冷量 4 140 千瓦，在后期改造中，1#楼及 2#楼陆续增加了一部分 VRF 多联机，这部分机组需要保留；3#楼地下室机房内设有两台制冷量 755 千瓦水冷式电制冷螺杆机组，与部分多联机共同负担 3#楼冷负荷。所有的冬季热负荷由院区内燃气式蒸汽锅炉负担，由换热器换热后提供空调热水。手术室、ICU、医技区新风系统均有中央冷热水系统负担，加湿系统为蒸汽加湿。

生活热水系统情况：1#楼生活热水采用容积式换热器换热，水箱供水，换热器位于 7 层；2#楼生活热水采用太阳能供热；3#楼生活热水采用容积式换热器换热，变频供水，换热器位于地下一层，分高中低三区。

根据计算及现场情况统计空调负荷如表 2 所示。

表 2　空调负荷统计表

位置	空调冷负荷/千瓦	空调热负荷/千瓦	备注
1#楼	785	628	1 楼、2 楼、地下室和新风负荷
2#楼	2 764	2 000	1～15 楼室内负荷(不含手术室)
1#、2#合计	3 549	2 628	/
3#楼	1 406	1100	1～15 楼室内负荷
2#楼手术室	776	360	按照现场设备统计
3#楼手术室	500	250	/

热水负荷如表 3 所示。

表 3　热水负荷统计表

单体		生活热水负荷/千瓦	备注
1#楼		472(原值)	改造后：9 个龙头的量 9×300×(45－5)/860×0.5＝63.8 千瓦
2#楼	高区	283	合计 755 千瓦，原有太阳能板保留， 增加后备加热设备。
	低区	472	
3#楼	高区	245.7	比原设备放大 30%，合计 737.1 千瓦
	低区	491.4	

2）改造后概况

（1）空调系统

1#楼、2#楼合用一套空调用高效螺杆风冷热泵机组，设置在 1#楼屋面(包括原主楼屋面放置冷却塔的区域及四层裙房屋面)；3# 楼独立采用一套空调用风冷热泵机组带热回收功能，设置在 3# 楼主楼屋面。风冷热泵机组取代原有水冷螺杆机组及蒸汽换热器，原设计采用多联机组的区域维持原状。

我国目前普通燃气锅炉排烟平均温度较高，且含有大量水蒸气，水蒸气冷凝潜热约占天然气热值的 11%，能源浪费很大。而且我国天然气储量少、对外依存度高，合理利用天然气是个课题。

因现有冷水机组只能夏季制冷，冬季采暖需要采用燃气锅炉采暖，能源消耗大。而采用风冷热泵机组可以满足夏季制冷和冬季采暖的要求。

为 2# 楼、3# 楼手术室、ICU 区域各增设一套高效螺杆式四管制风冷热泵机组，全年提供空调冷、热水，该系统独立于主系统，在主系统停机时可单独开启。同时，空调热水是来自制冷时释放的冷凝热，节能性和可靠性较好。2# 楼的热泵机组设置在 1# 楼主楼屋面，3 # 楼的热泵机组设置在 3# 楼主楼屋面。在 2# 楼、3# 楼手术室、ICU 区域采用四管制机组是目前最合理最节能的方案。

(2) 热水系统

1# 楼、3# 楼的生活热水由空气源热泵热水机组提供，机组全年提供生活热水，夏季兼供空调冷水。热泵机组都设置在本楼屋面。原有生活热水蓄水罐需要进行改造，以配合热泵系统。

2# 楼的生活热水已采用太阳能，再增设一套空气源热泵热水机组，以满足阴雨天气时的供热需求，该机组放置在 2# 楼楼梯间小屋面上。原有生活热水蓄水罐需要进行改造，以配合热泵系统。

空气源热泵热水机组是当今世界上开拓利用能源最好的设备之一，是继锅炉、燃气热水器、电热水器和太阳能热水器之后的新一代热水制取装置与设备。在全球能源供应日趋紧张的环境下，空气源热泵热水机组凭借其高效节能、环保、安全、舒适和安装便捷等诸多优势，迅速在市场上得到认可，成为一个节能环保的新兴产业。本项目采用空气源热泵热水机组 + 太阳能结合的方式，无疑是最佳最节能的方案。

3) 节能减排分析

根据 2017 年和 2018 年运行数据进行运行费用比较，如表 4 所示。

表 4　改造前后运行费用比较

项目分类	改造前	改造后
面积(m^2)	65 000	89 000
单位面积每天运行费用[元/(平方米 天)]	0.64	0.49
单位面积每天节约的运行费用[元/(平方米 天)]	/	0.15

4) 改造后减排效果

天然气燃烧，产生二氧化硫浓度为 15 毫克/立方米，二氧化氮浓度为 63 毫克/立方米，烟尘浓度为 20 毫克/立方米，一年可节省天然气 2 000 立方米，减排效果显著。

♯医院位于上海市中心繁华地带，改造后得办公、库房及医技用房 1 160 平方米。

5）初投资比较（表 5）

表 5　投资比较表

分类	方案一 螺杆式冷水机组＋锅炉	方案二 高效螺杆风冷热泵系统
主机设备	600 万元	1 000 万元
冷却辅助设备	200 万元	/
机房建设	795 万元	/
合计	1 595 万元	1 000 万元

由此可见，高效螺杆式风冷热泵（热回收、四管制）系统比螺杆式水冷机组 + 锅炉系统初投资小，运行费用每年可节省 23%，减少废气污染物排放，同时节约了机房面积，节省了机房建设费用。

7）小结

（1）本系统均采用风冷热泵主机，无需机房、锅炉房，节省了建筑成本，节省后期维保的费用。

（2）四管制风冷热泵热机组应用于医院手术室、ICU 区域，既满足实际使用要求又节约能源。

（3）在热水方面，采用单独的空气源热泵热水器 + 太阳能的方式是最优最节能的热水方式。

（4）在医院改造方面，特别是市中心繁华地段的医院改造，需要根据实际项目现场条件采用合适的空调方案，可以满足用户实际使用要求同时满足节能减排的要求。

2. 上海某六管制项目应用

本项目为实验室项目，总建筑面积 7 500 平方米，其中 1 层为办公区域和仓库，2 层为普通实验室，3～5 层为净化区域。机组冷热源主要由两部分构成，1～2 层采用 VRV，3～5 层采用中央空调水系统，水系统夏季总冷负荷 2 938 千瓦，冬季总热负荷 1 234 千瓦，夏季再热负荷 334 千瓦，冬季加湿负荷 113 公斤/小时，冬季总预热热负荷 380 千瓦（预热至 5 度）。

水系统由设置在屋顶的风冷螺杆热泵提供，其中一台四管制冷热水机组同时提供冷热水，其他二台二管制风冷螺杆热泵机组可以提供夏季制冷、冬季制热；一台六管制冷热水机组可以同时提供制冷、制热、制高温热水，也可每个模式单独开启，满足用户对于制冷、制热、再热、高温热水的实际需求。

末端采用组合式净化新风空调。满足用户对于洁净级别 7 级，室内温度 20～26 ℃，相对湿度 40%～70%的设计要求。

3. 上海某医院磁悬浮冷水机组的应用

1）项目概况

医院位于上海市浦东新区，总占地 150 亩，共设床位 220 张。它是一所集医疗、科研、教学于一体的现代化、国际化肿瘤中心。

医疗空调区域的原先使用的两台 400RT 水冷螺杆式冷水机组，由于各方面原因需要进行更换及节能改造。

2）改造方案

本次空调机房节能改造的主要措施包括：采用高效磁悬浮离心冷水机组替代原有的螺杆冷水机组、机房管路系统优化、机房群控系统优化等措施。现设备机房四台螺杆机的全年总耗电量为 249.37 万千瓦时，电费约为 199.5 万元。通过对其中两年台设备改造后，预计年节能电量约 38.67 万千瓦时，节能效益约 48.34 万元，节约标准煤量约 139 吨标准煤，与改造前螺杆机组能耗相比，节能率约 15.5%。

目前的螺杆冷水机组能效系数 5.32 相比高一个等级（达到国家一级能效）。据螺杆机组运行数据特性比较，在实际机组运行过程中绝大部分时间处于部分负荷运行工况（IPLV 最高值为 5.35）。而磁悬浮机组在部分负荷情况下能效更高（IPLV 最高值为 12.9），更能显示出节能优势。所以采用磁悬浮机组方案是机房节能改造的合理选择（表 6、表 7）。

表 6　目前使用的螺杆机部分负荷性能

负荷率	制冷量	功率	能效
%	千瓦	千瓦	千瓦
100	1 386	260	5.32
90	1 247	237	5.25
80	1 109	214	5.17
70	970	186	5.2
60	831	157	5.29
50	693	129	5.35
40	554	104	5.34
30	416	78	5.32
20	277	53	4.97
10	138	28	5.32

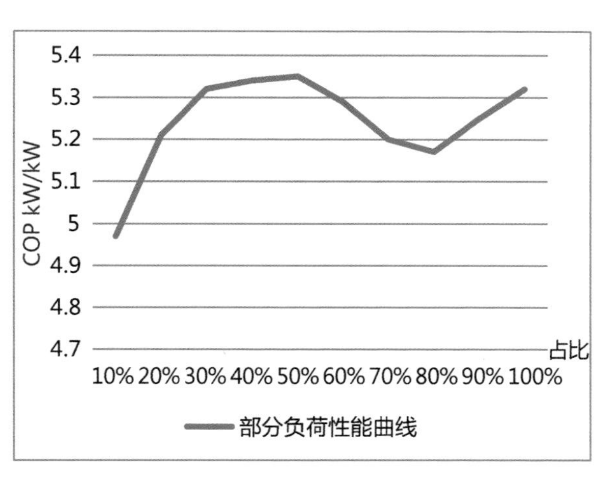

表 7　改造后的磁悬浮机组部分负荷性能

负荷率	制冷量	功率	能效
%	千瓦	千瓦	千瓦
100	1 407	224	6.28
90	1 266	184.8	6.9
80	1 126	146.4	7.7
70	985	114.5	8.6
60	844	86.7	9.7
50	704	62.5	11.3
40	563	49.1	11.5
30	422	34.1	12.4
20	281	21.8	12.9
10	141	11.8	11.9

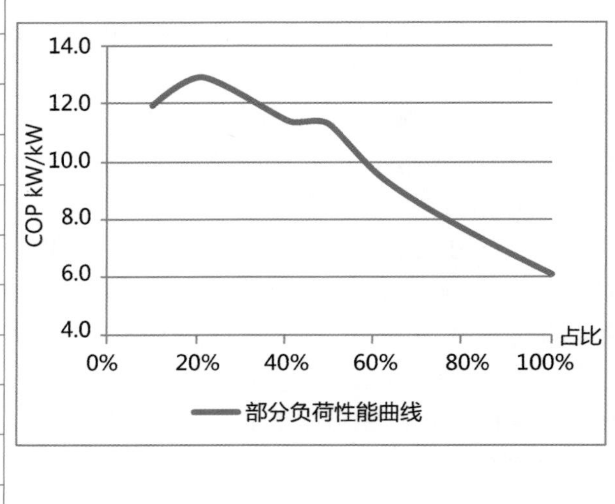

3）节能效果

院方关于目前机房全年冷水机组年统计记录的耗电量图表(图 10)。

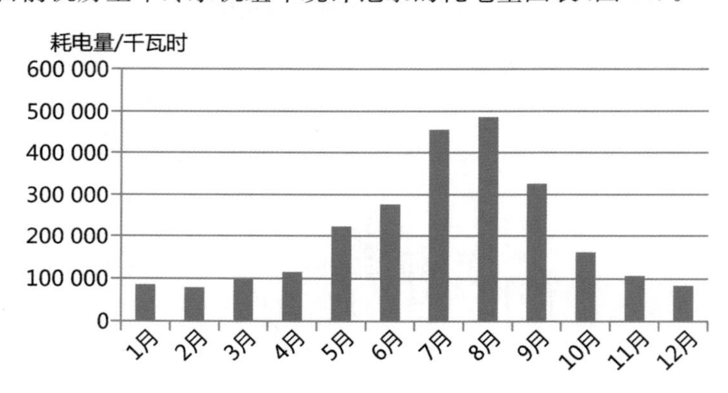

图 10　原冷水机组年统计耗电量

根据院方关于目前机房所有的螺杆机组(4 台)统计记录的耗电量分析，定义为 6、7、8 月份为冷水机组负荷最高值(100%)，4、5、9、10、11 月份为次高值(75%)。其他月份均低于 50%的负荷。部分负荷状态远大于满负荷状态的运行时间，这为采用磁悬浮机组方案的实施奠定了可行性基础。

表 8 为原螺杆机的部分负荷能效与磁悬浮机组的部分负荷能效比较，可以看出两款机型在部分负荷时的性能差异明显(因为此次改造设备涉及只有两台常用的水冷螺杆冷水机组，根据现场设备全年的使用状况，分配了目标设备每月的运行数据。该数据为比例趋势估算数据)。

表 8　原螺杆冷水机组与磁悬浮机组部分用电量及负荷预估对比

月份	原设备年运行功耗/千瓦时	预计机房设备运行数量	改造后设备估算运行功耗/千瓦时	水冷螺杆		磁悬浮离心	
				负荷率%	COPr	负荷率%	COPr
1月份	85 306	2	85 306	50	5.35	50	11.3
2月份	78 801	2	78 801	50	5.35	50	11.3
3月份	97 489	2	97 489	50	5.35	50	11.3
4月份	114 654	3	76 436	75	5.18	75	8.2
5月份	223 056	3	148 704	75	5.18	75	8.2
6月份	276 400.8	4	138 200.4	100	5.32	100	6.28
7月份	454 833.6	4	227 416.8	100	5.32	100	6.28
8月份	486 027	4	243 013.5	100	5.32	100	6.28
9月份	326 416	3	163 208	75	5.18	75	8.2
10月份	160 881	3	107 254	75	5.18	75	8.2
11月份	106 348.7	3	70 899	75	5.18	75	8.2
12月份	83 584	2	83 584	50	5.35	50	11.3

按照一般功率能效公式:制冷量 = 输入功率 × 效率(COPr)。

改造后预计的年节约电量约 48.34 万千瓦时,节约电费 38.67 万元,节约标煤量 139 吨标准煤。详见表 9。

表 9　改造后效用比较

月份	螺杆机			磁悬浮机组					
	用电量/千瓦时	能效指标	部分负荷效率	估算电量/万元	能效指标	部分负荷效率	节电量/千瓦时	节电费用/万元	节标煤量/吨标准煤
1	85 306	6.24	5.35	40 388.2	6.38	11.3	44 917.8	35 934.21	12.93632
2	78 801	6.24	5.35	37 308.4	6.38	11.3	41 492.6	33 194.05	11.94986
3	97 489	5.71	5.35	46 156.3	5.84	11.3	51 332.7	41 066.16	14.78382
4	76 436	5.04	5.18	48 285.2	5.15	8.2	28 150.8	22 520.66	8.107436
5	148 704	4.77	5.18	93 937.4	4.88	8.2	54 766.6	43 813.28	15.77278
6	138 200.4	4.38	5.32	117 074.2	4.48	6.28	21 126.2	16 900.94	6.084339
7	227 416.8	3.88	5.32	192 652.4	3.97	6.28	34 764.4	27 811.48	10.01213
8	243 013.5	3.88	5.32	205 864.9	3.97	6.28	37 148.6	29 718.85	10.69879
9	163 208	4.38	5.18	103 099.7	4.48	8.2	60 108.3	48 086.65	17.31119

（续表）

月份	螺杆机			磁悬浮机组					
	用电量/千瓦时	能效指标	部分负荷效率	估算电量/万元	能效指标	部分负荷效率	节电量/千瓦时	节电费用/万元	节标煤量/吨标准煤
10	107 254	4.38	5.18	67 753.1	4.48	8.2	39 500.9	31 600.69	11.37625
11	70 899	4.77	5.18	44 787.4	4.88	8.2	26 111.6	20 889.27	7.520136
12	83 584	5.04	5.35	39 573.0	5.15	11.3	44 011.0	35 208.84	12.67518
合计	1 520 311.7			1 036 880.4			483 431.3	386 745.1	139.2282

六 小结

改造后运行和售后维护两方面都取得了积极的效果，可以作为类似项目的参考。

采用了磁悬浮无油离心压缩机的设备后，机组上省略了润滑机械轴承的复杂油路系统。可避免传统有润滑压缩机存在的因摩擦和油污而引起的效率衰减和维护保养等问题。

采用了磁悬浮无油离心压缩机的设备后，机组的 IPLV 值高，运行费用有了比较明显的下降。

对于节能改造项目，选择高能效比和维护费用低的产品是一个比较合适的选择。

（撰稿：吴璐璐　潘　阳　高　原　赵培安）